Springer-Lehrbuch

Springer-Verlag
Berlin
Heidelberg
GmbH

Hans Peter Geering

Regelungstechnik

Mathematische Grundlagen, Entwurfsmethoden, Beispiele

Sechste, neu bearbeitete und ergänzte Auflage

Mit 117 Abbildungen, 115 Aufgaben und Lösungen

Springer

Professor Dr. Hans Peter Geering
ETH Zürich
Institut für Mess- und Regeltechnik
Sonneggstr. 3
CH-8092 Zürich
Schweiz

Bibliografische Information der Deutschen Bibliothek
Die Deutsche Bibliothek verzeichnet diese Publikation in der Deutschen Nationalbibliografie; detaillierte bibliografische Daten sind im Internet über <http://dnb.ddb.de> abrufbar.

ISBN 978-3-540-40507-8 ISBN 978-3-642-18845-9 (eBook)
DOI 10.1007/978-3-642-18845-9

http://www.springer.de

Originally published by Springer-Verlag Berlin Heidelberg New York in 2004

Umschlag-Entwurf: Design & Production, Heidelberg
Satz: Reproduktionsfertige Druckvorlage des Autors
Gedruckt auf säurefreiem Papier 7/3020 Rw 5 4 3 2 1 0

Vorwort zur sechsten Auflage

Dieses Buch ist aus einem Skript zur Grundlagen-Vorlesung *Regelungstechnik I und II* entstanden, welche der Autor seit vielen Jahren an der Abteilung für Maschinenbau und Verfahrenstechnik der Eidgenössischen Technischen Hochschule in Zürich liest.

Die Lehrziele dieses Textes sind: die Förderung des Verständnisses für dynamische Vorgänge in Regelstrecken, Sensoren, Aktoren und Regelsystemen, die Befähigung zur Analyse linearer Mehrgrößensysteme im Zeitbereich und im Frequenzbereich im deterministischen und im stochastischen Fall und das Beherrschen von wichtigen klassischen und modernen Methoden für den Entwurf von robusten Ein- bzw. Mehrgrößenreglern.

Im einleitenden Kap. 1 werden die Bausteine und die Signale eines Regelsystems anhand von Signalflußbildern eingeführt und die wichtigsten Fragestellungen und Ziele der Regelungstechnik aufgeführt.

Der Analyse-Teil umfaßt die Kap. 2, 4, 8–11 und Teile des Kap. 12. Im Kap. 2 wird das dynamische Verhalten von linearen, zeitinvarianten Systemen mit Hilfe der Laplace-Transformation untersucht. Dabei werden die Übertragungsfunktion und der Frequenzgang eingeführt und der Zusammenhang zwischen der Stabilität und der Pollage des Systems aufgezeigt. Im Kap. 4 werden sowohl zeitinvariante als auch zeitvariable lineare Systeme mit Hilfe der Zustandsraum-Darstellung im Zeitbereich behandelt, wobei auch die strukturellen Eigenschaften Steuerbarkeit, Stabilisierbarkeit, Beobachtbarkeit und Detektierbarkeit eines linearen dynamischen Systems diskutiert werden. Stochastische Signale werden im Kap. 8 im Zeitbereich (Autokovarianzfunktion und Autokovarianzmatrix) und im Kap. 10 im Frequenzbereich (Spektrum und Matrix der spektralen Leistungsdichten) beschrieben. In den Kap. 9 u. 11 wird das dynamische Verhalten des Zustandsvektors und der Ausgangssignale linearer dynamischer Systeme im Zeitbereich bzw. im Frequenzbereich berechnet, deren Eingangssignale stochastisch sind. Das Kap. 12 gibt eine Übersicht über die entsprechenden Analysemethoden für zeitdiskrete lineare Systeme.

Der Synthese-Teil umfaßt die Kap. 3, 5, 6, 9.5 und Teile des Kap. 12. Im Kap. 3 werden klassische Methoden des Entwurfs zeitkontinuierlicher Regler und der Analyse der Stabilität von Regelsystemen behandelt. Das Kap. 5

gibt eine Einführung in die optimale Steuerung und Regelung linearer Systeme mit Zustandsvektorrückführung. Im Kap. 6 wird einerseits der Luenberger-Beobachter und andererseits die LQG/LTR-Methode für den Entwurf robuster dynamischer Regler mit Ausgangsvektorrückführung vorgestellt. Das Kap. 9.5 befaßt sich mit dem Kalman-Bucy-Filter. Das Kap. 12 gibt eine Übersicht über die entsprechenden Synthesemethoden für den Entwurf digitaler Regler und zeitdiskreter Filter.

Im Kap. 7 werden einige systemtheoretische Betrachtungen zum Stellen und Messen angestellt, welche insbesondere die Behandlung stochastischer Signale und den Entwurf von optimalen Filtern in den Kap. 8–11 und 12.5 motivieren.

Jedes Kapitel schließt mit einer Sammlung von Aufgaben ab. Die Lösungen zu den Aufgaben sind am Ende des Textes angegeben.

Der Anh. 2 ist eine Arbeitsunterlage zum Skizzieren von Bode-Diagrammen und Spektren. Die Anh. 1 u. 3–5 enthalten Zusammenfassungen der für die Regelungstechnik wichtigsten Fakten betr. komplexe Zahlen, lineare Algebra, Linearisierung von Differentialgleichungen und Wahrscheinlichkeitstheorie. Dieser Stoff wird als bekannt vorausgesetzt. Diese Zusammenfassungen sollen dem Leser den Querbezug zwischen diesem Text und den mathematischen Grundlagen in den genannten Gebieten erleichtern.

Allen Assistenten des Instituts für Meß- und Regeltechnik der ETHZ, die zur Entstehung dieses Werkes beigetragen haben, danke ich hiermit bestens. Insbesondere bedanke ich mich bei Herrn Dr. E. Shafai, der seit vielen Jahren den Lehr- und Übungsbetrieb in *Regelungstechnik I und II* mit gestaltet. Aber auch den ungezählten Studierenden der ETH danke ich für ihre vielen konstruktiven Verbesserungs- und Korrekturvorschläge.

Änderungen gegenüber der 5. Auflage:

- Überarbeitung und Erweiterung der klassischen Regelungstechnik in den Kap. 2 u. 3.
- Straffung der Behandlung stochastischer Systeme in den Kap. 8–11 und im Anh. 5.

Änderungen der 5. gegenüber der 4. Auflage:

- Erweiterung der Behandlung der Laplace- und der $\mathcal{Z}$-Transformation.
- Diskussion des realen (bandbegrenzten) PD- bzw. PID-Reglers.
- Analytische Lösung linearer Matrizen-Differentialgleichungen.
- Erweiterung der LQ-Regelung auf LQ-Folgeregelung, insbesondere auf model-predictive LQ-Folgeregelung.
- Erweiterung der Aufgabensammlung.
- Erweiterung des Anhangs 3: Lineare Algebra.

Zürich, Juli 2003 H. P. Geering

Inhaltsverzeichnis

Liste der verwendeten Symbole

Unabhängige Variablen

t	Zeit [s]
t_0, t_1	Anfangszeit, Endzeit
t_1, t_2 oder t, τ	Argumente der Autokovarianzmatrix
τ	Zeitdifferenz der Argumente der Autokovarianzmatrix im stationären Fall
$s = \sigma + j\omega$	komplexe Frequenz [s^{-1}]
ω	Kreisfrequenz [rad/s^{-1}]
φ	Phase, Phasenverschiebung [rad]
k	Zeitindex
z	komplexe Variable der $\mathcal{Z}$-Transformation

Abhängige Variablen

$e(t)$, e_k	Regelabweichung (zeitkontinuierlich, bzw. zeitdiskret)
$m(t)$	Stellgröße
$q(t)$	Zustandsvektor des Luenberger-Beobachters
q_k	Zustandsvektor des zeitdiskreten dynamischen Kompensators
$r(t)$, r_k	Vektor-Zufallsprozeß: Meßrauschen
$u(t)$, u_k	Eingangsvektor
$v(t)$, v_k	Vektor-Zufallsprozeß: Motorrauschen
$w(t)$, w_k	Führungsgröße
$x(t)$, x_k	Zustandsvektor
$\widehat{x}(t)$, $\widehat{x}_{k\|k}$, $\widehat{x}_{k\|k-1}$	geschätzter Zustandsvektor im Kalman-Filter und im Luenberger-Beobachter
$y(t)$, y_k	Ausgangsgröße
$y_d(t)$	gewünschte Ausgangsgröße
$z(t)$	Störgröße
$\delta(t)$	Impulsfunktion (Dirac-Stoß)
$h(t)$	Sprungfunktion
ξ	Zufallsvektor: Anfangszustand
$E(s)$, $M(s)$, $U(s)$, ...	Laplace-Transformierte der Variablen $e(t)$, $m(t)$, $u(t)$, ...

Konstanten

$a_0 \ \dots \ a_{n-1}$	Koeffizienten des charakteristischen Polynoms
$b_0 \ \dots \ b_k$	Koeffizienten des Zählerpolynoms einer Übertragungsfunktion
e_i	i-ter Einheitsvektor
j	$\sqrt{-1}$
K_P, K_I, K_D	Verstärkungsfaktoren eines P-, I-, bzw. D-Reglers
m	Anzahl Komponenten des Eingangsvektors
n	Anzahl Komponenten des Zustandsvektors
p	Anzahl Komponenten des Ausgangsvektors
T	Abtastperiode
T_N, T_V	Nachstellzeit, Vorhaltzeit
τ	Zeitkonstante (eines Systems 1. Ordnung)
ζ	normierte Dämpfungszahl (eines Systems 2. Ordnung)
ω_0	Eigen-Kreisfrequenz bei $\zeta = 0$ (System 2. Ordnung)
Ω	Nyquist-Frequenz

Systembeschreibende Elemente

$A(t)$, $B(t)$	Systemmatrizen in der Differentialgleichung
$C(t)$, $D(t)$	Systemmatrizen in der Ausgangsgleichung
$D(s)$, $\mathcal{D}(z)$	Kreisverstärkungsdifferenzmatrizen
$f(x(t), u(t), t)$	nichtlineare Vektorfunktion in der Differentialgleichung
$g(x(t), u(t), t)$	nichtlineare Vektorfunktion in der Ausgangsgleichung
$G(s)$, $K(s)$, $T(s)$	Übertragungsfunktionen, Übertragungsmatrizen
$G_0(s)$, $L(s)$, $\mathcal{L}(z)$	Kreisverstärkung, Kreisverstärkungsmatrizen
$P(s)$, $Q(s)$	Zähler- und Nennerpolynom einer rationalen Übertragungsfunktion
$\Phi(t, t_0)$, e^{At}	Transitionsmatrix
$\phi_i(t, t_0)$	i-ter Kolonnenvektor der Transitionsmatrix
$K(t)$	Lösung der Matrix-Riccati-Differentialgleichung im LQ-Regulatorproblem
K_∞, Σ_∞	positiv-(semi)definite Lösung einer algebraischen Matrix-Riccati-Gleichung
$M(t_0, t_1)$	Beobachtbarkeitsmatrix
$\underline{\sigma}(..)$, $\sigma_i(..)$, $\overline{\sigma}(..)$	kleinster, i-ter, größter Singularwert einer Matrix
U	Steuerbarkeitsmatrix $[B, AB, \dots, A^{n-1}B]$ im zeitinvarianten Fall
V	Beobachtbarkeitsmatrix $[C^{\mathrm{T}}, A^{\mathrm{T}}C^{\mathrm{T}}, \dots, (A^{\mathrm{T}})^{n-1}C^{\mathrm{T}}]^{\mathrm{T}}$ im zeitinvarianten Fall
$W(t_0, t_1)$	Steuerbarkeitsmatrix
F_k, G_k, H_k, J_k oder M_k, N_k, P_k, Q_k	Systemmatrizen eines zeitdiskreten Systems

$\mathcal{G}(z)$, $\mathcal{K}(z)$	diskrete Übertragungsfunktionen, Übertragungsmatrizen

Operationen

$\mathcal{L}$	Laplace-Transformation
$\mathcal{F}$	Fourier-Transformation
$\mathcal{Z}$	$\mathcal{Z}$-Transformation
$\hat{}$	Scheitelwert
$\bar{}$	konjugiert-komplexer Wert
$\angle$, $\arg\{\ldots\}$	Phase
$\frac{d}{dt}$, $\dot{}$	erste zeitliche Ableitung
$\mathrm{E}\{\ldots\}$, $\overline{\ldots}$	Erwartungswert (volle bzw. abgekürzte Schreibweise)
$\mathrm{P}(\{\ldots\})$	Wahrscheinlichkeit eines Ereignisses
$[\ldots]^{\mathrm{T}}$	Transponierte einer Matrix
$[\ldots]^{\mathrm{H}}$	Konjugiert-Transponierte einer komplexen Matrix

Beschreibung von Zufallsvektoren und Vektor-Zufallsprozessen

F_r	Verteilungsfunktion (von r)
p_r	Verteilungsdichtefunktion (von r)
$\mu(t)$	momentaner Erwartungswert eines Vektor-Zufallsprozesses (Kurzschreibweise)
$\Sigma(t)$	Kovarianzmatrix
$\Sigma(t_1, t_2)$, $\Sigma(\tau, 0)$	Autokovarianzmatrix
σ, σ^2	Standardabweichung, Varianz einer Zufallsvariablen
$Q(t)\delta(t-\tau)$	Autokovarianzmatrix des weißen Motorrauschens $v(t)$
$R(t)\delta(t-\tau)$	Autokovarianzmatrix des weißen Meßrauschens $r(t)$
$S(\omega)$	Matrix der spektralen Leistungsdichten

Anmerkungen: Diese Liste ist nicht vollständig. Insbesondere erfaßt sie die Anh. 3 u. 5 nicht. Zudem werden einige der oben erwähnten Symbole lokal auch als Hilfsgrößen mit anderen Bedeutungen eingesetzt. Beispielsweise ist σ im Ausdruck

$$\int_{t_0}^{t} \Phi(t,\sigma)B(\sigma)d\sigma$$

die Zeitvariable, die durch die Integration "wegintegriert" wird.

1 Einleitung

In der Regelungstechnik befassen wir uns mit dem dynamischen Verhalten eines Systems. Das Adjektiv dynamisch deutet dabei an, daß die unabhängige Variable im allgemeinen die Zeit ist.

Die Grundidee des Systemdenkens besteht im wesentlichen darin, den in der Aufgabenstellung maßgebenden Problemkreis von der Umwelt getrennt zu betrachten. Die Abgrenzung des Systems von der Umwelt ist dabei mehr oder weniger willkürlich und ist Aufgabe des Problemlösers (Ingenieurs). Sie wird hauptsächlich von der konkreten Fragestellung abhängen, insbesondere von der verlangten Präzision der zu berechnenden Resultate.

Beim Modellieren des Systems müssen wir erfassen, welche physikalischen Umweltgrößen unser System beeinflussen. Die Frage ist also, welche als Funktionen der Zeit bereits bekannten Umweltgrößen oder welche Funktionen der Zeit, die von der Umwelt (bzw. vom Ingenieur) frei gewählt werden können, einen Einfluß auf das dynamische Verhalten unseres Systems haben. Diese Größen nennen wir Eingangssignale oder Inputs und bezeichnen sie üblicherweise mit $u(t)$ (Skalar oder Vektor).

Wir betrachten die Eingangssignale des Systems stets als ideale Signale in der Meinung, daß die von der Umwelt zur Verfügung gestellten Eingangssignale fest vorgegeben oder vorgebbar sind, also von unserem System nicht beeinflußt werden. Falls ein Modell aufgestellt worden ist, dessen Eingangssignale nicht ideal sind, wird diese Nichtidealität der Signalquellen dadurch beseitigt, daß sie als Erweiterungen in das Modell aufgenommen werden. Das erweiterte Modell hat dann ideale Eingangssignale.

Als Folge der von der Umwelt dem System aufgeprägten Eingangsgrößen werden sich die verschiedenen unser System beschreibenden physikalischen Größen nach Maßgabe der physikalischen Gesetze dynamisch verhalten. Die physikalischen Größen, die das dynamische Verhalten unseres Systems (inkl. Stellglieder und Meßfühler) unter dem Einfluß der Eingangsgrößen beschreiben, nennen wir Zustandsvariablen und bezeichnen sie üblicherweise mit $x(t)$ (Vektor).

Diejenigen Zustandsgrößen (oder Funktionen von Zustandsgrößen und Eingangssignalen), die uns besonders interessieren, nennen wir Ausgangssignale des

Systems oder Outputs und bezeichnen sie üblicherweise mit $y(t)$ (Skalar oder Vektor). Der Ausgangsvektor ist in der Praxis die Gesamtheit aller Meßsignale.

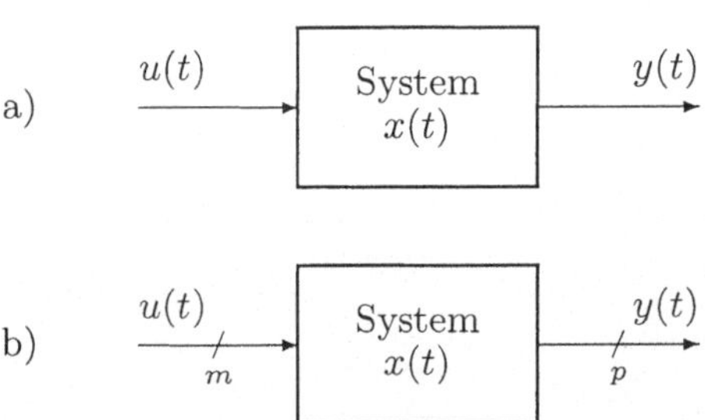

Bild 1.1. Systemgedanke oder Beziehung Eingangs-/Ausgangssignal; a) einfache Darstellung, insbesondere für skalaren Eingang und Ausgang, b) Darstellung zur speziellen Betonung der Vektorform von Eingang und Ausgang

Eine weitere Grundidee des Systemdenkens besagt, daß wir das betrachtete dynamische System in eine Anzahl von Teilsystemen zerlegen können, die im allgemeinen miteinander gekoppelt sind. Das dynamische Verhalten eines Teilsystems wird durch seine Eingangssignale beeinflußt. Die Eingangssignale eines Teilsystems sind entweder Eingangssignale des Gesamtsystems oder Ausgangssignale anderer Teilsysteme. Die physikalischen Größen, die das dynamische Verhalten eines Teilsystems unter dem Einfluß der Teilsystem-Eingangssignale beschreiben, nennen wir Zustandsvariable des Teilsystems. Die Ausgangssignale eines Teilsystems sind diejenigen Funktionen von Zustandsvariablen und Eingangssignalen des Teilsystems, die entweder als Eingangsignale anderer Teilsysteme dienen (Kopplungen) oder Ausgangssignale des Gesamtsystems sind (Messungen).

Die Ausgangssignale der Teilsysteme stellen wir uns wieder als ideal vor. Sie werden also durch die Art des allenfalls nachfolgenden Teilsystems nicht beeinflußt. Falls ein Ausgangssignal eines Teilsystems in Wirklichkeit nicht beliebig stark belastbar ist, wird diese Nichtidealität in den Modellen der nachfolgenden Teilsysteme berücksichtigt.

Diese Eigenschaften erlauben es uns, die dynamischen Eigenschaften jedes Teilsystems (Eingangs-Ausgangs-Verhalten) isoliert zu analysieren.

Der Teilsystemgedanke kann fast beliebig weiter gesponnen werden, bis jeder elementare physikalische Zusammenhang in einem eigenen Teilsystem dargestellt ist. Das entsprechende Signalflußbild nennen wir dann detailliert. — Beachte: Die Verknüpfung von Teilsystemen zu einem Gesamtsystem baut stets auf den drei Grundstrukturen Serieschaltung, Parallelschaltung und Kreisschaltung auf (vgl. Bild 1.2 b).

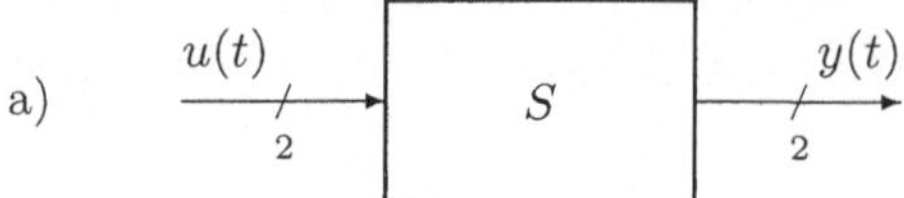

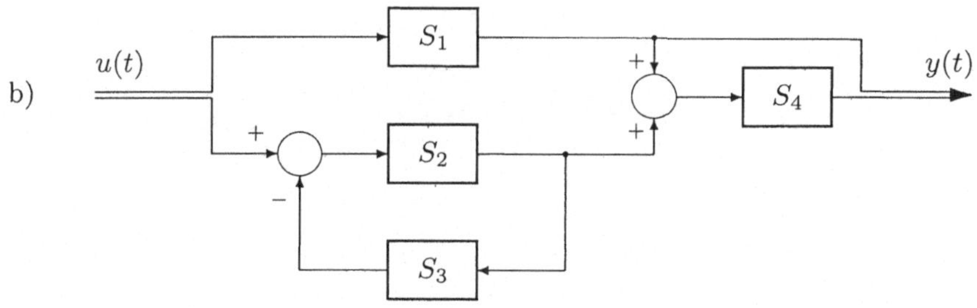

Bild 1.2. Teilsystemgedanke; a) grobes Signalflußbild, b) feines Signalflußbild

In der Regelungstechnik wollen wir das dynamische Verhalten eines Systems gezielt beeinflussen.

Einerseits können wir dazu anhand des Systemmodells und des gewünschten Verhaltens den benötigten Verlauf der Eingangssignale berechnen. Die so berechneten Eingangssignale lassen wir auf unser System einwirken. Wir hoffen, daß die Qualität des Modells genügt, so daß das wahre physikalische System sich innerhalb der zulässigen Toleranz wie gewünscht verhält. In diesem Fall sprechen wir von Steuerung.

Andererseits können wir die gemessenen Ausgangssignale des physikalischen Systems mittels Rückführung mit berechneten Eingangs- oder Führungsgrößen derart verknüpfen, daß das wahre physikalische System sich innerhalb der zulässigen Toleranz wie gewünscht verhält, selbst wenn die Berechnungen auf einem verhältnismäßig einfachen Modell beruhen. In diesem Fall sprechen wir von Regelung. Es ist deshalb zu erwarten, daß ein geregeltes System dank Rückführungen auf äußere Störungen weniger empfindlich reagiert als ein gesteuertes System.

Im allgemeinen werden wir Regelsysteme mit einer Struktur gemäß Bild 1.3 betrachten und somit eine Kombination von Steuerung und Regelung einsetzen.

Damit der im Signalflußbild gezeigte Prozeß gesteuert und geregelt werden kann, muß er mit geeigneten Stellgliedern (Aktoren) und Meßfühlern (Sensoren) instrumentiert werden. Den instrumentierten Prozeß nennen wir Regelstrecke. Ihre Eingangssignale sind die (i.allg. elektrischen) Stellsignale $m(t)$, ihre Ausgangssignale die (i.allg. elektrischen) Sensorsignale $y(t)$. Nebst den physikalischen Stellgrößen (Ausgangssignale der Aktoren) können auch noch bekannte oder un-

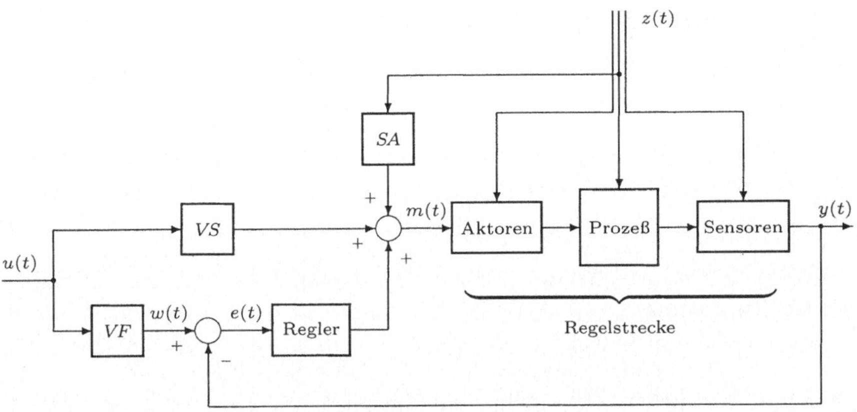

Bild 1.3. Allgemeines Signalflußbild eines Regelsystems

bekannte Störgrößen $z(t)$ auf die Regelstrecke einwirken. Die Eingangsgröße $e(t)$ des Reglers, der Regelfehler, ist die Differenz zwischen der Führungsgröße $w(t)$ (Sollwerte) und der zurückgeführten Ausgangsgröße $y(t)$ des Regelsystems. Falls die Störsignale $z(t)$ meßbar sind, kann ihr unerwünschter Einfluß auf die Regelstrecke mit einer geeigneten Störgrößenaufschaltung *SA* teilweise kompensiert werden. Die Führungsgröße $w(t)$ kann Ausgangssignal eines Vorfilters *VF* sein. Die Stellsignale $m(t)$ werden als Summen der einander entsprechenden Ausgangssignale des Reglers, der Vorsteuerung *VS* und der Störgrößenaufschaltung *SA* gebildet. Die Eingangssignale der Vorsteuerung *VS* und des Vorfilters *VF* fassen wir in der Eingangsgröße $u(t)$ des Regelsystems zusammen.

Im kompliziertesten Fall besteht die regelungstechnische Aufgabe des Ingenieurs darin,

a) die Entwicklung und Konstruktion des Prozesses so zu beeinflussen, daß dieser möglichst günstige dynamische Eigenschaften hat,

b) dabei die Möglichkeiten zur Beeinflussung des Prozesses zu untersuchen und geeignete Aktoren auszuwählen

c) die zu messenden Größen und die benötigten Sensoren festzulegen,

d) einen geeigneten Regler und

e) eine geeignete Vorsteuerung und

f) ein geeignetes Vorfilter und

g) ein geeignete Störgrößenaufschaltung zu entwickeln und

h) ein geeignetes Eingangssignal $u(t)$ für das Regelsystem zu berechnen.

Dabei kann der Ingenieur von verschiedenen möglichen Zielsetzungen ausgehen. Die folgenden Zielsetzungen mit zunehmendem Schwierigkeitsgrad sollen hier genannt werden:

a) Stabilisierung des Regelsystems (Minimal-Ziel),

b) Qualität des dynamischen, insbesondere des transienten Verhaltens (z.B. für Folgeregelung, Störgrößenkompensation),

c) Optimierung des Regelsystems bezüglich eines Gütekriteriums.

Im Kap. 2 werden wir lineare, zeitinvariante dynamische Systeme mit Hilfe der Laplace-Transformation analysieren. In dieser Transformationsmethode wird die Zeit t als unabhängige Variable durch die komplexe Frequenzvariable s ersetzt. Der entscheidende Vorteil dieser Methode liegt darin, daß auch für die linearen, dynamischen Teilsysteme ein multiplikativer Zusammenhang zwischen Eingang und Ausgang resultiert. Damit wird das Rechnen im Signalflußbild, also das Zusammenfügen von Teilsystemen, besonders einfach. Der ein lineares dynamisches System im Frequenzbereich beschreibende (i.allg. frequenzabhängige und komplexe) Faktor wird im skalaren Fall Übertragungsfunktion, im Vektorfall Übertragungsmatrix genannt.

Die Laplace-Transformations-Methode ist aber nur für lineare, zeitinvariante dynamische Systeme anwendbar. Im Kap. 4 analysieren wir deshalb lineare, zeitvariable dynamische Systeme im Zeitbereich. Mittels Integration der Differentialgleichungen können auch nichtlineare dynamische Systeme im Zeitbereich analysiert werden. Doch werden hier nur lineare Systeme behandelt. Die Resultate der Kap. 2 oder 4 sind aber auch für nichtlineare Systeme anwendbar, nämlich wenn es darum geht, kleine Störungen eines nichtlinearen Systems zu untersuchen. Oft ist es in diesem Fall zulässig, das linearisierte System mit den Methoden der Kap. 2 (zeitinvarianter Fall) oder 4 (zeitvariabler Fall) zu behandeln.

Das Kap. 4 befaßt sich auch mit den für den Entwurf von Regelsystemen wichtigen Fragen der Stabilität, Steuerbarkeit, Stabilisierbarkeit, Beobachtbarkeit und Detektierbarkeit zeitinvarianter oder zeitvariabler, linearer Systeme.

Im Kap. 3 werden klassische Methoden für den Reglerentwurf und die Stabilitätsanalyse von Regelsystemen beschrieben, die auf Frequenzbereichsmethoden beruhen. Im Kap. 5 werden moderne Zeitbereichsmethoden für den Entwurf optimaler, robuster Mehrgrößen-Regler für lineare, dynamische Systeme vorgestellt.

Im Kap. 6 werden der Luenberger-Beobachter und die LQG/LTR-Methode für den Entwurf robuster, modellbasierter Mehrgrößenregler mit dynamischer Ausgangsvektorrückführung behandelt.

In der Praxis ist damit zu rechnen, daß alle Meßsignale und alle effektiven Stellgrößen mit Fehlern behaftet sind, welche stochastisch sind oder mindestens als stochastische Fehlersignale modelliert werden können. Im Kap. 8 werden deshalb stochastische Signale im Zeitbereich und im Kap. 10 stationäre Zufallsprozesse im Frequenzbereich beschrieben. Im Kap. 9 wird das stochastische Verhalten linearer dynamischer Systeme unter dem Einfluß von Vektor-Zufallsprozessen im Zeitbereich analysiert. Dies führt zum Entwurf des Kalman-Bucy-Filters, das im stochastischen Fall ein optimaler vollständiger Beobachter ist. Im Kap. 11 wird das stochastische Verhalten linearer, zeitinvarianter dynamischer Systeme unter dem Einfluß von stationären Vektor-Zufallsprozessen im Frequenzbereich anlaysiert.

Im Kap. 12 wird die Funktionsweise der digitalen Regelung erläutert und das dabei auftretende Problem der Frequenzverfälschung in zeitdiskreten Signalen bei Abtastung mit zu tiefer Abtastrate aufgezeigt. Sinngemäß gleich wie in den Kap. 2–4 werden zeitdiskrete dynamische Systeme mit Zustandsraummodellen beschrieben und im zeitinvarianten Fall mit der $\mathcal{Z}$-Transformation analysiert. Im Synthese-Teil wird das zeitdiskrete Kalman-Bucy-Filter vorgestellt. Zudem werden Möglichkeiten für den (direkten) Entwurf zeitdiskreter Regler diskutiert. Aber ein Schwergewicht wird bei der Umsetzung von bereits entworfenen zeitkontinuierlichen Reglern auf äquivalente zeitdiskrete Regler gelegt. Abschließend werden die Wahl der Abtast- und Regelrate und der Verlust an Stabilitätsreserve beim Übergang von zeitkontinuierlicher auf zeitdiskrete Regelung behandelt.

Literatur zu Kapitel 1

1. K. Ogata: *System Dynamics*. 3. Aufl. Englewood Cliffs: Prentice-Hall 1997.
2. H. Kwakernaak, R. Sivan: *Modern Signals and Systems.* Englewood Cliffs: Prentice-Hall 1991.
3. O. Föllinger: *Regelungstechnik.* 8. Aufl. Heidelberg: Hüthig 1994.
4. G. F. Franklin, J. D. Powell, A. Emami-Naeini: *Feedback Control of Dynamic Systems.* 4. Aufl. Upper Saddle River: Pearson Education 2001.

Aufgaben zu Kapitel 1

1. Zeichne ein möglichst detailliertes Signalflußbild eines reibungsfreien Doppelpendels, das in einer Vertikalebene kleine Bewegungen um seine stabile Gleichgewichtslage herum ausführt, wobei beide Gelenke mit Elektromotoren ausgerüstet sind.
2. Zeichne ein Signalflußbild für die Vertikaldynamik eines Flugzeugs bei horizontalem, geradlinigem Flug.
3. Zeichne ein Signalflußbild, das die wesentlichen Aspekte des Systems Autofahrer, Lenksystem, Automobil beim Fahren auf einer Straße aufzeigt.

2 Analyse linearer zeitinvarianter Systeme im Frequenzbereich

In diesem Kapitel analysieren wir das dynamische Verhalten von Systemen, deren Dynamik durch gewöhnliche Differentialgleichungen mit konstanten Koeffizienten beschrieben wird, mit Hilfe der Laplace-Transformation. Dabei wird die unabhängige Variable t des Zeitbereiches durch die komplexe Variable s des Frequenzbereiches ersetzt.

Im Frequenzbereich ergibt sich im wesentlichen ein multiplikativer Zusammenhang zwischen der Eingangsgröße und der Ausgangsgröße des Systems. Der Multiplikator $G(s)$ wird im skalaren Fall Übertragungsfunktion, im Vektorfall Übertragungsmatrix genannt und spielt in der Analyse von linearen, zeitinvarianten Systemen eine zentrale Rolle.

Die Pole der Übertragungsfunktion bzw. Übertragungsmatrix legen die Stabilitätseigenschaften des Systems fest. Das eingeschwungene Verhalten eines asymptotisch stabilen Systems wird insbesondere für harmonische Eingangssignale untersucht, wobei die Kreisfrequenz ω als Parameter studiert wird. Der Betrag (Amplitudengang) und das Argument (Phasengang) des komplexen Frequenzganges $G(j\omega)$ beschreiben dieses frequenzabhängige Übertragungsverhalten.

2.1 Die Bewegungsgleichungen

Im skalaren Fall hat das System eine einzige Eingangsgröße u und eine einzige Ausgangsgröße y.

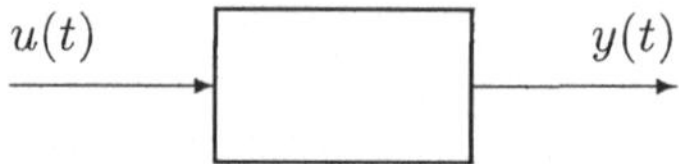

Bild 2.1. Skalarer Fall

Die Bewegungsgleichung des linearen zeitinvarianten Systems ist eine gewöhnliche lineare Differentialgleichung n-ter Ordnung mit konstanten Koeffizienten:

$$\begin{aligned} &y^{(n)}(t) + a_{n-1}y^{(n-1)}(t) + \cdots\cdots + a_2\ddot{y}(t) + a_1\dot{y}(t) + a_0y(t) \\ &= b_ku^{(k)}(t) + b_{k-1}u^{(k-1)}(t) + \cdots + b_2\ddot{u}(t) + b_1\dot{u}(t) + b_0u(t) \end{aligned}$$

oder in abgekürzter Schreibweise

$$y^{(n)}(t) + \sum_{j=0}^{n-1} a_jy^{(j)}(t) = \sum_{j=0}^{k} b_ju^{(j)}(t) \quad .$$

Sie beschreibt das dynamische Verhalten des Systems. Damit die Lösung y der Bewegungsgleichung bei gegebener Eingangsgröße $u(t)$, $t \geq 0$, für alle positiven Zeiten t berechnet werden kann, müssen die n Anfangsbedingungen ("Anfangszustand")

$$\begin{aligned} y(0) &= c_0 \\ \dot{y}(0) &= c_1 \\ \ddot{y}(0) &= c_2 \\ &\vdots \\ y^{(n-1)}(0) &= c_{n-1} \end{aligned}$$

bekannt sein.

Im Vektorfall hat das multivariable System m Eingangsgrößen $u_1, u_2, \ldots, u_m$ und p Ausgangsgrößen $y_1, y_2, \ldots, y_p$.

Bild 2.2. Vektorfall

Die Bewegungsgleichungen des linearen zeitinvarianten Systems bestehen aus p gewöhnlichen linearen Differentialgleichungen mit konstanten Koeffizienten, deren Ordnungen verschieden sein können.

$$y_1^{(n_1)}(t) + \sum_{i=1}^{p} \sum_{j=0}^{n_1-1} a_{1,i,j}y_i^{(j)}(t) = \sum_{i=1}^{m} \sum_{j=0}^{k_1} b_{1,i,j}u_i^{(j)}(t)$$

$$\vdots$$

$$y_p^{(n_p)}(t) + \sum_{i=1}^{p} \sum_{j=0}^{n_p-1} a_{p,i,j}y_i^{(j)}(t) = \sum_{i=1}^{m} \sum_{j=0}^{k_p} b_{p,i,j}u_i^{(j)}(t) \quad .$$

Damit die Lösungen $y_1, \ldots, y_p$ der p Bewegungsgleichungen bei gegebenen Eingangsgrößen $u_1(t), \ldots, u_m(t)$, $t \geq 0$, für alle positiven Zeiten t berechnet werden können, müssen die $n_1 + n_2 + \ldots + n_p$ Anfangsbedingungen

$$
\begin{aligned}
y_1(0) &= c_{1,0} \\
&\vdots \\
y_1^{(n_1-1)}(0) &= c_{1,n_1-1} \\
&\vdots \\
&\vdots \\
y_p(0) &= c_{p,0} \\
&\vdots \\
y_p^{(n_p-1)}(0) &= c_{p,n_p-1}
\end{aligned}
$$

bekannt sein.

2.2 Die Laplace-Transformation

Wir betrachten eine Funktion $x(t)$ für nichtnegative Zeiten $t \geq 0$. Die Laplace-Transformierte $X(s)$ ist eine Funktion der komplexen Frequenzvariablen s und ist definiert durch die Laplace-Integral-Transformation

$$X(s) = \mathcal{L}\{x(t)\} = \int_0^\infty e^{-st} x(t)\, dt \quad ,$$

sofern das Integral für den betrachteten Wert von s konvergiert.

Beispiel 1

Sprungfunktion $x(t) = h(t) = \begin{cases} 0 & \text{für } t = 0 \\ 1 & \text{für } t > 0 \end{cases}$

$$X(s) = \int_0^\infty e^{-st} dt = \frac{1}{s} \qquad (\text{für } \mathrm{Re}(s) > 0)$$

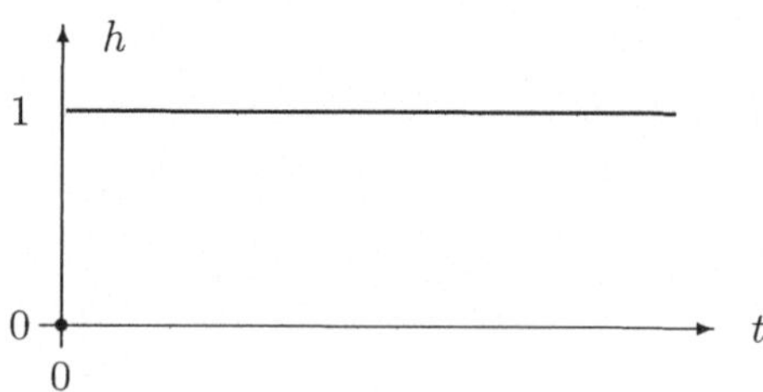

Bild 2.3. Sprungfunktion

Beachte: Die Einheitsfunktion

$$x(t) = \mathbb{1}(t) \equiv 1 \quad \text{für } t \geq 0$$

und die Sprungfunktion $h(t)$ haben die gleiche Laplace-Transformierte $X(s) = \frac{1}{s}$, da die Unstetigkeit der letzteren keinen Einfluß auf den Wert des Integrals hat.

Beispiel 2

$$\text{Impulsfunktion (Dirac-Stoß) } \delta(t) = \lim_{\epsilon \downarrow 0} \begin{cases} \dfrac{1}{\epsilon} & \text{für } 0 < t < \epsilon \\ 0 & \text{für } t = 0 \text{ und } t \geq \epsilon \end{cases}$$

$$X(s) = \int_0^\infty e^{-st} \delta(t)\, dt = 1$$

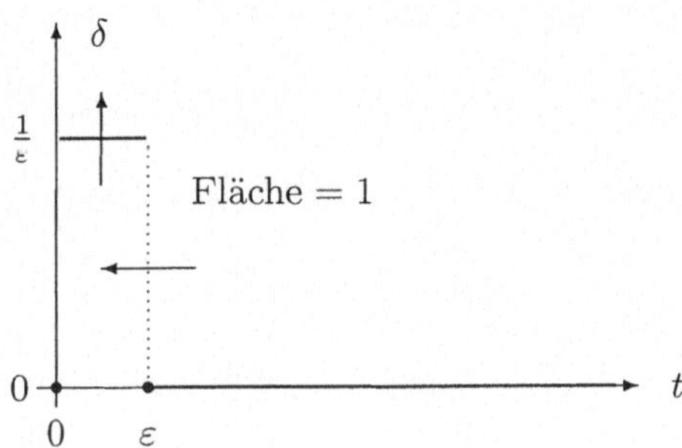

Bild 2.4. Impulsfunktion

Beispiel 3

Rampenfunktion $x(t) = t$

$$X(s) = \int_0^\infty e^{-st} t\, dt = -\frac{1}{s} e^{-st} t \Big|_0^\infty + \int_0^\infty \frac{1}{s} e^{-st} dt = -\frac{1}{s^2} e^{-st} \Big|_0^\infty = \frac{1}{s^2}$$

(für $Re(s) > 0$)

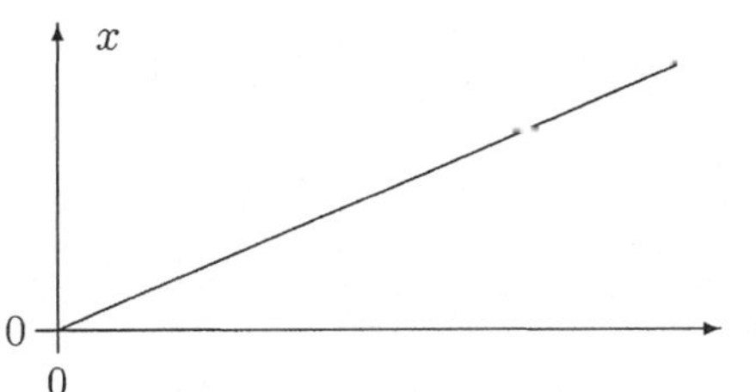

Bild 2.5. Rampenfunktion

Beispiel 4

Exponentialfunktion $x(t) = e^{at}$ (a reell)

$$X(s) = \int_0^\infty e^{(a-s)t} dt = \frac{1}{a-s}\, e^{(a-s)t} \Big|_0^\infty = \frac{1}{a-s}\, e^{(a-\sigma)t} e^{-j\omega t} \Big|_0^\infty = \frac{1}{s-a}\,,$$

wobei $s = \sigma + j\omega$; $\left|e^{j\omega t}\right| = 1$; Konvergenz für $\sigma > a$.

$\sigma = a$ wird deshalb Konvergenzabszisse genannt. (Analoges Resultat für a komplex; Konvergenzabszisse $\sigma = \mathrm{Re}(a)$.)

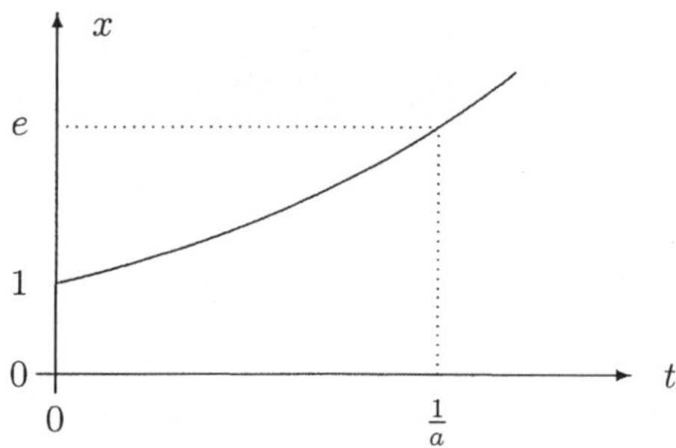

Bild 2.6. Exponentialfunktion

Beispiel 5

Harmonische Funktion[1] $x(t) = \cos(\omega t+\varphi)$

$$\begin{aligned} X(s) &= \int_0^\infty e^{-st} \cos(\omega t+\varphi)\, dt \\ &= -\frac{1}{s} e^{-st} \cos(\omega t+\varphi) \Big|_0^\infty - \frac{\omega}{s} \int_0^\infty e^{-st} \sin(\omega t+\varphi)\, dt \\ &= -\frac{1}{s} e^{-st} \cos(\omega t+\varphi) \Big|_0^\infty + \frac{\omega}{s^2} e^{-st} \sin(\omega t+\varphi) \Big|_0^\infty - \frac{\omega^2}{s^2} X(s) \\ &= \frac{\cos\varphi}{s} - \frac{\omega \sin\varphi}{s^2} - \frac{\omega^2}{s^2} X(s) \qquad (\text{für } \mathrm{Re}(s) > 0) \end{aligned}$$

Somit:

$$X(s) = \frac{s\cos\varphi - \omega\sin\varphi}{s^2 + \omega^2} \qquad (\text{für } \mathrm{Re}(s) > 0)$$

[1] Bezeichnungen: Kreisfrequenz ω in rad/s. Periode T in s aus $\omega T = 2\pi$; somit: $T = \frac{2\pi}{\omega}$. Frequenz $f = \frac{1}{T} = \frac{\omega}{2\pi}$ in Hz oder s^{-1}.

Spezialfälle:

$$\varphi = 0: \qquad \mathcal{L}\{\cos\omega t\} = \frac{s}{s^2+\omega^2}$$

$$\varphi = -\frac{\pi}{2}: \qquad \mathcal{L}\{\sin\omega t\} = \frac{\omega}{s^2+\omega^2}$$

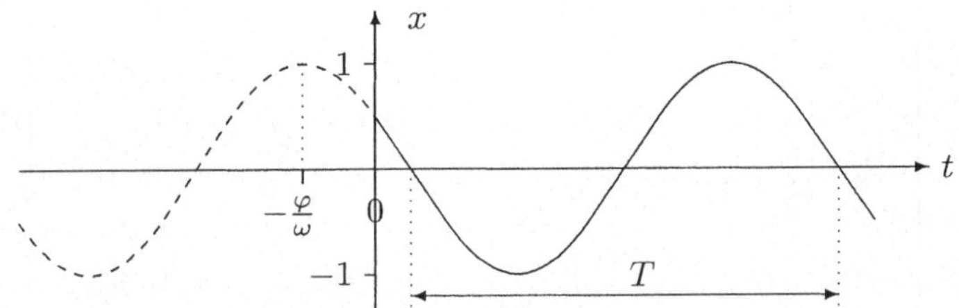

Bild 2.7. Harmonische Funktion

Beispiel 6

Dämpfungssatz

Gegeben: $X(s) = \mathcal{L}\{x(t)\}$ mit Konvergenzabszisse σ.

Gesucht: $\mathcal{L}\{e^{bt}x(t)\}$, b reell.

$$\mathcal{L}\{e^{bt}x(t)\} = \int_0^\infty e^{-st}e^{bt}x(t)\,dt = \int_0^\infty e^{-(s-b)t}x(t)\,dt = X(s-b)$$

mit Konvergenzabszisse $\sigma - b$.

Beispiel 7

Differentiationsregel

Gegeben: $X(s) = \mathcal{L}\{x(t)\}$ mit Konvergenzabszisse σ.

Gesucht: $\mathcal{L}\{\frac{dx(t)}{dt}\} = \mathcal{L}\{\dot{x}(t)\}$.

$$\mathcal{L}\{\dot{x}(t)\} = \int_0^\infty e^{-st}\dot{x}(t)\,dt = e^{-st}x(t)\Big|_0^\infty + s\int_0^\infty e^{-st}x(t)\,dt = sX(s) - x(0)$$

mit Konvergenzabszisse σ.

Die Laplace-Transformierten einiger wichtiger Funktionen sind in der Tabelle 2.1 zusammengestellt. Die wichtigsten Eigenschaften der Laplace-Transformation sind in der Tabelle 2.2 zusammengefaßt.

Tabelle 2.1 Wichtigste Laplace-Transformierte

$x(t) \quad (t \geq 0)$	$X(s)$
$\delta(t)$	1
$h(t),\ \mathbb{1}(t)$	$\frac{1}{s}$
t	$\frac{1}{s^2}$
$t^k \quad (k = 1, 2, \ldots)$	$\frac{k!}{s^{k+1}}$
e^{at}	$\frac{1}{s-a}$ (a reell oder komplex)
$1 - e^{-at}$	$\frac{a}{s\,(s+a)}$
$\cos \omega t$	$\frac{s}{s^2+\omega^2}$
$\sin \omega t$	$\frac{\omega}{s^2+\omega^2}$
$\cos(\omega t + \varphi)$	$\frac{s \cos \varphi - \omega \sin \varphi}{s^2+\omega^2}$
$\sin(\omega t + \varphi)$	$\frac{\omega \cos \varphi + s \sin \varphi}{s^2+\omega^2}$
$\cosh at$	$\frac{s}{s^2-a^2}$
$\sinh at$	$\frac{a}{s^2-a^2}$

Bemerkungen

1) Das Problem der Divergenz des Laplace-Integrals tritt nicht nur für die Exponential-, die Sprung-, die Rampenfunktion und die harmonische Funktion auf. Hat die komplexe Funktion $X(s)$ Pole, ist die Konvergenzabszisse des Integrals identisch mit dem größten (d.h. positivsten) der Realteile der Pole. In der Praxis brauchen wir uns nicht um diese Divergenz zu kümmern, sondern wir betrachten als Definitionsbereich der Laplace-Transformierten $X(s)$ die ganze komplexe Ebene C, mit Ausnahme der Pole von $X(s)$.

2) In den Beispielen 1 und 2 haben wir zwischen der Anfangszeit 0 und der Zeit $0_+ = \lim_{t \downarrow 0} t$ unmittelbar danach unterschieden. In der Literatur findet man oft die äquivalente Schreibweise 0_- für die Anfangszeit 0. (Zudem wird die oben definierte Laplace-Transformation $\mathcal{L}$ in [5, S. 10] zur Präzisierung mit $\mathcal{L}_-$ bezeichnet.)

Tabelle 2.2 Wichtigste Eigenschaften der Laplace-Transformation

Originalfunktion	Transformierte	Bemerkungen
$a_1x_1(t) + a_2x_2(t)$	$a_1X_1(s) + a_2X_2(s)$	Superpositionsprinzip
$\dot{x}(t)$	$sX(s) - x(0)$	Differentiationsregel
$\ddot{x}(t)$	$s^2X(s) - sx(0) - \dot{x}(0)$	
$\int_0^t x(\tau)d\tau$	$\frac{1}{s}X(s)$	Integrationsregel
$\left.\begin{matrix} x(t-T) \\ 0 \end{matrix}\right\}$ für $\begin{cases} t \geq T \geq 0 \\ t < T \end{cases}$	$e^{-sT}X(s)$	Verschiebungssatz
$x(at)$	$\frac{1}{a}X\left(\frac{s}{a}\right)$	Ähnlichkeitssatz
$\int_0^t x_1(t-\tau)x_2(\tau)d\tau = x_1 * x_2$	$X_1(s)X_2(s)$	Faltungssatz
$e^{bt}x(t)$	$X(s-b)$	Dämpfungssatz
$tx(t)$	$-\frac{d}{ds}X(s)$	Multiplikationssatz
$\frac{x(t)}{t}$	$\int_s^\infty X(s)\,ds$	Divisionssatz
$x(t)$ periodisch mit Periode T	$\frac{\int_0^T e^{-st}x(t)\,dt}{1-e^{-sT}}$	Periodische Funktion
$x(0+) = \lim_{t \downarrow 0} x(t) = \lim_{s \to \infty} sX(s)$		Anfangswertsatz *)
$\lim_{t \to \infty} x(t) = \lim_{s \to 0} sX(s)$		Endwertsatz *)
$\int_0^\infty \lvert x(t)\rvert^2 dt = \frac{1}{2\pi}\int_{-\infty}^\infty \lvert X(j\omega)\rvert^2 d\omega$		Parseval-Theorem

*) sofern die zeitlichen Grenzwerte existieren

3) Die stetig differenzierbare Funktion $x(t)$ und die unstetige Funktion $y_1(t) = h(t)x(t)$ haben identische Laplace-Transformierte. (Siehe $\mathbb{1}(t)$ und $h(t)$ im Beispiel 1). Dasselbe gilt für die stetige Funktion $\dot{x}(t)$ und die unstetige Funktion $y_2(t) = h(t)\dot{x}(t)$, usw.

4) Bei der Anwendung der Differentiationsregel müssen wir diesen subtilen Unterschieden Rechnung tragen. Beispiele:

$$\mathcal{L}\left\{\frac{d}{dt}h(t)\right\} = s\frac{1}{s} - 0 = 1 = \mathcal{L}\{\delta(t)\} \text{ , aber}$$

$$\mathcal{L}\left\{\frac{d}{dt}\mathbb{1}(t)\right\} = s\frac{1}{s} - 1 = 0 = \mathcal{L}\{0(t)\} \text{ .}$$

5) Solche Feinheiten werden beim Lösen der hier betrachteten Differentialgleichung n-ter Ordnung mit konstanten Koeffizienten,

$$\begin{aligned} &y^{(n)}(t) + \cdots + a_0 y(t) = b_k u^{(k)}(t) + \cdots + b_1 \dot{u}(t) + b_0 u(t) \\ &y^{(n-1)}(0) = 0 \ , \quad \cdots, \quad \dot{y}(0) = 0 \ , \quad y(0) = 0 \end{aligned}$$

relevant. Beispiele: a) Für $k = 0$ sind die Lösungen für $u(t) = h(t)$ und $u(t) = \mathbb{1}(t)$ identisch. b) Für $k = 1$ erhalten wir für $u(t) = h(t)$ und $u(t) = \mathbb{1}(t)$ unterschiedliche Lösungen. (Vgl. Aufgaben 3 u. 4.)

6) Eine vollständige Behandlung dieser für die Praxis nicht sehr wichtigen Details würde den Rahmen dieses Buches sprengen. Das dafür adäquate mathematische Hilfsmittel wäre die Distributionentheorie.[1]

7) Mit Hilfe des Dämpfungssatzes lassen sich die Transformationspaare in der Tabelle 2.1 sofort auf die entsprechenden mit e^{bt} (b reell) "gedämpften" Funktionen des Zeitbereiches ausdehnen, wobei in der Kolonne der Transformierten die komplexe Frequenzvariable s durch $s - b$ zu ersetzen ist.

[1] L. Schwartz: *Théorie des distributions.* 2. Aufl. Paris: Hermann 1957/59.

2.3 Lösung der Bewegungsgleichungen

2.3.1 System 1. Ordnung

Wir betrachten ein geschlossenes Gefäß mit Volumen V [m^3] und Oberfläche A [m^2]. Das Gefäß enthält eine Flüssigkeit mit Dichte ρ [kg $\cdot$ m^{-3}] und spezifischer Wärme c [J $\cdot$ K^{-1} $\cdot$ kg^{-1}], die mit einem Rührwerk stets gerührt wird, so daß die Übertemperatur T [K] der Flüssigkeit gegenüber der konstanten Temperatur der Umgebung an jeder Stelle immer gleich ist (homogene Temperaturverteilung). Mit einer Heiz-/Kühlvorrichtung wird der Flüssigkeit die Leistung $P(t)$ [W] zugeführt ($P > 0$) bzw. entzogen ($P < 0$). Die Gefäßwand ist unvollkommen isoliert und hat eine Wärmedurchgangszahl k [W $\cdot$ K^{-1} $\cdot$ m^{-2}]. Ihre Wärmekapazität wird vernachlässigt.

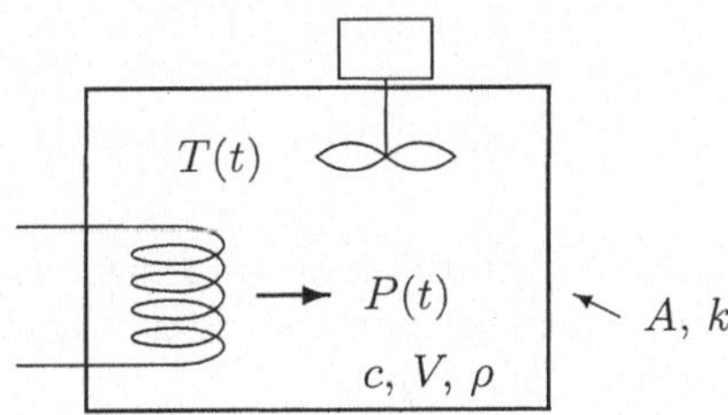

Bild 2.8. Rührkesselreaktor

Die Wärmeflußbilanz der Flüssigkeit zur Zeit t ergibt sich wie folgt:

$$cV\rho \frac{dT(t)}{dt} + kAT(t) = P(t)$$

oder in Worten:

Zunahme der gespeicherten Wärme pro Zeiteinheit
plus abfließende Wärmeleistung
gleich zugeführte Leistung.

Betrachten wir als Eingangsgröße die Heizleistung,

$$u(t) = P(t) \qquad [\mathrm{W}] \ ,$$

und als Ausgangsgröße die Übertemperatur,

$$y(t) = T(t) \qquad [\mathrm{K}] \ ,$$

erhalten wir mit den Substitutionen

$$a = \frac{kA}{cV\rho} = \frac{1}{\tau} \qquad [\mathrm{s}^{-1}] \qquad (\tau \text{ ist eine Zeitkonstante})$$

$$b = \frac{1}{cV\rho} \qquad [\mathrm{K} \cdot \mathrm{J}^{-1}]$$

die Differentialgleichung 1. Ordnung (Bewegungsgleichung) des Rührkesselreaktors

$$\frac{dy(t)}{dt} + ay(t) = bu(t) \quad . \tag{DG}$$

Wir suchen die Lösung $y(t)$ bei gegebenem Anfangszustand $y(0) = T(0) = T_0$ und für verschiedene zeitliche Verläufe der Eingangsgröße $u(t)$ (Sprung, Impuls, Rampe, harmonische Anregung).

Laplace-Transformationen:

$$\begin{aligned} \frac{dy(t)}{dt} &\circ\!\!-\!\!\bullet\; sY(s) - y(0) \\ ay(t) &\circ\!\!-\!\!\bullet\; aY(s) \\ bu(t) &\circ\!\!-\!\!\bullet\; bU(s) \\ \mathrm{DG} &\circ\!\!-\!\!\bullet\; sY(s) - y(0) + aY(s) = bU(s) \end{aligned}$$

Durch Anwenden der Laplace-Transformation wird die Differentialgleichung des Zeitbereiches in eine algebraische Gleichung des Frequenzbereiches übergeführt, die wir nach $Y(s)$ auflösen können

$$Y(s) = \frac{1}{s+a} y(0) + \frac{b}{s+a} U(s) \quad .$$

Unter Zuhilfenahme der Tabellen 2.1 und 2.2 erhalten wir die Lösung

$$y(t) = e^{-at} y(0) + e^{-at} b * u(t) = e^{-at} y(0) + \int_0^t e^{-a(t-\beta)} bu(\beta) d\beta \quad .$$

a) Konstante Leistung (Sprungantwort)

$$\begin{aligned} u(t) &= P(t) \equiv P_0 \quad \text{für } t \geq 0 \\ y(0) &= T_0 \end{aligned}$$

Indem wir das Faltungsintegral ausrechnen, erhalten wir

$$y(t) = T(t) = e^{-at} T_0 + P_0 \frac{b}{a} \left(1 - e^{-at}\right)$$

$$\text{mit} \quad a = \frac{kA}{cV\rho} = \frac{1}{\tau} \qquad \text{(Zeitkonstante } \tau\text{)}$$

$$\text{und} \quad \frac{b}{a} = \frac{1}{kA} \qquad \text{(statischer Übertragungsfaktor)} \; .$$

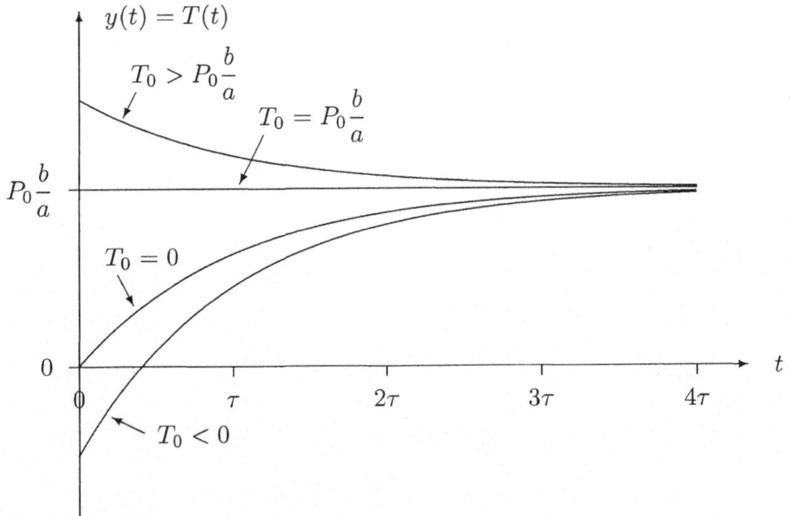

Bild 2.9. Sprungantwort des Rührkesselreaktors: Temperaturverlauf für verschiedene Anfangsbedingungen

b) Energiestoß (Impulsantwort)

$$u(t) = P(t) = E_0 \delta(t)$$
$$y(0) = T_0$$

Mit der Laplace-Transformation

$$\delta(t) \circ\!\!-\!\!\!-\!\!\bullet\, 1$$

erhalten wir im Frequenzbereich

$$Y(s) = \frac{1}{s+a} y(0) + \frac{b}{s+a} E_0$$

und durch Rücktransformation die Lösung

$$y(t) = T(t) = \begin{cases} T_0 & \text{für } t = 0 \\ (T_0 + bE_0) e^{-at} & \text{für } t > 0 \end{cases}$$

oder, kompakter geschrieben,

$$y(t) = T(t) = \left(T_0 + bE_0 h(t)\right) e^{-at} \quad .$$

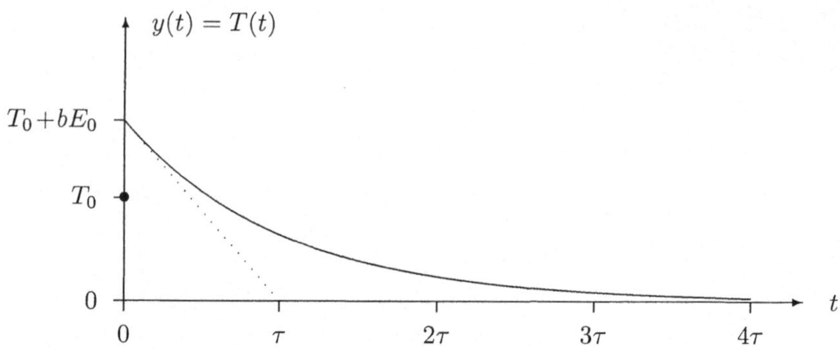

Bild 2.10. Impulsantwort des Rührkesselreaktors: Temperaturverlauf

c) Linear zunehmende Leistung (Rampenantwort)

$$u(t) = P(t) = P_0' t \quad \text{für } t \geq 0$$
$$y(0) = T_0$$

Im Frequenzbereich erhalten wir mit der Beziehung

$$t \circ\!\!-\!\!\bullet \frac{1}{s^2}$$

die Gleichung

$$Y(s) = \frac{1}{s+a} y(0) + \frac{b}{s+a} \frac{1}{s^2} P_0' \quad .$$

Den zweiten Term zerlegen wir mit dem Ansatz

$$\frac{b}{s+a} \frac{1}{s^2} = \frac{A}{s+a} + \frac{B}{s} + \frac{C}{s^2}$$

in Partialbrüche, wobei die Koeffizienten noch zu bestimmen sind:

$$b = As^2 + Bs(s+a) + C(s+a)$$

Koeffizientenvergleich:

$$\begin{aligned}
s^0 &: \quad b = Ca & &\Longrightarrow C = \frac{b}{a} \\
s^1 &: \quad 0 = Ba + C & &\Longrightarrow B = -\frac{b}{a^2} \\
s^2 &: \quad 0 = A + B & &\Longrightarrow A = \frac{b}{a^2}
\end{aligned}$$

Somit

$$Y(s) = \frac{1}{s+a} y(0) + P_0' \left(\frac{b}{a^2} \frac{1}{s+a} - \frac{b}{a^2} \frac{1}{s} + \frac{b}{a} \frac{1}{s^2} \right)$$
$$y(t) = T(t) = e^{-at} T_0 + P_0' \left(\frac{b}{a^2} \left(e^{-at} - 1 \right) + \frac{b}{a} t \right) \quad .$$

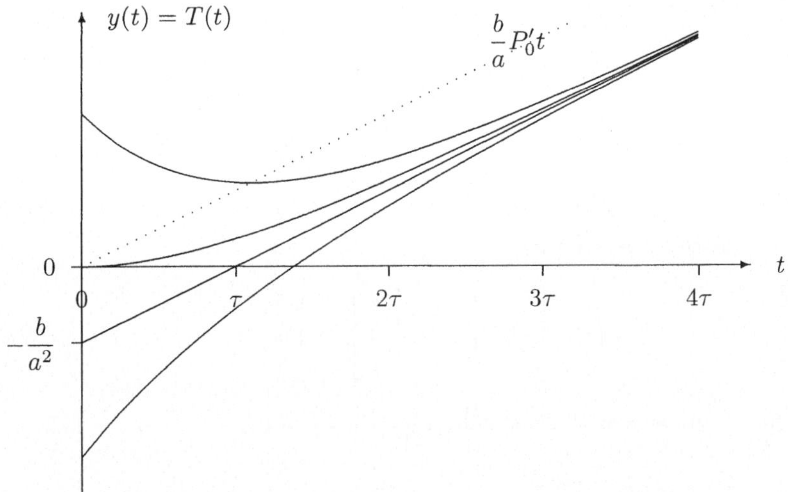

Bild 2.11. Rampenantwort des Rührkesselreaktors: Temperaturverlauf für verschiedene Anfangsbedingungen

d) Harmonisch schwingende Eingangsgröße

$$u(t) = P(t) = P_0 \cos \omega t \quad \text{für } t \geq 0$$
$$y(0) = T_0$$

Im Frequenzbereich erhalten wir mit der Beziehung

$$\cos \omega t \circ\!\!-\!\!\bullet \frac{s}{s^2 + \omega^2}$$

die Laplace-Transformierte der Eingangsgröße

$$U(s) = P_0 \frac{s}{s^2 + \omega^2}$$

und die Laplace-Transformierte der Lösung

$$Y(s) = \frac{1}{s+a} y(0) + P_0 \frac{b}{s+a} \frac{s}{s^2 + \omega^2} \quad .$$

Den zweiten Summanden zerlegen wir wiederum in Partialbrüche

$$\frac{b}{s+a} \frac{s}{s^2 + \omega^2} = \frac{A}{s+a} + \frac{B + Cs}{s^2 + \omega^2} \quad .$$

Der Koeffizientenvergleich im Zähler ergibt:

$$bs = A(s^2 + \omega^2) + (B + Cs)(s + a)$$

$$\begin{aligned} s^2 &: \quad 0 = A + C \\ s &: \quad b = B + aC \\ 1 &: \quad 0 = \omega^2 A + aB \end{aligned}$$

oder in Matrizenschreibweise

$$\begin{bmatrix} 1 & 0 & 1 \\ 0 & 1 & a \\ \omega^2 & a & 0 \end{bmatrix} \begin{bmatrix} A \\ B \\ C \end{bmatrix} = \begin{bmatrix} 0 \\ b \\ 0 \end{bmatrix} .$$

Mit der Cramerschen Regel erhalten wir die Lösung

$$A = \frac{-ab}{a^2 + \omega^2} \qquad B = \frac{b\omega^2}{a^2 + \omega^2} \qquad C = \frac{ab}{a^2 + \omega^2} .$$

Somit gilt

$$Y(s) = \frac{1}{s+a} y(0) + P_0 \left(\frac{-ab}{a^2+\omega^2} \frac{1}{s+a} + \frac{b\omega}{a^2+\omega^2} \frac{\omega}{s^2+\omega^2} + \frac{ab}{a^2+\omega^2} \frac{s}{s^2+\omega^2} \right) .$$

Mit den Korrespondenzen

$$\begin{aligned} \sin \omega t &\circ\!\!-\!\!\bullet \frac{\omega}{s^2 + \omega^2} \\ \cos \omega t &\circ\!\!-\!\!\bullet \frac{s}{s^2 + \omega^2} \\ \cos(\omega t + \varphi) &\circ\!\!-\!\!\bullet \frac{s \cos \varphi - \omega \sin \varphi}{s^2 + \omega^2} \end{aligned}$$

der Tabelle 2.1 erhalten wir

$$\begin{aligned} y(t) &= e^{-at} T_0 + P_0 \left(\frac{-ab}{a^2 + \omega^2} e^{-at} + \frac{b\omega}{a^2 + \omega^2} \sin \omega t + \frac{ab}{a^2 + \omega^2} \cos \omega t \right) \\ &= \underbrace{\left(T_0 - P_0 \frac{ab}{a^2 + \omega^2} \right) e^{-at}}_{\text{transiente Antwort}} + \underbrace{P_0 \frac{b}{\sqrt{a^2 + \omega^2}} \cos \left(\omega t - \arctan \frac{\omega}{a} \right)}_{\text{stationäre Antwort}} . \end{aligned}$$

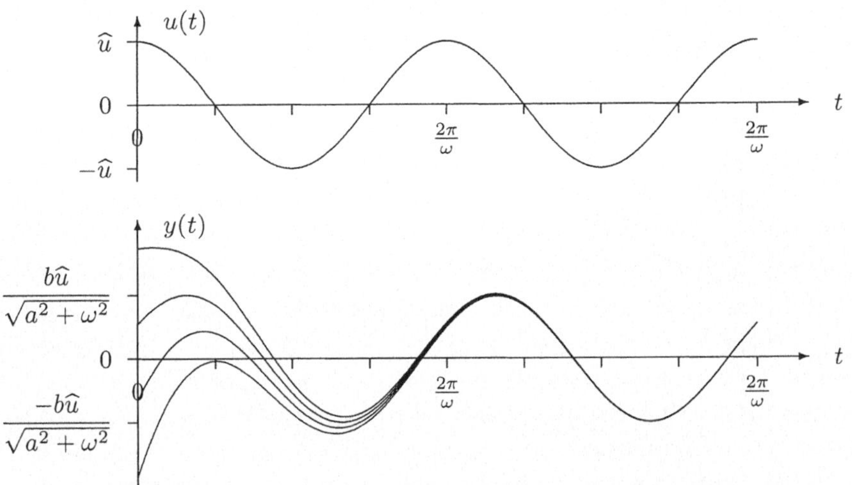

Bild 2.12. Antwort des Rührkesselreaktors auf ein harmonisches Eingangssignal mit $\widehat{u}=P_0$: Temperaturverlauf für verschiedene Anfangsbedingungen $y_0=T_0\neq 0$

Im stationären Fall, d.h. wenn der transiente Term abgeklungen ist, schwingt die Übertemperatur mit der anregenden Kreisfrequenz ω, aber phasenverschoben (nacheilend).

Eingangsamplitude: $\widehat{u} = P_0$

Ausgangsamplitude: $\widehat{y} = \widehat{T} = P_0 \frac{b}{\sqrt{a^2+\omega^2}}$

Amplitudenverhältnis: $\frac{\widehat{y}}{\widehat{u}} = \frac{b}{\sqrt{a^2+\omega^2}} = \left|\frac{b}{s+a}\right|_{|s=j\omega} = \left|\frac{b}{j\omega+a}\right|$

Statischer Übertragungsfaktor: $\frac{b}{a}$ (Amplitudenverhältnis für $\omega = 0$)

Phasenverschiebung: $\angle y - \angle u = -\arctan\frac{\omega}{a} = \arg\frac{b}{s+a}_{|s=j\omega} = \arg\frac{b}{j\omega+a}$

Im Bild 2.13 sind der Amplitudengang $\widehat{y}/\widehat{u} = b/|j\omega + a|$ und der Phasengang $\angle y - \angle u = \arg(b/(j\omega+a))$ eingezeichnet, mit logarithmischer Skala für die Abszisse und mit linearen Skalen für die Ordinaten.

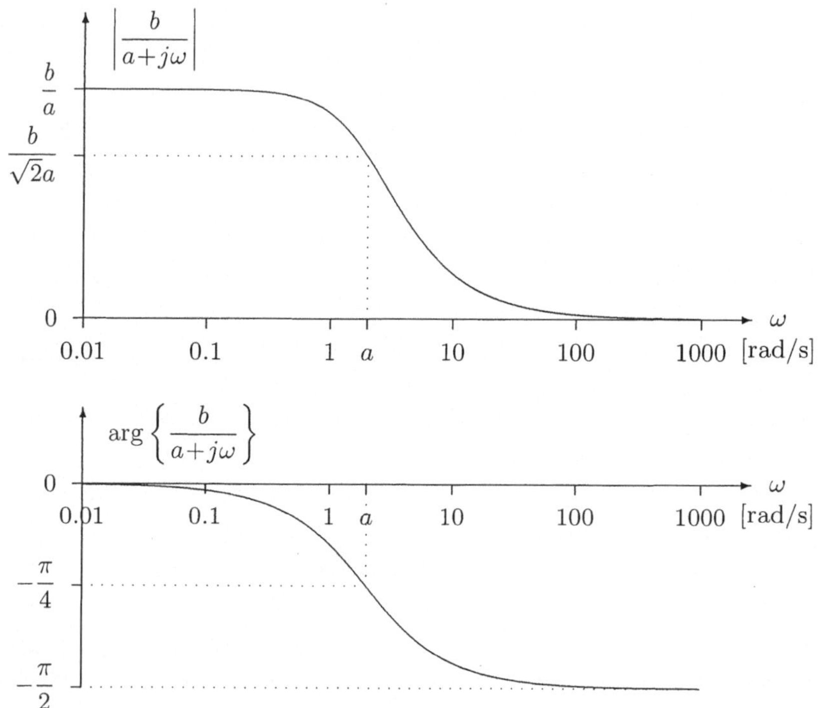

Bild 2.13. Amplitudengang und Phasengang des Rührkesselreaktors (siehe auch Bode-Diagramme im Bild 2.20 und im Anhang 2)

2.3.2 System 2. Ordnung

Wir betrachten einen gedämpften Feder-Masse-Schwinger bestehend aus einer Masse m [kg], einer Feder mit der Federkonstanten k [N/m] und einem linearen Stoßdämpfer mit dem Reibungskoeffizenten c [N s/m]. Wir wollen die Verschiebung y [m] der Masse, bezogen auf die Gleichgewichtslage $y(t) \equiv 0$, unter dem Einfluß verschiedener Kraftverläufe $F(t)$ [N] für $t \geq 0$ bei gegebenen Anfangsbedingungen (Anfangsposition und Anfangsgeschwindigkeit) berechnen.

Die Bewegungsgleichung und ihre Randbedingungen lauten

$$m\ddot{y}(t) + c\dot{y}(t) + ky(t) = F(t)$$
$$y(0) = y_0$$
$$\dot{y}(0) = v_0 \quad .$$

Betrachten wir als Eingangssignal die Kraft,

$$u(t) = F(t) \quad ,$$

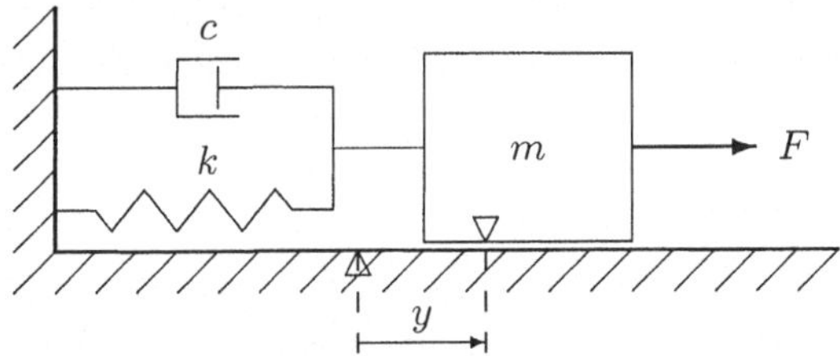

Bild 2.14. Gedämpfter Feder-Masse-Schwinger

und als Ausgangsgröße die Position y, erhalten wir mit den Substitutionen

$$\omega_0 = \sqrt{\frac{k}{m}} \qquad \text{(Resonanzfrequenz des ungedämpften Schwingers)}$$

$$\zeta = \frac{c}{2\sqrt{mk}} \qquad \text{(normierte, dimensionslose Dämpfungszahl)}$$

die Bewegungsgleichung

$$\ddot{y}(t) + 2\zeta\omega_0\dot{y}(t) + \omega_0^2 y(t) = \frac{1}{m}u(t) \quad .$$

Für die allgemeine Schreibweise $\ddot{y}(t) + a_1\dot{y}(t) + a_0 y(t) = b_0 u(t)$ ergeben sich die Koeffizienten

$$a_1 = 2\zeta\omega_0 \qquad a_0 = \omega_0^2 \qquad b_0 = \frac{1}{m}$$

und der statische Übertragungsfaktor

$$\frac{b_0}{a_0} = \frac{1}{k} \quad .$$

Im Frequenzbereich finden wir die algebraische Gleichung

$$(s^2 + 2\zeta\omega_0 s + \omega_0^2)Y(s) = (s + 2\zeta\omega_0)y_0 + v_0 + \frac{1}{m}U(s)$$

für die Laplace-Transformierte $Y(s)$ der gesuchten Position y. Im Frequenzbereich erhalten wir die Lösung

$$Y(s) = \frac{(s + 2\zeta\omega_0)y_0 + v_0}{s^2 + 2\zeta\omega_0 s + \omega_0^2} + \frac{1/m}{s^2 + 2\zeta\omega_0 s + \omega_0^2}U(s) \quad ,$$

die wir mittels quadratischer Ergänzung wie folgt neu schreiben:

$$Y(s) = \frac{(s + \zeta\omega_0)y_0 + \zeta\omega_0 y_0 + v_0}{(s + \zeta\omega_0)^2 + (1 - \zeta^2)\omega_0^2} + \frac{1/m}{(s + \zeta\omega_0)^2 + (1 - \zeta^2)\omega_0^2}U(s) \quad .$$

Bei der Rücktransformation von $Y(s)$ in den Zeitbereich zur Bestimmung der Lösung $y(t)$ müssen wir beachten, daß das Vorzeichen des zweiten Summanden im Nenner bei $\zeta = 1$ sein Vorzeichen wechselt

$$(1-\zeta^2)\omega_0^2 \begin{cases} > 0 & \text{für } \zeta < 1 \\ = 0 & \text{für } \zeta = 1 \\ < 0 & \text{für } \zeta > 1 \end{cases} .$$

Wir nennen die Dämpfung des Systems in diesen drei Fällen

$$\begin{array}{ll} \text{unterkritisch:} & 0 \leq \zeta < 1 \\ \text{kritisch:} & \zeta = 1 \\ \text{überkritisch:} & \zeta > 1 \ . \end{array}$$

Mit Hilfe der Tabellen 2.1 und 2.2 (Dämpfungssatz und Faltungssatz) berechnen wir die folgenden Lösungen $y(t)$ im Zeitbereich:

bei unterkritischer Dämpfung ($\zeta < 1$):

$$y(t) = y_0 e^{-\zeta\omega_0 t}\cos\left(\sqrt{1-\zeta^2}\omega_0 t\right) + \frac{\zeta\omega_0 y_0 + v_0}{\sqrt{1-\zeta^2}\omega_0} e^{-\zeta\omega_0 t}\sin\left(\sqrt{1-\zeta^2}\omega_0 t\right)$$
$$+ \frac{1/m}{\sqrt{1-\zeta^2}\omega_0}\int_0^t e^{-\zeta\omega_0\tau}\sin\left(\sqrt{1-\zeta^2}\omega_0\tau\right)u(t-\tau)d\tau$$

bei kritischer Dämpfung ($\zeta = 1$):

$$y(t) = y_0 e^{-\omega_0 t} + (\omega_0 y_0 + v_0)te^{-\omega_0 t} + \frac{1}{m}\int_0^t e^{-\omega_0\tau}\tau u(t-\tau)d\tau$$

bei überkritischer Dämpfung ($\zeta > 1$):

$$y(t) = y_0 e^{-\zeta\omega_0 t}\cosh\left(\sqrt{\zeta^2-1}\omega_0 t\right) + \frac{\zeta\omega_0 y_0 + v_0}{\sqrt{\zeta^2-1}\omega_0} e^{-\zeta\omega_0 t}\sinh\left(\sqrt{\zeta^2-1}\omega_0 t\right)$$
$$+ \frac{1/m}{\sqrt{\zeta^2-1}\omega_0}\int_0^t e^{-\zeta\omega_0\tau}\sinh\left(\sqrt{\zeta^2-1}\omega_0\tau\right)u(t-\tau)d\tau \ .$$

a) *Konstante Kraft (Sprungantwort)*

$$u(t) = F(t) \equiv F_0 \quad \text{für } t \geq 0$$

Durch Ausrechnen des Faltungsintegrals (mittels einmaliger [$\zeta = 1$] bzw. zweimaliger partieller Integration [$\zeta \neq 1$]) oder durch Einsetzen von

$$U(s) = F_0\frac{1}{s}$$

in die Frequenzbereichsgleichung und Partialbruchzerlegung finden wir

bei unterkritischer Dämpfung ($\zeta < 1$):

$$y(t) = y_0 e^{-\zeta\omega_0 t}\cos\left(\sqrt{1-\zeta^2}\omega_0 t\right) + \frac{\zeta\omega_0 y_0 + v_0}{\sqrt{1-\zeta^2}\omega_0} e^{-\zeta\omega_0 t}\sin\left(\sqrt{1-\zeta^2}\omega_0 t\right)$$
$$+ \frac{F_0}{k}\left\{1 - e^{-\zeta\omega_0 t}\cos\left(\sqrt{1-\zeta^2}\omega_0 t\right) - \frac{\zeta}{\sqrt{1-\zeta^2}} e^{-\zeta\omega_0 t}\sin\left(\sqrt{1-\zeta^2}\omega_0 t\right)\right\}$$

bei kritischer Dämpfung ($\zeta = 1$):

$$y(t) = y_0 e^{-\omega_0 t} + (\omega_0 y_0 + v_0) t e^{-\omega_0 t} + \frac{F_0}{k}\left\{1 - e^{-\omega_0 t} - \omega_0 t e^{-\omega_0 t}\right\}$$

bei überkritischer Dämpfung ($\zeta > 1$):

$$y(t) = y_0 e^{-\zeta\omega_0 t}\cosh\left(\sqrt{\zeta^2-1}\omega_0 t\right) + \frac{\zeta\omega_0 y_0 + v_0}{\sqrt{\zeta^2-1}\omega_0} e^{-\zeta\omega_0 t}\sinh\left(\sqrt{\zeta^2-1}\omega_0 t\right)$$
$$+ \frac{F_0}{k}\left\{1 - e^{-\zeta\omega_0 t}\cosh\left(\sqrt{\zeta^2-1}\omega_0 t\right) - \frac{\zeta}{\sqrt{\zeta^2-1}} e^{-\zeta\omega_0 t}\sinh\left(\sqrt{\zeta^2-1}\omega_0 t\right)\right\}$$

Wie aus dem Bild 2.15 ersichtlich ist, überschwingt die Sprungantwort nur bei unterkritischer Dämpfung des Feder-Masse-Schwingers.

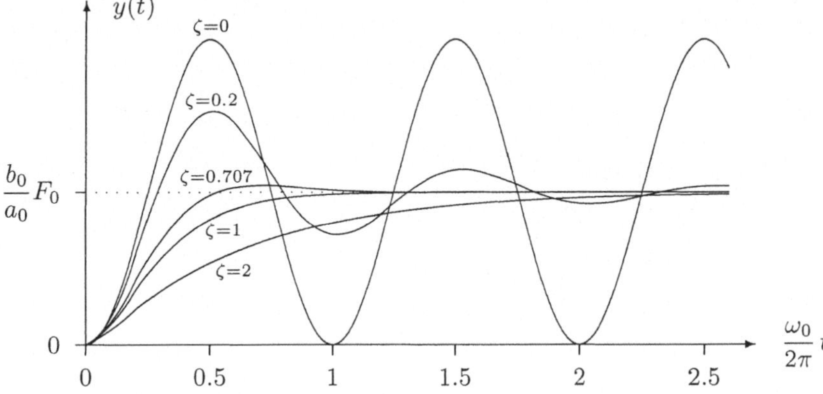

Bild 2.15. Sprungantworten des Feder-Masse-Schwingers für verschiedene Dämpfungszahlen bei anfänglicher Ruhelage

In der Analyse der nachfolgenden Eingangssignale $u(t)$ setzen wir die Anfangsbedingungen $y_0 = 0$ und $v_0 = 0$ (Ruhelage) ein, da der Einfluß der Anfangsbedingungen auf die transienten Antworten nach dem Superpositionsprinzip überlagert werden kann und in den obigen Formeln für die Sprungantworten bereits wiedergegeben worden ist (Terme, die y_0 und v_0 enthalten).

b) Kraftstoß (Impulsantwort)

$$u(t) = F(t) = I_0\delta(t)$$

Für $y_0 = 0$ und $v_0 = 0$ haben wir im Frequenzbereich

$$Y(s) = \frac{1/m}{(s+\zeta\omega_0)^2 + (1-\zeta^2)\omega_0^2} U(s)$$

gefunden. Mit

$$U(s) = I_0$$

ergeben sich die Impulsantworten

bei unterkritischer Dämpfung ($\zeta < 1$):

$$y(t) = \frac{I_0}{m\sqrt{1-\zeta^2}\omega_0} e^{-\zeta\omega_0 t} \sin\left(\sqrt{1-\zeta^2}\omega_0 t\right)$$

bei kritischer Dämpfung ($\zeta = 1$):

$$y(t) = \frac{I_0}{m} t e^{-\omega_0 t}$$

bei überkritischer Dämpfung ($\zeta > 1$):

$$y(t) = \frac{I_0}{m\sqrt{\zeta^2-1}\omega_0} e^{-\zeta\omega_0 t} \sinh\left(\sqrt{\zeta^2-1}\omega_0 t\right) .$$

Wie aus dem Bild 2.16 ersichtlich ist, kreuzt die Impulsantwort die Abszisse nur bei unterkritischer Dämpfung. Die Wirkung eines Kraftstoßes ist von der transienten Antwort bei anfänglicher Position $y_0 = 0$ mit nicht verschwindender Anfangsgeschwindigkeit v_0 nicht zu unterscheiden. In der Tat besagt der Impulssatz, daß der Kraftstoß eine Anfangsgeschwindigkeit

$$v_0 = \frac{I_0}{m} ,$$

aber anfänglich noch keine Verschiebung verursacht.

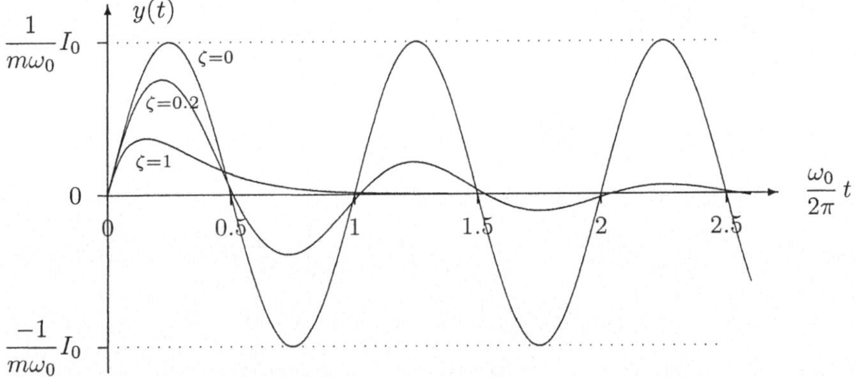

Bild 2.16. Impulsantworten des Feder-Masse-Schwingers für verschiedene Dämpfungszahlen bei anfänglicher Ruhelage

c) Harmonische Anregungskraft

$$u(t) = F(t) = \widehat{F}\cos\omega t = \widehat{u}\cos\omega t \qquad \widehat{u} = \widehat{F} \qquad (t \geq 0)$$

Im Frequenzbereich erhalten wir für die Eingangsgröße

$$U(s) = \frac{s}{s^2+\omega^2}\widehat{u}$$

und für die Ausgangsgröße bei anfänglichem Ruhezustand

$$Y(s) = \frac{1/m}{(s+\zeta\omega_0)^2 + (1-\zeta^2)\omega_0^2}\,\frac{s}{s^2+\omega^2}\widehat{u} \ .$$

Für die Partialbruchzerlegung von $Y(s)$ machen wir den Ansatz

$$Y(s) = \frac{As+B}{(s+\zeta\omega_0)^2 + (1-\zeta^2)\omega_0^2} + \frac{Cs+D}{s^2+\omega^2}$$

und erhalten für die Konstanten A, B, C und D durch Koeffizientenvergleich

$$A = \frac{(\omega^2-\omega_0^2)/m}{\left(\omega^2-\omega_0^2\right)^2 + 4\zeta^2\omega_0^2\omega^2}\widehat{u} \qquad B = \frac{-2\zeta\omega_0^3/m}{\left(\omega^2-\omega_0^2\right)^2 + 4\zeta^2\omega_0^2\omega^2}\widehat{u}$$

$$C = \frac{(\omega_0^2-\omega^2)/m}{\left(\omega^2-\omega_0^2\right)^2 + 4\zeta^2\omega_0^2\omega^2}\widehat{u} \qquad D = \frac{2\zeta\omega_0\omega^2/m}{\left(\omega^2-\omega_0^2\right)^2 + 4\zeta^2\omega_0^2\omega^2}\widehat{u} \ .$$

Auf den erzwungenen Antwortanteil von $Y(s)$ wollen wir die Korrespondenz

$$\cos(\omega t+\varphi) \circ\!\!-\!\!\bullet \frac{s\cos\varphi - \omega\sin\varphi}{s^2+\omega^2}$$

anwenden. Dazu müssen wir aus C und D einen gemeinsamen Faktor ausklammern, so daß die trigonometrischen Funktionen $\sin\varphi$ und $\cos\varphi$ zum Vorschein kommen. (N. B.: $\sin^2\varphi + \cos^2\varphi = 1$.) Auf diese Art finden wir

$$\frac{Cs+D}{s^2+\omega^2} = \frac{\widehat{u}/m}{\sqrt{(\omega^2-\omega_0^2)^2 + 4\zeta^2\omega_0^2\omega^2}} \frac{s\cos\varphi - \omega\sin\varphi}{s^2+\omega^2}$$

$$\text{mit} \quad \sin\varphi = \frac{-2\zeta\omega_0\omega}{\sqrt{(\omega^2-\omega_0^2)^2 + 4\zeta^2\omega_0^2\omega^2}}$$

$$\text{und} \quad \cos\varphi = \frac{\omega_0^2-\omega^2}{\sqrt{(\omega^2-\omega_0^2)^2 + 4\zeta^2\omega_0^2\omega^2}} \; .$$

Schließlich erhalten wir die folgende Rücktransformierte $y(t)$ von $Y(s)$

$$y(t) = \widetilde{y}(t) + \frac{\widehat{u}/m}{\sqrt{(\omega^2-\omega_0^2)^2 + 4\zeta^2\omega_0^2\omega^2}} \cos(\omega t + \varphi)$$

$$\text{mit} \qquad \varphi = -\arctan\frac{2\zeta\omega_0\omega}{\omega_0^2-\omega^2} \qquad (\text{im Bereich } 0\ldots-\pi)\; .$$

Der transiente Term $\widetilde{y}(t)$ ist

bei unterkritischer Dämpfung ($\zeta < 1$):

$$\widetilde{y}(t) = \frac{\widehat{u}}{m}\frac{e^{-\zeta\omega_0 t}}{(\omega^2-\omega_0^2)^2 + 4\zeta^2\omega_0^2\omega^2} \times \left\{(\omega^2-\omega_0^2)\cos\left(\sqrt{1-\zeta^2}\omega_0 t\right) - \frac{\zeta(\omega^2+\omega_0^2)}{\sqrt{1-\zeta^2}}\sin\left(\sqrt{1-\zeta^2}\omega_0 t\right)\right\}$$

bei kritischer Dämpfung ($\zeta = 1$):

$$\widetilde{y}(t) = \frac{\widehat{u}}{m}\frac{e^{-\omega_0 t}}{(\omega^2+\omega_0^2)^2}\left\{(\omega^2-\omega_0^2) - (\omega^2+\omega_0^2)\omega_0 t\right\}$$

bei überkritischer Dämpfung ($\zeta > 1$):

$$\widetilde{y}(t) = \frac{\widehat{u}}{m}\frac{e^{-\zeta\omega_0 t}}{(\omega^2-\omega_0^2)^2 + 4\zeta^2\omega_0^2\omega^2} \times \left\{(\omega^2-\omega_0^2)\cosh\left(\sqrt{\zeta^2-1}\omega_0 t\right) - \frac{\zeta(\omega^2+\omega_0^2)}{\sqrt{\zeta^2-1}}\sinh\left(\sqrt{\zeta^2-1}\omega_0 t\right)\right\} \; .$$

Nachdem der transiente Anteil $\widetilde{y}(t)$ der Antwort $y(t)$ abgeklungen ist ($\zeta > 0$), verbleibt eine harmonische Bewegung mit der Amplitude $\widehat{y}$, die der anregenden Kraft phasenverschoben nacheilt ($\varphi < 0$).

Der Amplitudengang

$$\frac{\widehat{y}}{\widehat{u}} = \frac{1/m}{|(s+\zeta\omega_0)^2 + (1-\zeta^2)\omega_0^2|_{s=j\omega}} = \frac{1/m}{\sqrt{(\omega^2-\omega_0^2)^2 + 4\zeta^2\omega_0^2\omega^2}}$$

und der Phasengang

$$\angle y - \angle u = \arg\left\{\frac{1/m}{(s+\zeta\omega_0)^2 + (1-\zeta^2)\omega_0^2}\right\}_{s=j\omega} = -\arctan\frac{2\zeta\omega_0\omega}{\omega_0^2-\omega^2}$$

des Systems 2. Ordnung sind im Bild 2.17 eingezeichnet, mit logarithmischer Skala für die Abszisse und mit linearen Skalen für die Ordinaten.

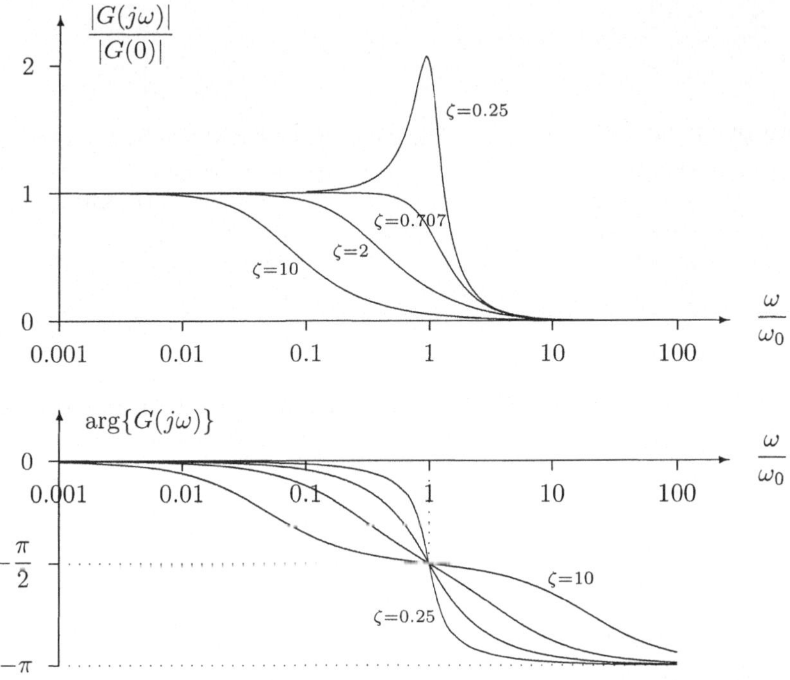

Bild 2.17. Amplitudengang und Phasengang des Feder-Masse-Schwingers (siehe auch Bode-Diagramme im Bild 2.21 und im Anhang 2)

Im Bild 2.18 sind die Pole der sogenannten Übertragungsfunktion (vgl. Kap. 2.4)

$$G(s) = \frac{Y(s)}{U(s)} = \frac{1/m}{(s+\zeta\omega_0)^2 + (1-\zeta^2)\omega_0^2}$$

für je einen Fall unterkritischer, kritischer und überkritischer Dämpfung in der komplexen Ebene eingezeichnet. Für unterkritische Dämpfung ist der geometrische Ort für die Pollage bei variabler Dämpfungszahl ζ (und festem ω_0) ein Halbkreis und bei variabler Kreisfrequenz ω_0 (und festem ζ) je ein Strahl durch den Koordinatenursprung.

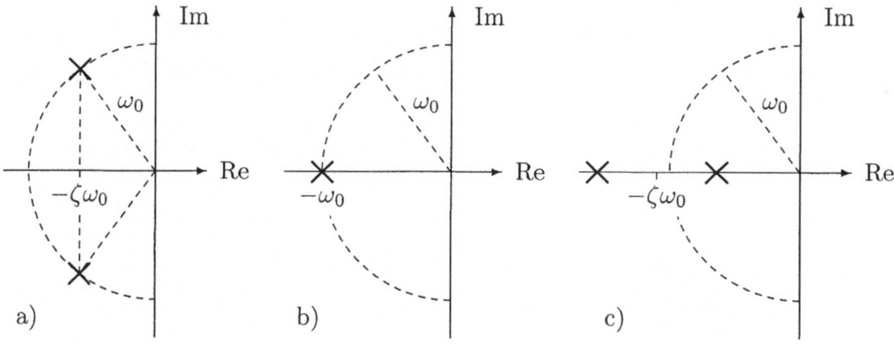

Bild 2.18. Pole der Übertragungsfunktion des Feder-Masse-Schwingers. a) unterkritische Dämpfung, $\zeta < 1$, konjugiert-komplexe Pole bei $-\zeta\omega_0 \pm j\sqrt{1-\zeta^2}\omega_0$; b) kritische Dämpfung, $\zeta = 1$, Doppelpol bei $-\omega_0$; c) überkritische Dämpfung, $\zeta > 1$, reelle Pole bei $-\zeta\omega_0 \pm \sqrt{\zeta^2-1}\omega_0$.

2.3.3 System n. Ordnung

Für ein System mit einem einzigen Eingangssignal u und einem einzigen Ausgangssignal y gemäß Bild 2.1 betrachten wir die allgemeinste lineare Differentialgleichung des Kapitels 2.1

$$\begin{aligned} &y^{(n)}(t) + a_{n-1}y^{(n-1)}(t) + \cdots\cdots + a_1\dot{y}(t) + a_0 y(t) \\ &= b_k u^{(k)}(t) + b_{k-1}u^{(k-1)}(t) + \cdots + b_1\dot{u}(t) + b_0 u(t) \end{aligned}$$

mit den Anfangsbedingungen

$$y(0) = c_0 \qquad \dot{y}(0) = c_1 \qquad \cdots\cdots \qquad y^{(n-1)}(0) = c_{n-1}$$

und mit der vollständig bekannten Eingangsgröße $u(t)$ für $t \geq 0$.

Annahme: Wenn $k \geq 1$ ist, nehmen wir zur Vereinfachung der Darstellung (bei der Rücktransformation in den Zeitbereich) an, daß die Funktion $u^{(k-1)}(t)$ differenzierbar und die Funktionen $u^{(k-2)}(t), \ldots, \dot{u}(t), u(t)$ stetig differenzierbar seien (vgl. Bemerkungen 2–6 im Kap. 2.2).

Im Frequenzbereich erhalten wir die Lösung

$$\begin{aligned}
Y(s) &= \frac{b_k s^k + b_{k-1}s^{k-1} + \cdots + b_1 s + b_0}{s^n + a_{n-1}s^{n-1} + \cdots\cdots + a_1 s + a_0} U(s) \\
&+ \frac{y(0)(s^{n-1}+a_{n-1}s^{n-2}+\cdots+a_1)+\cdots+y^{(n-2)}(0)(s+a_{n-1})+y^{(n-1)}(0)}{s^n + a_{n-1}s^{n-1} + \cdots + a_1 s + a_0} \\
&- \frac{u(0)(b_k s^{k-1}+\cdots+b_1)+\cdots+u^{(k-2)}(0)(b_k s+b_{k-1})+u^{(k-1)}(0)b_k}{s^n + a_{n-1}s^{n-1} + \cdots + a_1 s + a_0} \; .
\end{aligned}$$

Wie wir bereits gesehen haben, können wir die Rücktransformation von $Y(s)$ in den Zeitbereich berechnen, indem wir die Summanden in "einfache" Partialbrüche zerlegen und diese mit Hilfe der Tabelle 2.1 einzeln zurücktransformieren. Für die Partialbruchzerlegung spielen einerseits die Pole der drei obigen Brüche, d.h. die Nullstellen des charakteristischen Polynoms

$$Q(s) = s^n + a_{n-1}s^{n-1} + \cdots + a_1 s + a_0$$

und andererseits die durch die Nullstellen des Nenners von $U(s)$ verursachten Unendlichkeitsstellen von $Y(s)$ eine Rolle.

Da die Koeffizienten $a_0, \ldots, a_{n-1}$ reell sind, sind die Nullstellen von $Q(s)$ entweder reell oder treten in konjugiert-komplexen Paaren $\sigma \pm j\omega$ auf. Dabei können auch Mehrfach-Nullstellen bzw. -Nullstellenpaare auftreten. Für den Ansatz einer Partialbruchzerlegung kann man wie folgt vorgehen:

für eine r-fache reelle Nennernullstelle $s = \sigma$

$$\text{Ansatz:} \qquad \frac{A_1}{s-\sigma} + \frac{A_2}{(s-\sigma)^2} + \cdots + \frac{A_r}{(s-\sigma)^r}$$

und für ein einfaches, konjugiert-komplexes Nennernullstellenpaar $\sigma \pm j\omega$

$$\text{Ansatz:} \qquad \frac{A(s-\sigma) + B\omega}{(s-\sigma)^2 + \omega^2} \; .$$

Mit der Tabelle 2.1 und mit Hilfe des Dämpfungssatzes (Tabelle 2.2) erhält man für diese Partialbrüche im Zeitbereich die Terme

$$A_1 e^{\sigma t} + A_2 t e^{\sigma t} + \cdots + A_r \frac{t^{r-1}e^{\sigma t}}{(r-1)!} \quad \text{bzw.} \quad A e^{\sigma t}\cos\omega t + B e^{\sigma t}\sin\omega t$$

der Systemantwort.

Für ein mehrfaches, konjugiert-komplexes Nennernullstellenpaar $\sigma \pm j\omega$ geht man zweckmäßigerweise gleich wie für mehrfache reelle Nennernullstellen vor (getrennte Behandlung der beiden komplexen Nullstellen) und benützt nach der Rücktransformation die Identitäten

$$\cos\omega t = \frac{e^{j\omega t} + e^{-j\omega t}}{2} \quad \text{und} \quad \sin\omega t = \frac{e^{j\omega t} - e^{-j\omega t}}{2j} \quad .$$

Man erhält dann zusätzliche Terme der Systemantwort, welche zu den Funktionen

$$te^{\sigma t}\cos\omega t, \; te^{\sigma t}\sin\omega t, \; t^2e^{\sigma t}\cos\omega t, \; t^2e^{\sigma t}\cos\omega t, \; \text{etc.}$$

proportional sind.

Die transiente Antwort des Systems ist die Summe aller Anteile des Ausgangssignals $y(t)$, welche von Partialbrüchen stammen, deren Singularitäten die Nullstellen des charakteristischen Polynoms sind.

Falls die transiente Antwort für $t \to \infty$ asymptotisch verschwindet (vgl. Kap. 2.5), nennen wir den übrigen Teil des Ausgangssignals $y(t)$ die stationäre erzwungene Antwort des Systems. Sie stammt von Partialbrüchen, deren Singularitäten den Nennernullstellen der Laplace-Transformierten $U(s)$ des Eingangssignals $u(t)$ entsprechen.

Mit diesen Bemerkungen brechen wir hier die detaillierte Analyse des Ausgangssignals des Systems n-ter Ordnung ab und konzentrieren uns in den folgenden Abschnitten nur noch auf die allgemeinen, zentralen Begriffe "Übertragungsfunktion" ("Übertragungsmatrix") und "Stabilität" eines linearen, zeitinvarianten Systems und "Frequenzgang" eines asymptotisch stabilen, linearen, zeitinvarianten Systems.

2.4 Die Übertragungsfunktion

Im obigen Abschnitt 2.3.3 haben wir für die Systemantwort im Frequenzbereich "im wesentlichen" einen multiplikativen Zusammenhang zwischen den Laplace-Transformierten $U(s)$ des Eingangsignals und $Y(s)$ des Ausgangssignals gefunden:

$$Y(s) = G(s)U(s) \quad .$$

Dabei läßt sich die Übertragungsfunktion

$$G(s) = \frac{b_k s^k + b_{k-1}s^{k-1} + \cdots + b_1 s + b_0}{s^n + a_{n-1}s^{n-1} + \cdots\cdots + a_1 s + a_0}$$

direkt aus den Koeffizienten der Bewegungsgleichung

$$\begin{aligned} &y^{(n)}(t) + a_{n-1}y^{(n-1)}(t) + \cdots\cdots + a_1\dot{y}(t) + a_0 y(t) \\ &= b_k u^{(k)}(t) + b_{k-1}u^{(k-1)}(t) + \cdots + b_1\dot{u}(t) + b_0 u(t) \end{aligned}$$

des dynamischen Systems anschreiben.

Offensichtlich gilt die Gleichung $Y(s) = G(s)U(s)$ nur für den Spezialfall $y(0) = \dot{y}(0) = \ldots = y^{(n-1)}(0) = 0$ und $u(0) = \ldots = u^{(k)}(0) = 0$. Trotzdem werden wir in Signalflußbildern und Gleichungen i.allg. nur dieses lineare Übertragungsverhalten ausweisen. Nur beim expliziten Berechnen von transienten Systemantworten werden wir uns die Anfangsbedingungen $y(0), \ldots, y^{(n-1)}(0)$ und die Startwerte $u(0), \ldots, u^{(k)}(0)$ in Erinnerung rufen.

Die Nullstellen des Nennerpolynoms $Q(s) = s^n + a_{n-1}s^{n-1} + \cdots\cdots + a_1 s + a_0$ sind die Pole, die Nullstellen des Zählerpolynoms $P(s) = b_k s^k + b_{k-1}s^{k-1} + \cdots + b_1 s + b_0$ die Nullstellen (oder Transmissionsnullstellen) des Systems.

Die Pollage bestimmt die Stabilitätseigenschaften des Systems (s. Kap. 2.5) und den Charakter der transienten Anteile der Systemantworten. Eine Nullstelle bei $s = \alpha$ bewirkt, daß ein Eingangssignal $u(t) = e^{\alpha t}$ ein Ausgangssignal $y(t)$ erzeugt, welches keinen zu $e^{\alpha t}$ proportionalen Anteil enthält, da sich die beiden Elementarpolynome $s - \alpha$ im Zähler der Übertragungsfunktion und im Nenner der Laplace-Transformierten $U(s)$ des Eingangssignals im Ausdruck $Y(s) = G(s)U(s)$ wegkürzen.

Für ein lineares, zeitinvariantes System mit m Eingangsgrößen $u_1, \ldots, u_m$ und p Ausgangsgrößen $y_1, \ldots, y_p$ gemäß Bild 2.2, beschrieben durch das im Kapitel 2.1 angegebene System von linearen Differentialgleichungen, können wir die folgende Übertragungsmatrix $G(s)$ mit p Zeilen und m Kolonnen definieren

$$G(s) = [G_{q,r}(s)] = \left[\frac{b_{q,r,k_{q,r}} s^{k_{q,r}} + \cdots + b_{q,r,0}}{s^{n_r} + a_{r,n_r-1}s^{n_r-1} + \cdots + a_{r,0}} \right] ,$$

wobei $q = 1, \ldots, p$ der Zeilenindex und $r = 1, \ldots, m$ der Kolonnenindex ist. (In der obigen Schreibweise sind die Elemente der Übertragungsmatrix kolonnenweise bereits auf je ein gemeinsames Nennerpolynom gebracht worden.)

Das Element $G_{q,r}(s)$ in der q-ten Zeile und r-ten Kolonne der Übertragungsmatrix $G(s)$ ist die Übertragungsfunktion des Systems vom Eingangssignal u_r zum Ausgangssignal y_q (Superpositionsprinzip).

Die Pole setzen sich aus den Nullstellen der Nennerpolynome zusammen. Für alle Nullstellen des Systems ist der Rang der Übertragungsmatrix geringer als für alle übrigen Werte der komplexen Frequenz s [5].

2.5 Stabilität

Ein dynamisches System ist asymptotisch stabil, wenn seine transienten Antworten bei beliebigen Anfangsbedingungen $y(0), \ldots, y^{(n-1)}(0)$ für $t \to \infty$ asymptotisch verschwinden. Für ein lineares zeitinvariantes System trifft dies genau dann zu, wenn alle Pole s_i des Systems (streng) negativen Realteil haben:

$$\text{System asymptotisch stabil} \Longleftrightarrow \mathrm{Re}(s_i) < 0 \text{ für } i = 1, \ldots, n .$$

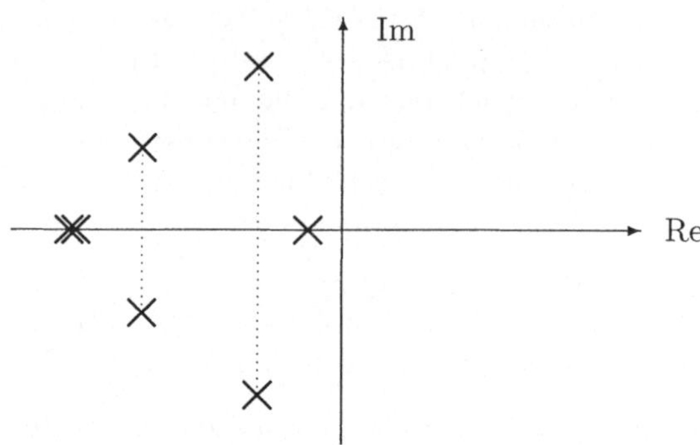

Bild 2.19. Pollage eines asymptotisch stabilen Systems: $\sigma_i = \mathrm{Re}\{s_i\} < 0$ für $i = 1, \ldots, n$

Ein dynamisches System ist instabil, wenn die transiente Antwort Anteile enthalten kann, welche mit zunehmender Zeit unbeschränkt wachsen. Für ein lineares zeitinvariantes System trifft dies genau dann zu, wenn mindestens ein Pol s_j (streng) positiven Realteil hat oder wenn mindestens ein Doppelpol $s_k = s_\ell$ auf der imaginären Achse liegt:

$$\text{System instabil} \Longleftrightarrow \begin{cases} \mathrm{Re}(s_j) > 0 & \text{oder} \\ s_k = s_\ell \text{ und } \mathrm{Re}(s_k) = \mathrm{Re}(s_\ell) = 0 \ . \end{cases}$$

Den Pol oder die Pole mit dem positivsten Realteil nennen wir dominanten Pol bzw. dominante Pole.

Ein System nennen wir grenzstabil, wenn es nur einfache dominante Pole auf der imaginären Achse hat. Ein dominater, einfacher Pol $s_j = 0$ verursacht einen konstanten Anteil der transienten Antwort. Ein dominantes, einfaches Polpaar $s_k = j\omega$, $s_{k+1} = -j\omega$ verursacht einen harmonischen Anteil der Transienten mit Kreisfrequenz ω.

2.6 Der Frequenzgang

Wenn wir ein asymptotisch stabiles System analysieren und uns nur für die stationäre erzwungene Antwort interessieren, müssen wir nur noch den ersten der drei Summanden der allgemeinen Lösung $Y(s)$ (s. Abschn. 2.3.3) betrachten,

$$Y(s) = G(s)U(s) \quad .$$

In der Regelungstechnik interessieren wir uns ganz besonders für harmonische Eingangssignale, wobei wir die Kreisfrequenz ω stets als Parameter betrachten,

$$u(t) = \widehat{u} \cos \omega t \quad .$$

Dabei interessiert uns i.allg. das ganze Frequenzband von $\omega = 0$ bis $\omega \to \infty$. (Für $\omega \to 0$ geht die Funktion $\cos \omega t$ für endliche Zeiten in die Identitätsfunktion $\mathbb{1}(t)$ über.)

Für den einzigen relevanten Partialbruch von $Y(s) = G(s)U(s)$ machen wir den Ansatz

$$\frac{As + B\omega}{s^2 + \omega^2}\widehat{u} \ .$$

Alle übrigen Terme der Partialbruchzerlegung entsprechen Nullstellen des Nennerpolynoms $Q(s)$, deren Antwortbeiträge wegen der asymptotischen Stabilität des Systems asymptotisch verschwinden. Die Koeffizienten A und B erhalten wir aus der Grenzbetrachtung $s \to j\omega$. Für den Koeffizientenvergleich "im Unendlichen" erhalten wir

$$\lim_{s \to j\omega} Y(s) = G(j\omega) j\omega \widehat{u} \lim_{s \to j\omega} \frac{1}{s^2 + \omega^2} = (Aj\omega + B\omega)\widehat{u} \lim_{s \to j\omega} \frac{1}{s^2 + \omega^2}$$

mit den Resultaten

$$A = \mathrm{Re}\{G(j\omega)\} \qquad B = -\mathrm{Im}\{G(j\omega)\} \ .$$

Im Frequenzbereich haben wir somit für die stationäre Antwort

$$\begin{aligned} Y(s) &= \frac{\mathrm{Re}\{G(j\omega)\}s - \mathrm{Im}\{G(j\omega)\}\omega}{s^2 + \omega^2}\widehat{u} \\ &= |G(jw)| \frac{\dfrac{\mathrm{Re}\{G(jw)\}}{|G(jw)|}s - \dfrac{\mathrm{Im}\{G(jw)\}}{|G(jw)|}\omega}{s^2 + \omega^2}\widehat{u} \ . \end{aligned}$$

Anhand der Korrespondenz

$$\cos(\omega t + \varphi) \circ\!\!-\!\!\bullet \frac{s \cos\varphi - \omega \sin\varphi}{s^2 + \omega^2}$$

erhalten wir als stationäre Antwort des Systems

$$y(t) = \widehat{y} \cos(\omega t + \varphi)$$

mit

$$\frac{\widehat{y}}{\widehat{u}} = |G(j\omega)| \qquad \text{und} \qquad \varphi = \angle y - \angle u = \arg\{G(j\omega)\} \ .$$

Für die Herleitung dieser Beziehung haben wir nur die Annahme ausgewertet, daß alle Pole der Übertragungsfunktion $G(s)$ negativen Realteil haben (asymptotische Stabilität). Deshalb gilt diese Gleichung nicht nur für Systeme mit rationaler Übertragungsfunktion, sondern für jedes asymptotisch stabile, lineare, zeitinvariante System.

Die komplexe Funktion $G(j\omega)$ heißt Frequenzgang, ihr Betrag $|G(j\omega)|$ Amplitudengang, ihr Argument $\arg\{G(j\omega)\}$ Phasengang und $G(0)$ statischer Übertragungsfaktor.

2.6.1 Dezibel-Skala für Frequenzgänge

Wenn wir zwei asymptotisch stabile, lineare zeitinvariante Systeme mit den Übertragungsfunktionen $G_1(s)$ und $G_2(s)$ in Serie schalten, hat das Gesamtsystem die Übertragungsfunktion

$$G(s) = G_2(s)G_1(s) ,$$

den Frequenzgang

$$G(j\omega) = G_2(j\omega)G_1(j\omega) ,$$

den Amplitudengang

$$|G(jw)| = |G_2(j\omega)| \cdot |G_1(j\omega)|$$

und den Phasengang

$$\arg\{G(j\omega)\} = \arg\{G_2(j\omega)\} + \arg\{G_1(j\omega)\} .$$

Da die Amplitudengänge zu multiplizieren und die Phasengänge zu addieren sind, ist es zweckmäßig, den Amplitudengang in einem logarithmischen und den Phasengang in linearem Maßstab aufzuzeichnen. Im Bode-Diagramm werden der Amplitudengang in Dezibel mit der Definition $|G(j\omega)|_{\mathrm{dB}} = 20\log_{10}|G(j\omega)|$ und der Phasengang linear über der Frequenzachse mit logarithmischer Skala eingezeichnet.

2.6.2 Klassifizierung linearer Systeme

In diesem Abschnitt wird die Charakterisierung von Klassen von linearen zeitinvarianten Bausteinen durch die Ausdrücke "Tiefpaß", "Hochpaß", "Bandpaß" und "Allpaß" an Beispielen mit den Bode-Diagrammen aufgezeigt.

Besonderes Augenmerk verdienen dabei jeweils der statische Übertragungsfaktor $G(0)$, die Eckfrequenzen, die Asymptoten (geradlinige Approximationen) und deren Steigungen (in Dezibel pro Dekade), die Abweichungen des Amplitudenganges von den Asymptoten bei Eckfrequenzen und die Änderung des Phasenganges in der weiteren Umgebung einer Eckfrequenz.

Im Anhang 2 sind die Bode-Diagramme der nachfolgenden Beispiele 1 und 2 sehr detailliert dargestellt.

Beispiel 1: Tiefpaß 1. Ordnung

$$G(s) = \frac{b}{s+a}$$

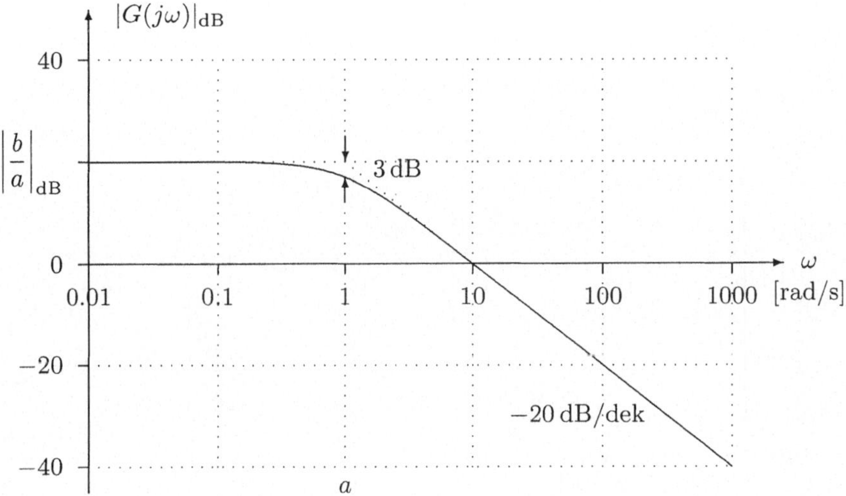

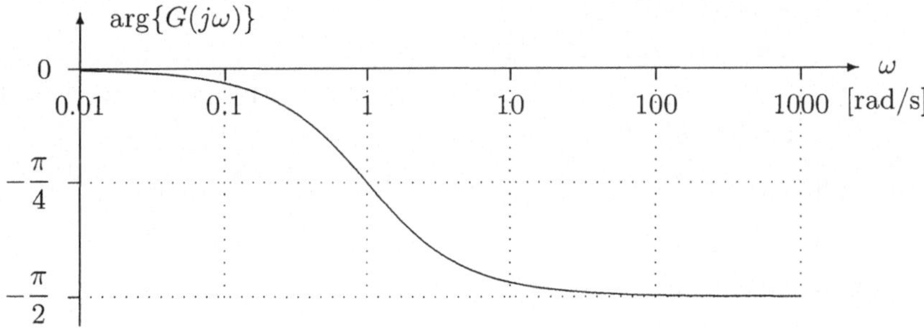

Bild 2.20. Bode-Diagramm eines Systems 1. Ordnung (Tiefpaß); $b = 10$, $a = 1\,\text{rad/s}$, $b/a = 20\,\text{dB}$. (Siehe auch Anhang 2.)

Beispiel 2: Unterkritisch gedämpfter Tiefpaß 2. Ordnung

$$G(s) = \frac{b_0}{s^2 + 2\zeta\omega_0 s + \omega_0^2}$$

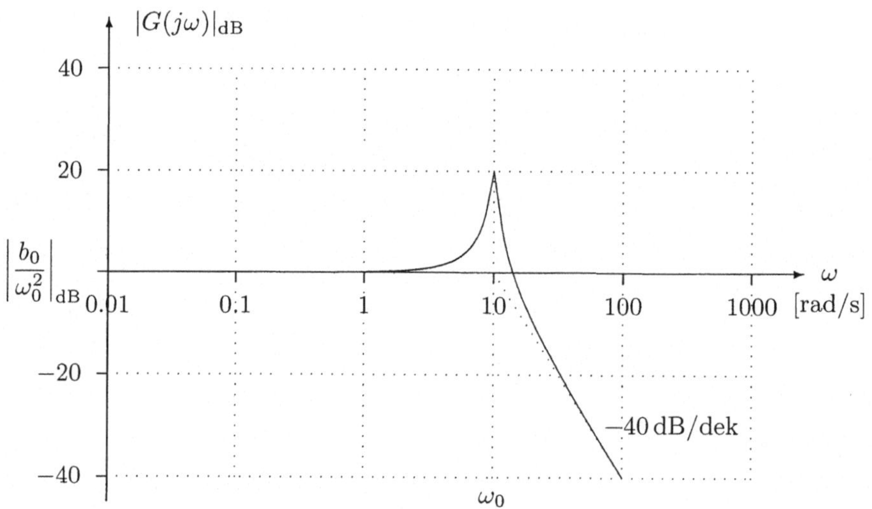

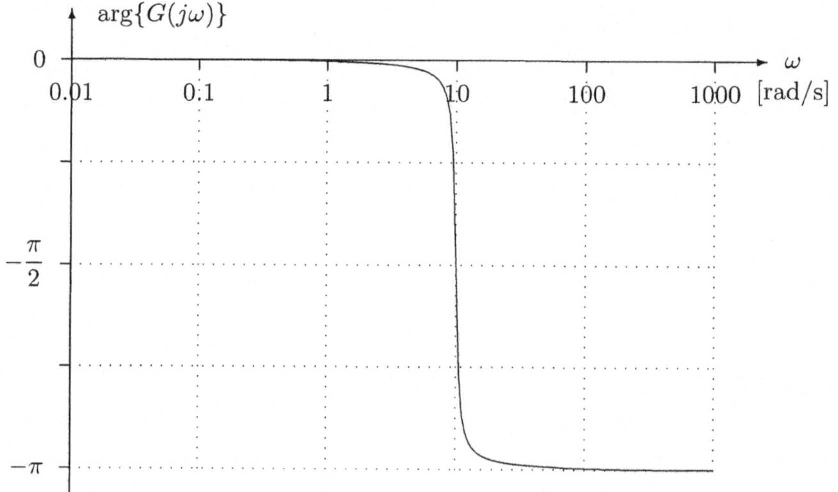

Bild 2.21. Bode-Diagramm eines Systems 2. Ordnung mit Resonanz (Tiefpaß); $b_0 = 100$, $\omega_0 = 10\,\mathrm{rad/s}$, $\zeta = 0.05$; $G(0) = b_0/\omega_0^2 = 0\,\mathrm{dB}$, $|G(j\omega_0)/G(0)| = 1/2\zeta = 20\,\mathrm{dB}$. (Siehe auch Anhang 2.)

Beispiel 3: Hochpaß 1. Ordnung

$$G(s) = \frac{b_1 s}{s + a}$$

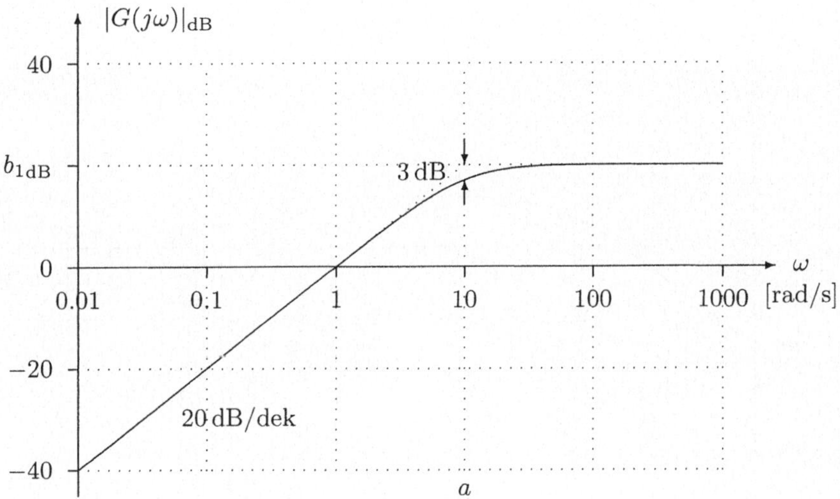

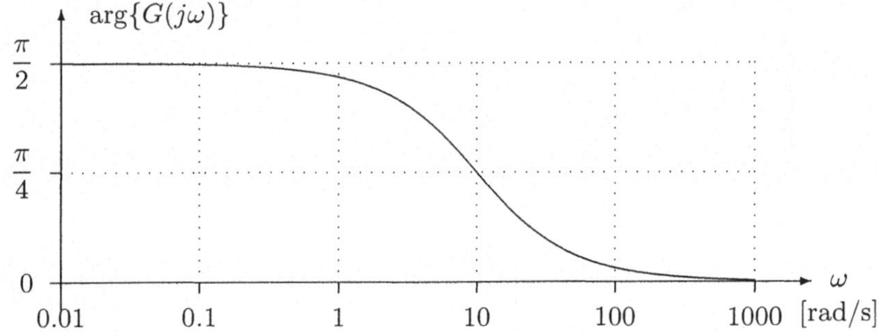

Bild 2.22. Bode Diagramm eines Systems 1. Ordnung (Hochpaß); $b_1 = 10$, $a = 10\,\mathrm{rad/s}$.

Beispiel 4: Bandpaß 2. Ordnung

$$G(s) = \frac{cs}{(s+a)(s+b)}$$

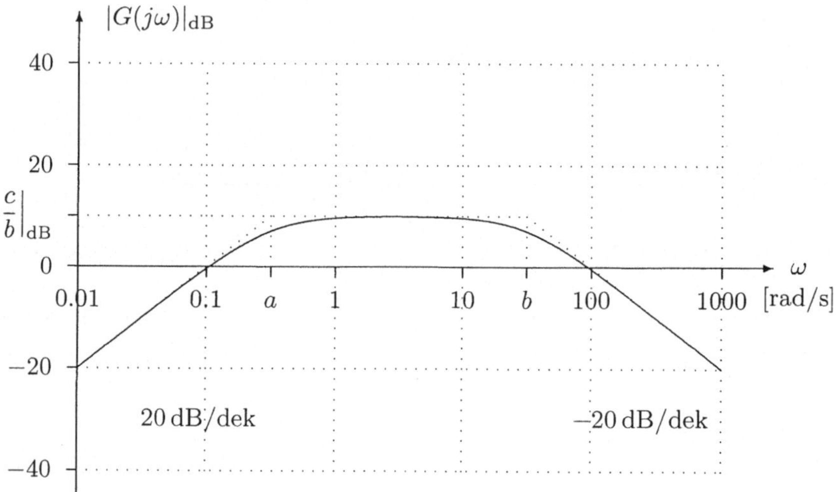

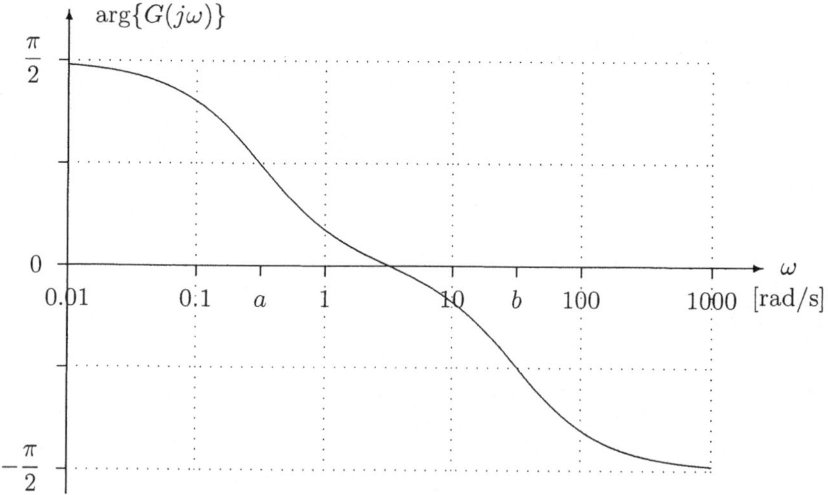

Bild 2.23. Bode-Diagramm eines Systems 2. Ordnung (Bandpaß); $c = 100$, $a = 1/\sqrt{10}$ rad/s, $b = \sqrt{1000}$ rad/s; $c/b = 10\,\mathrm{dB}$.

Beispiel 5: Allpaß 1. Ordnung

$$G(s) = k\frac{s-a}{s+a}$$

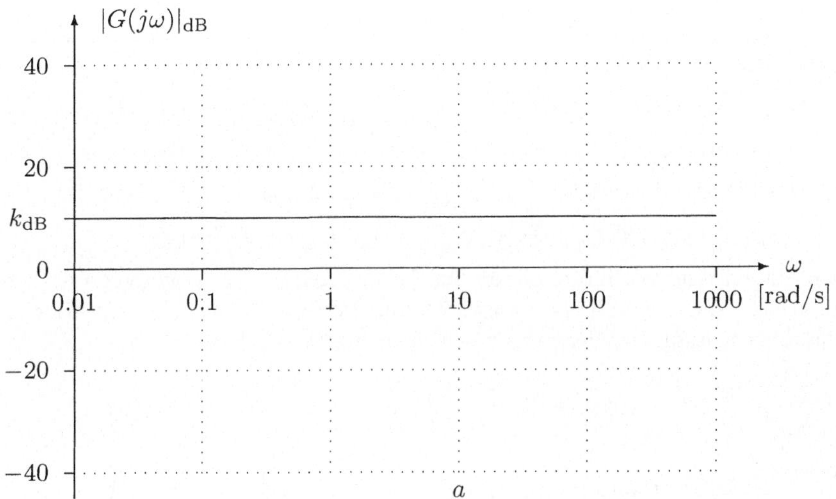

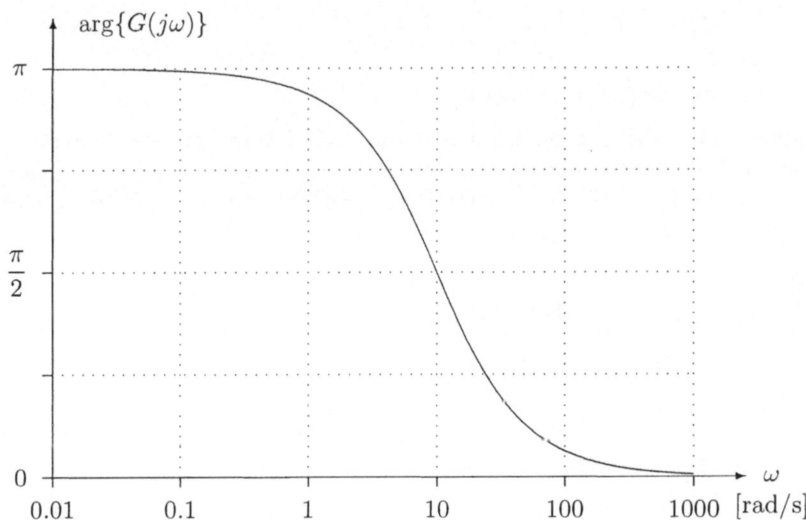

Bild 2.24. Bode-Diagramm eines Nicht-Minimalphasen-Elements 1. Ordnung mit Allpaßcharakteristik; $k = \sqrt{10}$, $a = 10\,\mathrm{rad/s}$.

2.6.3 Stationäre Antwort auf periodisches Eingangssignal

Im folgenden wollen wir sehen, wie der Frequenzgang benützt werden kann, um die eingeschwungene Antwort eines Systems, das aus der Serieschaltung von zwei asymptotisch stabilen, linearen, zeitinvarianten Subsystemen besteht, für ein periodisches Eingangssignal zu berechnen.

Das Eingangssignal $u(t)$ ist periodisch mit Periode T. Es kann in eine Fourier-Reihe entwickelt werden

$$u(t) = c_0 + \sum_{k=1}^{\infty} c_k \sin\Big(k\frac{2\pi}{T}t + \varphi_k\Big) \ .$$

Das betrachtete System wird durch die Gleichungen

$$Z(s) = G_1(s)U(s) \qquad Y(s) = G_2(s)Z(s)$$

beschrieben, und wir interessieren uns für das stationäre erzwungene Ausgangssignal $y(t)$, das ebenfalls periodisch ist und Periode T hat. Seine Fourier-Reihe erhalten wir aufgrund des Superpositionsprinzips wie folgt:

$$y(t) = d_0 + \sum_{k=1}^{\infty} d_k \sin\Big(k\frac{2\pi}{T}t + \psi_k\Big) \ ,$$

wobei

$$d_0 = \begin{cases} +c_0|G_1(0)| \cdot |G_2(0)| & \text{für } \arg\{G(0)\} \bmod 2\pi = 0 \\ -c_0|G_1(0)| \cdot |G_2(0)| & \text{für } \arg\{G(0)\} \bmod 2\pi = \pi \end{cases}$$

$$d_k = c_k\Big|G_1\Big(jk\frac{2\pi}{T}\Big)\Big| \cdot \Big|G_2\Big(jk\frac{2\pi}{T}\Big)\Big| \qquad k = 1, 2, \dots, \infty$$

$$\psi_k = \varphi_k + \arg\Big\{G_1\Big(jk\frac{2\pi}{T}\Big)\Big\} + \arg\Big\{G_2\Big(jk\frac{2\pi}{T}\Big)\Big\} \qquad k = 1, 2, \dots, \infty \ .$$

Benützt man bei diesen Berechnungen die Bode-Diagramme der Frequenzgänge, gehen die Multiplikationen der Amplitudengänge in Additionen über. Offensichtlich kann die Methode ohne weiteres für den Fall der Serieschaltung mehrerer asymptotisch stabiler, linearer Systeme verallgemeinert werden.

2.7 Literatur zu Kapitel 2

1. H. Kwakernaak, R. Sivan: *Modern Signals and Systems.* Englewood Cliffs: Prentice Hall 1991.
2. G. Doetsch: *Anleitung zum praktischen Gebrauch der Laplace-Transformation und der z-Transformation.* 6. Aufl. München: Oldenbourg 1989.
3. P. Henrici, R. Jeltsch: *Komplexe Analysis für Ingenieure.* Basel: Birkhäuser Skripten Nr. 6 u. 7, 1987.
4. O. Föllinger: *Laplace- und Fourier-Transformation.* 8. Aufl. Heidelberg: Hüthig 1994.
5. T. Kailath: *Linear Systems.* Englewood Cliffs: Prentice-Hall, 1980.

2.8 Aufgaben zu Kapitel 2

1. Berechne die Eigenantwort des Systems, das der Differentialgleichung $\ddot{y}(t) + \dot{y}(t) - 20y(t) = 6u(t)$ gehorcht und die Anfangsbedingungen $y(0) = 0$ und $\dot{y}(0) = 4$ hat.

2. Berechne die Einheitsimpulsantwort des Systems, das der Differentialgleichung $y^{(3)}(t) - \ddot{y}(t) + 4\dot{y}(t) - 30y(t) = 2u(t)$ gehorcht und zur Anfangszeit $t = 0$ in der Ruhelage ist.

3. Berechne die Einheitssprungantwort des Systems, das der Differentialgleichung $\ddot{y}(t) + 3\dot{y}(t) + 2y(t) = 5\dot{u}(t) + 4u(t)$ gehorcht und die Anfangsbedingungen $y(0) = -3$ und $\dot{y}(0) = 4$ hat.

4. Berechne die Einheitsimpulsantwort des Systems, das der Differentialgleichung $\ddot{y}(t) + \dot{y}(t) + 10y(t) = 2\dot{u}(t) + u(t)$ gehorcht und zur Anfangszeit $t = 0$ in der Ruhelage ist.

5. Für ein lineares, zeitinvariantes System, das sich zur Zeit $t = 0$ in der Ruhelage befindet, hat jemand bereits die folgende Einheitsrampenantwort berechnet $y(t) = 4e^{-t}\sin(3t + \pi/6) - 3e^{-5t} + 1 + 6t$. Berechne die Einheitsimpulsantwort des Systems für die gleiche Anfangsbedingung. Überprüfe, ob der eingeschlagene Lösungsweg minimalen Rechenaufwand ergeben hat.

6. Berechne für das dynamische System mit der Übertragungsfunktion $G(s) = (2s + 4)/(s^2 + 4s + 3)$ die Antwort auf das Eingangssignal $5e^{-2t}$ bei anfänglicher Ruhelage. Warum enthält die Systemantwort keinen zum Eingangssignal proportionalen Anteil?

7. Für ein zeitinvariantes System, das sich zur Anfangszeit $t = 0$ in Ruhe befand, ist die folgende Einheitssprungantwort gemessen worden: $y(t) = 7 + 2te^{-2t}$. Identifiziere die Übertragungsfunktion des Systems.

8. Für welche der folgenden Systeme kann der asymptotische Wert der Einheitssprungantwort für $t \to \infty$ mit Hilfe des Endwertsatzes berechnet werden?

$$G(s) = \frac{3}{s+5} \qquad G(s) = \frac{2s+4}{s^2+16} \qquad G(s) = \frac{1}{s^2-25} \qquad G(s) = \frac{2s}{s^3+1}$$

9. Welche Fragen können mit Hilfe eines Bode-Diagramms beantwortet werden?

10. Welche Eigenschaft muß ein lineares, zeitinvariantes System haben, damit es sinnvoll ist, sein Bode-Diagramm aufzuzeichnen?

11. Welche Voraussetzungen müssen erfüllt sein, damit ein zeitinvariantes System mit mindestens einem Pol auf der imaginären Achse (der komplexen Ebene) instabil ist?

12. Wie heißt die Laplace-Transformierte der Einheitsimpulsantwort?

13. Ein System, das zur Anfangszeit $t = 0$ in der Ruhelage ist, hat die Einheitsrampenantwort $y(t) = 2[1 - e^{-3t}\cos 2t]$. Ist das System asymptotisch stabil? Warum bleibt die Rampenantwort beschränkt?

14. Wir betrachten eine elektronische Kreisschaltung bestehend aus einer idealen Spannungsquelle mit der Spannung $u(t)$ [V], einem Widerstand R [Ω=V/A] und einem Kondensator mit der Kapazität C [F=As/V]. Als Ausgangssignal dieses Systems interessiert uns die am Kondensator anliegende Spannung $y(t)$ [V]. Wie lautet die Differentialgleichung für das Ausgangssignal y? Vergleiche mit dem Rührkesselreaktor (Kap. 2.3.1).

15. Wir betrachten eine elektronische Kreisschaltung bestehend aus einer idealen Spannungsquelle mit der Spannung $u(t)$ [V], einer Induktivität L [H=Vs/A] und einem Kondensator mit der Kapazität C [F=As/V]. Als Ausgangssignal dieses Systems interessiert uns die am Kondensator anliegende Spannung $y(t)$ [V]. Wie lautet die Differentialgleichung für das Ausgangssignal y? Ist das System asymptotisch stabil? (Vergleiche mit Kap. 2.3.2.)

16. Wir betrachten einen Tiefpaß 1. Ordnung mit der Übertragungsfunktion $G(s) = b/(s+a)$. Berechne das Maximum der Einheitsimpulsantwort (bei anfänglicher Ruhelage).

17. Wir betrachten die Serieschaltung zweier identischer Tiefpässe 1. Ordnung. Zu welcher Zeit nimmt die Einheitsimpulsantwort den maximalen Wert an? Wie groß ist der Maximalwert?

18. Berechne die Laplace-Transformierte der Funktion $u(t) = \frac{\sin(t)}{t}$ $(t \geq 0)$. Bestimme den Funktionswert $u(0)$ einerseits mit einer Zeitbereichsmethode und andererseits mit einer Frequenzbereichsmethode.

19. Berechne die Laplace-Transformierte der periodischen Funktion mit Periode T und dem Parameter t_1, $0 < t_1 < T$:

$$u(t) = \begin{cases} 1 & \text{für } kT \leq t < kT + t_1 \\ 0 & \text{für } kT + t_1 \leq t < (k+1)T \end{cases} \qquad k = 0, 1, 2, \ldots$$

20. Berechne die Laplace-Transformierte der Sägezahnfunktion $x(t) = t \bmod T$.

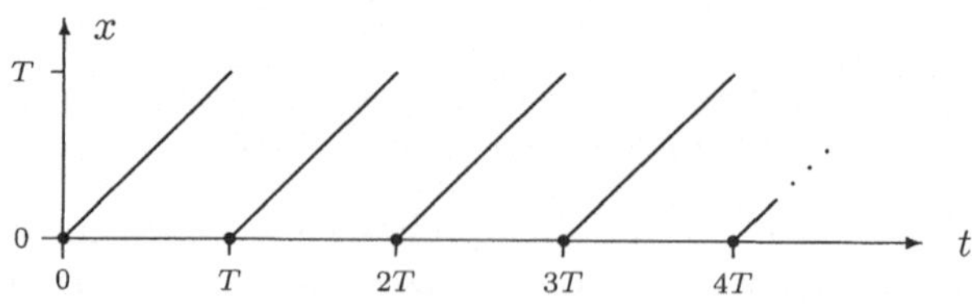

3 Behandlung einfacher regelungstechnischer Probleme im Frequenzbereich

In diesem Kapitel diskutieren wir den Entwurf von linearen zeitinvarianten Reglern für lineare zeitinvariante Regelstrecken. Dabei beschränken wir uns auf Regelstrecken mit je einem einzigen Eingangs- und Ausgangssignal (Stellgröße bzw. Meßgröße). Wie im Kapitel 1 erwähnt interessieren wir uns für die Fragen der Stabilität des Regelsystems und des transienten Verhaltens des Ausgangssignals für verschiedene Test-Eingangssignale (z.B. Sprung-, Rampenfunktion, harmonische Signale).

Für die betrachteten Regelsysteme wird die Übertragungsfunktion $G(s)$ berechnet. Die Stabilität des Regelsystems wird einerseits anhand der Lage seiner Pole und anderseits mit Hilfe des Nyquist-Kriteriums beurteilt. Bezüglich des transienten Verhaltens des Regelsystems wird aufgezeigt, welche Verbesserung der Einsatz einer Vorsteuerung zusätzlich zu einer reinen Regelung bringen kann.

3.1 Lineare Reglerbausteine

Zunächst betrachten wir ein klassisches Folgeregelungssystem mit dem Signalflußbild gemäß Bild 3.1. Für die Regelstrecke mit der Übertragungsfunktion $G_S(s)$ können wir einen linearen dynamischen Regler mit der Übertragungsfunktion $G_R(s)$ und ein lineares dynamisches Vorfilter mit der Übertragungsfunktion $G_V(s)$ wählen. (Gegenüber dem allgemeineren Signalflußbild in Bild 1.3 verzichten wir also vorerst auf eine Vorsteuerung *VS* und auf eine Störgrößenaufschaltung *SA*.)

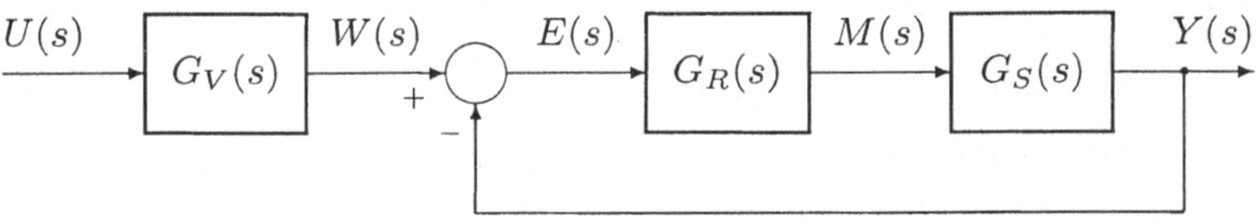

Bild 3.1. Signalflußbild einer klassischen Folgeregelung

Die einfachsten linearen Regler, die auch als Bausteine für komplexere Regler dienen können, sind der P-Regler, der I-Regler und der D-Regler:

P-Regler:	$G_R(s) = K_P$	idealer Verstärker
I-Regler:	$G_R(s) = \dfrac{K_I}{s}$	Integrator
D-Regler:	$G_R(s) = K_D s$	Differentiator.

Häufig werden diese Reglerbausteine parallel geschaltet. Diese zusammengesetzten Regler nennen wir dann beispielsweise

$$\text{PI-Regler:} \quad G_R(s) = K_P + \frac{K_I}{s}$$

$$\text{PD-Regler:} \quad G_R(s) = K_P + K_D s$$

$$\text{PID-Regler:} \quad G_R(s) = K_P + \frac{K_I}{s} + K_D s \quad .$$

Anstelle der drei Verstärkungsfaktoren K_P, K_I und K_D verwenden wir häufig den Verstärkungsfaktor K_P, die Nachstellzeit T_N und die Vorhaltzeit T_V und erhalten dann für den

$$\text{PID-Regler:} \quad G_R(s) = K_P\Big(1 + \frac{1}{T_N s} + T_V s\Big)$$

$$\text{mit} \quad T_N = \frac{K_P}{K_I} \quad \text{und} \quad T_V = \frac{K_D}{K_P} \quad .$$

Der Grund für diese Bezeichnungen liegt im dynamischen Verhalten dieser Reglerkomponenten: Wenn wir ein konstantes Fehlersignal $e(t) \equiv 1$ auf einen P- und einen I-Regler geben, erhalten wir das konstante Stellsignal $m(t) \equiv K_P$ am Ausgang des P-Reglers bzw. das rampenförmige Stellsignal $m(t) = K_I t = K_P t/T_N$ am Ausgang des I-Reglers. Zur Zeit $t = T_N$ (Nachstellzeit) ist also die Stellgröße am Ausgang des I-Reglers gleich groß wie diejenige des P-Reglers. Wenn wir eine Rampenfunktion $e(t) = t$ als Fehlersignal auf einen P- und einen D-Regler geben, erhalten wir das rampenförmige Stellsignal $m(t) = K_P t$ am Ausgang des P-Reglers bzw. das konstante Stellsignal $m(t) \equiv K_D = K_P T_V$ am Ausgang des D-Reglers. Zur Zeit $t = T_V$ (Vorhaltzeit) ist also die Stellgröße am Ausgang des P-Reglers gleich groß wie diejenige des D-Reglers.

Wir können auch mehrere gleichartige Reglerbausteine in Serie schalten. Bei der Serieschaltung von r D-Reglern sprechen wir von einem Dr-Regler mit $G_R(s) = K_D s^r$ $(r = 2, 3, \ldots)$, bei der Serieschaltung von r I-Reglern von einem I^r-Regler mit $G_R(s) = K_I/s^r$ $(r = 2, 3, \ldots)$. Die Realisierung von D-Reglern ist nur in einem beschränkten Frequenzband möglich (vgl. Kap. 3.3.2). Wenn irgendwie möglich sollte der Einsatz von D-Reglern vermieden und als äquivalenter Ersatz eine Zustandsvektorrückführung verwendet werden (siehe Kap. 5. u. 6).

3.2 Klassische Folgeregelung

3.2.1 Allgemeine Gleichungen des Regelsystems

Aus dem Bild 3.1 können wir die folgenden Beziehungen entnehmen:

$$\begin{aligned} W(s) &= G_V(s)U(s) \\ E(s) &= W(s) - Y(s) \\ Y(s) &= G_S(s)G_R(s)E(s) \quad . \end{aligned}$$

Aus den beiden letzten Gleichungen eliminieren wir den Regelfehler $E(s)$, lösen nach $Y(s)$ auf und erhalten

$$Y(s) = \frac{G_S(s)G_R(s)}{1 + G_S(s)G_R(s)} W(s)$$

und schließlich

$$Y(s) = \frac{G_S(s)G_R(s)}{1 + G_S(s)G_R(s)} G_V(s)U(s) = G(s)U(s) \quad .$$

Die Pole des Regelsystems sind nicht identisch mit den Polen der Regelstrecke. Die Stabilität und das transiente Verhalten des Regelsystems können also durch geschickte Auswahl des Reglers (Struktur und Einstellung der Reglerparameter) gezielt beeinflußt werden. Im besonders wichtigen Fall, in dem wir rationale und teilerfremde Übertragungsfunktionen

$$G_S(s) = \frac{P_S(s)}{Q_S(s)} \qquad G_R(s) = \frac{P_R(s)}{Q_R(s)} \qquad G_V(s) = \frac{P_V(s)}{Q_V(s)}$$

haben, sind die Pole der Regelstrecke die Nullstellen des Nennerpolynoms $Q_S(s)$, und die Pole des Regelsystems setzen sich aus den Nullstellen des Polynoms $Q(s) = Q_S(s)Q_R(s) + P_S(s)P_R(s)$ und den Polen des Vorfilters (Nullstellen von $Q_V(s)$) zusammen.

Beachte: Durch den Einsatz des Reglers verschieben sich die Nullstellen nicht! Die Nullstellen des Regelsystems setzen sich aus den Nullstellen der Regelstrecke, des Reglers und des Vorfilters zusammen (Nullstellen der Polynome $P_S(s)$, $P_R(s)$ und $P_V(s)$). — Vergleiche dagegen "Regelung mit Vorsteuerung" (Kap. 3.4).

3.2.2 Regelstrecke 1. Ordnung mit P-, I- und PI-Regler

Für den im Bild 2.8 gezeigten Ruhrkesselreaktor haben wir im Kapitel 2.3.1 die Übertragungsfunktion

$$G_S(s) = \frac{Y(s)}{M(s)} = \frac{b}{s+a} \qquad \text{mit } a = \frac{1}{\tau} = \frac{kA}{cV\rho} \text{ und } b = \frac{1}{cV\rho}$$

gefunden, wobei das Ausgangssignal $y(t) = T(t)$ die Übertemperatur und das Eingangssignal $m(t) = P(t)$ die Heizleistung ist.

a) P-Regler

Mit dem P-Regler mit $G_R(s) = K_P$ erhalten wir als Übertragungsfunktion zwischen der Führungsgröße $W(s)$ und dem Ausgangssignal $Y(s)$

$$\frac{Y(s)}{W(s)} = \frac{G_S(s)G_R(s)}{1 + G_S(s)G_R(s)} = \frac{bK_P}{s + a + bK_P} \ .$$

Der Pol dieser Übertragungsfunktion, $s = -a - bK_P$, kann offenbar durch Erhöhen des Verstärkungsfaktors K_P in der komplexen Ebene beliebig weit nach links verschoben werden, vgl. Bild 3.2. Das Regelsystem ist für alle positiven Werte der Reglerverstärkung K_P asymptotisch stabil.

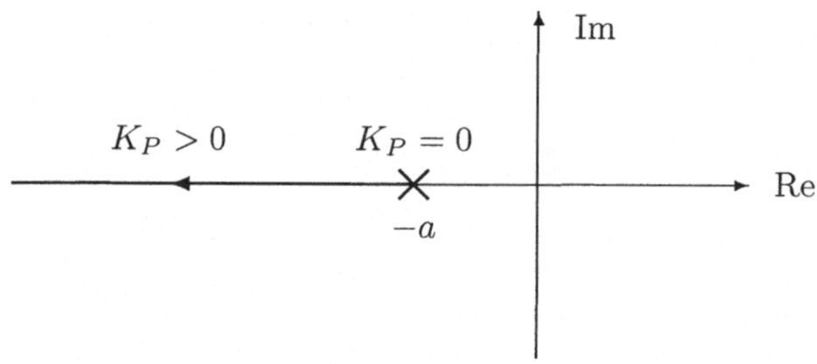

Bild 3.2. Wurzelortkurve des Regelsystems 1. Ordnung mit P-Regler (Rührkesselreaktor)

Die Sprungantwort $y(t) = T(t)$ der Übertemperatur des Rührkesselreaktors auf einen Einheitssprung der Führungsgröße $w(t) = h(t)$ ergibt sich aus der folgenden Analyse:

$$\begin{aligned} W(s) &= \frac{1}{s} \\ Y(s) &= \frac{bK_P}{s + a + bK_P}\frac{1}{s} = \frac{bK_P}{a + bK_P}\left(\frac{1}{s} - \frac{1}{s + a + bK_P}\right) \\ y(t) &= \frac{bK_P}{a + bK_P}\left(1 - e^{-(a + bK_P)t}\right) \ . \end{aligned}$$

Um eine Folgeregelung ohne stationären Nachlauffehler für die Sprungantwort realisieren zu können, ist außer dem P-Regler noch ein Vorfilter mit P-Charakteristik nötig, das die Übertragungsfunktion

$$G_V(s) = \frac{a + bK_P}{bK_P}$$

hat. Das resultierende Signalflußbild des Regelsystems ist im Bild 3.3 dargestellt.

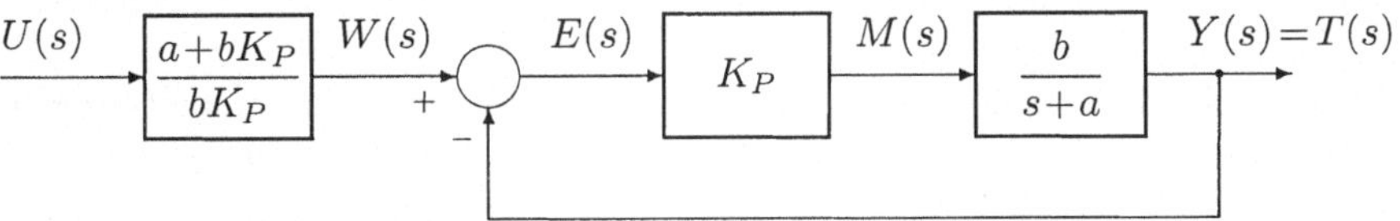

Bild 3.3. Folgeregelung für den Rührkesselreaktor mit P-Regler und P-Vorfilter; Eingangssignal $u(t)$ = Solltemperatur $T_{\text{soll}}(t)$

Die Wahl des Verstärkungsfaktors K_P richtet sich nach der gewünschten Zeitkonstanten der Transienten. Die Transiente klingt umso rascher ab, je größer K_P ist (vgl. Bild 3.2).

Die Einheits-Rampenantwort des Regelsystems von Bild 3.3 berechnen wir wie folgt:

$$u(t) = t \qquad U(s) = \frac{1}{s^2}$$

$$Y(s) = \frac{a + bK_P}{s + a + bK_P}\frac{1}{s^2} = \frac{1}{s^2} + \frac{1}{a + bK_P}\Big(\frac{1}{s + a + bK_P} - \frac{1}{s}\Big)$$

$$y(t) = t + \frac{1}{a + bK_P}\Big(e^{-(a+bK_P)t} - 1\Big) \ .$$

Asymptotisch ergibt sich ein konstanter Nachlauffehler (s. Bild 3.4), der durch Vergrößern des Verstärkungsfaktors K_P beliebig klein gemacht werden kann. Zudem klingt die Transiente umso rascher ab, je größer K_P ist.

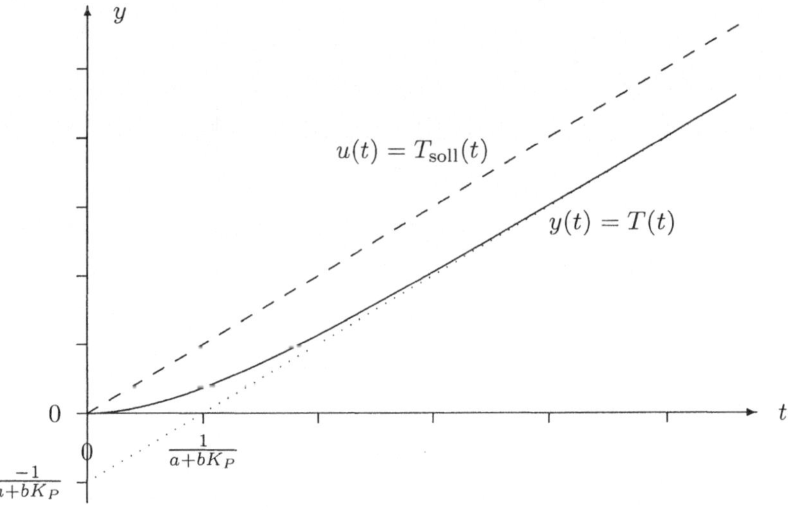

Bild 3.4. Rampenantwort des geregelten Rührkesselreaktors gemäß Bild 3.3

b) I-Regler

Mit dem I-Regler mit $G_R(s) = K_I/s$ resultiert ein Regelsystem 2. Ordnung. Die Übertragungsfunktion zwischen der Führungsgröße und dem Ausgangssignal ist

$$\frac{Y(s)}{W(s)} = \frac{G_S(s)G_R(s)}{1+G_S(s)G_R(s)} = \frac{bK_I}{s^2+as+bK_I} = \frac{\omega_0^2}{s^2+2\zeta\omega_0 s+\omega_0^2}$$

$$\text{mit } \omega_0 = \sqrt{bK_I} \text{ und } \zeta = \frac{a}{2\omega_0} = \frac{a}{2\sqrt{bK_I}} \ .$$

Die Pole der Übertragungsfunktion erhalten wir für überkritische Dämpfung (K_I klein), kritische Dämpfung und unterkritische Dämpfung (K_I groß) wie folgt (vgl. Bild 3.5):

$$\zeta > 1: \quad s_{1,2} = -\zeta\omega_0 \pm \sqrt{\zeta^2-1}\,\omega_0 = -\tfrac{a}{2} \pm \sqrt{\tfrac{a^2}{4}-bK_I} \qquad \text{für } 0 < K_I < \tfrac{a^2}{4b}$$

$$\zeta = 1: \quad s_{1,2} = -\omega_0 = -\tfrac{a}{2} \qquad \text{für } K_I = \tfrac{a^2}{4b}$$

$$\zeta < 1: \quad s_{1,2} = -\zeta\omega_0 \pm j\sqrt{1-\zeta^2}\,\omega_0 = -\tfrac{a}{2} \pm j\sqrt{bK_I-\tfrac{a^2}{4}} \qquad \text{für } K_I > \tfrac{a^2}{4b} \ .$$

Je größer der Verstärkungsfaktor K_I ist, desto stärker neigt das Regelsystem zum Schwingen, aber ohne dabei instabil zu werden. Die Zeitkonstante $\tau = 2/a$ des Abklingens schwingender Transienten ist in diesem Fall unabhängig von K_I.

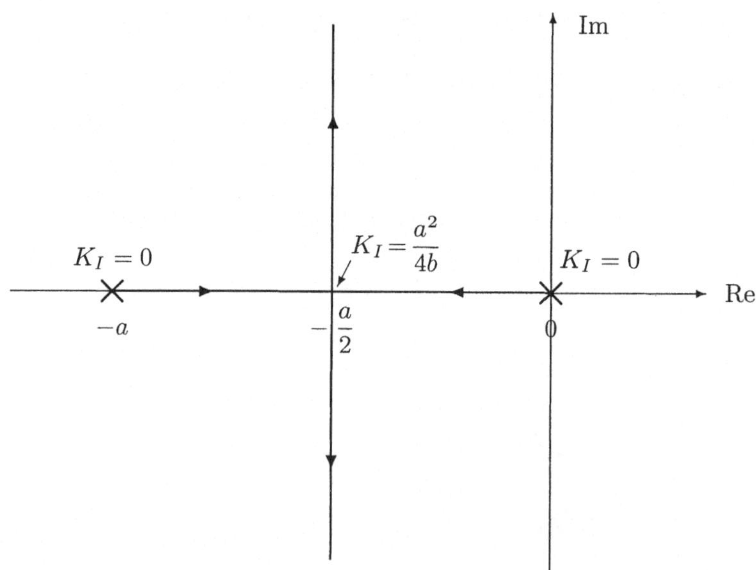

Bild 3.5. Wurzelortkurven des Regelsystems: Regelstrecke 1. Ordnung (Rührkesselreaktor) mit I-Regler

Die Sprungantwort $y(t) = T(t)$ der Übertemperatur des Rührkesselreaktors auf einen Einheitssprung der Führungsgröße $w(t) = h(t)$ ergibt sich aus der folgenden Analyse (vgl. Bild 3.6):

$$W(s) = \frac{1}{s}$$

$$Y(s) = \frac{\omega_0^2}{s^2 + 2\zeta\omega_0 s + \omega_0^2}\frac{1}{s} = \frac{1}{s} - \frac{s + 2\zeta\omega_0}{s^2 + 2\zeta\omega_0 s + \omega_0^2}$$

$$\text{mit } \omega_0 = \sqrt{bK_I} \text{ und } \zeta = \frac{a}{2\sqrt{bK_I}}$$

$$y(t) = \begin{cases} 1 - e^{-\zeta\omega_0 t}\Big(\cos\sqrt{1-\zeta^2}\omega_0 t + \frac{\zeta}{\sqrt{1-\zeta^2}}\sin\sqrt{1-\zeta^2}\omega_0 t\Big) & \text{für } 0<\zeta<1 \\ 1 - e^{-\omega_0 t}(1 + \omega_0 t) & \text{für } \zeta = 1 \\ 1 - e^{-\zeta\omega_0 t}\Big(\cosh\sqrt{\zeta^2-1}\omega_0 t + \frac{\zeta}{\sqrt{\zeta^2-1}}\sinh\sqrt{\zeta^2-1}\omega_0 t\Big) & \text{für } \zeta > 1 \end{cases}$$

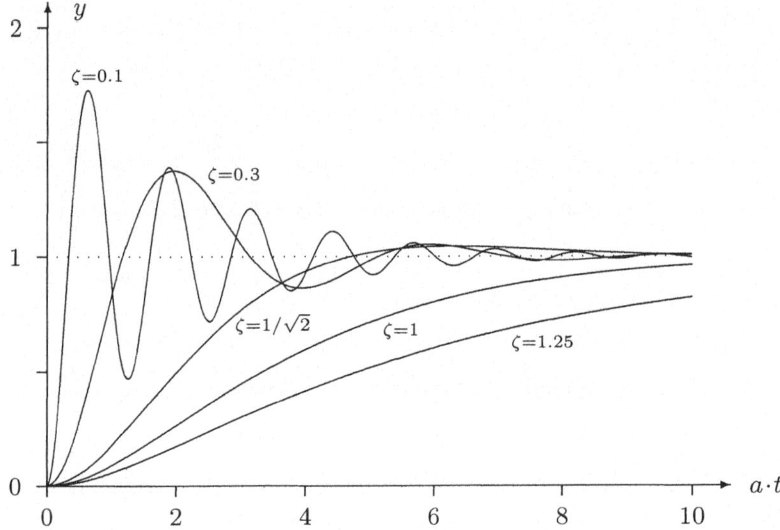

Bild 3.6. Sprungantworten des Rührkesselreaktors mit I-Regler für $K_I = 25a^2/b$ ($\zeta = 0.1$), $K_I = 2.778a^2/b$ ($\zeta = 0.3$), $K_I = 0.5a^2/b$ ($\zeta = 1/\sqrt{2}$), $K_I = 0.25a^2/b$ ($\zeta = 1$), $K_I = 0.16a^2/b$ ($\zeta = 1.25$)

Um eine Folgeregelung ohne stationären Nachlauffehler für die Sprungantwort zu erhalten, benötigen wir kein Vorfilter. Das resultierende Signalflußbild des Regelsystems ist im Bild 3.7 dargestellt.

Die Wahl des Verstärkungsfaktors K_I richtet sich nach der Art der gewünschten Transienten. Für jeden positiven Wert von K_I ist das Regelsystem asymptotisch

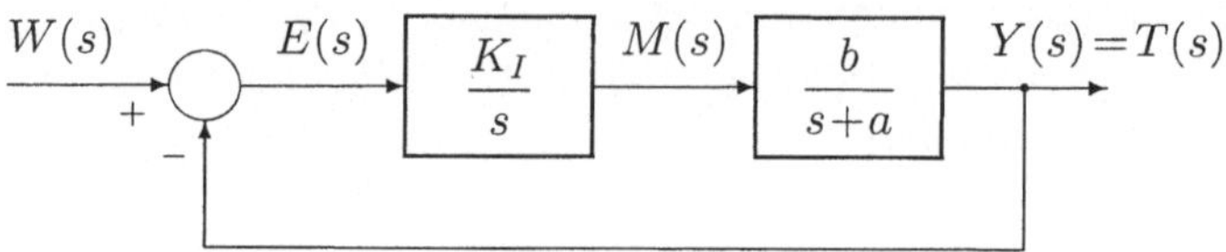

Bild 3.7. Folgeregelung für den Rührkesselreaktor mit I-Regler

stabil. Für einen sehr kleinen Verstärkungsfaktor ($K_I < a^2/4b$) haben wir zwei reelle Pole. Mit zunehmendem K_I wandert der dominante Pol in der komplexen Ebene nach links, so daß die Transiente rascher abklingt. Für $K_I = a^2/4b$ haben wir einen reellen Doppelpol. Mit weiter zunehmendem K_I erhalten wir ein konjugiert-komplexes Polpaar mit zunehmendem Betrag des Imaginärteils, aber konstantem Realteil. Mit weiter zunehmender Verstärkung schwingt das Regelsystem also zwar immer rascher, aber die Schwingungsamplituden klingen unverändert rasch entsprechend $e^{-at/2}$ ab.

Die Rampenantwort des Regelsystems in Bild 3.7 können wir wie folgt analysieren:

$$w(t) = t$$

$$W(s) = \frac{1}{s^2}$$

$$Y(s) = \frac{\omega_0^2}{s^2 + 2\zeta\omega_0 s + \omega_0^2}\frac{1}{s^2} = \frac{1}{s^2} - \frac{2\zeta}{\omega_0}\frac{1}{s} + \frac{\frac{2\zeta s}{\omega_0} - 1 + 4\zeta^2}{s^2 + 2\zeta\omega_0 s + \omega_0^2} \,.$$

Ohne die Rücktransformierte explizite ausrechnen zu müssen, sehen wir, daß das Ausgangssignal $y(t) = T(t)$ asymptotisch einen konstanten Nachlauffehler

$$\lim_{t\to\infty}\bigl(w(t) - y(t)\bigr) = \frac{2\zeta}{\omega_0} = \frac{a}{bK_I}$$

aufweist. Statt von einem Nachlauffehler können wir auch von einer verzögerten Antwort sprechen. Für den oben erwähnten Fall von $K_I = a^2/4b$ ($\zeta = 1$) läuft die asymptotische Rampenantwort dem Eingangssignal um $\tau = 4/a$ verzögert nach.

c) PI-Regler

Wenn wir für den Rührkesselreaktor einen PI-Regler wählen, erhalten wir wieder ein Regelsystem 2. Ordnung. Wir können jetzt zwei Reglerparameter frei wählen (K_P, K_I bzw. K_P, T_N). Anhand der Erfahrungen, die wir mit dem P-Regler und dem I-Regler gemacht haben, können wir erwarten, daß wir jetzt die Lage der beiden Pole des Regelsystems beliebig vorgeben können und daß wir kein Vorfilter benötigen.

Mit den Übertragungsfunktionen des Reglers $G_R(s) = K_P + K_I/s$ sowie $G_V(s) = 1$ ergibt sich die Übertragungsfunktion des Regelsystems

$$\frac{Y(s)}{W(s)} = G(s) = \frac{bK_Ps + bK_I}{s^2 + (a + bK_P)s + bK_I} = \frac{bK_Ps + bK_I}{s^2 + 2\zeta\omega_0 s + \omega_0^2}$$

$$\text{mit } \omega_0^2 = bK_I \text{ und } \zeta = \frac{a + bK_P}{2\omega_0} \quad .$$

Bei fester Vorgabe der beiden Pole des Regelsystems können wir die beiden Verstärkungsfaktoren K_P und K_I berechnen. Wenn wir beispielsweise ein unterkritisch gedämpftes Regelsystem mit einer Dämpfungszahl $\zeta = 1/\sqrt{2}$ (5% Überschwingen der Sprungantwort) und einer Zeitkonstanten τ^* für das Abklingen der Schwingungsenveloppen haben wollen, lautet die Gleichung der Polvorgabe (vgl. Bild 2.18):

$$s_{1,2} = \frac{-1 \pm j}{\tau^*} \quad .$$

Das Nennerpolynom ist

$$\left(s+\frac{1+j}{\tau^*}\right)\left(s+\frac{1-j}{\tau^*}\right) = s^2+\frac{2}{\tau^*}s+\frac{2}{\tau^{*2}} = s^2+2\zeta\omega_0 s+\omega_0^2 = s^2+(a+bK_P)s+bK_I \, ,$$

woraus wir durch Koeffizientenvergleich

$$K_I = \frac{2}{b\tau^{*2}} \qquad \text{und} \qquad K_P = \frac{2}{b\tau^*} - \frac{a}{b}$$

erhalten. Wir können verifizieren, daß diese Folgeregelung auf einen Sprung des Eingangssignals ohne stationären Nachlauffehler antwortet, indem wir feststellen, daß der statische Übertragungsfaktor $G(0) = 1$ ist (Endwertsatz; siehe Tab. 2.2). Für diesen speziellen PI-Regler erhalten wir dann in der Einheits-Rampenantwort asymptotisch einen konstanten Nachlauffehler von $a\tau^{*2}/2$, bzw. die asymptotische Rampenantwort läuft dem Eingangssignal um $a\tau^{*2}/2$ verzögert nach.

3.2.3 Regelstrecke 3. Ordnung mit P-Regler

In diesem Abschnitt betrachten wir eine Regelstrecke dritter Ordnung mit der Übertragungsfunktion

$$G_S(s) = \frac{1}{(s+1)(s+2)(s+3)} \quad ,$$

die wir mit einem P-Regler regeln wollen. Das Bild 3.8 zeigt das Signalflußbild dieses Regelsystems. Es hat die Übertragungsfunktion

$$\frac{Y(s)}{W(s)} = G(s) = \frac{K_P}{s^3 + 6s^2 + 11s + 6 + K_P} \quad .$$

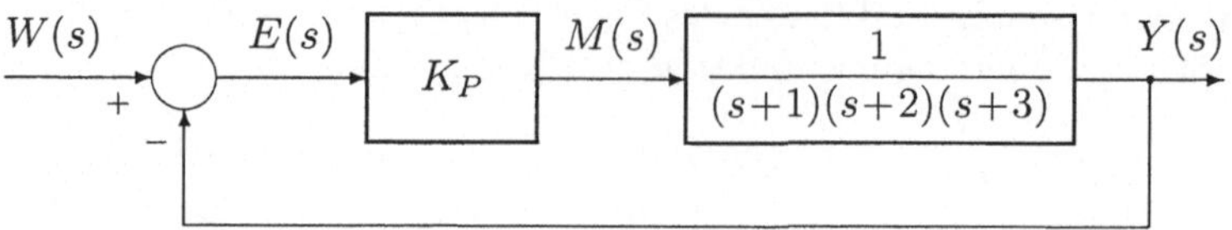

Bild 3.8. Folgeregelung mit P-Regler für eine Regelstrecke 3. Ordnung

Die Pole dieses Regelsystems sind in Funktion des Verstärkungsfaktors K_P im Bild 3.9 in der komplexen Ebene eingezeichnet. Wir sehen, daß das Regelsystem mit zunehmendem Verstärkungsfaktor K_P immer stärker zum Schwingen neigt, wobei die transienten Anteile der Antworten immer langsamer abklingen und die Schwingungsfrequenz zunimmt. Für $K_P = 60$ ist das dominante, konjugiert-komplexe Polpaar rein imaginär, $s = \pm j\sqrt{11}$. Für $K_P > 60$ ist das Regelsystem schließlich instabil, so daß jede transiente Antwort unendlich groß wird.

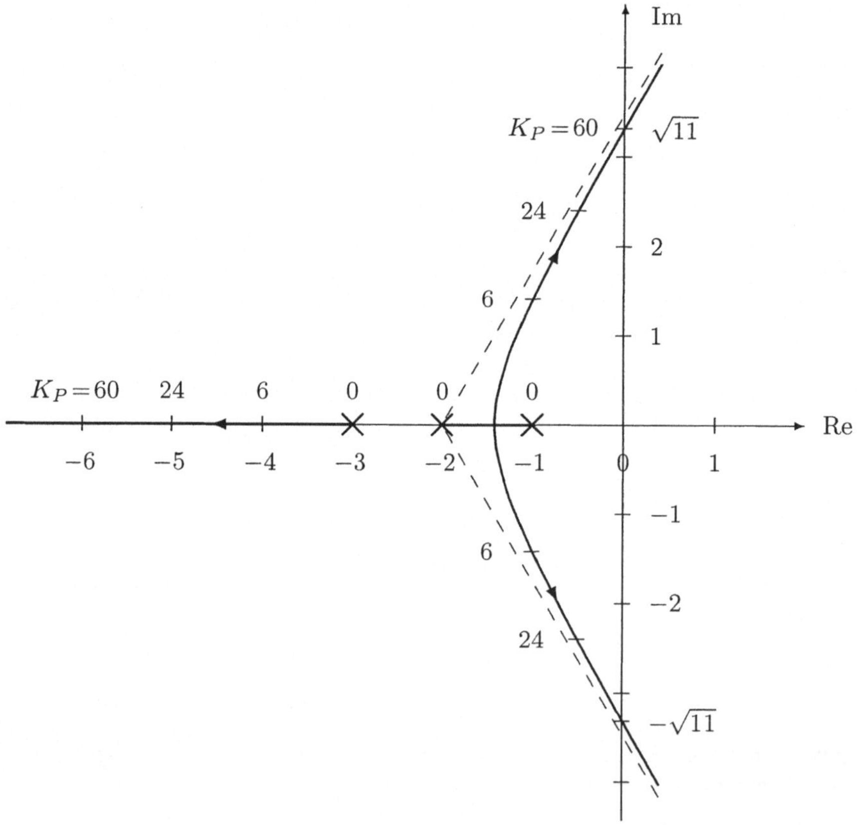

Bild 3.9. Wurzelortkurven des Regelsystems 3. Ordnung mit P-Regler

Wenn wir den komplexen Frequenzgang des aufgeschnittenen Regelkreises

$$G_0(j\omega) = G_R(j\omega)G_S(j\omega) = \frac{K_P}{(j\omega+1)(j\omega+2)(j\omega+3)}$$

für ω von 0 bis ∞ in der komplexen Ebene für verschiedene Werte des Verstärkungsfaktors K_P einzeichnen (siehe Bild 3.10), stellen wir fest, daß der Frequenzgang im asymptotisch stabilen Fall ($0 < K_P < 60$) den "kritischen Punkt" $(-1, j \cdot 0)$ nicht umläuft, daß er im Grenzfall ($K_P = 60$) gerade durch ihn hindurch läuft und daß er ihn im instabilen Fall ($K_P > 60$) umläuft.

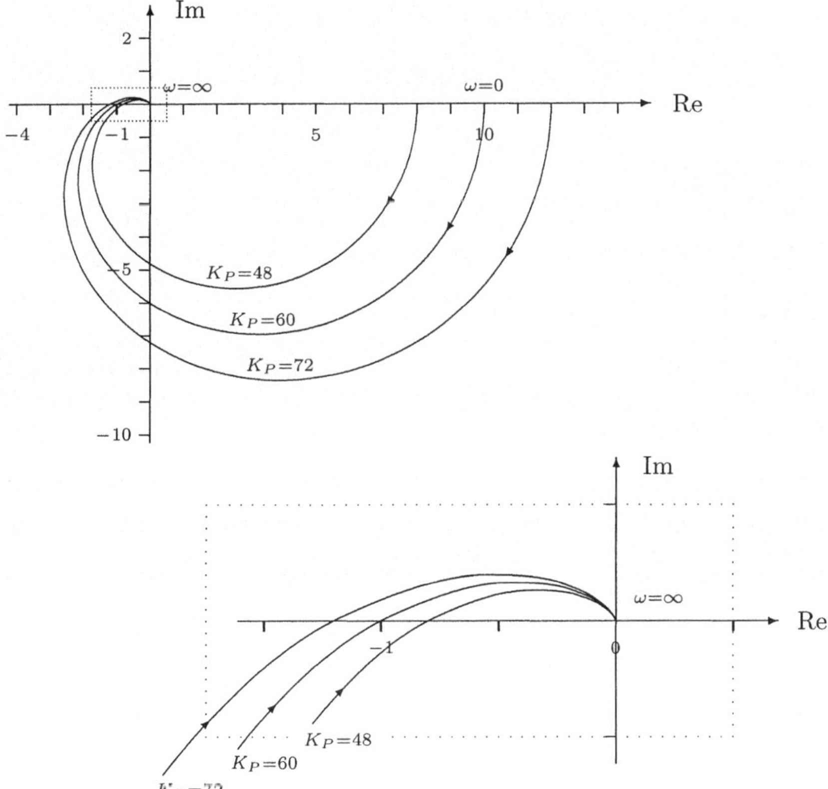

Bild 3.10. Frequenzgang des aufgeschnittenen Regelkreises nach Bild 3.8 in der komplexen Ebene

Das soeben gefundene Resultat betreffend die Stabilität des Regelsystems in Abhängigkeit vom Verstärkungsfaktor K_P gilt in allgemeinerer Form und ist als spezielles Nyquist-Kriterium bekannt.

3.3 Das Nyquist-Kriterium

In diesem Unterkapitel behandeln wir, ohne Beweise anzugeben, unter dem Namen Nyquist-Kriterium bekannte Sätze über die Stabilität eines Regelsystems. In den Abschnitten 3.3.1–3.3.4 befassen wir uns mit Eingrößen-Systemen, d.h. Regelstrecken, die nur je ein einziges Eingangs- und Ausgangssignal haben. Im Abschnitt 3.3.1 setzen wir einen asymptotisch stabilen aufgeschnittenen Regelkreis voraus, im Abschnitt 3.3.4 können die Regelstrecke und der Regler instabile Subsysteme des Regelsystems sein. Im Abschnitt 3.3.5 diskutieren wir Verallgemeinerungen des Nyquist-Kriteriums für den Mehrgrößenfall.

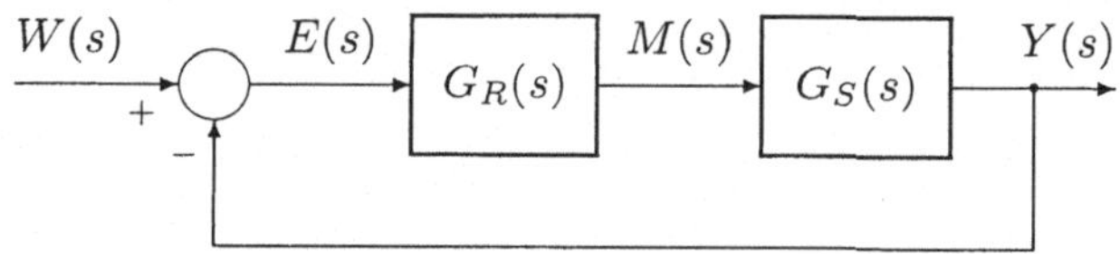

Bild 3.11. Regelsystem

3.3.1 Das spezielle Nyquist-Kriterium

Wir betrachten das Regelsystem gemäß Bild 3.11 mit einem einzigen Ausgangssignal $Y(s)$, einer einzigen Führungsgröße $W(s)$, einer einzigen Stellgröße $M(s)$ und einer Einheitsrückführung.

Wir treffen die folgenden einschränkenden Annahmen:

1) Alle Pole der Regelstrecke und des Reglers haben negativen Realteil, liegen also in der offenen linken Halbebene.
2) Der Frequenzgang $G_0(j\omega) = Y(j\omega)/E(j\omega) = G_S(j\omega)G_R(j\omega)$ des aufgeschnittenen Regelkreises geht für $\omega \to \infty$ gegen den Nullpunkt, d.h. $\lim\limits_{\omega\to\infty} G_0(j\omega) = 0$.

Dann gilt der folgende

Satz 1. Das Regelsystem mit der Übertragungsfunktion

$$G(s) = \frac{G_S(s)G_R(s)}{1 + G_S(s)G_R(s)}$$

ist asymptotisch stabil, wenn der Frequenzgang $G_0(j\omega) = G_S(j\omega)G_R(j\omega)$ des aufgeschnittenen Regelkreises für ω von 0 bis ∞ in der komplexen Ebene den Punkt $(-1, j\cdot 0)$ nicht umläuft. (Der "kritische Punkt" $(-1, j\cdot 0)$ liegt "links" der Frequenzgangkurve.) Im anderen Fall ist das System instabil. (Vgl. Bild 3.12 .)

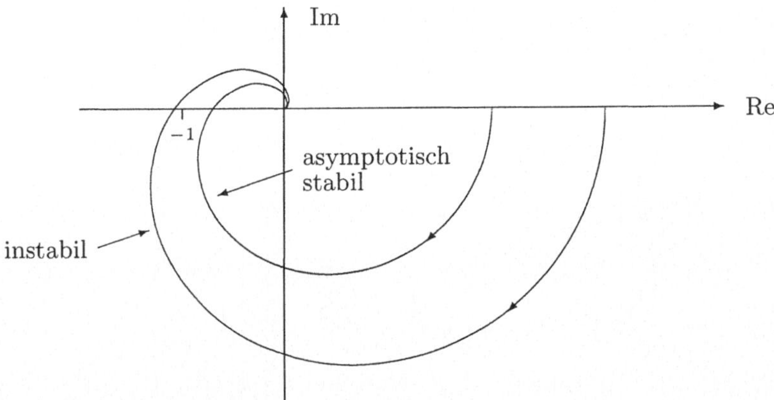

Bild 3.12. Spezielles Nyquist-Kriterium

Als Maß für den Grad der asymptotischen Stabilität des Regelsystems verwendet man oft die Phasenreserve φ (siehe Bild 3.13). Im allgemeinen sollte eine Phasenreserve von 30° bis 60° angestrebt werden. Die Phasenreserve gibt an, wieviel (negativen) Phasenwinkel ein zusätzlich in den Regelkreis eingeschaltetes, rein phasenschiebendes Element (z.B. eine Totzeit) bei der Durchtrittsfrequenz ω_c (definiert durch $|G_0(j\omega_c)| = 1$) haben darf, damit der Frequenzgang des aufgeschnittenen, modifizierten Regelkreises genau durch den kritischen Punkt hindurch verläuft.

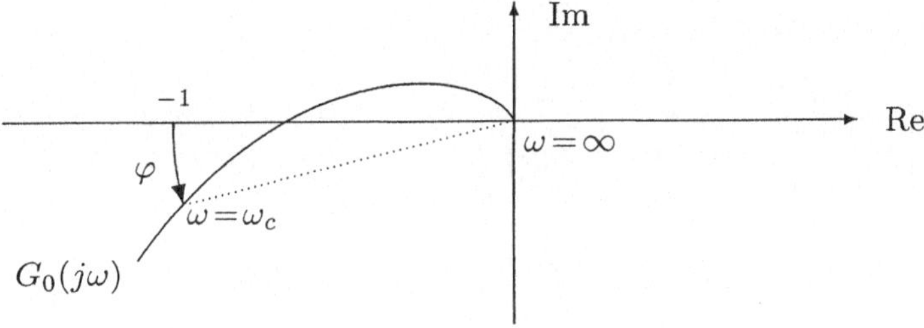

Bild 3.13. Phasenreserve φ eines asymptotisch stabilen Systems

Ein weiteres Maß für den Grad der asymptotischen Stabilität des Regelsystems ist die Verstärkungsreserve. Die Verstärkungsreserve gibt an, in welchem Intervall (a, b) der Verstärkungsfaktor K eines zusätzlich in den Regelkreis eingeschalteten reinen Verstärkers liegen muß, damit das modifizierte Regelsystem immer noch asymptotisch stabil ist (siehe Bild 3.14). (Abgekürzte Schreibweise: $K \in (a, b)$.) Die Verstärkungsreserve eines Regelsystems sollte mindestens das Intervall $0.5 \ldots 2$ umfassen.

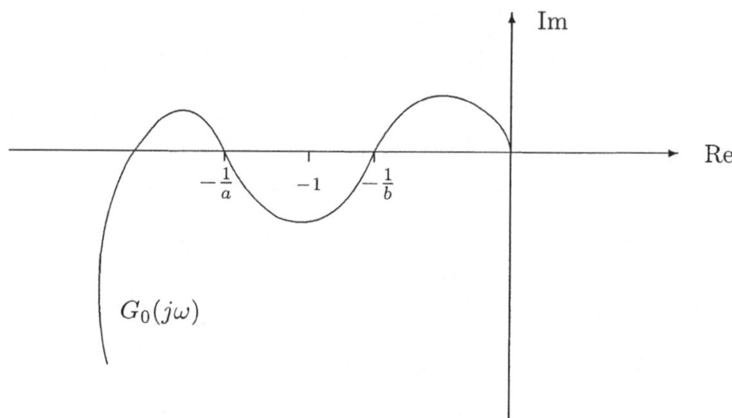

Bild 3.14. Verstärkungsreserve K eines asymptotisch stabilen Regelsystems. Der Frequenzgang schneidet die negative reelle Achse bei $-1/a$ und $-1/b$ links bzw. rechts des kritischen Punktes. Resultierende Verstärkungsreserve $K \in (a, b)$.

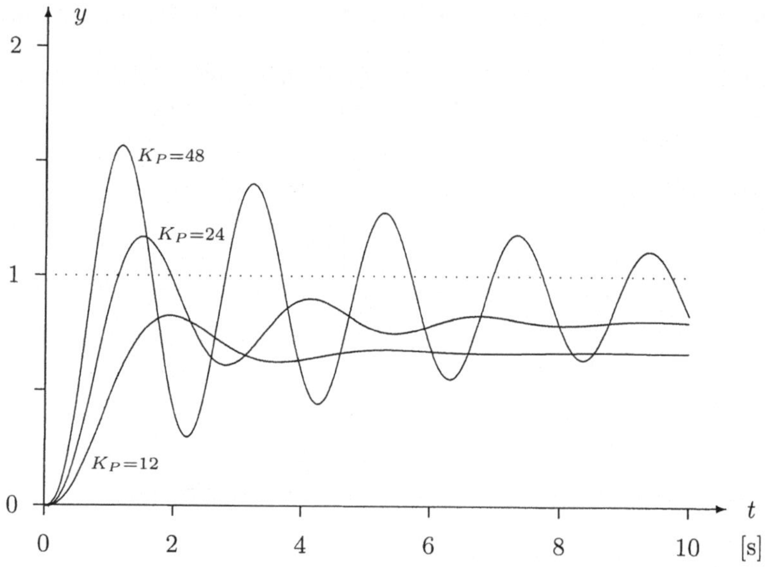

Bild 3.15. Einheitssprungantworten des Regelsystems dritter Ordnung mit der Regelstrecke $G_S(s) = 1/(s+1)(s+2)(s+3)$ und verschiedenen P-Reglern

Im Bild 3.15 sind die Einheits-Sprungantworten des Systems 3. Ordnung von Kap. 3.2.3 für verschiedene Werte der Reglerverstärkung K_P, $0 < K_P < 60$, eingezeichnet, um qualitativ die Rollen der Phasenreserve und der Verstärkungsreserve zu veranschaulichen. Dabei sind die folgenden Stabilitätsreserven zu verzeichnen:

a) $K_P = 48$: Phasenreserve $\varphi = 7.4°$, Verstärkungsreserve $K \in (0, 1.25)$
b) $K_P = 24$: Phasenreserve $\varphi = 35.4°$, Verstärkungsreserve $K \in (0, 2.5)$
c) $K_P = 12$: Phasenreserve $\varphi = 75.6°$, Verstärkungsreserve $K \in (0, 5)$.

Der Verlauf der Nyquist-Kurve wird natürlich durch die Wahl des Reglertyps und die Einstellung der Reglerparameter beeinflußt.

Beachte, daß das spezielle Nyquist-Kriterium für den Fall des I-, PI- und PID-Reglers, streng genommen, nicht anwendbar ist, da der Regler einen Pol auf der imaginären Achse bei $s = 0$ hat.

In der industriellen Praxis werden (leider) oft die Regeln nach Ziegler und Nichols zum Einstellen der Parameter von P-, PI-, PD- oder PID-Reglern verwendet. Zunächst stellt man die Verstärkung eines P-Reglers so ein, daß das Regelsystem grenzstabil wird. Daraus ergeben sich dann die Einstellwerte aller Reglerparameter aus dem folgenden Rezept:

Einstellregeln nach Ziegler, Nichols (vgl. z.B. [8], [9])

Benötigte Kennzahlen:

Kritische Verstärkung: $K_{P,kr} = 60$

Schwingungsperiode bei krit. Verstärkung: $T_{kr} = \dfrac{2\pi}{\omega_{kr}} = \dfrac{2\pi}{\sqrt{11}} = 1.89\,\mathrm{s}$

Einstellregeln, angewandt auf unser Beispiel:

für P-Regler:	$K_P = 0.5 K_{P,kr}$	$= 30$
für PI-Regler:	$K_P = 0.45 K_{P,kr}$	$= 27$
	$T_N = 0.85 T_{kr}$	$= 1.6\,\mathrm{s}$
für PD-Regler:	$K_P = 0.55 K_{P,kr}$	$= 33$
	$T_V = 0.15 T_{kr}$	$= 0.28\,\mathrm{s}$
für PID-Regler:	$K_P = 0.6 K_{P,kr}$	$= 36$
	$T_N = 0.5 T_{kr}$	$= 0.95\,\mathrm{s}$
	$T_V = 0.12 T_{kr}$	$= 0.23\,\mathrm{s}$

Das Bild 3.16 zeigt die Anwendung der Einstellregeln nach Ziegler, Nichols auf die bereits diskutierte Regelstrecke 3. Ordnung. Dargestellt sind die Einheitssprungantworten der resultierenden Regelsysteme.

Rein mathematisch ist es natürlich sehr interessant, einen Regler mit einem D-Anteil einzusetzen, da dadurch die Phase bei sehr hohen Frequenzen um 90°

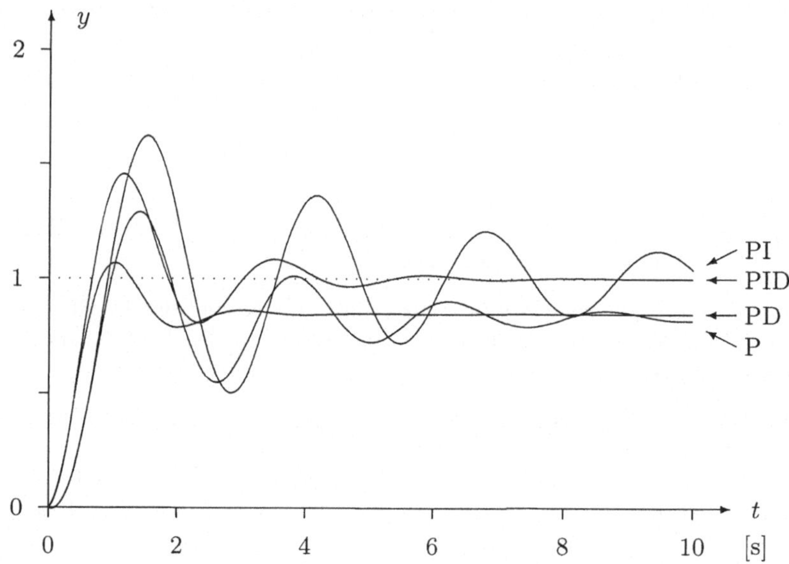

Bild 3.16. Einheitssprungantworten der Regelsysteme mit der Regelstrecke $G_S(s) = 1/(s+1)(s+2)(s+3)$ und den vier nach Ziegler-Nichols eingestellten Reglern. Es resultieren Phasenreserven zwischen 13° [PI] und 50° [PD] bzw. Verstärkungsreserven zwischen (0,1.5) [PI] und (0,∞) [PD und PID].

zurück gedreht wird. — In der Praxis muss der D-Anteil bandbegrenzt werden. Dies wird im nachfolgenden Abschnitt 3.3.2 diskutiert.

Das Nyquist-Kurve kann direkt benützt werden, um einen Regler oder Kompensator zu entwerfen, so daß das resultierende Regelsystem asymptotisch stabil ist, eine spezifizierte Phasenreserve und/oder Verstärkungsreserve hat und allenfalls weitere Bedingungen erfüllt werden (z.B. betreffend Resonanzüberhöhung und "roll-off"). Im Englischen wird diese Methode, sehr anschaulich, als Loopshaping-Methode bezeichnet. — Diese Aspekte werden im Abschnitt 3.3.3 andiskutiert.

3.3.2 Reale PD- und PID-Regler

Beim Wechsel von einem P-Regler zu einem PD-Regler bzw. von einem PI-Regler zu einem PID-Regler erhalten wir als Vorteil, daß die Phase bei hohen Frequenzen um bis zu 90° "zurück" gedreht wird. Durch geeignete Wahl der Eckfrequenz $\frac{1}{T_V}$ können wir also die Phasenreserve eines Regelsystems signifikant vergrößern.

Als Nachteil erhalten wir aber eine erhöhte Empfindlichkeit des Reglers auf hochfrequente Störsignale.

Beispiel: Die Regelabweichung $e(t)$ enthalte ein harmonisches Nutzsignal mit der Kreisfrequenz 10 rad/s und einen kleinen Netzbrumm von 50 Hz, welcher vom Sensor stammt:

$$e(t) = \sin(10t) + 0.03\sin(100\pi t) \ .$$

Im D-Teil des PD- oder PID-Reglers wird der folgende Signalanteil $m_D(t)$ des Stellsignals $m(t)$ erzeugt:

$$m_D(t) = K_P T_V \big(10\cos(10t) + 3\pi\cos(100\pi t)\big) \ .$$

Offensichtlich wird das Stellsignal ein unzulässig hohes Brummsignal enthalten, das die Lebensdauer der Aktoren reduzieren kann und das unerwünschte Signalanteile in der Regelstrecke erzeugt.

In jeder Realisierung eines D-Anteils eines PD- oder PID-Reglers muß deshalb die Wirkung des D-Anteils vom unendlichen Frequenzintervall

$$\frac{1}{T_V} \cdots \infty$$

auf ein sinnvolles Intervall

$$\frac{1}{T_V} \cdots \frac{N}{T_V} \quad \text{mit} \quad N = 5 \ldots 20$$

beschränkt werden.

Als Übertragungsfunktion eines realen PD-Regler erhalten wir:

$$G_R(s) = K_P \left(1 + \frac{T_V s}{1 + \frac{T_V}{N} s}\right) = K_P \frac{1 + \frac{N+1}{N} T_V s}{1 + \frac{T_V}{N} s}$$

und für einen realen PID-Regler:

$$G_R(s) = K_P \left(1 + \frac{1}{T_N s} + \frac{T_V s}{1 + \frac{T_V}{N} s}\right) = K_P \left(\frac{1}{T_N s} + \frac{1 + \frac{N+1}{N} T_V s}{1 + \frac{T_V}{N} s}\right) \ .$$

Im Bild 3.17 ist das Bode-Diagramm des realen PD-Reglers für verschiedene Werte des Parameters N dargestellt.

3.3.3 Loop-shaping

Beim Loop-shaping geht es darum, die Übertragungsfunktion $G_R(s)$ des Reglers so zu wählen, daß gewisse frequenzabhängige Schranken für den Verlauf der Nyquist-Kurve bzw. für die Kreisverstärkung $|G_0(j\omega)|$ und die Kreisverstärkungsdifferenz $|D(j\omega)| = |1+G_0(j\omega)|$ (Abstand der Nyquist-Kurve vom Nyquist-Punkt $(-1, j\cdot 0)$) eingehalten werden.

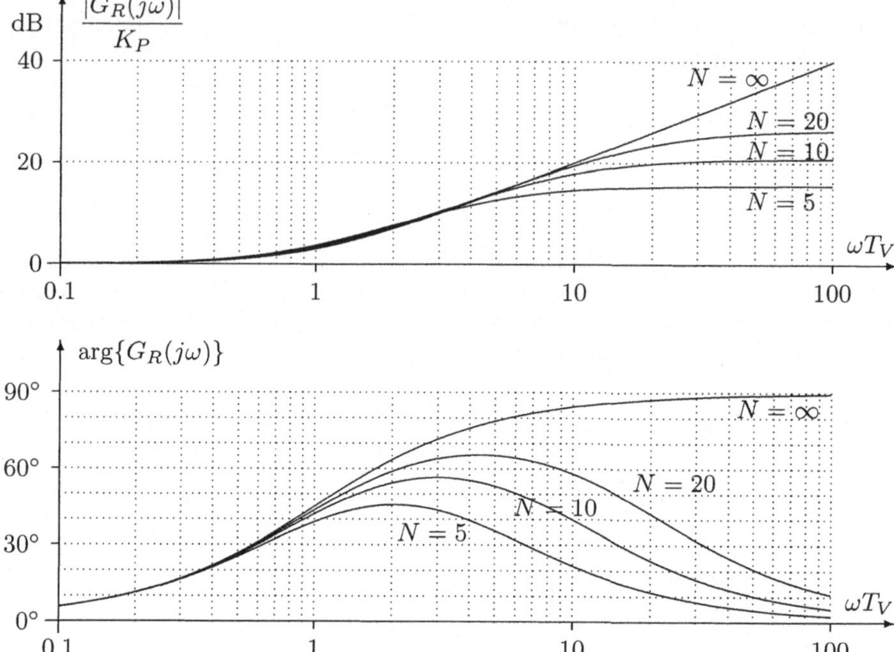

Bild 3.17. Bode-Diagramm des realen PD-Reglers

Die Spezifikationen für den Entwurf eines Reglers für ein Regelsystem mit einer Bandbreite von $\omega_c = 10\,\text{rad/s}$ könnten beispielsweise wie folgt formuliert werden:

1) Bandbreite: Durchtrittsfrequenz[1] $\omega_c = 10\,\text{rad/s}$
2) Robustheit im Durchtrittsbereich $0.1\omega_c < \omega < 10\omega_c$:
   a) Phasenreserve $\geq 50°$
   b) Verstärkungsreserve mindestens $K \in (0,4)$
   c) Abstand der Nyquist-Kurve vom Nyquist-Punkt $(-1, j\cdot 0)$:
   $D_{\min} = \min_{\omega\in(0,\infty)} |1+G_0(j\omega)| \geq \frac{1}{\sqrt{2}} \approx 0.707$ (bzw. $-3\,\text{dB}$)
3) Resonanzüberhöhung des Regelsystems:

$$T_{\max} = \max_{\omega\in(0,\infty)} |G(j\omega)| = \max_{\omega\in(0,\infty)} \frac{|G_0(j\omega)|}{|1+G_0(j\omega)|} \leq 1.1 \quad \text{(bzw. 0.83 dB)}$$

Im Bild 3.18 ist diese Forderung graphisch in der komplexen Ebene dargestellt: Die Nyquist-Kurve darf den mit 1.1 markierten Appolonius-Kreis nicht betreten!

[1] $|G_0(j\omega_c)| = 1$, vgl. Bild 3.13

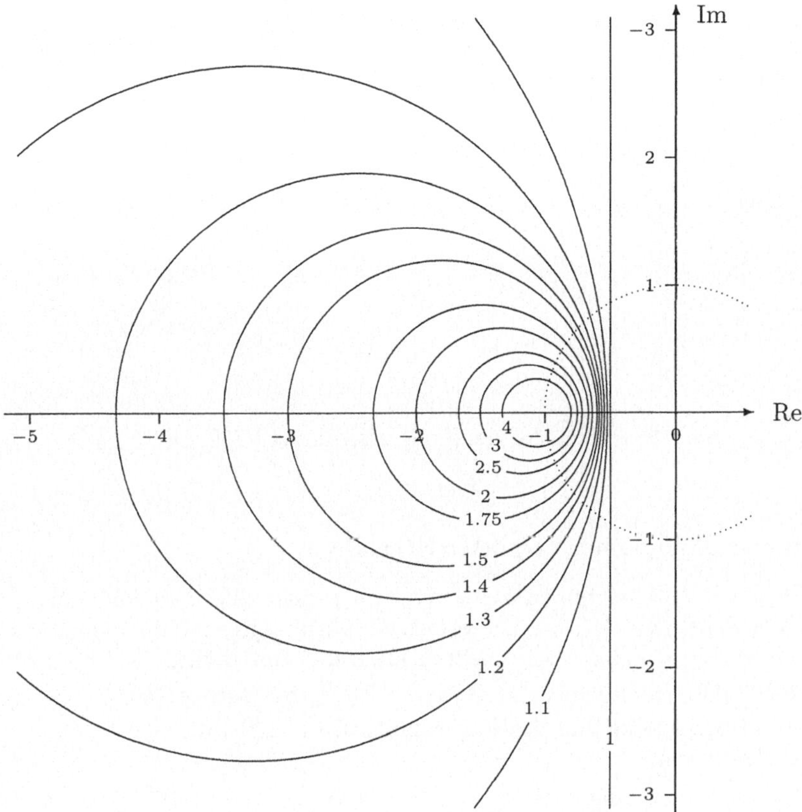

Bild 3.18. Resonanzüberhöhung eines Regelsystems: Geometrische Orte für eine komplexe Zahl G_0, so daß $|G| = |G_0/(1+G_0)| = k$ gilt; für $k=1, 1.1, 1.2, \ldots, 4$ (Appolonius-Kreise)

4) Kreisverstärkung im Passband $0 \leq \omega \leq 0.1\omega_c$:

$$|G_0(j\omega)| \geq \begin{cases} 100 & \text{für } 0 \leq \omega \leq 0.01\omega_c \\ \frac{\omega_c}{\omega} & \text{für } 0.01\omega_c \leq \omega \leq 0.1\omega_c \end{cases} \quad \text{(siehe Bild 3.19)}$$

5) "Roll-off": Die Kreisverstärkung $|G_0(j\omega)|$ soll im Sperrband $\omega > 10\omega_c$ mit einer genügend hohen Steigung (z.B. $-40\,\text{dB/dek}$) abfallen, damit das Regelsystem gegen nicht-modellierte Dynamik robust ist:
$|G_0(j\omega)| \leq 10\left(\frac{\omega_c}{\omega}\right)^2$ (siehe Bild 3.19)

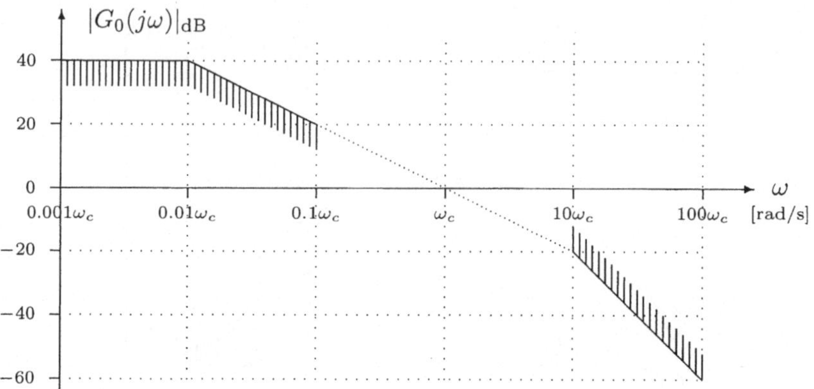

Bild 3.19. Spezifikationen für die Kreisverstärkung $|G_0(j\omega)|$

3.3.4 Das allgemeine Nyquist-Kriterium

Wir betrachten wiederum das Regelsystem gemäß Bild 3.11 mit einem einzigen Ausgangssignal $Y(s)$, einer einzigen Führungsgröße $W(s)$, einer einzigen Stellgröße $M(s)$ und einer Einheitsrückführung und treffen die folgenden einschränkenden Annahmen:

1) Die Regelstrecke und der Regler haben keine Pole, die auf der imaginären Achse liegen.
2) Der Frequenzgang $G_0(j\omega) = Y(j\omega)/E(j\omega) = G_S(j\omega)G_R(j\omega)$ des aufgeschnittenen Regelkreises geht für $\omega \to \infty$ gegen den Nullpunkt.

In diesem Abschnitt ist es zweckmäßiger, den Frequenzgang $G_0(j\omega)$ des aufgeschnittenen Regelkreises auch für negative Frequenzen, d.h. für den ganzen Bereich $-\infty < \omega < +\infty$ in der komplexen Ebene einzuzeichnen, vgl. Bild 3.20.

Wir führen die folgenden Bezeichnungen ein:

$P =$ Anzahl der instabilen Pole des aufgeschnittenen Regelkreises $G_0(s)$

$N =$ Anzahl der instabilen Pole des Regelsystems $G(s) = \dfrac{G_S(s)G_R(s)}{1 + G_S(s)G_R(s)}$

$U =$ Anzahl Umläufe der Frequenzgangkurve $G_0(j\omega)$ für $-\infty < \omega < +\infty$ um den kritischen Punkt $(-1, j\cdot 0)$ herum. Dabei wird die Frequenzgangkurve im Sinne zunehmender Kreisfrequenz ω durchlaufen und werden Umläufe um den kritischen Punkt im Gegenuhrzeigersinn positiv, im Uhrzeigersinn negativ gezählt.

Damit können wir die beiden folgenden Sätze formulieren:

Satz 2. Stets gilt $N = P - U$.

Satz 3. Das Regelsystem ist asymptotisch stabil, wenn der Frequenzgang des aufgeschnittenen Regelkreises für ω von $-\infty$ bis $+\infty$ in der komplexen Ebene den Punkt $(-1, j \cdot 0)$ entsprechend der Anzahl P der instabilen Pole von Regler und Strecke (zusammen) im Gegenuhrzeigersinn umläuft, d.h., wenn $P = U$ gilt. Im anderen Fall ist das System instabil.

Im Bild 3.20 ist der Frequenzgang $G_0(j\omega)$ des aufgeschnittenen Kreises für zwei Regelsysteme dritter Ordnung eingezeichnet. Aufgrund der Umlaufregeln von Satz 2 erhalten wir für das eine Regelsystem einen instabilen Pol und somit Instabilität, für das andere nur Pole in der offenen linken Halbebene und somit asymptotische Stabilität.

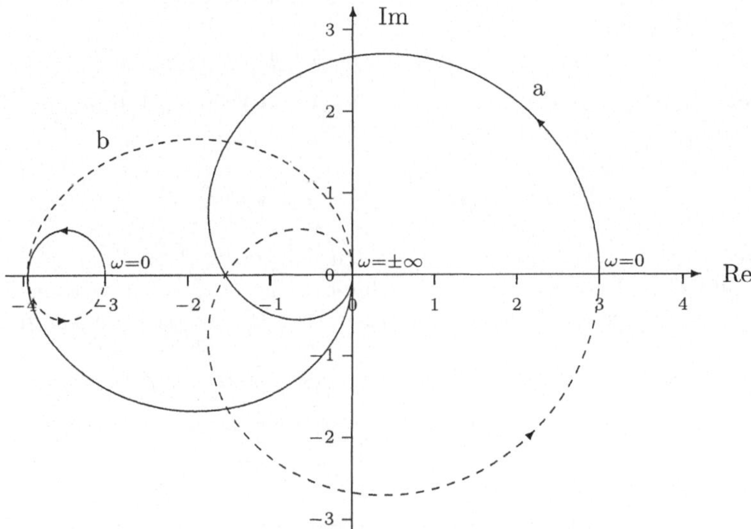

Bild 3.20. Allg. Nyquist-Kriterium. a) $G_0(s) = 9(s+2)(s+4)/(s-2)(s+3)(s-4)$ mit zwei instabilen Polen bei $s = 2$ und $s = 4$; $P = 2$, $U = 2$, $N = 0$: Regelsystem asymptotisch stabil. b) $G_0(s) = 18(s-1)(s+4)/(s-2)(s+3)(s-4)$ mit zwei instabilen Polen bei $s = 2$ und $s = 4$; $P = 2$, $U = 1$, $N = 1$: Regelsystem instabil.

Die obige Annahme 1) ist recht einschränkend, da damit z.B. der wichtige Fall eines Reglers mit I-Anteil ausgeschlossen ist. Ein Pol auf der imaginären Achse bewirkt, daß die aufzuzeichnende komplexe Frequenzgangkurve bei der entsprechenden Frequenz ins Unendliche abwandert. Damit ist nicht mehr a priori klar, wie groß die Anzahl U der Umläufe um den kritischen Punkt ist (Mehrdeutigkeit betr. Umläufe im Unendlichen). In diesem Fall können wir auf ein elegantes und elementares Hilfsmittel zurückgreifen [3, Kap. 15.44]: Wir können mit der komplexen Funktion $G_0(s)$ anstelle der imaginären Achse eine leicht deformierte Kurve abbilden. Die Zahlen P und N beziehen sich dann auf die Lage relativ zu dieser Kurve und U auf die modifizierte Nyquistkurve. Meist wird in diesem Fall die imaginäre Achse nur in unmittelbarer Nähe eines rein imaginären Poles deformiert ("lokale Umgehung").

3.3.5 Nyquist-Kriterium für Mehrgrößen-Regelsysteme

Im Bild 3.21 betrachten wir eine Regelstrecke mit m Stellgrößen $M_i(s)$, die im m-Vektor $M(s)$ zusammengefaßt sind, und m Ausgangssignalen $Y_i(s)$ bzw. dem Ausgangsvektor $Y(s)$, einen Mehrgrößenregler mit m Eingangssignalen entsprechend dem Vektor $E(s)$ der Regelabweichungen, der den Stellvektor $M(s)$ liefert, sowie für jeden der m Kanäle eine Einheitsrückführung, d.h. eine Einheits-Vektorrückführung

$$E(s) = W(s) - Y(s) \quad .$$

Der aufgeschnittene Regelkreis zwischen $E(s)$ und $Y(s)$ wird durch die Übertragungsmatrix $G_0(s)$ beschrieben,

$$Y(s) = G_0(s)E(s) = G_S(s)G_R(s)E(s) \quad .$$

Beachte, daß die Reihenfolge der beiden Faktoren (Übertragungsmatrizen) $G_S(s)$ und $G_R(s)$ in der obigen Gleichung nicht umgekehrt werden darf, da das Produkt zweier quadratischer Matrizen im allgemeinen nicht kommutiert.

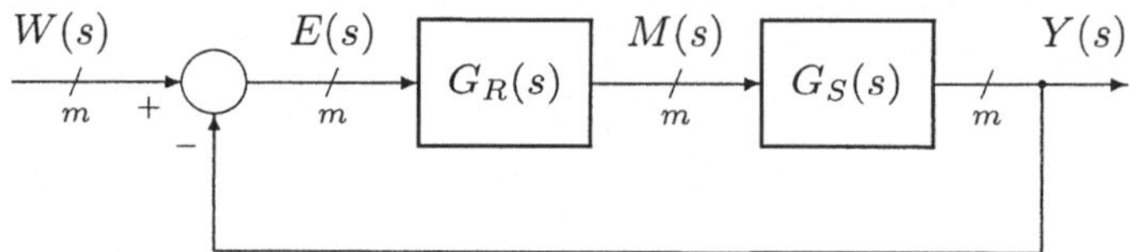

Bild 3.21. Signalflußbild eines Mehrgrößen-Regelsystems

Für die Übertragungsmatrix $G(s)$ des Regelsystems zwischen dem Führungsvektor $W(s)$ und dem Ausgangsvektor $Y(s)$ in der Eingangs-Ausgangs-Gleichung

$$Y(s) = G(s)W(s)$$

erhalten wir

$$G(s) = G_S(s)G_R(s)\left[I + G_S(s)G_R(s)\right]^{-1} \quad ,$$

wenn wir den Einfluß der Rückführung gleich am Eingang, d.h. bei $E(s)$, berücksichtigen.

Da das Matrizenprodukt, wie bereits erwähnt, nicht kommutativ ist, erhalten wir für die Übertragungsmatrix $G(s)$ die beiden folgenden äquivalenten

Ausdrücke, wenn wir den Einfluß der Rückführung erst bei $M(s)$ bzw. bei $Y(s)$ berücksichtigen (unterschiedliche "loop breaking points"):

$$G(s) = G_S(s)\,[I + G_R(s)G_S(s)]^{-1}\,G_R(s)$$

$$\text{bzw.}\quad G(s) = [I + G_S(s)G_R(s)]^{-1}\,G_S(s)G_R(s)\ .$$

Für die Verallgemeinerung des Nyquist-Kriteriums vom Eingrößenfall auf den Mehrgrößenfall ist es wichtig zu realisieren, daß die Bestimmungsgleichung für die Pole des Regelsystems im Eingrößenfall, $G_S(s)G_R(s) = -1$ beziehungsweise $G_S(s)G_R(s) + 1 = 0$, sich im Mehrgrößenfall nicht auf $G_S(s)G_R(s) + I = 0$ (Nullmatrix) verallgemeinert, sondern auf

$$\det\bigl(I + G_S(s)G_R(s)\bigr) = 0\ .$$

Für einen Pol des multivariablen Regelsystems wird also die Kreisverstärkungsdifferenzmatrix ("return difference matrix") singulär. Das Nyquist-Kriterium ist auf verschiedene Weise für Mehrgrößen-Regelsysteme erweitert worden.

Beispielsweise können wir die komplexe Funktion $\det(I + G_S(j\omega)G_R(j\omega))$ in der komplexen Ebene einzeichnen und ihre Umläufe um den Ursprung im Sinne von Satz 2 zur Beantwortung der Stabilitätsfrage auswerten. Dieses Vorgehen ist aber nicht sehr interessant, da sich damit die Frage der Stabilitätsreserve eines asymptotisch stabilen Regelystems nicht klar beantworten läßt. Dafür müssen dann z.B. die m Singularwerte der Kreisverstärkungsdifferenzmatrix $I{+}G_S(j\omega)G_R(j\omega)$ herangezogen werden: Die Stabilitätsreserve des Mehrgrößen-Regelsystems ist umso größer, je größer der kleinste Singularwert der Kreisverstärkungsdifferenzmatrix für alle Frequenzen ist. Die äquivalente geometrische Aussage im Eingrößenfall lautet (vgl. Bilder 3.13, 3.14 und 3.20): Die Stabilitätsreserve ist umso größer, je größer der Abstand der Nyquist-Kurve vom Nyquist-Punkt ist, d.h. je größer der Radius desjenigen Kreises mit Zentrum im Nyquist-Punkt ist, der die Nyquist-Kurve gerade berührt.

3.4 Regelung mit Vorsteuerung

In diesem Unterkapitel ergänzen wir das klassische Folgeregelungssystem nach Bild 3.1 mit einer linearen zeitinvarianten Vorsteuerung. Das Signalflußbild des resultierenden Regelsystems ist im Bild 3.22 dargestellt. Das von der Vorsteuerung gelieferte Signal $m_s(t)$ hat die Aufgabe, die Regelstrecke (im Falle $m_r(t) \equiv 0$) so zu steuern, daß das Ausgangssignal $y(t)$ bereits ziemlich gut mit der Führungsgröße $w(t)$ übereinstimmt. Bei einer Regelung mit Vorsteuerung werden wir somit typischerweise kleinere Regelabweichungen $e(t)$ erhalten als bei einer klassischen Folgeregelung (mit $m_s(t) \equiv 0$).

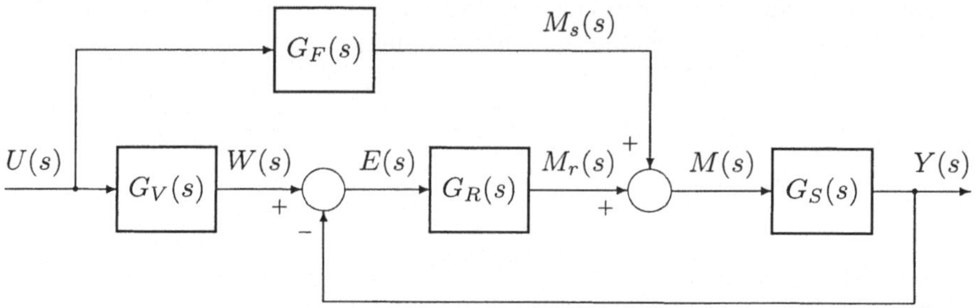

Bild 3.22. Kombination von Steuerung und Regelung

3.4.1 Allgemeine Gleichungen des Regelsystems

Das Regelsystem besteht aus der Parallelschaltung der Serieschaltung des Vorfilters und der Kreisschaltung mit dem Eingangssignal w und dem Ausgangssignal y und der Serieschaltung der Vorsteuerung und der Kreisschaltung mit dem Eingangssignal m_s und dem Ausgangssignal y. Für die Übertragungsfunktion $G(s)$ des Regelsystems erhalten wir deshalb

$$\begin{aligned}\frac{Y(s)}{U(s)} = G(s) &= \frac{G_S(s)}{1+G_S(s)G_R(s)}G_F(s) + \frac{G_S(s)G_R(s)}{1+G_S(s)G_R(s)}G_V(s) \\ &= \frac{G_S(s)G_F(s)+G_S(s)G_R(s)G_V(s)}{1+G_S(s)G_R(s)} \ .\end{aligned}$$

Das Regelsystem ist genau dann asymptotisch stabil, wenn die drei Subsysteme Kreisschaltung, Vorfilter und Vorsteuerung asymptotisch stabil sind.

Bei rationalen Übertragungsfunktionen

$$G_S(s) = \frac{P_S(s)}{Q_S(s)} \qquad G_R(s) = \frac{P_R(s)}{Q_R(s)} \qquad G_V(s) = \frac{P_V(s)}{Q_V(s)} \qquad G_F(s) = \frac{P_F(s)}{Q_F(s)}$$

mit den Zählerpolynomen P_i und den Nennerpolynomen Q_i hat das Regelsystem die rationale Übertragungsfunktion

$$G(s) = \frac{P(s)}{Q(s)} = \frac{P_S(s)\Big[P_F(s)Q_V(s)Q_R(s)+Q_F(s)P_V(s)P_R(s)\Big]}{\Big[Q_S(s)Q_R(s)+P_S(s)P_R(s)\Big]Q_F(s)Q_V(s)} \ .$$

Für die Wahl der Übertragungsfunktionen $G_F(s)$ der Vorsteuerung und $G_V(s)$ des Vorfilters drängen sich die beiden folgenden "idealen" Möglichkeiten auf:

a) Inverse Dynamik

$$G_F(s) = \frac{1}{G_S(s)} \quad \text{und} \quad G_V(s) \equiv 1$$

Bei dieser Wahl invertiert die Vorsteuerung die Dynamik der Regelstrecke. Theoretisch resultiert eine perfekte Folgeregelung mit der Übertragungsfunktion

$$G(s) = \frac{Y(s)}{U(s)} \equiv 1 \ .$$

In der Praxis wird $G(s)$ von diesem Ideal abweichen, da die Übertragungsfunktion $G_S(s)$ der Regelstrecke ein unvollkommenes Modell der wahren Dynamik der Regelstrecke darstellt.

Da die Vorsteuerung mit der Übertragungsfunktion $G_F(s)$ ein asymptotisch stabiles Subsystem sein muß, ist eine Inversion der Dynamik der Regelstrecke nicht möglich, wenn die Übertragungsfunktion der Regelstrecke Nullstellen in der abgeschlossenen rechten Halbebene der komplexen Zahlenebene hat (Nullstellen von $P_S(s)$).

Meistens hat das Nennerpolynom $Q_S(s)$ der Übertragungsfunktion der Regelstrecke einen höheren Grad als das Zählerpolynom $P_S(s)$. Wenn die Vorsteuerung die Dynamik der Regelstrecke invertieren soll, resultiert eine Übertragungsfunktion $G_F(s) = Q_S(s)/P_S(s)$, deren Zählergrad höher ist als der Nennergrad. In der Praxis ist dies kaum erwünscht (und auch nicht für beliebig hohe Frequenzen realisierbar).

b) Inverse Dynamik und Referenzmodell

$$G_F(s) = \frac{G_V(s)}{G_S(s)}$$

Bei dieser Wahl der Vorsteuerung ist ebenfalls eine Inversion der Dynamik der Regelstrecke involviert. Theoretisch resultiert ein Regelsystem mit der Übertragungsfunktion

$$G(s) = \frac{Y(s)}{U(s)} = G_V(s) \ .$$

Dabei ist die Übertragungsfunktion $G_V(s)$ des Vorfilters eine beliebig wählbare eines asymptotisch stabilen "Referenzmodells" für das Übertragungsverhalten zwischen u und y.

Sinngemäß gelten die gleichen Bemerkungen wie oben. Wenn wir ein Vorfilter mit Tiefpaßcharakter wählen, können wir allerdings das zuletzt genannte Problem (Zählergrad $\leftrightarrow$ Nennergrad) befriedigender lösen.

3.4.2 Beispiel

Zur Diskussion steht hier eine asymptotisch stabile Regelstrecke dritter Ordnung mit der Übertragungsfunktion

$$G_S(s) = \frac{77.6\,(s+7.23)}{(s+25)(s+3.54-j3.94)(s+3.54+j3.94)} \ .$$

Für ein Folgeregelungssystem gemäß Bild 3.11 hat ein Ingenieur einen Regler mit der Übertragungsfunktion

$$G_R(s) = \frac{18\,(s+4)}{(s+15)\,s}$$

entworfen. Dieser Regler kann als Serieschaltung eines Tiefpasses erster Ordnung und eines PI-Elements (mit der Nachstellzeit $T_N = 0.25\,\mathrm{s}$) betrachtet werden. Das Regelsystem hat eine Phasenreserve von 57° und eine Verstärkungsreserve im Intervall (0,6.5). Seine Antwort $y(t)$ auf einen Einheitssprung der Führungsgröße $w(t)$ ist im Bild 3.23 dargestellt.

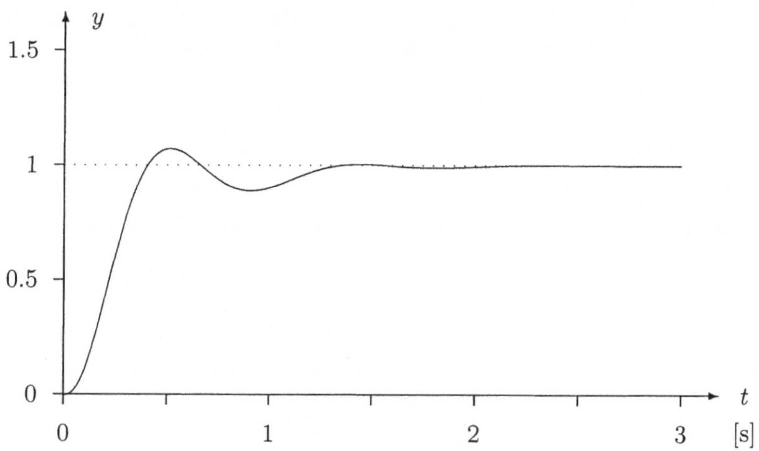

Bild 3.23. Sprungantwort des klassischen Folgeregelsystems

Nun wollen wir auf eine Regelung mit Vorsteuerung nach Bild 3.22 übergehen, wobei die Übertragungsfunktion $G_R(s)$ des Reglers unverändert bleibt.

Für eine Vorsteuerung nach dem Prinzip der inversen Dynamik (Abschn. 3.4.1 a) wäre eine Übertragungsfunktion $G_F(s) = 1/G_S(s)$ nötig, deren Zählergrad um zwei größer wäre als der Nennergrad. Dies wollen wir ausschließen, da (für hohe Frequenzen) im wesentlichen eine zweifache Differentiation des Eingangssignals $u(t)$ involviert wäre.

Hingegen bietet sich eine "quasistatische Inversion" der Dynamik der Regelstrecke mit Hilfe eines P-Elements mit der Verstärkung K_F an, indem

$$G_F(s) \equiv K_F = \frac{1}{G_S(0)} = 1.25$$

gewählt wird. In unserem Fall würde dies schlecht funktionieren (50 % Überschwingen der Sprungantwort), da die Nachstellzeit T_N für diese Kombination von Steuerung und Regelung viel zu klein gewählt worden ist.

Für eine Vorsteuerung nach dem Prinzip der inversen Dynamik mit Referenzmodell (Abschn. 3.4.1 b) wählen wir als Referenzmodell

$$G_V(s) = \frac{64}{(s+8)^2}$$

und als Vorsteuerung

$$G_F(s) = \frac{G_V(s)}{G_S(s)} = \frac{0.825(s+25)(s+3.54-j3.94)(s+3.54+j3.94)}{(s+8)^2(s+7.23)} \; .$$

Damit erhalten wir eine Sprungantwort des Regelsystems, welche etwa gleich schnell ansteigt wie diejenige des klassischen Folgeregelsystems, aber keinerlei Schwingungen aufweist. Die resultierende Sprungantwort $y(t)$ auf einen Einheitssprung der Führungsgröße $w(t)$ ist im Bild 3.24 dargestellt.

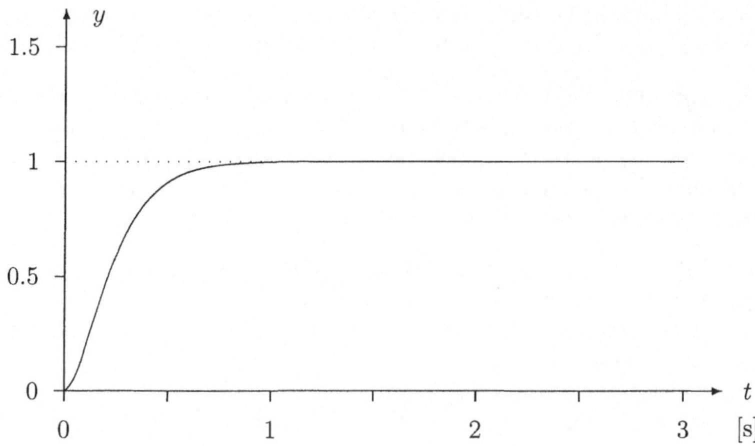

Bild 3.24. Sprungantwort des Folgeregelsystems mit Vorsteuerung

3.5 Literatur zu Kapitel 3

1. O. Föllinger: *Regelungstechnik*. 8. Aufl. Heidelberg: Hüthig 1994.
2. B. Friedland: *Control System Design: An Introduction to State Space Methods*. New York: MacGraw-Hill 1986.
3. J. C. Gille, M. Pélégrin, P. Decaulne: *Lehrgang der Regelungstechnik*. Band I, 2. Aufl. München: Oldenbourg 1964.
4. G. C. Newton, L. A. Gould, J. F. Kaiser: *Analytic Design of Linear Feedback Controls*. New York: Wiley 1957.

5. W. Oppelt: *Kleines Handbuch Technischer Regelvorgänge*. 5. Aufl. Weinheim: Chemie 1972.
6. H. Kwakernaak, R. Sivan: *Modern Signals and Systems*. Englewood Cliffs: Prentice Hall 1991.
7. T. Kailath: *Linear Systems*. Englewood Cliffs: Prentice-Hall 1980.
8. H. Czichos (Hrsg.): *Hütte: Grundlagen der Ingenieurwissenschaften*. 30. Aufl., Teil I. Berlin: Springer 1996.
9. W. Beitz, K.-H. Küttner (Hrsg.): *Dubbel: Taschenbuch für den Maschinenbau*. 18. Aufl., Teil X. Berlin: Springer 1995.
10. K. Åström, T. Hägglund: *PID Controllers: Theory, Design, and Tuning*. 2. Aufl. Research Triangle Park: Instrument Society of America 1995.

3.6 Aufgaben zu Kapitel 3

1. Wie groß muß die statische Kreisverstärkung eines Regelsystems sein, damit der Nachlauffehler auf einen Sprung der Führungsgröße kleiner als 1 % ist?
2. Wie groß muß der Betrag des Frequenzgangs (Amplitudengang) des aufgeschnittenen Regelkreises bei einer Kreisfrequenz ω sein, damit die Amplitude des eingeschwungenen harmonischen Ausgangssignals bei einer harmonischen Führungsgröße der Kreisfrequenz ω um höchstens 10 % von der Amplitude der Führungsgröße abweicht?
3. Eine Regelstrecke habe die Übertragungsfunktion $G_S(s) = 10/(s+1)$. Wie könnte ein PI-Regler eingestellt werden, damit der dominante Pol (bzw. die dominanten Pole) des Regelsystems einen Realteil von höchstens $-10\,\mathrm{rad/s}$ hat (bzw. haben)? Begründe die getroffene Wahl. Wohin wandern die Pole des Regelsystems asymptotisch, wenn die gewählte Nachstellzeit festgehalten und der Versfärkungsfaktor $K_P \to \infty$ vergrößert wird?
4. Eine Regelstrecke habe die Übertragungsfunktion $G_S(s) = 5/(s-2)$. Wie groß muß die Verstärkung eines P-Reglers gewählt werden, damit das Folgeregelungssystem asymptotisch stabil ist und eine 3-dB-Bandbreite von $50\,\mathrm{rad/s}$ hat?
5. Für eine gewisse Regelstrecke ist ein P-Regler ausgewählt und seine Verstärkung eingestellt worden. Nun wird festgestellt, daß der stationäre Nachlauffehler auf einen Sprung der Führungsgröße 30 % beträgt. Erarbeite mehrere geeignete Vorschläge a) zur Reduktion des Nachlauffehlers auf höchstens 5 %, b) zur vollständigen Elimination des Nachlauffehlers, ohne daß dabei die asymptotische Stabilität des Regelsystems verloren geht.
6. In einem Regelsystem ist ein P-Regler eingesetzt und so eingestellt worden, daß das Regelsystem asymptotisch stabil ist. Es stellt sich heraus, daß der stationäre Nachlauffehler des Regelsystems auf einen Sprung der

Führungsgröße 100 % beträgt, d. h., daß die Sprungantwort y des Regelsystems asymptotisch gegen null geht. Welche Eigenschaft der Regelstrecke ist für dieses Verhalten des Regelsystems verantwortlich?

7. Eine Regelstrecke dritter Ordnung wird mit einem P-Regler geregelt, wobei K_P so eingestellt worden ist, daß das Regelsystem asymptotisch stabil ist und eine Phasenreserve von 30° aufweist. Dieses Regelsystem soll nun mit einer Kaskadenregelung beaufschlagt werden, wobei ein P-Regler mit der Verstärkung K zum Einsatz kommen soll. (Das bisherige Regelsystem spielt dabei die Regelstrecke im äußeren Regelkreis, der den zusätzlichen P-Regler enthält.) Beantworte, wenn möglich ohne Rechnungen, die folgenden Fragen: Kann das Kaskadenregelsystem durch ungeschickte Wahl der (positiven) Verstärkung K instabil werden? Spielt die Anzahl (und allenfalls die Lage) der Nullstellen der (ursprünglichen) Regelstrecke bei dieser Frage eine Rolle?

8. Welche Phasenreserve und welche Verstärkungsreserve hat ein asymptotisch stabiles Regelsystem, wenn die Nyquist-Kurve den Kreis mit Radius 1 und Zentrum im Nyquist-Punkt $(-1, j \cdot 0)$ nicht schneidet? (Vgl. Kap. 5.3.2.)

9. Welche Phasenreserve und welche Verstärkungsreserve hat ein asymptotisch stabiles Regelsystem, wenn die Nyquist-Kurve den Kreis mit Radius $\beta > 1$ und Zentrum im Punkt $(-\beta, j \cdot 0)$ nicht schneidet? (Vgl. Kap. 5.3.3.)

10. In welches Gebiet in der komplexen Ebene darf die Nyquist-Kurve $G_0(j\omega)$ eines asymptotisch stabilen Regelsystems nicht eintreten, damit garantiert ist, daß die Resonanzüberhöhung des Amplitudengangs $|G(j\omega)| = |G_0(j\omega)/(1+G_0(j\omega))|$ des Folgeregelungssystems kleiner als ein vorgegebener Wert c ist? — $\max_\omega |G(j\omega)| \le c;\ c \ge 1$.

11. Eine Regelstrecke besteht aus drei Subsystemen, die alle Tiefpässe 1. Ordnung sind. Die statischen Übertragungsfaktoren der drei Tiefpässe betragen 10, 5 bzw. 12 und ihre Zeitkonstanten sind 0.2, 0.8 bzw. 1.25 [sec]. Die beiden ersten Tiefpässe sind zueinander parallel und mit dem dritten in Serie geschaltet. Als Regler wird ein P-Regler eingesetzt. Für welche Werte der Reglerverstärkung ist das Regelsystem asymptotisch stabil?

12. Jemand hat das Bode-Diagramm einer Regelstrecke fünfter Ordnung präzise dargestellt, obwohl sie zwei instabile Pole hat. Kann man mit Hilfe dieses Bode-Diagramms herausfinden, für welche Werte der Verstärkung K_P eines P-Reglers ein asymptotisch stabiles Regelsystem resultiert?

13. Skizziere die Nyquist-Kurve irgendeines asymptotisch stabilen Regelsystems, das einen P-Regler enthält. Wie ändert sich die Nyquist-Kurve, wenn K_P vergrößert (verkleinert) wird? Wie verändert sie sich grundsätzlich, wenn anstelle des P-Reglers ein PD-Regler eingesetzt wird? Wie verändert sie sich in diesem Fall, wenn die Vorhaltzeit T_V vergrößert (verkleinert) wird? Wie verändert sie sich grundsätzlich, wenn anstelle des P-Reglers ein PI-Regler

eingesetzt wird? Wie verändert sie sich in diesem Fall, wenn die Nachstellzeit T_N vergrößert (verkleinert) wird? Wie verändert sie sich grundsätzlich, wenn anstelle des P-Reglers ein PID-Regler eingesetzt wird?

14. Eine unbekannte Regelstrecke (black box) wird mit einem P-Regler geregelt. Dabei wird die Verstärkung des Reglers so eingestellt, daß das Regelsystem asymptotisch stabil und genügend gedämpft ist. Es stellt sich heraus, daß das resultierende Folgeregelungssystem einen perfekt verschwindenden stationären Nachlauffehler auf einen Sprung der Führungsgröße aufweist. Welche Eigenschaft muß die Regelstrecke demzufolge haben?

15. Eine Regelstrecke mit der Übertragungsfunktion $G(s) = 100/(s^2+2s+25)$ soll mit einem P-Regler mit der Verstärkung $K_P=4$ geregelt werden. Ist das Regelsystem asymptotisch stabil? Durch Zufügen eines D-Teils im Regler soll die Phasenreserve auf 30° erhöht werden. Wie groß muß die Vorhaltzeit T_V gewählt werden?

16. Für eine Regelstrecke mit der Übertragungsfunktion $G(s) = 5/(s^2+5s+6)$ wurde ein P-Regler mit der Verstärkung $K_P = 20$ gewählt. Um einen stationären Nachlauffehler bei konstanter Führungsgröße zu vermeiden, wurde der P-Regler mit einem I-Anteil mit der Nachstellzeit $T_N = 0.1\,\text{s}$ erweitert. Wie soll der Regler noch zusätzlich erweitert werden, damit das resultierende Regelsystem die gleiche Phasenreserve besitzt wie das Regelsystem mit dem reinen P-Regler? Berechne den noch fehlenden Reglerparameter. Wie groß ist die Phasenreserve?

17. Für eine asymptotisch stabile Regelstrecke ist ein PID-Regler mit der Nachstellzeit $T_N = 2\,\text{s}$ und der Vorhaltzeit $T_V = 1\,\text{s}$ gewählt worden. Beginnend bei $K_P=0$ wird die Verstärkung des P-Anteils langsam immer weiter erhöht, bis die kritische Verstärkung erreicht wird. Wie ist entweder die Nachstellzeit oder die Vorhaltzeit zu ändern, damit das Regelsystem wieder asymptotisch stabil wird? (Begründung?)

18. Das im Kap. 3.2.3 betrachtete Regelsystem, bestehend aus einer Regelstrecke dritter Ordnung und einem P-Regler, ist für $K_P = 90$ instabil, obwohl die Kreisverstärkung bei $\omega = 0$ noch nicht sehr groß ist. Deshalb soll nun ein dynamischer Regler eingesetzt werden, der aus der Serieschaltung eines Dynamikkompensators 2. Ordnung (Vorhaltglied, lead-lag) und eines P-Reglers besteht. Seine Übertragungsfunktion sei

$$G_R(s) = K_P \tfrac{(1+T_1 s)(1+T_3 s)}{(1+T_2 s)(1+T_4 s)} \qquad \text{mit} \quad K_P = 90 \ .$$

Überlege allgemein, wie bei der Wahl der vier Zeitkonstanten des Kompensators vorzugehen ist. Lege geeignete Werte fest, welche die asymptotische Stabilität des Regelsystems garantieren.

19. Sind die Nullstellen der Regelstrecke durch Regelung mit Vorsteuerung verschiebbar?

20. Eine Regelstrecke ist mit einem P-Regler mit einer gewissen Verstärkung K_P stabilisiert worden. Allerdings ist die Phasenreserve des Regelsystems sehr klein. Deshalb soll diesem P-Regler ein "realer" D-Teil zugefügt werden. Wie sind die Vorhaltzeit T_V und der Begrenzungsparameter N zu wählen, damit die Phasenreserve etwa um 60° erhöht wird.

21. Gegeben ist die Regelstrecke mit der Übertragungsfunktion $G_S(s) = \frac{1}{s+2}$. Bestimme die Übertragungsfunktion $G_R(s)$ eines Reglers, so daß das Regelsystem alle im Kap. 3.3.3 angegebenen Spezifikationen erfüllt. Damit keine Pol-Nullstellen-Aufhebung zwischen dem Regler und der Regelstrecke stattfindet, wird zusätzlich gefordert, dass der Regler keine Nullstelle im Intervall $-1 < s < -3$ hat.

22. Gegeben ist die Regelstrecke mit der Übertragungsfunktion $G_S(s) = \frac{1}{s+1}$. Bestimme die Parameter eines PID-Reglers, so daß wir eine Durchtrittsfrequenz $\omega_c = 2\,\mathrm{rad/s}$ und eine Phasenreserve von 45° erhalten und daß die Nyquist-Kurve den Einheitskreis in der komplexen Ebene (bei dieser Frequenz) senkrecht schneidet.

Hinweis: Zwei weitere Aufgaben zu diesem Kapitel sind im Anhang 1 vollständig gelöst.

4 Analyse linearer Systeme im Zeitbereich

In diesem Kapitel analysieren wir das dynamische Verhalten von Systemen, deren Dynamik durch gewöhnliche lineare Differentialgleichungen mit zeitlich variablen oder konstanten Koeffizienten beschrieben wird. Bei zeitvariablen Koeffizienten ist die Methode der Laplace-Transformation nicht anwendbar.

Wir führen den Zustand oder Zustandsvektor eines Systems ein. Ein System n-ter Ordnung hat einen n-dimensionalen Zustandsvektor. Er ermöglicht es, die Bewegungsgleichung des Systems als Vektor-Differentialgleichung erster Ordnung anzuschreiben. Ihre Lösung läßt sich mit Hilfe der Transitionsmatrix in geschlossener Form anschreiben.

Für ein Zustandsraummodell eines dynamischen Systems sind die beiden strukturellen Eigenschaften Steuerbarkeit und Beobachtbarkeit von zentraler Bedeutung (Beeinflußbarkeit des Zustandsvektors auf einen gewissen Zeitpunkt hin bzw. Informationsgehalt des Ausgangsvektorsignals).

Für ein zeitinvariantes lineares System wird die Transitionsmatrix zur Matrix-Exponentialreihe, und die vollständige Steuerbarkeit und Beobachtbarkeit lassen sich anhand des Ranges der Steuerbarkeits- bzw. Beobachtbarkeitsmatrix abklären. Zudem sind die Pole des Systems identisch mit den Eigenwerten der Dynamikmatrix A.

4.1 Der Zustandsvektor und die Bewegungsgleichung

Das dynamische Verhalten eines (physikalischen) Systems beschreiben wir durch das zeitliche Verhalten relevanter (physikalischer) Größen, die durch vorgegebene oder frei wählbare äußere Anregungen (Eingangssignale) beeinflußt werden können. Eine gewisse Auswahl von relevanten Größen des Systems nennen wir summarisch "Zustand des Systems", wenn die Kenntnis des Zustandes zu einer beliebigen Zeit t_0 und des zukünftigen Verlaufes der Eingangssignale allein die Berechnung des zukünftigen Zustandes erlaubt. Es wird also keinerlei Information über die Vorgeschichte der Eingangssignale benötigt.

In physikalischen Sytemen ist jeder Variablen, die mit einem Freiheitsgrad einer Energiespeicherung oder allenfalls einer Informationsspeicherung verbunden ist, eine Zustandsvariable zuzuordnen. Typische Zustandsvariablen sind Positionen (potentielle Energie, Federenergie bzw. Information über den gesamten bisherigen Geschwindigkeitsverlauf), Geschwindigkeiten (kinetische Energie), Temperaturen (thermische Energie), Konzentrationen (chemische Energie), Spannungen an Kondensatoren und Ströme in Induktivitäten (elektromagnetische Energie) usw.

Mathematisch gesprochen werden gleich viele Zustandsvariablen benötigt, wie Anfangsbedingungen für die Integration der Differentialgleichungen nötig sind.

Zur effizienten Beschreibung der Dynamik eines Systems fassen wir alle Eingangssignale $u_1(t), u_2(t), \ldots, u_m(t)$ in einem m-dimensionalen Eingangsvektor $u(t)$, alle Zustandsvariablen $x_1(t), x_2(t), \ldots, x_n(t)$ in einem n-dimensionalen Zustandsvektor $x(t)$ und alle Ausgangssignale $y_1(t), y_2(t), \ldots, y_p(t)$ in einem p-dimensionalen Ausgangsvektor $y(t)$ zusammen (vgl. Bild 4.1):

$$u(t) = \begin{bmatrix} u_1(t) \\ u_2(t) \\ \vdots \\ u_m(t) \end{bmatrix} \qquad x(t) = \begin{bmatrix} x_1(t) \\ x_2(t) \\ \vdots \\ \vdots \\ x_n(t) \end{bmatrix} \qquad y(t) = \begin{bmatrix} y_1(t) \\ y_2(t) \\ \vdots \\ y_p(t) \end{bmatrix}$$

Die Dimensionsangaben der Vektoren notieren wir abgekürzt wie folgt:

$$u(t) \in R^m \qquad x(t) \in R^n \qquad y(t) \in R^p \,.$$

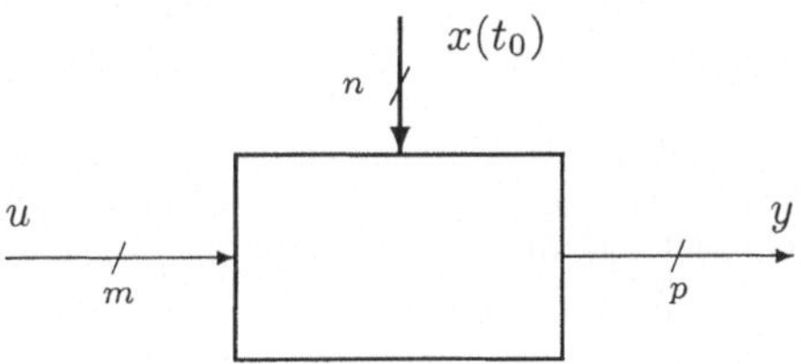

Bild 4.1. Allgemeiner Fall

Auch für nichtlineare dynamische Systeme, deren Dynamik durch gewöhnliche Differentialgleichungen beschrieben wird, ist es stets möglich, die Zustandsvariablen so zu wählen, daß n gewöhnliche, nichtlineare Differentialgleichungen erster Ordnung und p statische Ausgangsgleichungen resultieren.

Dynamik (Bewegungsgleichungen) eines nichtlinearen Systems:

$$\dot{x}_1(t) = f_1[x_1(t), \ldots, x_n(t), u_1(t), \ldots, u_m(t), t]$$

$$\vdots$$

$$\dot{x}_n(t) = f_n[x_1(t), \ldots, x_n(t), u_1(t), \ldots, u_m(t), t]$$

oder in Vektor-Schreibweise:

$$\dot{x}(t) = f\,(x(t), u(t), t)$$

Anfangszustand zur Anfangszeit t_0:

$$x(t_0) = x_0 = \begin{bmatrix} x_1(t_0) \\ x_2(t_0) \\ \vdots \\ x_n(t_0) \end{bmatrix}$$

Ausgangsgleichungen des nichtlinearen Systems:

$$\begin{aligned} y_1(t) &= g_1[x_1(t), \ldots, x_n(t), u_1(t), \ldots, u_m(t), t] \\ &\vdots \\ y_p(t) &= g_p[x_1(t), \ldots, x_n(t), u_1(t), \ldots, u_m(t), t] \end{aligned}$$

oder in Vektor-Schreibweise:

$$y(t) = g\,(x(t), u(t), t)$$

Im folgenden wollen wir nur noch lineare dynamische Systeme betrachten, sei es, weil das betrachtete System durch lineare Gleichungen genügend genau beschrieben wird, oder sei es, weil wir uns nur für kleine Abweichungen des Zustandes eines nichtlinearen Systems von einer vorgegebenen Solltrajektorie interessieren (Linearisierung, vgl. Anh. 4). Für lineare, zeitvariable, dynamische Systeme erhalten wir eine lineare Zustandsvektordifferentialgleichung 1. Ordnung und eine lineare, statische Ausgangsgleichung (vgl. Bild 4.2).

Dynamik eines linearen Systems:

$$\begin{aligned} \dot{x}_1(t) &= a_{11}(t)x_1(t) + \cdots + a_{1n}(t)x_n(t) + b_{11}(t)u_1(t) + \cdots + b_{1m}(t)u_m(t) \\ &\vdots \\ \dot{x}_n(t) &= a_{n1}(t)x_1(t) + \cdots + a_{nn}(t)x_n(t) + b_{n1}(t)u_1(t) + \cdots + b_{nm}(t)u_m(t) \end{aligned}$$

oder

$$\dot{x}(t) = A(t)x(t) + B(t)u(t)$$

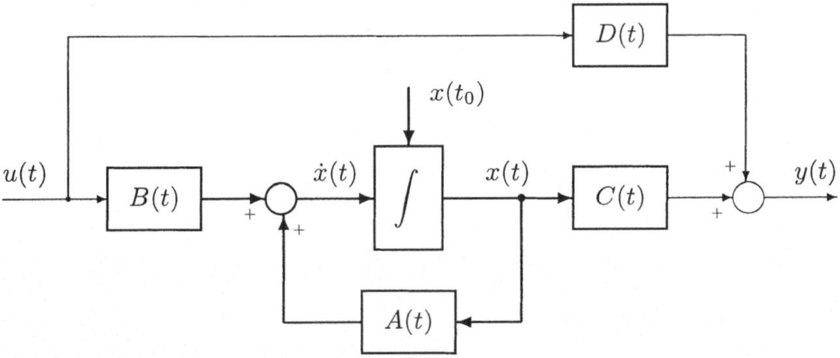

Bild 4.2. Lineares dynamisches System. Im allgemeinen fehlt die direkte Durchspeisung ("feed-through"), d.h. $D(t) = 0$.

Anfangszustand:

$$x(t_0) = x_0$$

Ausgangsgleichung eines linearen Systems:

$$\begin{aligned} y_1(t) &= c_{11}(t)x_1(t) + \cdots + c_{1n}(t)x_n(t) + d_{11}(t)u_1(t) + \cdots + d_{1m}(t)u_m(t) \\ &\vdots \\ y_p(t) &= c_{p1}(t)x_1(t) + \cdots + c_{pn}(t)x_n(t) + d_{p1}(t)u_1(t) + \cdots + d_{pm}(t)u_m(t) \end{aligned}$$

oder

$$y(t) = C(t)x(t) + D(t)u(t)$$

Beispiel

Wir betrachten die horizontale, geradlinige Kette von Massenpunkten, die mit Federn und linearen Dämpfungselementen verbunden sind (siehe Bild 4.3). Wir interessieren uns für die Abweichungen $y_1(t)$, $y_2(t)$, $y_3(t)$ der Massenpunkte von ihren (kräftefreien) Gleichgewichtslagen unter dem Einfluß der äußeren Kräfte $F_1(t)$, $F_2(t)$, $F_3(t)$.

Als Zustandsvariablen führen wir

$$\begin{bmatrix} x_1(t) \\ x_2(t) \\ x_3(t) \\ x_4(t) \\ x_5(t) \\ x_6(t) \end{bmatrix} = \begin{bmatrix} y_1(t) \\ y_2(t) \\ y_3(t) \\ \dot{y}_1(t) \\ \dot{y}_2(t) \\ \dot{y}_3(t) \end{bmatrix} \quad \begin{matrix} \left.\begin{matrix} \\ \\ \\ \end{matrix}\right\} \text{Positionen} \\ \left.\begin{matrix} \\ \\ \\ \end{matrix}\right\} \text{Geschwindigkeiten} \end{matrix}$$

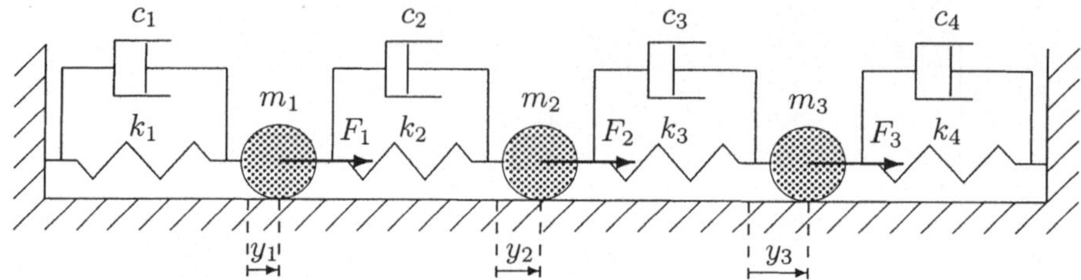

Bild 4.3. Gedämpfte Feder-Masse-Schwinger Kette

ein und erhalten die Systemgleichungen

$$\begin{bmatrix} \dot{x}_1(t) \\ \dot{x}_2(t) \\ \dot{x}_3(t) \\ \dot{x}_4(t) \\ \dot{x}_5(t) \\ \dot{x}_6(t) \end{bmatrix} = \begin{bmatrix} 0 & 0 & 0 & 1 & 0 & 0 \\ 0 & 0 & 0 & 0 & 1 & 0 \\ 0 & 0 & 0 & 0 & 0 & 1 \\ \frac{-k_1-k_2}{m_1} & \frac{k_2}{m_1} & 0 & \frac{-c_1-c_2}{m_1} & \frac{c_2}{m_1} & 0 \\ \frac{k_2}{m_2} & \frac{-k_2-k_3}{m_2} & \frac{k_3}{m_2} & \frac{c_2}{m_2} & \frac{-c_2-c_3}{m_2} & \frac{c_3}{m_2} \\ 0 & \frac{k_3}{m_3} & \frac{-k_3-k_4}{m_3} & 0 & \frac{c_3}{m_3} & \frac{-c_3-c_4}{m_3} \end{bmatrix} \begin{bmatrix} x_1(t) \\ x_2(t) \\ x_3(t) \\ x_4(t) \\ x_5(t) \\ x_6(t) \end{bmatrix}$$

$$+ \begin{bmatrix} 0 & 0 & 0 \\ 0 & 0 & 0 \\ 0 & 0 & 0 \\ \frac{1}{m_1} & 0 & 0 \\ 0 & \frac{1}{m_2} & 0 \\ 0 & 0 & \frac{1}{m_3} \end{bmatrix} \begin{bmatrix} F_1(t) \\ F_2(t) \\ F_3(t) \end{bmatrix}$$

$$\begin{bmatrix} y_1(t) \\ y_2(t) \\ y_3(t) \end{bmatrix} = \begin{bmatrix} 1 & 0 & 0 & 0 & 0 & 0 \\ 0 & 1 & 0 & 0 & 0 & 0 \\ 0 & 0 & 1 & 0 & 0 & 0 \end{bmatrix} \begin{bmatrix} x_1(t) \\ x_2(t) \\ x_3(t) \\ x_4(t) \\ x_5(t) \\ x_6(t) \end{bmatrix}$$

oder

$$\begin{aligned} \dot{x}(t) &= A(t)x(t) + B(t)u(t) \\ x(0) &= \text{gegeben} \\ y(t) &= C(t)x(t) \quad , \end{aligned}$$

wobei der Kraftvektor $[F_1(t), F_2(t), F_3(t)]^{\mathrm{T}} = u(t)$ den Eingangsvektor darstellt.

Im Anhang 3 sind die wichtigsten Regeln des Vektor- und Matrizenkalküls zusammengestellt. Sie werden als bekannt vorausgesetzt.

Der Anhang 4 zeigt für ein nichtlineares System, wie kleine Abweichungen $\delta x(t)$ des Zustandsvektors $x(t)$ von einer Nominaltrajektorie $x^*(t)$, die durch das Nominal-Eingangsvektorsignal $u^*(t)$ erzeugt wird, infolge einer kleinen Abweichung $\delta x(t_0)$ des Anfangszustandes und kleiner Korrekturen $\delta u(t)$ des Eingangssignals mit Hilfe der linearisierten Differentialgleichung und der linearisierten Ausgangsgleichung untersucht werden können (Taylor-Reihen-Entwicklung).

4.2 Übergang von einer Differentialgleichung höherer Ordnung auf eine Vektordifferentialgleichung erster Ordnung

In diesem Unterkapitel zeigen wir, daß wir für ein lineares dynamisches System, dessen Dynamik durch eine gewöhnliche Differentialgleichung höherer Ordnung beschrieben wird, ohne weiteres eine äquivalente Zustands-Vektordifferentialgleichung 1. Ordnung und eine zugehörige Ausgangsgleichung aufstellen können. Der Einfachheit halber behandeln wir hier nur ein zeitinvariantes System mit einem einzigen Eingangssignal $u(t)$ und einem einzigen Ausgangssignal $y(t)$.

Für das System, das durch die Differentialgleichung

$$\begin{aligned} &y^{(n)}(t) + a_{n-1}y^{(n-1)}(t) + \cdots\cdots + a_1\dot{y}(t) + a_0 y(t) \\ &= b_k u^{(k)}(t) + b_{k-1}u^{(k-1)}(t) + \cdots + b_1\dot{u}(t) + b_0 u(t) \end{aligned}$$

beschrieben wird, haben wir im Kapitel 2.3.3 die Übertragungsfunktion $G(s)$, mit $Y(s) = G(s)U(s)$, definiert:

$$G(s) = \frac{b_k s^k + b_{k-1}s^{k-1} + \cdots + b_1 s + b_0}{s^n + a_{n-1}s^{n-1} + \cdots\cdots + a_1 s + a_0} \qquad (k < n) \ .$$

Wir untersuchen im folgenden zwei Möglichkeiten für die Auswahl eines n-dimensionalen Zustandsvektors und die Formulierung der dazugehörigen Vektordifferentialgleichung 1. Ordnung (Bewegungsgleichung) und der Ausgangsgleichung. Die speziellen strukturellen Eigenschaften dieser beiden Modelle werden in den Unterkapiteln 4.6 und 4.7 behandelt.

4.2.1 Steuerbare Standardform

Wir führen die Hilfsvariable $z(t)$ bzw. $Z(s)$ ein, indem wir definieren:

$$\begin{aligned} \frac{Y(s)}{Z(s)} &= b_k s^k + b_{k-1}s^{k-1} + \cdots + b_1 s + b_0 \\ \frac{Z(s)}{U(s)} &= \frac{1}{s^n + a_{n-1}s^{n-1} + \cdots\cdots + a_1 s + a_0} \ . \end{aligned}$$

Dabei ist die Beziehung $Y(s)/U(s) = G(s)$ erfüllt, da sich $Z(s)$ wegkürzt. Die Beziehung zwischen $Z(s)$ und $U(s)$ entspricht der folgenden Differentialgleichung n-ter Ordnung:

$$z^{(n)}(t) + a_{n-1}z^{(n-1)}(t) + \cdots + a_1\dot{z}(t) + a_0 z(t) = u(t) \ .$$

Als Zustandsvariablen wählen wir

$$\begin{aligned} x_1(t) &= z(t) \\ x_2(t) &= \dot{z}(t) \\ &\vdots \\ x_{n-1}(t) &= z^{(n-2)}(t) \\ x_n(t) &= z^{(n-1)}(t) \quad . \end{aligned}$$

Aus diesen Definitionsgleichungen ergeben sich die n gekoppelten Differentialgleichungen 1. Ordnung für die Zustandsvariablen:

$$\begin{aligned} \dot{x}_1(t) &= x_2(t) \\ \dot{x}_2(t) &= x_3(t) \\ &\vdots \\ \dot{x}_{n-1}(t) &= x_n(t) \\ \dot{x}_n(t) &= z^{(n)}(t) = -a_{n-1}z^{(n-1)}(t) - \cdots - a_1\dot{z}(t) - a_0 z(t) + u(t) \\ &= -a_0 x_1(t) - a_1 x_2(t) - \cdots - a_{n-1}x_n(t) + u(t) \quad . \end{aligned}$$

Die Vektor-Differentialgleichung für den Zustandsvektor $x(t) \in R^n$,

$$\dot{x}(t) = Ax(t) + Bu(t) \quad ,$$

enthält also die beiden folgenden Matrizen A (n mal n) und B (n mal 1):

$$A = \begin{bmatrix} 0 & 1 & 0 & \cdots & 0 \\ \vdots & 0 & 1 & \ddots & \vdots \\ \vdots & & \ddots & \ddots & 0 \\ 0 & \cdots & \cdots & 0 & 1 \\ -a_0 & -a_1 & -a_2 & \cdots & -a_{n-1} \end{bmatrix} \qquad B = \begin{bmatrix} 0 \\ 0 \\ \vdots \\ 0 \\ 1 \end{bmatrix} \quad .$$

Die Beziehung zwischen $Y(s)$ und $Z(s)$ entspricht der Differentialgleichung

$$y(t) = b_k z^{(k)}(t) + \cdots + b_1\dot{z}(t) + b_0 z(t) \quad ,$$

die anhand der Definitionsgleichungen der gewählten Zustandsvariablen als

$$y(t) = b_k x_{k+1}(t) + \cdots + b_1 x_2(t) + b_0 x_1(t)$$

geschrieben werden kann, falls $k < n$ ist. In diesem Fall enthält die Ausgangsgleichung

$$y(t) = Cx(t) + Du(t)$$

die beiden folgenden Matrizen C (1 mal n) und D (1 mal 1):

$$C = [\,b_0 \quad \cdots \quad b_k \quad 0 \quad \cdots \quad 0\,] \qquad D = 0 \qquad \text{für } k < n \ .$$

Im Grenzfall $k = n-1$ ist die Matrix C voll besetzt. Ein direkter "feed-through"-Term mit $D \neq 0$ würde erst für $k = n$ auftreten. Für $k > n$ ergäben sich "feed-through"-Anteile von $u(t)$, $\dot{u}(t)$, ..., $u^{(k-n)}(t)$.

Die obige Zustandsraum-Darstellung wird steuerbare Standardform genannt (vgl. Kap. 4.6).

Beispiel

Differentialgleichung des Systems:

$$y^{(4)}(t) + 2y^{(3)}(t) + 4\ddot{y}(t) + 6\dot{y}(t) + 3y(t) = 5\dot{u}(t) + 7u(t)$$

Übertragungsfunktion:

$$G(s) = \frac{Y(s)}{U(s)} = \frac{5s + 7}{s^4 + 2s^3 + 4s^2 + 6s + 3}$$

Zustandsraummodell in der steuerbaren Standardform (s. Bild 4.4):

$$\dot{x}(t) = \begin{bmatrix} 0 & 1 & 0 & 0 \\ 0 & 0 & 1 & 0 \\ 0 & 0 & 0 & 1 \\ -3 & -6 & -4 & -2 \end{bmatrix} x(t) + \begin{bmatrix} 0 \\ 0 \\ 0 \\ 1 \end{bmatrix} u(t) \qquad y(t) = [\,7 \quad 5 \quad 0 \quad 0\,]\, x(t)$$

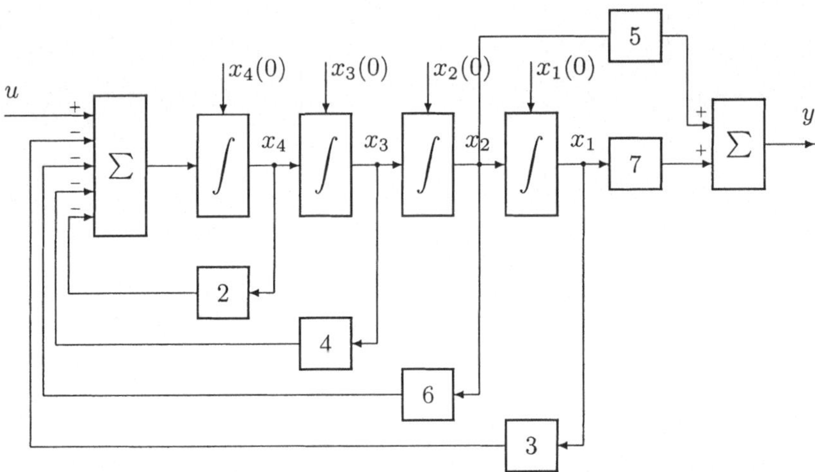

Bild 4.4. Lineares System in der steuerbaren Standardform

4.2.2 Beobachtbare Standardform

Wir dividieren die gegebene rationale Übertragungsfunktion

$$G(s) = \frac{Y(s)}{U(s)} = \frac{b_k s^k + b_{k-1}s^{k-1} + \cdots + b_1 s + b_0}{s^n + a_{n-1}s^{n-1} + \cdots\cdots + a_1 s + a_0} \qquad (k \leq n)$$

aus und erhalten die (nicht abbrechende) Laurent-Reihe

$$G(s) = d_0 + d_1 s^{-1} + d_2 s^{-2} + d_3 s^{-3} + \cdots + d_n s^{-n} + \cdots$$

mit den Koeffizienten

$$\begin{aligned}
d_0 &= b_n \\
d_1 &= b_{n-1} - d_0 a_{n-1} \\
d_2 &= b_{n-2} - d_0 a_{n-2} - d_1 a_{n-1} \\
d_3 &= b_{n-3} - d_0 a_{n-3} - d_1 a_{n-2} - d_2 a_{n-1} \\
&\vdots \\
d_n &= b_0 \quad - d_0 a_0 \quad - d_1 a_1 \quad - d_2 a_2 \quad - \cdots - d_{n-1} a_{n-1} \quad \text{(hier abbrechen).}
\end{aligned}$$

Nun läßt sich das Zustandsraummodell

$$\begin{aligned}
\dot{x}(t) &= Ax(t) + Bu(t) \\
y(t) &= Cx(t) + Du(t)
\end{aligned}$$

mit den folgenden Systemmatrizen A, B, C und D anschreiben:

$$A = \begin{bmatrix} 0 & 1 & 0 & \cdots & 0 \\ \vdots & 0 & 1 & \ddots & \vdots \\ \vdots & & \ddots & \ddots & 0 \\ 0 & \cdots & \cdots & 0 & 1 \\ -a_0 & -a_1 & -a_2 & \cdots & -a_{n-1} \end{bmatrix} \qquad B = \begin{bmatrix} d_1 \\ d_2 \\ \vdots \\ d_{n-1} \\ d_n \end{bmatrix}$$

$$C = \begin{bmatrix} 1 & 0 & \cdots & \cdots & 0 \end{bmatrix} \qquad D = d_0 \ .$$

Diese Zustandsraum-Darstellung wird beobachtbare Standardform genannt (vgl. Kap. 4.7). Darin haben die einzelnen Zustandsvariablen die folgende Bedeutung:

$$\begin{aligned}
x_1(t) &= y(t) - d_0 u(t) \\
x_2(t) &= \dot{x}_1(t) - d_1 u(t) = \dot{y}(t) - d_0 \dot{u}(t) - d_1 u(t) \\
x_3(t) &= \dot{x}_2(t) - d_2 u(t) = \ddot{y}(t) - d_0 \ddot{u}(t) - d_1 \dot{u}(t) - d_2 u(t) \\
&\vdots \\
x_n(t) &= \dot{x}_{n-1}(t) - d_{n-1} u(t) = y^{(n-1)}(t) - d_0 u^{(n-1)}(t) - \cdots - d_{n-1} u(t) \ .
\end{aligned}$$

Beispiel

Differentialgleichung des Systems:

$$y^{(4)}(t) + 2y^{(3)}(t) + 4\ddot{y}(t) + 6\dot{y}(t) + 3y(t) = 5\dot{u}(t) + 7u(t)$$

Übertragungsfunktion:

$$G(s) = \frac{Y(s)}{U(s)} = \frac{5s + 7}{s^4 + 2s^3 + 4s^2 + 6s + 3}$$

Zustandsraummodell in der beobachtbaren Standardform (s. Bild 4.5):

$$\dot{x}(t) = \begin{bmatrix} 0 & 1 & 0 & 0 \\ 0 & 0 & 1 & 0 \\ 0 & 0 & 0 & 1 \\ -3 & -6 & -4 & -2 \end{bmatrix} x(t) + \begin{bmatrix} 0 \\ 0 \\ 5 \\ -3 \end{bmatrix} u(t) \qquad y(t) = [1 \quad 0 \quad 0 \quad 0]\, x(t)$$

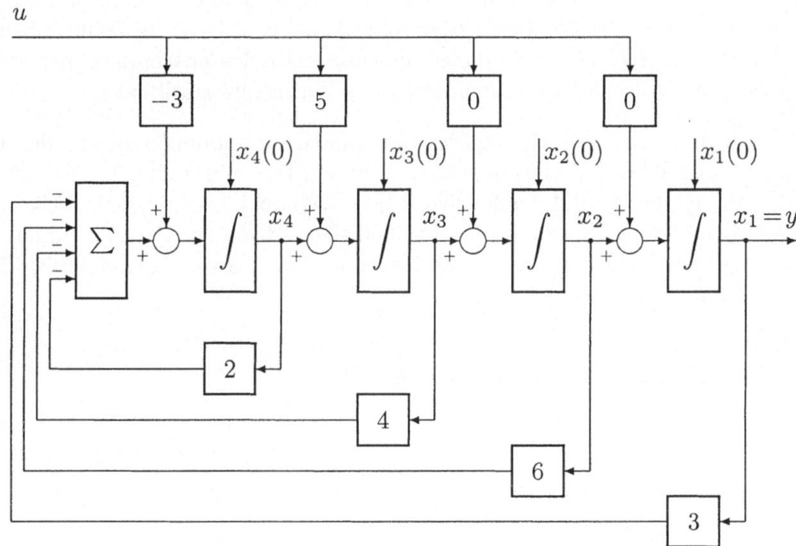

Bild 4.5. Lineares System in der beobachtbaren Standardform

4.2.3 Zustandsraummodelle minimaler Ordnung

Offensichtlich sind mehrere, in der Tat unendlich viele, Zustandsraum-Darstellungen für die gleiche lineare dynamische Beziehung zwischen der Eingangsgröße und der Ausgangsgröße möglich. Der Zusammenhang zwischen verschiedenen äquivalenten Zustandsraum-Modellen gleicher Dimension n (des Zustandsvektors) wird im Kapitel 4.2.4 behandelt.

Für eine gegebene Eingangs-Ausgangs-Relation sind Modelle mit beliebig hoher Dimension des Zustandsvektors möglich. Die umgekehrte Frage nach der tiefstmöglichen Dimension des Zustandsvektors ist für lineare Systeme mit je einer einzigen Eingangsgröße und Ausgangsgröße sehr einfach zu beantworten: Die beiden obigen Modelle in der beobachtbaren bzw. steuerbaren Standardform haben genau dann minimale Dimension n, wenn das Zählerpolynom $P(s) = b_k s^k + \cdots + b_0$ und das Nennerpolynom $Q(s) = s^n + a_{n-1}s^{n-1} + \cdots + a_0$ der Übertragungsfunktion $G(s)$ teilerfremd sind, d.h. keine gemeinsamen Nullstellen haben. Falls eine gemeinsame Nullstelle $s = s_0$ vorhanden ist, gilt $P(s_0) = Q(s_0) = 0$, und ein Elementarpolynom $(s - s_0)$ kann in der Übertragungsfunktion weggekürzt werden. Dadurch reduziert sich der Grad des Nennerpolynoms von n auf $n-1$.

Für lineare dynamische Systeme mit m Eingangssignalen und p Ausgangssignalen, deren p mal m Übertragungsmatrix $G(s)$ bekannt ist, hat ein Zustandsraummodell mit den Systemmatrizen A, B und C genau dann minimale Ordnung, wenn es sowohl vollständig steuerbar als auch vollständig beobachtbar ist (siehe Kap. 4.6 u. 4.7). Andernfalls ist die Dimension des Zustandsvektors größer als zur Beschreibung des Eingangs-Ausgangs-Verhaltens nötig ist.

Die Algorithmen zur Berechnung von Zustandsraummodellen minimaler Ordnung aus ihrer Übertragungsmatrix sind wesentlich komplizierter als die obigen für den Eingrößenfall (siehe [5], [6]). Deshalb ist es oft attraktiver, die Zustandsvariablen aufgrund ihrer physikalischen Bedeutung auszuwählen und die Vektordifferentialgleichung 1. Ordnung und die Ausgangsgleichung direkt anzuschreiben.

4.2.4 Koordinatentransformationen

A) Zeitvariable Koordinatentransformation im Zustandsraum

Gegeben ist das lineare, zeitvariable, dynamische System mit dem Zustandsvektor $x(t) \in R^n$ beschrieben durch

$$\begin{aligned} \dot{x}(t) &= A(t)x(t) + B(t)u(t) \\ x(t_0) &= x_0 \\ y(t) &= C(t)x(t) + D(t)u(t) \quad . \end{aligned}$$

Ein neuer Zustandsvektor $z(t) \in R^n$ wird eingeführt, der mit dem bisherigen Zustandsvektor $x(t)$ über eine invertierbare, zeitvariable, lineare Transformation definiert ist:

$$z(t) = P(t)x(t) \quad .$$

Die neuen Systemgleichungen lauten

$$\begin{aligned}
\dot{z}(t) &= [P(t)A(t)P^{-1}(t)+\dot{P}(t)P^{-1}(t)]z(t) + P(t)B(t)u(t) \\
z(t_0) &= P(t_0)x_0 \\
y(t) &= C(t)P^{-1}(t)z(t) + D(t)u(t) \quad .
\end{aligned}$$

B) Zeitinvariante Koordinatentransformation im Zustandsraum

Für den Spezialfall einer zeitinvarianten Koordinatentransformation im Zustandsraum ist $P(t) \equiv P$ und $\dot{P}(t) \equiv 0$. Die neuen Systemgleichungen spezialisieren sich zu

$$\begin{aligned}
\dot{z}(t) &= PA(t)P^{-1}z(t) + PB(t)u(t) \\
z(t_0) &= Px_0 \\
y(t) &= C(t)P^{-1}z(t) + D(t)u(t) \quad .
\end{aligned}$$

C) Skalierung des Eingangs-, Zustands- und Ausgangsvektors

Die Eingangs- und die Ausgangssignale, und bei physikalisch motivierter Wahl auch die Zustandsvariablen, sind als physikalische Signale dimensionsbehaftet und weisen untereinander oft große Unterschiede in den Zahlenwerten auf. Zur Erhöhung der Übersichtlichkeit (und auch zur Verbesserung der "numerischen Stabilität" von Algorithmen) ist es oft wünschenswert, mit dimensionslosen bezogenen Signalen zu arbeiten. Dabei werden die (konstanten) Bezugswerte vorteilhafterweise so gewählt, daß die dimensionslosen Signale typische Werte der Größenordnung 1 annehmen.

Seien $\mathbf{u}_i(t)$, $\mathbf{y}_i(t)$ und $\mathbf{x}_i(t)$ die physikalischen Eingangs-, Ausgangs- und Zustandssignale und $\mathbf{U}_i$, $\mathbf{Y}_i$, bzw. $\mathbf{X}_i$ die entsprechenden gewählten Bezugsgrößen und

$$\begin{aligned}
\dot{\mathbf{x}}(t) &= \mathbf{A}(t)\mathbf{x}(t) + \mathbf{B}(t)\mathbf{u}(t) \\
\mathbf{x}(t_0) &= \mathbf{x}_0 \\
\mathbf{y}(t) &= \mathbf{C}(t)\mathbf{x}(t) + \mathbf{D}(t)\mathbf{u}(t)
\end{aligned}$$

das physikalische Zustandsraummodell.

Wir definieren die folgenden Diagonalmatrizen der Bezugswerte als Skalierungsmatrizen:

$$\mathbf{T}_x = \begin{bmatrix} \mathbf{X}_1 & 0 & \cdots & 0 \\ 0 & \mathbf{X}_2 & \ddots & \vdots \\ \vdots & \ddots & \ddots & 0 \\ 0 & \cdots & 0 & \mathbf{X}_n \end{bmatrix} = \text{diag}\{\mathbf{X}_i\}, \ \mathbf{T}_u = \text{diag}\{\mathbf{U}_i\} \text{ und } \mathbf{T}_y = \text{diag}\{\mathbf{Y}_i\}.$$

Für die dimensionslosen bezogenen Eingangssignale $u_i(t) = \mathbf{u}_i(t)/\mathbf{U}_i$, Ausgangssignale $y_i(t) = \mathbf{y}_i(t)/\mathbf{Y}_i$ und Zustandssignale $x_i(t) = \mathbf{x}_i(t)/\mathbf{X}_i$ erhalten wir das skalierte Zustandsraummodell

$$\begin{aligned}\dot{x}(t) &= A(t)x(t) + B(t)u(t) = \mathbf{T}_x^{-1}\mathbf{A}(t)\mathbf{T}_x x(t) + \mathbf{T}_x^{-1}\mathbf{B}(t)\mathbf{T}_u u(t)\\ x(t_0) &= x_0 = \mathbf{T}_x^{-1}\mathbf{x}_0\\ y(t) &= C(t)x(t) + D(t)u(t) = \mathbf{T}_y^{-1}\mathbf{C}(t)\mathbf{T}_x x(t) + \mathbf{T}_y^{-1}\mathbf{D}(t)\mathbf{T}_u u(t)\ .\end{aligned}$$

4.3 Übergang von der Vektordifferentialgleichung 1. Ordnung auf die Übertragungsmatrix

Im Kapitel 4.2 haben wir gesehen, wie wir für ein lineares zeitinvariantes System mit je einem einzigen Eingangs- und Ausgangssignal aus der Übertragungsfunktion $G(s)$ ein Zustandsraummodell im Zeitbereich herleiten können. Hier studieren wir die umgekehrte Aufgabenstellung. Gegeben ist das lineare Zustandsraummodell

$$\begin{aligned}\dot{x}(t) &= Ax(t) + Bu(t) \qquad x(t) \in R^n \qquad u(t) \in R^m\\ x(0) &= x_0\\ y(t) &= Cx(t) + Du(t) \qquad y(t) \in R^p\ .\end{aligned}$$

Wir suchen den Zusammenhang zwischen dem Eingangs- und dem Ausgangsvektor im Frequenzbereich, insbesondere die komplexe p mal m Übertragungsmatrix $G(s)$. Mit Hilfe der Laplace-Transformation finden wir die Frequenzbereichsbeschreibung des Zustandsraummodells

$$\begin{aligned}sX(s) - x_0 &= AX(s) + BU(s)\\ X(s) &= (sI - A)^{-1}(x_0 + BU(s))\\ Y(s) &= CX(s) + DU(s)\\ &= C(sI - A)^{-1}x_0 + \left[C(sI - A)^{-1}B + D\right]U(s)\\ &= C(sI - A)^{-1}x_0 + G(s)U(s)\end{aligned}$$

und die gesuchte Übertragungsmatrix

$$G(s) = C(sI - A)^{-1}B + D\ .$$

Im Zeitbereich erhalten wir die entsprechende Lösung (vgl. Kap. 4.4)

$$y(t) = Ce^{At}x_0 + C\int_0^t e^{A(t-\sigma)}Bu(\sigma)\,d\sigma + Du(t)\ .$$

Daraus identifizieren wir die folgende Matrix der Einheitsimpulsantworten:

$$\mathcal{L}^{-1}\{G(s)\} = Ce^{At}B + D\delta(t) \ .$$

Für ein asymptotisch stabiles System erhalten wir die Matrix der statischen Übertragungsfaktoren aus der Übertragungsmatrix $G(s)$, indem wir $s = 0$ einsetzen:

$$G(0) = D - CA^{-1}B \ .$$

Dieses Resultat können wir auch direkt im Zeitbereich berechnen, indem wir im Zustandsraummodell konstante Vektorsignale einsetzen, wobei $\dot{x}(t) \equiv 0$ wird.

4.4 Lösung der Bewegungsgleichung

In diesem Unterkapitel betrachten wir ein lineares, zeitvariables, dynamisches System im Zustandsraum. Für einen vorgegebenen Anfangszustand x_0 zur Anfangszeit t_0 und ein bekanntes Eingangsvektorsignal $u(\sigma)$, $t_0 \leq \sigma \leq t$, berechnen wir den resultierenden Zustand $x(t)$ zur Zeit t.

Die Systemgleichungen lauten

$$\begin{aligned} \dot{x}(t) &= A(t)x(t) + B(t)u(t) \\ x(t_0) &= x_0 \\ y(t) &= C(t)x(t) \end{aligned}$$

mit

$x(t) \in R^n$	Zustandsvektor zur Zeit t
$u(t) \in R^m$	Eingangsvektor zur Zeit t
$y(t) \in R^p$	Ausgangsvektor zur Zeit t
$A(t) \in R^{n \times n}$	stückweise stetige n mal n Matrix
$B(t) \in R^{n \times m}$	stückweise stetige n mal m Matrix
$C(t) \in R^{p \times n}$	stückweise stetige p mal n Matrix .

Da das System linear ist, ist das Superpositionsprinzip anwendbar, und wir können den gesuchten Zustand $x(t)$ im folgenden als Superposition verschiedener spezieller Antworten des Systems auf geeignete Konfigurationen von Anfangszuständen und Anregungen berechnen.

4.4.1 Die homogene Bewegungsgleichung

Wir betrachten das System für ein verschwindendes Eingangssignal, $u(\sigma) = 0$ für alle Zeiten $t_0 \leq \sigma \leq t$. Wir suchen also die Lösung der homogenen Differentialgleichung

$$\dot{x}(t) = A(t)x(t)$$

für einen (beliebigen) gegebenen Anfangszustand

$$x(t_0) = x_0 \ .$$

Wir benützen noch einmal das Superpositionsprinzip und betrachten den Anfangszustand x_0 als gewichtete Summe der Basisvektoren e_i von R^n und den gesuchten Zustand als die entsprechende Superposition der speziellen Systemantworten.

$$x_0 = \begin{bmatrix} x_{01} \\ x_{02} \\ \vdots \\ \vdots \\ x_{0n} \end{bmatrix} = x_{01} \begin{bmatrix} 1 \\ 0 \\ \vdots \\ \vdots \\ 0 \end{bmatrix} + x_{02} \begin{bmatrix} 0 \\ 1 \\ 0 \\ \vdots \\ 0 \end{bmatrix} + \cdots + x_{0n} \begin{bmatrix} 0 \\ \vdots \\ \vdots \\ 0 \\ 1 \end{bmatrix} = \sum_{i=1}^{n} x_{0i} e_i \ .$$

Wir bezeichnen mit $\phi_i(t, t_0)$ die spezielle Zustandsvektor-Antwort der homogenen Gleichung mit dem Anfangszustand $x(t_0) = e_i$. (Existenz und Eindeutigkeit dieser Lösungen für $i=1, \ldots, n$ sind bekannt.) Dann ist der gesuchte Zustandsvektor $x(t)$ mit dem Anfangszustand x_0 gegeben durch

$$x(t) = \sum_{i=1}^{n} x_{0i} \phi_i(t, t_0) \ .$$

Bilden wir die n mal n Matrix $\Phi(t, t_0)$, indem wir die n Kolonnenvektoren $\phi_i(t, t_0)$ à n Komponenten nebeneinander stellen,

$$\Phi(t, t_0) = \begin{bmatrix} \vdots & \vdots & & \vdots \\ \phi_1(t, t_0) & \phi_2(t, t_0) & \cdots & \phi_n(t, t_0) \\ \vdots & \vdots & & \vdots \end{bmatrix} \ ,$$

können wir die allgemeine Lösung der homogenen Gleichung wie folgt anschreiben:

$$x(t) = \Phi(t, t_0) x_0 \ .$$

Definitionsgemäß erfüllt jede der n speziellen Lösungen $\phi_i(t, t_0)$, $i=1, \ldots, n$, die homogene Differentialgleichung

$$\frac{d}{dt} \phi_i(t, t_0) = A(t) \phi_i(t, t_0) \ .$$

Somit gehorcht die n mal n Matrix $\Phi(t, t_0)$ der Matrizen-Differentialgleichung

$$\frac{d}{dt} \Phi(t, t_0) = A(t) \Phi(t, t_0) \ .$$

Aus den n speziellen Anfangsbedingungen $\phi_i(t_0, t_0) = e_i$, $i=1, \ldots, n$, ergibt sich die Anfangsbedingung

$$\Phi(t_0, t_0) = I \qquad \text{(Identitätsmatrix).}$$

Die n mal n Matrix $\Phi(t, t_0)$ spielt in der Analyse linearer dynamischer Systeme eine wichtige Rolle. Wir nennen sie *Übergangsmatrix* oder *Transitionsmatrix.* In der Literatur wird sie manchmal auch Fundamentalmatrix oder Matrizant genannt. Sie ist eine Funktion von zwei Variablen: der Anfangszeit t_0 und der Endzeit t des betrachteten Zeitintervalls $[t_0, t]$.

4.4.2 Die spezielle inhomogene Bewegungsgleichung

Wir betrachten jetzt die inhomogene Bewegungsgleichung

$$\dot{x}(t) = A(t)x(t) + B(t)u(t)$$

für die spezielle Anfangsbedingung

$$x(t_0) = 0 \; .$$

Wir suchen den Zustandsvektor $x(t)$ zur Zeit t bei (beliebigem) gegebenem Eingangsvektor $u(\sigma)$ für $t_0 \leq \sigma \leq t$.

Aus Linearitätsgründen ist der Zustand $x(t)$ eine gewichtete Summe des "treibenden Terms" $B(\sigma)u(\sigma)$ über alle Zeiten $\sigma \in [t_0, t]$ bzw., da der Wertbereich der Zeit σ ein Kontinuum ist, ein entsprechendes Integral. Die spezielle Antwort des Systems muß also die Form

$$x(t) = \int_{t_0}^{t} G(t, \sigma)B(\sigma)u(\sigma)\, d\sigma$$

haben, wobei der Kern $G(t, \sigma)$ des Integrals (Greensche Funktion) eine zunächst noch unbekannte n mal n Matrixfunktion der beiden Variablen t (Endzeit des Intervalls) und σ (laufende Zeit im Intervall, die "wegintegriert" wird) ist.

Zur Bestimmung des Kerns $G(t, \sigma)$ leiten wir die angesetzte Lösung $x(t)$ nach der Zeit t ab und vergleichen mit der inhomogenen Differentialgleichung:

$$\begin{aligned} &\frac{d}{dt}x(t) = G(t,t)B(t)u(t) + \int_{t_0}^{t} \frac{d}{dt}G(t,\sigma)B(\sigma)u(\sigma)\, d\sigma \\ &= \dot{x}(t) = A(t)x(t) + B(t)u(t) = A(t)\int_{t_0}^{t} G(t,\sigma)B(\sigma)u(\sigma)\, d\sigma + B(t)u(t) \quad . \end{aligned}$$

Daraus erhalten wir die beiden Forderungen

$$\begin{aligned} \frac{d}{dt}G(t,\sigma) &= A(t)G(t,\sigma) \qquad &&\text{für jedes Wertepaar } (t,\sigma) \\ G(t,t) &= I &&\text{für jeden Wert von } t \; . \end{aligned}$$

Wenn wir in der ersten Gleichung den speziellen Wert $\sigma = t_0$ und in der zweiten Gleichung den speziellen Wert $t = t_0$ einsetzen, sehen wir sofort, daß wir die Differentialgleichung und die Randbedingung der Transitionsmatrix $\Phi(t, t_0)$ vor uns haben. Aufgrund der Eindeutigkeit der Lösung gilt somit $G(t, \sigma) = \Phi(t, \sigma)$ für jedes Wertepaar (t, σ).

Die gesuchte Antwort des Systems bei anfänglicher Ruhelage ist somit

$$x(t) = \int_{t_0}^{t} \Phi(t, \sigma) B(\sigma) u(\sigma) \, d\sigma \quad .$$

4.4.3 Der allgemeine Fall

Durch Superposition der homogenen und der speziellen inhomogenen Lösung erhalten wir schließlich bei gegebenen Größen t_0, x_0 und $u(\sigma)$ $(t_0 \leq \sigma \leq t)$ den Zustand

$$x(t) = \Phi(t, t_0) x_0 + \int_{t_0}^{t} \Phi(t, \sigma) B(\sigma) u(\sigma) \, d\sigma$$

zur Zeit t als geschlossene Form der Lösung der Bewegungsgleichung

$$\begin{aligned} \dot{x}(t) &= A(t) x(t) + B(t) u(t) \\ x(t_0) &= x_0 \quad . \end{aligned}$$

4.4.4 Beispiele

A) Rührkesselreaktor

Im Kapitel 2.3.1 ist ein Rührkesselreaktor als System 1. Ordnung modelliert worden. Wenn wir als einzige Zustandsvariable die Übertemperatur der Flüssigkeit gegenüber der konstanten Außentemperatur wählen, $x(t) = T(t)$, haben wir die Systemgleichungen

$$\begin{aligned} \dot{x}(t) &= -a x(t) + b u(t) \\ x(0) &= T_0 \\ y(t) &= x(t) \end{aligned}$$

mit $u(t) = P(t)$, $a = kA/cV\rho = 1/\tau$ und $b = 1/cV\rho$. Wir haben also

$$A(t) \equiv -a \qquad B(t) \equiv b \qquad C(t) \equiv 1 \qquad D(t) \equiv 0 \quad ,$$

und die 1 mal 1 Transitionsmatrix $\Phi(t, t_0)$ ist

$$\Phi(t, t_0) = e^{-a(t - t_0)}$$

und im Spezialfall $t_0 = 0$

$$\Phi(t,0) = e^{-at} \quad .$$

Mit Hilfe der Formel von Abschnitt 4.4.3 für die geschlossene Lösung der Bewegungsgleichung eines linearen dynamischen Systems können wir nun ohne weiteres die Gleichungen des Kapitels 2.3.1 für die Sprungantwort, Impulsantwort, Rampenantwort und Antwort auf eine harmonische Anregung verifizieren.

B) Gedämpfter Feder-Masse-Schwinger

Im Kapitel 2.3.2 haben wir einen gedämpften Feder-Masse-Schwinger mit der Übertragungsfunktion

$$\frac{Y(s)}{U(s)} = G(s) = \frac{b_0}{s^2 + 2\zeta\omega_0 s + \omega_0^2}$$

betrachtet. Sein Zustandsraummodell in der beobachtbaren Standardform ist

$$\dot{x}(t) = Ax(t) + Bu(t)$$
$$y(t) = Cx(t) + Du(t)$$

mit den konstanten Systemmatrizen

$$A = \begin{bmatrix} 0 & 1 \\ -\omega_0^2 & -2\zeta\omega_0 \end{bmatrix} \qquad B = \begin{bmatrix} 0 \\ b_0 \end{bmatrix} \qquad C = [1 \quad 0] \qquad D = 0 \quad .$$

Dabei ist $u(t) = F(t)$ die Kraft, $x_1(t) = y(t)$ die Position und, da das obere Element der Matrix B verschwindet, $x_2(t) = \dot{y}(t)$ die Geschwindigkeit.

Da die Transitionsmatrix in ihren Kolonnen die Basislösungen der homogenen Bewegungsgleichung enthält, können wir ihre erste Zeile aufgrund der Resultate von Kapitel 2.3.2 direkt anschreiben und ihre zweite Zeile durch Differentiation der ersten gewinnen. Für den Fall der kritischen Dämpfung ($\zeta = 1$) erhalten wir z.B.

$$\Phi(t,0) = \begin{bmatrix} e^{-\omega_0 t}(1+\omega_0 t) & te^{-\omega_0 t} \\ -\omega_0^2 te^{-\omega_0 t} & e^{-\omega_0 t}(1-\omega_0 t) \end{bmatrix} \quad .$$

C) Geradlinige, reibungsfreie Massenpunktbewegung

Wir betrachten die geradlinige, horizontale, reibungsfreie Bewegung eines Massenpunktes mit Masse m [kg] unter dem Einfluß einer äußeren Kraft $F(t)$ [N] für alle Zeiten $t \geq 0$ (siehe Bild 4.6). Definieren wir als Eingangssignal die Beschleunigung, $u(t) = F(t)/m$, und wählen wir als Zustandsvariablen die Position und die Geschwindigkeit,

$$\begin{aligned} x_1(t) &= z(t) && \text{Position [m]} \\ x_2(t) &= \dot{z}(t) && \text{Geschwindigkeit [m/s]} \ , \end{aligned}$$

erhalten wir die Systemgleichungen

$$\dot{x}(t) = \begin{bmatrix} \dot{x}_1(t) \\ \dot{x}_2(t) \end{bmatrix} = \begin{bmatrix} 0 & 1 \\ 0 & 0 \end{bmatrix} \begin{bmatrix} x_1(t) \\ x_2(t) \end{bmatrix} + \begin{bmatrix} 0 \\ 1 \end{bmatrix} u(t) = Ax(t) + Bu(t)$$

$$x(0) = \begin{bmatrix} y_0 \\ v_0 \end{bmatrix} \ .$$

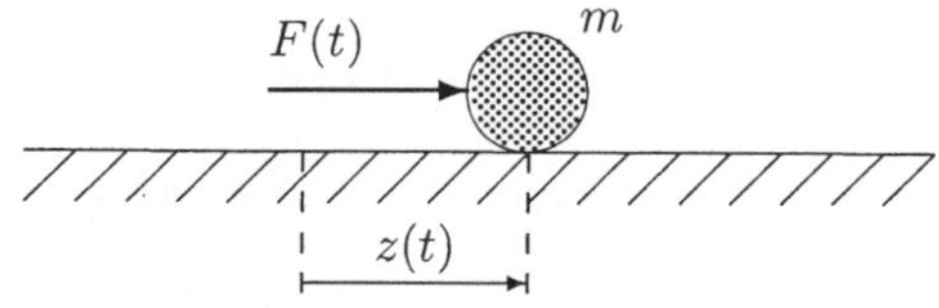

Bild 4.6. Geradlinige, reibungsfreie Massenpunktbewegung

Die Ausgangsgleichung hängt davon ab, ob wir uns nur für die Position, $C = [1 \ \ 0]$, nur für die Geschwindigkeit, $C = [0 \ \ 1]$, oder für beide Größen interessieren, $C = I$.

Dieser Prozeß ist sehr anschaulich und intuitiv. Wir verfügen über einen großen Anschauungs-Erfahrungsschatz betreffend sein dynamisches Verhalten, wenn wir damit z.B. die Vorwärtsbewegung eines Automobils assoziieren und dabei die Vorwärtsbeschleunigung (Beschleunigen, Bremsen) als Eingangssignal $u(t)$ interpretieren.

Die Transitionsmatrix ist

$$\Phi(t, t_0) = \begin{bmatrix} 1 & t - t_0 \\ 0 & 1 \end{bmatrix} \ .$$

Anhand der geschlossenen Lösung der Bewegungsgleichung (Kap. 4.4.3),

$$x(t) = \begin{bmatrix} 1 & t \\ 0 & 1 \end{bmatrix} \begin{bmatrix} y_0 \\ v_0 \end{bmatrix} + \int_0^t \begin{bmatrix} t - \sigma \\ 1 \end{bmatrix} u(\sigma) d\sigma \ ,$$

können wir die Massenpunktbewegung (Zustandsverlauf) für verschiedene Beschleunigungsfunktionen u berechnen und in der Zustandsebene darstellen (siehe Bild 4.7).

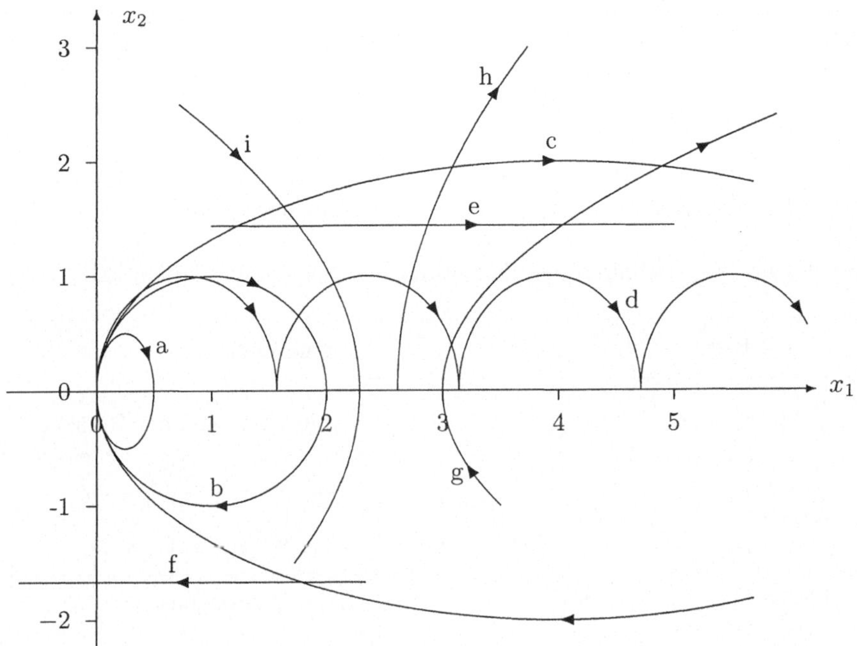

Bild 4.7. Massenpunktbewegung, Trajektorien im Zustandsraum. a) $y_0 = 0$, $v_0 = 0$, $u(t) = \cos \omega t$, $\omega = 2\,\mathrm{s}^{-1}$: Ellipse; b) dito mit $\omega = 1\,\mathrm{s}^{-1}$: Kreis; c) dito mit $\omega = 0.5\,\mathrm{s}^{-1}$: Ellipse; d) $y_0 = 0$, $v_0 = 0$, $u(t) = \sin \omega t$, $\omega = 2\,\mathrm{s}^{-1}$: Ellipse mit $x_1(t) = t/\omega$ überlagert; e) $y_0 > 0$, $v_0 > 0$, $u(t) = 0$: Gerade, nach rechts; f) $y_0 > 0$, $v_0 < 0$, $u(t) = 0$: Gerade, nach links; g) $y_0 > 0$, $v_0 < 0$, $u(t) = 1$: Parabel, nach rechts geöffnet; h) $y_0 > 0$, $v_0 = 0$, $u(t) = 4$: Parabel, nach rechts geöffnet; i) $y_0 > 0$, $v_0 > 0$, $u(t) = -2$: Parabel, nach links geöffnet.

4.4.5 Eigenschaften der Transitionsmatrix

Die beiden grundlegendsten Eigenschaften der Transitionsmatrix, nämlich die Transitionseigenschaft und die Invertierbarkeit, ergeben sich direkt aus der Eindeutigkeit einer Lösung der *homogenen* Differentialgleichung für den Zustandsvektor $x(t)$ bei einem beliebigem Zustand x_0 zur Zeit t_0 (vgl. Kap. 4.4.1).

Transitionseigenschaft: Wir betrachten drei beliebige Zeiten t_0, t_1 und t_2. Wenn wir den Zustand zur Zeit t_2 berechnen wollen, ist es unerheblich, ob wir die homogene Differentialgleichung in einem einzigen Schritt von t_0 bis t_2 integrieren, oder ob wir sie in zwei aufeinanderfolgenden Schritten zuerst von t_0 bis t_1 und dann von t_1 bis t_2 integrieren. Somit gilt

$$\Phi(t_2, t_0) = \Phi(t_2, t_1)\Phi(t_1, t_0) \qquad \text{für beliebige Zeiten } t_0,\ t_1,\ t_2.$$

Invertierbarkeit: Die Invertierbarkeit der Transitionsmatrix folgt aus dem Spezialfall $t_2 = t_0$ der obigen Betrachtung. Die Kehrmatrix der Transitionsmatrix erhalten wir durch Vertauschen der beiden Zeitargumente:

$$\Phi(t_0, t_0) = I = \Phi(t_0, t_1)\Phi(t_1, t_0) \implies \Phi^{-1}(t_1, t_0) = \Phi(t_0, t_1) \ .$$

Die wichtigsten Eigenschaften der Transitionsmatrix $\Phi(\cdot\,,\cdot)$ eines linearen zeitvariablen Systems sind in der Tabelle 4.1 zusammengestellt.

Tabelle 4.1 Eigenschaften der Transitionsmatrix im zeitvariablen Fall

Eigenschaft	Bemerkung
$\frac{d}{dt}\Phi(t,\tau) = A(t)\Phi(t,\tau)$ $\frac{d}{d\tau}\Phi(t,\tau) = -\Phi(t,\tau)A(\tau)$ $\Phi(t_0,t_0) = I$	Ableitung nach der Endzeit t Abl. nach der Anfangszeit τ Anfangszeit $=$ Endzeit
$\Phi(t_2,t_1)\Phi(t_1,t_0) = \Phi(t_2,t_0)$	Transitionseigenschaft
$\det\Phi(t_1,t_0) \neq 0$ $\Phi^{-1}(t_1,t_0) = \Phi(t_0,t_1)$	Invertierbarkeit “Rückwärtsintegration”
$\frac{d}{dt}\det\Phi(t,t_0) = \mathrm{spur}\,A(t)\cdot\det\Phi(t,t_0)$ $\det\Phi(t_0,t_0) = 1$ $\det\Phi(t,t_0) = e^{\int_{t_0}^{t}\mathrm{spur}A(\sigma)d\sigma}$	Determinante
$A(t) = \mathrm{diag}(A_i(t)) \Rightarrow$ $\Phi(t,t_0) = \mathrm{diag}(\Phi_{A_i}(t,t_0))$	entkoppelte Subsysteme
$\Phi(t,t_0) = \lim\limits_{k\to\infty} M_k(t,t_o)$ mit $M_0(t,t_0) = I$ $M_k(t,t_0) = I + \int_{t_0}^{t} A(\sigma)M_{k-1}(\sigma,t_0)d\sigma$	Peano-Baker-Reihe
$\Phi(t,t_0) = e^{\int_{t_0}^{t} A(\sigma)d\sigma}$	Spezialfall für $n = 1$
$\Phi(t,t_0) = e^{A(t-t_0)}$	Spezialfall für $A(t) \equiv A$: Exponentialreihe (s. Tab. 4.2)

Bei der Spezialisierung von einem linearen, zeitvariablen System auf ein zeitinvariantes System ergeben sich für die Transitionsmatrix drei weitere wichtige Merkmale.

Für den Übergang der Lösung der homogenen Differentialgleichung vom Zustand $x(t_0) = x_0$ in den Zustand $x(t)$ spielt nur noch die Zeitdifferenz $t - t_0$ eine Rolle, während die Startzeit t_0 irrelevant ist, da die Systemeigenschaften eines zeitinvarianten Systems konstant sind. Daraus folgt die Gleichung

$$\Phi(t, t_0) = \Phi(t + T, t_0 + T) \quad \text{für beliebige Zeitverschiebungen } T.$$

Deshalb werden wir die Anfangszeit t_0 bei zeitinvarianten Systemen im allgemeinen auf null festlegen, $t_0 = 0$.

Für zeitinvariante Systeme läßt sich die Transitionsmatrix als unendliche Reihe explizite anschreiben:

$$\Phi(t, 0) = e^{At} = I + At + A^2\frac{t^2}{2!} + A^3\frac{t^3}{3!} + \cdots + A^k\frac{t^k}{k!} + \cdots\cdots \quad .$$

Aufgrund der Analogie zur skalaren Exponentialreihe bezeichnen wir sie als (Matrix)-Exponentialreihe e^{At}.

Für die Analyse linearer, zeitinvarianter Systeme läßt sich die Laplace-Transformation verwenden (vgl. Kap. 4.3). Für die Transitionsmatrix erhalten wir

$$\begin{aligned}
\frac{d}{dt}\Phi(t, 0) &= A\Phi(t, 0) \qquad \Phi(0, 0) = I \\
s\mathcal{L}\{\Phi(t, 0)\} - I &= A\mathcal{L}\{\Phi(t, 0)\} \\
\mathcal{L}\{\Phi(t, 0)\} &= [sI - A]^{-1} \\
e^{At} &= \Phi(t, 0) = \mathcal{L}^{-1}\{[sI - A]^{-1}\} \quad .
\end{aligned}$$

Beispiel:

$$A = \begin{bmatrix} a & 1 & 0 \\ 0 & a & 1 \\ 0 & 0 & a \end{bmatrix} \qquad sI - A = \begin{bmatrix} s-a & -1 & 0 \\ 0 & s-a & -1 \\ 0 & 0 & s-a \end{bmatrix} \qquad \det(sI - A) = (s-a)^3$$

$$\begin{aligned}
(sI - A)^{-1} &= \frac{1}{(s-a)^3} \begin{bmatrix} (s-a)^2 & s-a & 1 \\ 0 & (s-a)^2 & s-a \\ 0 & 0 & (s-a)^2 \end{bmatrix} \\
&= \begin{bmatrix} \frac{1}{s-a} & \frac{1}{(s-a)^2} & \frac{1}{(s-a)^3} \\ 0 & \frac{1}{s-a} & \frac{1}{(s-a)^2} \\ 0 & 0 & \frac{1}{s-a} \end{bmatrix}
\end{aligned}$$

$$e^{At} = \begin{bmatrix} e^{at} & te^{at} & \frac{t^2}{2}e^{at} \\ 0 & e^{at} & te^{at} \\ 0 & 0 & e^{at} \end{bmatrix}$$

Die speziellen Eigenschaften der Transitionsmatrix eines zeitinvarianten Systems sind in der Tabelle 4.2 zusammengefaßt.

Tabelle 4.2 Spezielle Eigenschaften der Transitionsmatrix im zeitinvarianten Fall

Eigenschaft	Bemerkung
$\Phi(t+T, t_0+T) = \Phi(t, t_0) = \Phi(t-t_0, 0)$	Zeitinvarianz
$\Phi(t,0) = e^{At}$ $= I + At + A^2\frac{t^2}{2!} + \cdots + A^k\frac{t^k}{k!} + \cdots$ $\Phi(t, t_0) = e^{A(t-t_0)}$	Exponentialreihe
$\mathcal{L}\{e^{At}\} = [sI - A]^{-1}$	Laplace-Transformation
$e^{(A_1+A_2)t} = e^{A_1t}e^{A_2t}$	falls A_1 und A_2 kommutieren
$\det e^{At} = e^{t \cdot \mathrm{spur} A}$	Determinante
$Ae^{At} = e^{At}A$	A und e^{At} kommutieren

4.5 Stabilität

4.5.1 Lineares zeitvariables System

Ein lineares dynamisches System ist genau dann instabil, wenn mindestens ein Element seiner Transitionsmatrix $\Phi(t, t_0)$ für $t \to \infty$ betragsmäßig divergiert.

$$\text{System instabil} \Longleftrightarrow \lim_{t\to\infty} \max_{\substack{i=1,\ldots,n\\ j=1,\ldots,n}} |\Phi_{ij}(t, t_0)| = \infty \ .$$

Ein lineares dynamisches System ist genau dann asymptotisch stabil, wenn alle Elemente seiner Transitionsmatrix für $t \to \infty$ asymptotisch verschwinden.

$$\text{System asymptotisch stabil} \Longleftrightarrow \lim_{t\to\infty} \Phi(t, t_0) = 0 \ .$$

In der Praxis ist diese Definition wertlos, wie das folgende Beispiel veranschaulicht:

$$\dot{x}(t) = \begin{cases} 2x(t) & \text{für } 0 \leq t < 10 \\ -x(t) & \text{für } t \geq 10 \end{cases}$$

$$\Phi(t,0) = \begin{cases} e^{2t} & \text{für } 0 \leq t \leq 10 \\ e^{20} \approx 4.85\,10^8 & \text{für } t = 10 \\ e^{30-t} & \text{für } t \geq 10\,. \end{cases}$$

Die folgende restriktivere Definition ist für den Regelungstechniker nützlicher:

Ein lineares dynamisches System ist genau dann gleichmäßig asymptotisch stabil, wenn alle Elemente seiner Transitionsmatrix $\Phi(t,t_0)$ für $t \to \infty$ asymptotisch verschwinden und wenn der betragsmäßig größte Eigenwert von $\Phi(t_2,t_1)$ für beliebige Werte der beiden Zeitparameter t_1 und $t_2 > t_1$ (im betrachteten Zeitintervall $[t_0,\infty)$) stets kleiner als Eins ist.

System gleichmäßig asymptotisch stabil

$$\Longleftrightarrow \begin{cases} \lim\limits_{t\to\infty} \Phi(t,t_0) = 0 & \text{und} \\ \max\limits_{i=1,\dots,n} |\lambda_i\{\Phi(t_2,t_1)\}| < 1 & \text{für alle } t_1 \in [t_0,\infty) \text{ und } t_2 > t_1\,. \end{cases}$$

4.5.2 Lineares zeitinvariantes System

Ein lineares zeitinvariantes dynamisches System mit dem Zustandsraummodell

$$\dot{x}(t) = Ax(t) + Bu(t) \qquad y(t) = Cx(t)$$

hat die Übertragungsfunktion bzw. Übertragungsmatrix

$$G(s) = C[sI-A]^{-1}B = \frac{1}{\det(sI-A)} C\mathrm{Adj}(sI-A)B\,.$$

Dabei ist die n mal n Matrix $\mathrm{Adj}(sI-A)$ die adjungierte Matrix der zu invertierenden Matrix $sI-A$ (s. Anhang 3, Abschn. 2.6). Ihre Elemente sind die Determinanten von $n-1$ mal $n-1$ Untermatrizen von $sI-A$. Deshalb sind die Elemente der Matrizen $\mathrm{Adj}(sI-A)$ und $C\mathrm{Adj}(sI-A)B$ Polynome in s. Die Pole der Übertragungsfunktion bzw. Übertragungsmatrix $G(s)$ sind deshalb die Nullstellen des charakteristischen Polynoms (n-ten Grades) $\det(sI-A)$. Somit sind die Pole des linearen zeitinvarianten Systems identisch mit den n Eigenwerten seiner Dynamikmatrix A (vgl. Anhang 3, Abschn. 5).

$$\text{Pole von } G(s) = \text{Eigenwerte von } A\,.$$

Für einen Eigenwert s_i der Matrix A ist $e^{s_i t}$ ein Eigenwert der Transitionsmatrix e^{At} (vgl. Aufgabe 8). Wenn der Pol s_i negativen Realteil hat ($\mathrm{Re}(s_i) < 0$), dann hat der entsprechende Eigenwert der Transitionsmatrix für alle positiven Zeiten ($t > 0$) einen Betrag kleiner als Eins ($|e^{s_i t}| < 1$). Daraus folgt: Ein lineares, zeitinvariantes, asymptotisch stabiles System (Kap. 2.5) ist gleichmäßig asymptotisch stabil (Abschn. 4.5.1).

4.6 Steuerbarkeit und Stabilisierbarkeit

4.6.1 Fragestellung

Bei der Untersuchung der Steuerbarkeit stellen wir im wesentlichen die Frage, inwieweit es möglich ist, durch geeignete Wahl der Eingangssignale das lineare System zu einem gewissen Zeitpunkt exakt in einen beliebig vorgebbaren Zustand zu zwingen.

Wir wollen das lineare dynamische System

$$\dot{x}(t) = A(t)x(t) + B(t)u(t)$$

mit gegebenem Anfangszustand x_0 zur gegebenen Anfangszeit t_0

$$x(t_0) = x_0$$

so steuern, daß es zur gegebenen Endzeit t_1 (t_0 und t_1 endlich) genau den spezifizierten Endzustand x_1 hat,

$$x(t_1) = x_1 \quad .$$

Zunächst ist nicht klar, ob der verlangte Transfer vom Anfangszustand x_0 in den Endzustand x_1 bezogen auf das Intervall $[t_0, t_1]$ überhaupt möglich ist. Wenn er möglich ist, gibt es unendlich viele Eingangsvektor-Funktionen $u(t)$, $t \in [t_0, t_1]$, die ihn bewerkstelligen, da das System linear ist und keine Amplitudenbeschränkungen auferlegt sind (Superpositionsprinzip).

Wir stellen deshalb die beiden folgenden Fragen:

a) Für welche Anfangs- und Endzustände $x_0 \in R^n$ bzw. $x_1 \in R^n$ ist das obige Steuerungsproblem für das Zeitintervall $[t_0, t_1]$ lösbar?

b) Wenn es lösbar ist: Welcher Steuervektor $u(t)$, $t \in [t_0, t_1]$, löst das Steuerungsproblem mit minimalem Energieverbrauch, d.h. minimiert den Güteindex

$$J(u) = \int_{t_0}^{t_1} u^{\mathrm{T}}(t)u(t)\, dt \quad ?$$

Wir interessieren uns natürlich besonders für Regelstrecken, für die jedes Steuerungsproblem lösbar ist.

Definition. Wir nennen das lineare dynamische System

$$\dot{x}(t) = A(t)x(t) + B(t)u(t)$$

bezüglich des Intervalls $[t_0, t_1]$ vollständig steuerbar, wenn es von jedem Anfangszustand $x(t_0) = x_0$ in jeden beliebigen Endzustand $x(t_1) = x_1$ gesteuert werden kann.

4.6.2 Zeitvariable Systeme

Die Analyse des obigen Optimierungsproblems mit Hilfe des Pontryaginschen Minimumprinzips [9] oder der Variationsrechnung ergibt den optimalen Steuervektor

$$u(t) = -B^{\mathrm{T}}(t)\Phi^{\mathrm{T}}(t_1, t)p_1 \qquad \text{für } t_0 \leq t \leq t_1 \ ,$$

wobei der konstante Vektor $p_1 \in R^n$ aus der algebraischen Gleichung

$$W(t_0, t_1)p_1 = \Phi(t_1, t_0)x_0 - x_1$$

zu bestimmen ist. Dabei ist $W(t_0, t_1)$ die symmetrische, positiv-(semi)definite n mal n Matrix

$$W(t_0, t_1) = \int_{t_0}^{t_1} \Phi(t_1, t)B(t)B^{\mathrm{T}}(t)\Phi^{\mathrm{T}}(t_1, t)\, dt \ .$$

Satz 1. Das lineare dynamische System

$$\dot{x}(t) = A(t)x(t) + B(t)u(t)$$

ist bezüglich des Intervalls $[t_0, t_1]$ genau dann vollständig steuerbar, wenn die Steuerbarkeitsmatrix $W(t_0, t_1)$ invertierbar ist (also vollen Rang n hat, bzw. positiv-definit ist).

Satz 2. Wenn das lineare dynamische System bezüglich des Intervalls $[t_0, t_1]$ nicht vollständig steuerbar ist (also $W(t_0, t_1)$ positiv-semidefinit aber nicht positiv-definit, sondern singulär ist und $\mathrm{Rang}[W(t_0, t_1)] < n$ hat), dann hat das Steuerungsproblem mit der Anfangsbedingung

$$x(t_0) = x_0$$

und der Endbedingung

$$x(t_1) = x_1$$

genau dann eine Lösung, wenn der Vektor $\Phi(t_1, t_0)x_0 - x_1$ im Wertbereich der Steuerbarkeitsmatrix $W(t_0, t_1)$ liegt, d.h.

$$\Phi(t_1, t_0)x_0 - x_1 \in \ \mathrm{Ra}[W(t_0, t_1)] \ .$$

4.6.3 Zeitinvariante Systeme

Die Untersuchung der Steuerbarkeit eines linearen zeitinvarianten dynamischen Systems mit den konstanten Systemmatrizen $A \in R^{n \times n}$ und $B \in R^{n \times m}$ gestaltet sich wesentlich einfacher als für ein zeitvariables System.

Wir bilden aus der Matrix B und den Matrizenprodukten $AB, A^2B, \ldots, A^{n-1}B$ die Matrix

$$U = \left[B, AB, A^2B, \ldots, A^{n-1}B\right] \in R^{n \times n \cdot m}$$

und erhalten die beiden folgenden Sätze.

Satz 3. Das lineare zeitinvariante dynamische System

$$\dot{x}(t) = Ax(t) + Bu(t)$$

ist bezüglich jedes beliebigen Intervalls $[t_0, t_1]$ $(t_1 > t_0)$ genau dann vollständig steuerbar, wenn die Matrix U vollen Rang n hat.

Satz 4. Wenn das lineare zeitinvariante System nicht vollständig steuerbar ist (also $\mathrm{Rang}(U) < n$ ist), dann hat das Steuerungsproblem mit der Anfangsbedingung

$$x(0) = x_0$$

und der Endbedingung

$$x(t_1) = 0 \qquad (t_1 \text{ endlich})$$

genau dann eine Lösung, wenn der Vektor x_0 im Wertbereich $\mathrm{Ra}(U)$ der Matrix U liegt, d.h.

$$x_0 \in \mathrm{Ra}\left[B, AB, A^2B, \ldots, A^{n-1}B\right] \quad .$$

Der durch die Kolonnenvektoren von U aufgespannte Teilraum $\mathrm{Ra}(U)$ in R^n wird steuerbarer Teilraum des Systems genannt (controllability subspace).

Die Behauptungen der Sätze 3 und 4 folgen direkt aus der geschlossenen Lösung der inhomogenen Differentialgleichung (Kap. 4.4.3) und dem Cayley-Hamilton-Theorem (Anhang 3, Absch. 5.5). Für das im Satz 4 erwähnte Steuerungsproblem erhalten wir nämlich

$$x(t_1) = 0 = e^{At_1}x_0 + e^{At_1}\int_0^{t_1} e^{-At}Bu(t)dt \qquad \text{oder}$$

$$\begin{aligned} -x_0 &= \int_0^{t_1} e^{-At}Bu(t)dt \\ &= B\int_0^{t_1} u(t)dt \;-\; AB\int_0^{t_1} tu(t)dt \;+\; A^2B\int_0^{t_1}\frac{t^2}{2!}u(t)dt \;+\; \cdots \\ &\quad + (-1)^{n-1}A^{n-1}B\int_0^{t_1}\frac{t^{n-1}}{(n-1)!}u(t)dt \;+\; \cdots\cdots \quad . \end{aligned}$$

Um das Steuerungsproblem zu lösen, muß also der Anfangszustand x_0 als gewichtete Summe der Kolonnenvektoren der unendlich vielen n mal m Matrizen $B, AB, A^2B, \dots, A^{n-1}B, A^nB, \dots$ geschrieben werden können, wobei die gesuchten Gewichtungsfaktoren durch die obigen Integrale beschrieben werden. Das Cayley-Hamilton-Theorem besagt, daß alle Kolonnenvektoren der Matrix A^n Linearkombinationen der Kolonnenvektoren der Matrizen $I, A, A^2, \dots$ und A^{n-1} sind. Das gleiche gilt auch für die höheren Potenzen der Matrix A. Deshalb wird der steuerbare Teilraum, in dem x_0 liegen muß, damit das Steuerungsproblem lösbar ist, bereits durch die Kolonnenvektoren der n Matrizen $B, AB, \dots,$ $A^{n-1}B$ vollständig aufgespannt. (Höhere Terme bringen keine "neuen" Richtungen.) Insbesondere ist das lineare zeitinvariante dynamische System genau dann vollständig steuerbar, wenn die Kolonnenvektoren von U den ganzen Raum R^n aufspannen. In diesem Fall enthält U n linear unabhängige Kolonnenvektoren und hat vollen Rang n.

Beispiel: Invertiertes Pendel (Bild 4.8)

Auf einem horizontalen, geradlinigen Geleise bewegt sich reibungsfrei ein Wagen mit Masse m_w, der von einer frei wählbaren, zum Geleise parallelen Kraft $F(t)$ beeinflußt wird. Mit dem Wagen soll ein mathematisches Pendel der Länge L und mit der Masse m so balanciert werden, daß es in der oberen, instabilen Gleichgewichtslage verharrt. Das reibungsfreie Drehgelenk zwischen Wagen und Pendel läßt nur eine Pendelbewegung in der durch das Geleise definierten Vertikalebene zu. Ist das durch die linearisierte Bewegungsgleichung beschriebene lineare dynamische System vollständig steuerbar?

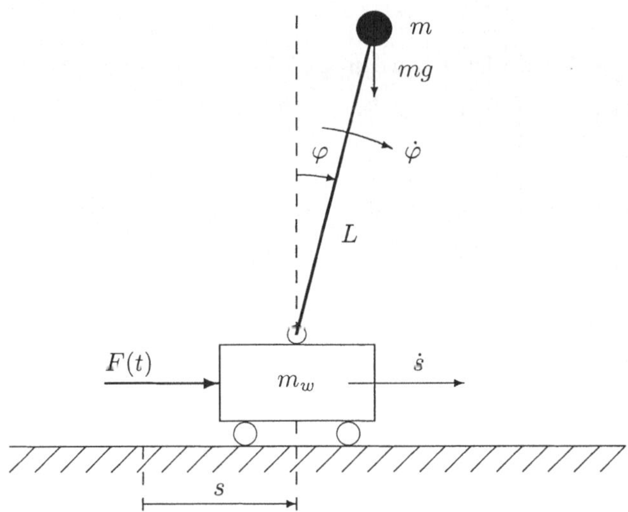

Bild 4.8. Invertiertes Pendel auf einem Wagen (ebene Bewegung)

Mit dem Ausdruck

$$T = \frac{1}{2}m_w\dot{s}^2 + \frac{1}{2}m\left\{(\dot{s} + L\dot{\varphi}\cos\varphi)^2 + (L\dot{\varphi}\sin\varphi)^2\right\}$$

für die kinetische Energie des Systems erhalten wir mit Hilfe der Lagrange-Methode die beiden folgenden nichtlinearen Bewegungsdifferentialgleichungen

$$\left(\frac{\partial T}{\partial \dot{s}}\right)' - \frac{\partial T}{\partial s} = m_w\ddot{s} + m\ddot{s} + mL\ddot{\varphi}\cos\varphi - mL\dot{\varphi}^2\sin\varphi = F$$

$$\left(\frac{\partial T}{\partial \dot{\varphi}}\right)' - \frac{\partial T}{\partial \varphi} = mL^2\ddot{\varphi} + mL\ddot{s}\cos\varphi = M = mgL\sin\varphi \quad .$$

Die um die Gleichgewichtslage $\varphi(t) \equiv 0$ herum linearisierten Differentialgleichungen lauten:

$$m_w\ddot{s} + m\ddot{s} + mL\ddot{\varphi} = F \qquad \text{(I)}$$

$$mL\ddot{\varphi} + m\ddot{s} - mg\varphi = 0 \qquad \text{(II)}$$

oder äquivalent, aber mit nur je einer einzigen zweiten Ableitung pro Gleichung,

$$m_w\ddot{s} + mg\varphi = F \qquad \text{(I)} - \text{(II)}$$

$$m_wL\ddot{\varphi} - (m_w+m)g\varphi = -F \quad . \qquad (1+\tfrac{m_w}{m})\text{(II)} - \text{(I)}$$

Wir wählen die Zustandsvariablen

$$x_1(t) = s(t) \qquad x_2(t) = \dot{s}(t) \qquad x_3(t) = \varphi(t) \qquad x_4(t) = \dot{\varphi}(t)$$

und die Eingangsgröße

$$u(t) = \frac{1}{m_w}F(t)$$

und erhalten die linearisierte Bewegungsgleichung in Vektorschreibweise

$$\begin{bmatrix} \dot{x}_1 \\ \dot{x}_2 \\ \dot{x}_3 \\ \dot{x}_4 \end{bmatrix}(t) = \begin{bmatrix} 0 & 1 & 0 & 0 \\ 0 & 0 & -\dfrac{mg}{m_w} & 0 \\ 0 & 0 & 0 & 1 \\ 0 & 0 & \dfrac{m_w + m}{m_wL}g & 0 \end{bmatrix} \begin{bmatrix} x_1 \\ x_2 \\ x_3 \\ x_4 \end{bmatrix}(t) + \begin{bmatrix} 0 \\ 1 \\ 0 \\ -\dfrac{1}{L} \end{bmatrix} u(t) \quad .$$

Wir erhalten die Steuerbarkeitsmatrix

$$U = [B, AB, A^2B, A^3B] = \begin{bmatrix} 0 & 1 & 0 & \dfrac{mg}{m_wL} \\ 1 & 0 & \dfrac{mg}{m_wL} & 0 \\ 0 & -\dfrac{1}{L} & 0 & -\dfrac{m_w+m}{m_wL^2}g \\ -\dfrac{1}{L} & 0 & -\dfrac{m_w+m}{m_wL^2}g & 0 \end{bmatrix} .$$

Das linearisierte dynamische System ist für alle Kombinationen von positiven und endlichen Parametern m, m_w und L vollständig steuerbar, da U vollen Rang hat, $\text{Rang}(U) = 4$.

Aufgabe. Untersuche die vollständige Steuerbarkeit der linearisierten Bewegungsgleichung für den Fall, daß gleichzeitig zwei Pendel balanciert werden (s. Bild 4.9). Verifiziere, daß das System bei Gleichheit der Pendellängen, $L_1 = L_2$, nicht vollständig steuerbar ist und gib eine physikalische Begründung dafür.

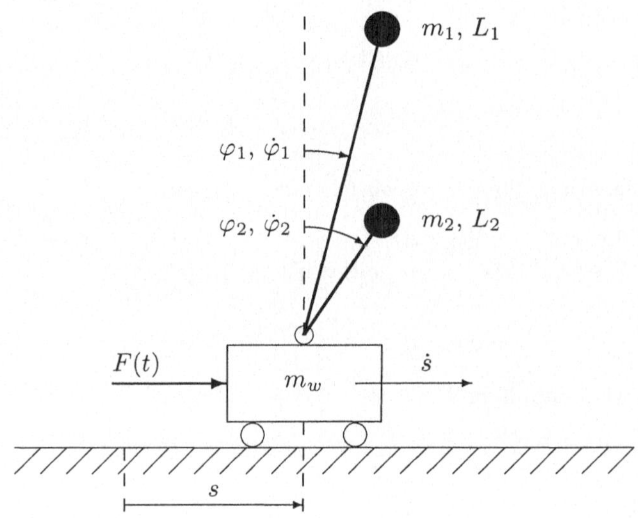

Bild 4.9. Zwei invertierte Pendel auf einem Wagen

4.6.4 Stabilisierbarkeit und Polvorgabe

Im Kap. 3 haben wir gesehen, daß die Lage der Pole eines linearen Regelsystems von der Wahl der Reglerparameter abhängt. Und es ist durchaus sinnvoll, die Reglerparameter so zu wählen, daß der dominante Pol oder das dominante Polpaar eine im voraus spezifizierte Lage hat.

Im Kap. 5 ergibt sich aus der Forderung nach Minimierung des quadratischen Güteindexes $J(u)$ eine lineare Zustandsrückführung, die alle Komponenten des Zustandsvektors benützt. Die Gewichtungsmatrizen des Güteindexes werden so gewählt, daß ein geeignetes transientes Verhalten des Regelsystems resultiert.

Diese beiden Problemlösungsmethoden sind eng miteinander verwandt und ergänzen sich gegenseitig. In beiden Fällen interessiert das dynamische Verhalten des Regelsystems. Mit der ersten Methode wird im Frequenzbereich, mit der zweiten Methode im Zeitbereich gearbeitet.

Da die lineare Rückführung des ganzen Zustandsvektors mehr Möglichkeiten bietet als die lineare Rückführung des Ausgangsvektors, liegt die Frage nahe, wie weit es möglich ist, mit linearer Zustandsrückführung möglichst viele oder sogar alle Pole des Regelsystems vorzugeben.

Wir betrachten das lineare zeitinvariante System

$$\dot{x}(t) = Ax(t) + Bu(t) \qquad x(t) \in R^n \qquad u(t) \in R^m$$

und eine zeitinvariante Zustandsrückführung der Form

$$u(t) = -Lx(t) \qquad L \in R^{m \times n} \quad .$$

Wir interessieren uns für die beiden folgenden Fragen:

a) Ist das System stabilisierbar? In anderen Worten, gibt es eine m mal n Matrix L, so daß das lineare zeitinvariante Regelsystem

$$\dot{x}(t) = (A - BL)x(t)$$

asymptotisch stabil ist?

b) Können alle n Pole des linearen zeitinvarianten Regelsystems

$$\dot{x}(t) = (A - BL)x(t)$$

durch geeignete Wahl der m mal n Matrix L beliebig, reell oder komplex (aber in konjugiert-komplexen Paaren), vorgegeben werden?

Die Antworten auf diese Fragen sind im nachfolgenden Satz zusammengefaßt.

Satz 5. Die Pole des Regelsystems $\dot{x}(t) = (A - BL)x(t)$ können genau dann beliebig vorgegeben werden, wenn die Regelstrecke $\dot{x}(t) = Ax(t) + Bu(t)$ vollständig steuerbar ist. Wenn sie nicht vollständig steuerbar ist mit

$$\text{Rang}(U) = \text{Rang}\left[B, AB, \ldots, A^{n-1}B\right] = n_c < n \quad ,$$

dann sind $n - n_c$ Eigenwerte von A für beliebige $L \in R^{m \times n}$ auch Eigenwerte von $A - BL$, während die übrigen n_c Pole des Regelsystems durch geeignete Wahl von L beliebig vorgegeben werden können.

Die Regelstrecke ist also stabilisierbar, wenn sie entweder bereits asymptotisch stabil oder vollständig steuerbar ist, oder wenn alle Pole der Regelstrecke mit $\text{Re}(s) \geq 0$ zu der Gruppe der n_c verschiebbaren Pole gehören.

Aus dem Satz 5 läßt sich direkt eine praktische Methode zur Abklärung der vollständigen Steuerbarkeit einer Regelstrecke ableiten: Wähle mit Hilfe eines Zufallszahlengenerators eine Rückführmatrix L. Berechne die Eigenwerte der Matrix $A - BL$ und vergleiche sie mit den Eigenwerten der Matrix A. Wenn alle Pole gewandert sind, ist die Regelstrecke vollständig steuerbar. Jeder Pol, der nicht verschoben worden ist, ist mit Wahrscheinlichkeit eins ein nicht steuerbarer Pol der Regelstrecke, der sich durch keine Zustandsrückführung verschieben läßt.

4.7 Beobachtbarkeit und Detektierbarkeit

4.7.1 Fragestellung

Bei der Untersuchung der Beobachtbarkeit fragen wir, ob ein in einem Intervall verschwindender Ausgangsvektor, $y(t) \equiv 0$, $t \in [t_0, t_1]$, des homogenen linearen Systems nur dem trivialen Anfangszustandsvektor $x(t_0) = 0$ oder auch (unendlich vielen) anderen Anfangszuständen $x(t_0) \neq 0$ zugeordnet werden kann.

Wir untersuchen das lineare zeitvariable System

$$\begin{aligned} \dot{x}(t) &= A(t)x(t) + B(t)u(t) \\ y(t) &= C(t)x(t) \quad . \end{aligned}$$

Da wir seinen Anfangszustand $x(t_0) = x_0$ zur Anfangszeit t_0 nicht kennen, registrieren wir den Ausgangsvektor $y(t)$ über das endliche Zeitintervall $[t_0, t_1]$ und setzen dabei einfachheitshalber den Steuervektor

$$u(t) \equiv 0 \qquad \text{für } t \in [t_0, t_1] \quad .$$

Wir wollen aus den registrierten Messungen $y(t)$, $t \in [t_0, t_1]$, den unbekannten Anfangszustand x_0 rekonstruieren.

Dieses Rekonstruktionsproblem hat entweder genau eine Lösung oder unendlich viele Lösungen. Im letzteren Fall existieren Vektoren $\xi \in R^n$, die als Anfangszustände des homogenen Systems bezüglich des Intervalls $[t_0, t_1]$ nicht beobachtbar sind, die also einen identisch verschwindenden Ausgangsvektor $y(t)$ ergeben,

$$\begin{aligned} \dot{x}(t) &= Ax(t) \qquad x(t_0) = \xi \\ y(t) &\equiv 0 \qquad \text{für } t \in [t_0, t_1] \quad . \end{aligned}$$

Die Differenz zwischen zwei beliebigen Lösungen eines Rekonstruktionsproblems ist immer ein nicht beobachtbarer Anfangszustand (Superpositionsprinzip).

Um eine eindeutige Lösung des Rekonstruktionsproblems zu erhalten, suchen wir den Anfangszustand x_0 mit minimaler Länge, d.h.

$$x_0^{\mathrm{T}} x_0 = \text{Minimum} \; ,$$

der die Nebenbedingung

$$y(t) \equiv C(t)\Phi(t,t_0)x_0 \qquad \text{für } t \in [t_0,t_1]$$

erfüllt. Es ist leicht einzusehen, daß dieser optimale Anfangszustand x_0 senkrecht zu jedem nicht beobachtbaren Anfangszustand ξ ist (d.h. $x_0^{\mathrm{T}}\xi = 0$).

Wir interessieren uns natürlich besonders für Regelstrecken, die keine Beobachtbarkeitsprobleme haben.

Definition. Wir nennen das lineare dynamische System $\dot{x}(t) = A(t)x(t)$ mit der Ausgangsgleichung $y(t) = C(t)x(t)$ bezüglich des Intervalls $[t_0,t_1]$ vollständig beobachtbar, wenn das Rekonstruktionsproblem eindeutig lösbar ist.

4.7.2 Zeitvariable Systeme

Die Analyse des obigen Problems der optimalen Rekonstruktion des Anfangszustands führt auf die algebraische Gleichung

$$M(t_0,t_1)x_0 = \int_{t_0}^{t_1} \Phi^{\mathrm{T}}(t,t_0)C^{\mathrm{T}}(t)y(t)\,dt \quad .$$

Dabei ist $M(t_0,t_1)$ die symmetrische, positiv-(semi)definite n mal n Matrix

$$M(t_0,t_1) = \int_{t_0}^{t_1} \Phi^{\mathrm{T}}(t,t_0)C^{\mathrm{T}}(t)C(t)\Phi(t,t_0)\,dt \quad .$$

Der durch gewichtete Integration der registrierten Ausgangsvektoren $y(t)$, $t \in [t_0,t_1]$, gebildete n-Vektor auf der rechten Seite der zu lösenden Gleichung liegt automatisch im Wertbereich der Matrix $M(t_0,t_1)$, da die registrierten Meßsignale $y(t) = C(t)\Phi(t,t_0)x_a$ durch irgendeinen, uns unbekannten, Anfangszustand x_a erzeugt worden sind.

Wenn wir die beiden Fälle $M(t_0,t_1)$ regulär und $M(t_0,t_1)$ singulär unterscheiden, können wir die beiden folgenden Sätze aufstellen:

Satz 6. Das lineare dynamische System

$$\dot{x}(t) = A(t)x(t) \qquad y(t) = C(t)x(t)$$

ist bezüglich des Intervalls $[t_0,t_1]$ genau dann vollständig beobachtbar, wenn die Beobachtbarkeitsmatrix $M(t_0,t_1)$ invertierbar ist (also vollen Rang n hat, bzw. positiv-definit ist).

Satz 7. Wenn das lineare dynamische System bezüglich des Intervalls $[t_0,t_1]$ nicht vollständig beobachtbar ist (d.h. $M(t_0,t_1)$ positiv-semidefinit, aber nicht positiv-definit, sondern singulär ist und $\mathrm{Rang}[M(t_0,t_1)] < n$ hat), dann ist die Menge aller nicht beobachtbaren Anfangszustände gleich dem Nullraum der Beobachtbarkeitsmatrix $M(t_0,t_1)$,

$$\mathcal{N}[M(t_0,t_1)] = \{\, \xi \mid x(t_0) = \xi \text{ nicht beobachtbar} \} \quad ,$$

und der optimale rekonstruierte Anfangszustand x_0 ist senkrecht zu jedem Vektor in $\mathcal{N}[M(t_0,t_1)]$.

4.7.3 Zeitinvariante Systeme

Die Untersuchung der Beobachtbarkeit ist für ein lineares zeitinvariantes dynamisches System mit den konstanten Systemmatrizen $A \in R^{n \times n}$ und $C \in R^{p \times n}$ ebenfalls wesentlich einfacher als für ein zeitvariables System.

Wir bilden aus der Matrix C und den Matrizenprodukten $CA, CA^2, \ldots, CA^{n-1}$ die Matrix

$$V = \begin{bmatrix} C \\ CA \\ CA^2 \\ \vdots \\ CA^{n-1} \end{bmatrix} \in R^{n \cdot p \times n}$$

und erhalten die beiden folgenden Sätze:

Satz 8. Das lineare zeitinvariante dynamische System

$$\dot{x}(t) = Ax(t) + Bu(t) \qquad y(t) = Cx(t)$$

ist bezüglich jedes beliebigen Intervalls $[t_0, t_1]$ $(t_1 > t_0)$ genau dann vollständig beobachtbar, wenn die Matrix V vollen Rang n hat.

Satz 9. Wenn das lineare zeitinvariante System nicht vollständig beobachtbar ist (also $\text{Rang}(V) < n$ ist), dann ist jeder Vektor $\xi \in R^n$ nicht beobachtbar, falls er senkrecht zu allen Zeilenvektoren der Matrix V ist, d.h. falls $\xi \in \mathcal{N}[V]$ oder, äquivalent, falls $\xi \in \mathcal{N}[V^{\mathrm{T}}V]$ gilt. (Beachte: $V^{\mathrm{T}}V \in R^{n \times n}$)

Der Teilraum in R^n aller nicht beobachtbaren Vektoren, d.h. der Nullraum der Matrizen V und $V^{\mathrm{T}}V$ wird nicht-beobachtbarer Teilraum des Systems genannt (unobservable subspace).

Die Behauptungen der Sätze 8 und 9 folgen aus der Bedingung

$$y(t) = Ce^{At}\xi \equiv 0 \qquad \text{für alle } t \geq 0$$

für einen nicht beoachtbaren Anfangszustand $x(0) = \xi$ und dem Cayley-Hamilton-Theorem (Anhang 3, Abschn. 5.5). Dabei analysiert man die resultierenden Bedingungen $y(0) = 0$, $\dot{y}(0) = 0$, $\ddot{y}(0) = 0$ usw..

Beispiele. Geradlinige horizontale Massenpunktbewegungen

Im Zusammenhang mit der geradlinigen horizontalen Bewegung eines Massenpunktes analysieren wir vier verschiedene Systeme (vgl. Abschn. 4.4.4 B u. C).

Als erstes System (A_1, C_1) betrachten wir die reibungsfreie Massenpunktbewegung gemäß Bild 4.6 mit Positionsmessung, als zweites System (A_2, C_2) wieder die reibungsfreie Massenpunktbewegung, aber mit Geschwindigkeitsmessung, als drittes System (A_3, C_3) den Feder-Masse-Schwinger gemäß Bild 2.14 mit Positionsmessung und als viertes System (A_4, C_4) den Feder-Masse-Schwinger mit Geschwindigkeitsmessung.

Für die Zustandsvariabeln $x_1(t)$ = Position und $x_2(t)$ = Geschwindigkeit erhalten wir die folgenden Systemmatrizen A_i und C_i und die entsprechenden Beobachtbarkeitsmatrizen V_i:

$$A_1 = \begin{bmatrix} 0 & 1 \\ 0 & 0 \end{bmatrix} \qquad C_1 = [1 \quad 0] \qquad V_1 = \begin{bmatrix} C_1 \\ C_1 A_1 \end{bmatrix} = \begin{bmatrix} 1 & 0 \\ 0 & 1 \end{bmatrix}$$

$$A_2 = \begin{bmatrix} 0 & 1 \\ 0 & 0 \end{bmatrix} \qquad C_2 = [0 \quad 1] \qquad V_2 = \begin{bmatrix} C_2 \\ C_2 A_2 \end{bmatrix} = \begin{bmatrix} 0 & 1 \\ 0 & 0 \end{bmatrix}$$

$$A_3 = \begin{bmatrix} 0 & 1 \\ -\frac{k}{m} & -\frac{c}{m} \end{bmatrix} \qquad C_3 = [1 \quad 0] \qquad V_3 = \begin{bmatrix} C_3 \\ C_3 A_3 \end{bmatrix} = \begin{bmatrix} 1 & 0 \\ 0 & 1 \end{bmatrix}$$

$$A_4 = \begin{bmatrix} 0 & 1 \\ -\frac{k}{m} & -\frac{c}{m} \end{bmatrix} \qquad C_4 = [0 \quad 1] \qquad V_4 = \begin{bmatrix} C_4 \\ C_4 A_4 \end{bmatrix} = \begin{bmatrix} 0 & 1 \\ -\frac{k}{m} & -\frac{c}{m} \end{bmatrix}.$$

Das erste System ist vollständig beobachtbar ($\text{Rang}(V_1) = 2$), denn die konstante Geschwindigkeit läßt sich aus zwei diskreten Positionsmessungen bestimmen: $x_2(t) \equiv (x_1(T) - x_1(0))/T$.

Das zweite System ist nicht vollständig beobachtbar ($\text{Rang}(V_2) = 1$), denn die Anfangsposition kann auch durch beliebig langes Registrieren der Geschwindigkeit nicht rekonstruiert werden.

Das dritte System ist vollständig beobachtbar ($\text{Rang}(V_3) = 2$). Die Anfangsgeschwindigkeit läßt sich z.B. durch Differentiation des Positionssignals ermitteln: $x_2(0) = dy(t)/dt$ für $t = 0$.

Das vierte System, der Feder-Masse-Schwinger mit reiner Geschwindigkeitsmessung ist vollständig beobachtbar, falls die Feder nicht fehlt ($\text{Rang}(V_4) = 2$ für $k \neq 0$). Die positionsabhängige Federkraft liefert im Geschwindigkeitssignal eine Positionsinformation. Beispiel: Für $k > 0$ und $c = 0$ (reibungsfreie Bewegung), ist die Position immer dann null, wenn die Geschwindigkeit betragsmäßig maximal ist. — Ohne Feder fehlt diese Information (vgl. System 2).

4.7.4 Detektierbarkeit und Polvorgabe

Im Kap. 6 werden wir sehen, daß die Lage der Pole eines vollständigen Zustandsbeobachters von der Wahl der Beobachterverstärkungsmatrix H abhängt. Und es kann sinnvoll sein, diese so zu wählen, daß eine vorgegebene Pollage des Beobachters resultiert.

Wir betrachten das lineare zeitinvariante System

$$\dot{x}(t) = Ax(t) + Bu(t) \qquad x(t) \in R^n \qquad u(t) \in R^m$$

$$x(0) = x_0$$
$$y(t) = Cx(t) \qquad y(t) \in R^p$$

und den vollständigen Zustandsbeobachter

$$\dot{z}(t) = [A - HC]z(t) + Hy(t) + Bu(t)$$
$$z(0) = z_0 \ .$$

Wir interessieren uns für die beiden folgenden Fragen:

a) Ist das System (A, C) detektierbar, d.h. gibt es eine n mal p Matrix H, so daß der Beobachter ein asymptotisch stabiles System ist?

b) Können alle n Pole des Beobachters, d.h. alle Eigenwerte der Matrix $A-HC$ durch geeignete Wahl der n mal p Matrix H beliebig, reell oder komplex (aber in konjugiert-komplexen Paaren), vorgegeben werden?

Die Antworten auf diese Fragen sind im nachfolgenden Satz zusammengefaßt.

Satz 10. Die Pole des Beobachters können genau dann beliebig vorgegeben werden, wenn das System (A, C) vollständig boebachtbar ist. Wenn es nicht vollständig beobachtbar ist mit

$$\text{Rang}(V) = \text{Rang} \begin{bmatrix} C \\ \vdots \\ CA^{n-1} \end{bmatrix} = n_o < n \quad ,$$

dann sind $n - n_o$ Eigenwerte von A für beliebige $H \in R^{n \times p}$ auch Eigenwerte von $A - HC$, während die übrigen n_o Pole des Beobachters durch geeignete Wahl von H beliebig vorgegeben werden können.

Das betrachtete System ist also detektierbar, wenn es entweder asymptotisch stabil oder vollständig beobachtbar ist, oder wenn alle Pole des Systems mit $\text{Re}(s) \geq 0$ zu der Gruppe der n_o verschiebbaren Pole gehören.

Aus dem Satz 10 läßt sich direkt eine praktische Methode zur Abklärung der vollständigen Beobachtbarkeit eines Systems ableiten: Wähle mit Hilfe eines Zufallszahlengenerators eine Matrix H. Berechne die Eigenwerte der Matrix $A - HC$ und vergleiche sie mit den Eigenwerten der Matrix A. Wenn alle Pole gewandert sind, ist das System vollständig beobachtbar. Jeder Pol, der nicht verschoben worden ist, ist mit Wahrscheinlichkeit eins ein nicht beobachtbarer Pol des Systems, der sich durch keine Beobachterverstärkungsmatrix verschieben läßt.

4.8 Lineare Matrizen-Differentialgleichungen

Im Kapitel 4.1 haben wir die Zustandsvariablen in einem Zustandsvektor $x(t) \in R^n$ und die Eingangssignale in einem Eingangsvektor $u(t) \in R^m$ zusammengefaßt. Diese Darstellung ist nicht die einzig mögliche. Oft ist es interessant, die Zustandsvariablen in einer quadratischen Matrix $X(t) \in R^{n\times n}$ und den Einfluß der Eingangssignale in einer quadratischen Matrix $F(t) \in R^{n\times n}$ zusammenzufassen. In den uns interessierenden Fällen haben die Bewegungsgleichungen die Form

$$\begin{aligned}\dot{X}(t) &= A_1(t)X(t) + X(t)A_2(t) + F(t)\\ X(t_0) &= X_0 \quad ,\end{aligned}$$

wobei die n mal n Matrizen $A_1(t)$, $A_2(t)$, $F(t)$ und X_0 bekannt sind.

Wenn wir die Transitionsmatrizen $\Phi_1(t,t_0)$ von $A_1(t)$ und $\Phi_2(t,t_0)$ von $A_2^{\mathrm{T}}(t)$ einführen, erhalten wir die folgende Lösung der Bewegungsgleichung

$$X(t) = \Phi_1(t,t_0)X_0\Phi_2^{\mathrm{T}}(t,t_0) + \int_{t_0}^{t} \Phi_1(t,\sigma)F(\sigma)\Phi_2^{\mathrm{T}}(t,\sigma)d\sigma \quad .$$

Beachte: Wenn für alle Zeiten $A(t) = A_1(t) = A_2^{\mathrm{T}}(t)$ gilt, tritt nur eine einzige Transitionsmatrix $\Phi(t,t_0) = \Phi_1(t,t_0) = \Phi_2(t,t_0)$ von $A(t)$ auf. Die spezielle Differentialgleichung

$$\begin{aligned}\dot{X}(t) &= A(t)X(t) + X(t)A^{\mathrm{T}}(t) + F(t)\\ X(t_0) &= X_0\end{aligned}$$

hat die Lösung

$$X(t) = \Phi(t,t_0)X_0\Phi^{\mathrm{T}}(t,t_0) + \int_{t_0}^{t} \Phi(t,\sigma)F(\sigma)\Phi^{\mathrm{T}}(t,\sigma)d\sigma \quad .$$

Beweis für den allgemeinen Fall:

a) Randbedingung:

$$X(t_0) = I\cdot X_0\cdot I = X_0$$

b) Differentialgleichung:

$$\begin{aligned}\dot{X}(t) &= A_1(t)\Phi_1(t,t_0)X_0\Phi_2^{\mathrm{T}}(t,t_0) + \Phi_1(t,t_0)X_0\Phi_2^{\mathrm{T}}(t,t_0)A_2(t) + I\cdot F(t)\cdot I\\ &\quad + A_1(t)\int_{t_0}^{t} \Phi_1(t,\sigma)F(\sigma)\Phi_2^{\mathrm{T}}(t,\sigma)d\sigma + \int_{t_0}^{t} \Phi_1(t,\sigma)F(\sigma)\Phi_2^{\mathrm{T}}(t,\sigma)d\sigma A_2(t)\\ &= A_1(t)X(t) + X(t)A_2(t) + F(t)\end{aligned}$$

4.9 Literatur zu Kapitel 4

1. H. Kwakernaak, R. Sivan: *Modern Signals and Systems*. Englewood Cliffs: Prentice Hall 1991.
2. O. Föllinger: *Regelungstechnik*. 8. Aufl. Heidelberg: Hüthig 1994.
3. B. Friedland: *Control System Design: An Introduction to State Space Methods*. New York: McGraw-Hill 1986.
4. H. Kwakernaak, R. Sivan: *Linear Optimal Systems*. New York: Wiley-Interscience 1972.
5. T. Kailath: *Linear Systems*. Englewood Cliffs: Prentice-Hall 1980.
6. H. P. Geering: "Berechnung von Zustandsraummodellen minimaler Ordnung aus der Übertragungsmatrix $G(s)$". *SGA-Zeitschrift, Bd. 3(1983), Heft 4*, S. 11–20. `http://www.imrt.mavt.ethz.ch/SGA1983v2.pdf`
7. P. M. DeRusso, R. J. Roy, C. M. Close, A. A. Desrochers: *State Variables for Engineers*. 2. Aufl. New York: Wiley-Interscience 1998.
8. R. Unbehauen: *Systemtheorie: Grundlagen für Ingenieure*. München: Oldenbourg 1993.
9. H. P. Geering: *Optimale Regelung*. Zürich: IMRT-Press, 1999. `http://www.imrt.mavt.ethz.ch/OPTREG/index.html`

4.10 Aufgaben zu Kapitel 4

1. Wieviele Zustandsvariablen sind nötig, um die Bewegung eines Flugzeugs im Luftraum in einem Modell seiner Dynamik zu erfassen?

2. Woran erkennt man in einem Zustandsraummodell der Form $\dot{x}(t) = Ax(t) + Bu(t)$, $y(t) = Cx(t) + Du(t)$, ob die Sprungantwort $y(t)$ des Systems sprungförmige Signalanteile enthält? Wie drückt sich dies im Signalflußbild des Systems aus?

3. Berechne das Zustandsraummodell in der steuerbaren Standardform für das zeitinvariante System mit der Übertragungsfunktion
$G(s) = \frac{2s^3+5s^2-s+4}{s^5+7s^4+20s^2+25s+70}$.

4. Berechne das Zustandsraummodell in der beobachtbaren Standardform für das zeitinvariante System mit der Übertragungsfunktion
$G(s) = \frac{3s^4+2s^3+5s^2-s+4}{s^4+2s^3+10s^2-5s+22}$.

5. Berechne das Zustandsraummodell in der steuerbaren Standardform für das zeitinvariante System mit der Übertragungsfunktion
$G(s) = \frac{-s^5+2s^3+10s^2+2s+100}{s^5-4s^4+2s^3-7s^2+5s-10}$.

6. Berechne das Zustandsraummodell in der beobachtbaren Standardform für das zeitinvariante System mit der Übertragungsfunktion
$G(s) = \frac{2s^5+3s^4+2s^3+s^2+2s+6}{s^5+3s^3+5s^2+14s+35}$.

7. Berechne die Transitionsmatrizen für die linearen Systeme mit den folgenden Systemmatrizen (mit möglichst wenig Rechenaufwand):
$$A_1 = \begin{bmatrix} 1 & -3 \\ 2 & -4 \end{bmatrix}, \quad A_2 = \begin{bmatrix} 0 & 1 & 0 \\ -2 & -3 & 0 \\ 0 & 0 & 5 \end{bmatrix}, \quad A_3 = \begin{bmatrix} -3 & 1 & 0 \\ 0 & -3 & 1 \\ 0 & 0 & -3 \end{bmatrix},$$
$$A_4 = \begin{bmatrix} -4 & 1 & 0 \\ -6 & 0 & 1 \\ -4 & 0 & 0 \end{bmatrix}, \quad A_5 = \begin{bmatrix} 1 & 0 & 0 & 0 & 0 & 3 \\ 0 & 2 & 0 & 0 & 5 & 0 \\ 0 & 0 & 4 & 1 & 0 & 0 \\ 0 & 0 & 3 & 2 & 0 & 0 \\ 0 & 3 & 0 & 0 & 6 & 0 \\ 3 & 0 & 0 & 0 & 0 & 1 \end{bmatrix}.$$

8. Beweise, daß ein zeitinvariantes System n-ter Ordnung mit den Polen s_i für $i = 1, \ldots, n$, eine Transitionsmatrix $\Phi(t, 0)$ mit den Eigenwerten $e^{s_i t}$ hat.

9. Warum kann die Matrix $\begin{bmatrix} 1 & t^2 \\ 0 & 1 \end{bmatrix}$ nicht die Transitionsmatrix eines linearen, zeitinvarianten Systems sein?

10. Ein lineares zeitvariables System mit den beiden Systemgleichungen $\dot{x}(t) = A(t)x(t) + B(t)u(t)$, $y(t) = C(t)x(t) + D(t)u(t)$ wird digital geregelt. Der Regler gibt jeweils zu den Zeitpunkten $t_k = t_0 + kT$ $(k = 0, 1, \ldots)$ einen neuen Wert u_k für den Steuervektor aus. Die zeitkontinuierliche Steuergröße $u(t)$ wird stets konstant gehalten, bis vom Digitalrechner ein neuer Steuervektor befohlen wird. Wenn wir uns nur noch für die Werte $x(t_k) = x_k$ des Zustandsvektors und $y(t_k) = y_k$ des Ausgangsvektors zu den Zeitpunkten t_k der Abtastung interessieren, können wir die folgenden linearen, diskreten Systemgleichungen anschreiben: $x_{k+1} = F_k x_k + G_k u_k$, $y_k = H_k x_k + J_k u_k$. Ermittle die Formeln, mit welchen die Systemmatrizen des abgetasteten Systems exakt berechnet werden können?

11. Wenn das System von Aufgabe 10 zeitinvariant ist (und wieder eine konstante Abtastrate gewählt wird), wird auch das diskrete System zeitinvariant: $x_{k+1} = Fx_k + Gu_k$, $y_k = Hx_k + Ju_k$. Wenn die Systemmatrix A des zeitinvarianten Systems invertierbar ist, d.h. wenn das System keinen Pol bei $s = 0$ hat, läßt sich das Faltungsintegral für G analytisch integrieren. Wie lautet die neue Formel für G?

12. Schreibe die Systemmatrix G von Aufgabe 11 mit Hilfe der Exponentialreihe für die Transitionsmatrix in einer Form an, die ohne die Voraussetzung der Invertierbarkeit der Matrix A auskommt.

13. Verallgemeinere das Horner Schema für die numerische Berechnung von Funktionswerten von skalaren Polynomen auf die Berechnung der Matrizen-

Reihen für die Transitionsmatrix e^{AT} und für die in der Aufgabe 12 gefundene Matrix G. Wie ist bei diesem Verfahren der Exponent der höchsten Potenz von A (Abbruchindex) festzulegen?

14. Untersuche, ob das folgende dynamische System vollständig steuerbar ist: $\dot{x}_1 = -3x_1 + 3x_3 \qquad \dot{x}_2 = 2x_2 \qquad \dot{x}_3 = x_1 - x_2 + 5x_3 + 2u$.

15. Beweise, daß das lineare dynamische System mit den Systemmatrizen $A = \begin{bmatrix} -2 & 0 & 0 & 1 \\ 4 & 2 & 0 & 0 \\ -5 & 0 & 2 & 0 \\ 0 & 3 & -1 & -3 \end{bmatrix} \quad B = \begin{bmatrix} 0 & 2 \\ 0 & 0 \\ 0 & 0 \\ 1 & 0 \end{bmatrix}$ nicht vollständig steuerbar ist. Erkläre die Ursache dafür.

16. Beweise für ein allgemeines lineares zeitinvariantes System n-ter Ordnung mit einem einzigen Eingangssignal, daß die steuerbare Standardform (Kap. 4.2.1) tatsächlich vollständig steuerbar ist.

17. Untersuche, ob das folgende dynamische System vollständig beobachtbar ist: $\dot{x}_1 = x_1 + 4x_3,\ \dot{x}_2 = -x_1 + 5x_2 + 6x_3,\ \dot{x}_3 = x_1 + 5x_3 + u,\ y = 2x_1 - x_3$.

18. Beweise, daß das lineare dynamische System mit den Systemmatrizen $A = \begin{bmatrix} 1 & 6 & 0 & 1 \\ 4 & -2 & 0 & 3 \\ -5 & 0 & -5 & -2 \\ 2 & 1 & 0 & 2 \end{bmatrix} \quad C = [1 \quad 0 \quad 0 \quad 0]$ nicht vollständig beobachtbar ist. Erkläre die Ursache dafür.

19. Beweise für ein allgemeines lineares, zeitinvariantes System n-ter Ordnung mit einem einzigen Ausgangssignal, daß die beobachtbare Standardform (Kap. 4.2.2) tatsächlich vollständig beobachtbar ist.

20. Schreibe für ein System mit der Übertragungsfunktion $1/s^4$ das Zustandsraummodell in der steuerbaren Standardform an. Ermittle mit möglichst wenig Rechenaufwand eine lineare Zustandsvektorrückführung, so daß die Pole des Regelsystems bei -3, $-5 \pm j\cdot 4$ und -10 liegen.

21. Wir betrachten ein System dritter Ordnung, das durch die drei folgenden Differentialgleichungen beschriben wird:

$$\begin{aligned} \dot{x}_1(t) &= -x_1(t) + 2x_2(t) + u(t) \\ \dot{x}_2(t) &= 3x_2(t) + 2u(t) \\ \dot{x}_3(t) &= 4x_3((t) + 3u(t) \quad . \end{aligned}$$

Berechne die Antwort des Systems für den Fall $x_1(0) = 2$, $x_2(0) = -3$, $x_3(0) = 1$ und $u(t) = 0$ für $t \geq 0$.

22. Wir betrachten das folgende System mit den beiden Eingangssignalen u_1 und u_2 und den beiden Ausgangssignalen y_1 und y_2:

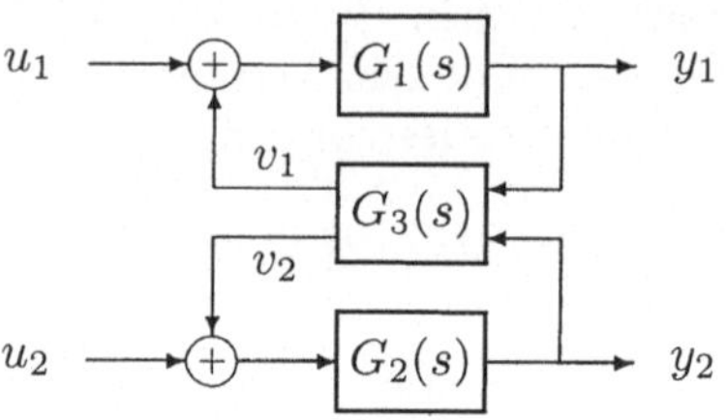

Die Übertragungsfunktionen $G_1(s)$ und $G_2(s)$ und die Übertragungsmatrix $G_3(s)$ der drei Subsysteme lauten:

$$G_1(s) = \frac{3}{s+1} \qquad G_2(s) = \frac{5}{s-2} \qquad G_3(s) = \begin{bmatrix} \frac{1}{s} & \frac{2}{s-1} \\ \frac{7}{s+5} & \frac{3}{s} \end{bmatrix} .$$

Berechne ein Zustandsraummodell dieses Systems.

23. Für ein System mit gegebener Übertragungsfunktion $G(s)$ ist das folgende Zustandsraummodell ermittelt worden:

$$\dot{x} = \begin{bmatrix} 1 & 2 & 0 \\ 0 & 0 & 0 \\ 0 & 3 & 1 \end{bmatrix} x(t) + \begin{bmatrix} 0 \\ 1 \\ 0 \end{bmatrix} u(t) \qquad y(t) = [1 \quad 2 \quad 1]\, x(t) .$$

Verifiziere, daß es nicht vollständig beobachtbar ist. Ermittle ein anderes Zustandsraummodell, das der gleichen Übertragungsfunktion $G(s)$ entspricht und sowohl vollständig steuerbar, als auch vollständig beobachtbar ist.

24. Wir betrachten das australische Ökosystem von Hasen und Füchsen bei unbeschränktem Grasangebot. Wir bezeichnen mit $x_1(t)$ die Anzahl Hasen und mit $x_2(t)$ die Anzahl Füchse zur Zeit t. Die folgenden Gleichungen für die Dynamik der Hasen- und Fuchspopulationen sind aufgestellt worden:

$$\begin{aligned} \dot{x}_1(t) &= kx_1(t) - ax_2(t) \qquad && k > 0 \text{ und } a > 0 \\ \dot{x}_2(t) &= bx_1(t) - hx_2(t) \qquad && b > 0 \text{ und } h > 0 . \end{aligned}$$

Welche Bedingungen müssen a, b, h und k erfüllen, damit dieses Ökosystem stabil ist?

25. Ermittle die analytische Lösung der Matrix-Differentialgleichung

$$\dot{P}(t) = \begin{bmatrix} 0 & 1 \\ 0 & 0 \end{bmatrix} P(t) + P(t) \begin{bmatrix} 0 & 0 \\ 1 & 0 \end{bmatrix} + \begin{bmatrix} 0 & 0 \\ 0 & 1 \end{bmatrix}$$

mit der Anfangsbedingung

$$P(0) = \begin{bmatrix} 0 & 0 \\ 0 & 0 \end{bmatrix} .$$

Interpretiere und diskutiere das Resultat im Zusammenhang mit Zufallsprozessen, die in einem gewissen dynamischen System auftreten, dessen Eingangssignal für $t \geq 0$ ein stationäres weißes Rauschen ist (vgl. Kap. 9).

5 Entwurf von Reglern mit linearer Zustandsrückführung

In diesem Kapitel formulieren wir die Aufgabe des Entwurfs eines (linearen) Mehrgrößenreglers für eine lineare Regelstrecke als Optimierungsproblem mit einem quadratischen Gütekriterium. Es resultieren eine optimale lineare Zustandsrückführung und, im zeitinvarianten Fall, eine quantitativ garantierte Stabilitätsreserve des Regelsystems.

5.1 Warum lineare Zustandsrückführung?

Im Prinzip ist jede Regelstrecke nichtlinear. Für den Einsatz von linearen Reglern ist deshalb eine gewisse Rechtfertigung notwendig. Nehmen wir also an, eine nichtlineare Regelstrecke mit dem Zustandsraummodell

$$\begin{aligned} \dot{x}(t) &= f(x(t), u(t), t) \;, \qquad x(t) \in R^n, \; u(t) \in R^m \\ x(t_0) &= x_0 \end{aligned}$$

sei im Zeitintervall $[t_0, t_1]$ so zu steuern und/oder zu regeln, daß eine gewisse recht anspruchsvolle Aufgabe in befriedigender Weise gelöst wird. Häufig formuliert man eine solche Aufgabe als Optimierungsproblem. Als Lösung resultiert dabei typischerweise eine optimale Steuerung. Wir bezeichnen die optimale Steuervektorfunktion mit $u_{\text{nom}}(t)$ und die aufgrund des Zustandsraummodells der Strecke erwartete optimale Zustandsvektortrajektorie mit $x_{\text{nom}}(t)$, $t_0 \leq t \leq t_1$.

In der wahren physikalischen Regelstrecke erzeugt der nominale Steuervektorverlauf $u_{\text{nom}}(t)$ einen von $x_{\text{nom}}(t)$ abweichenden Zustandsvektorverlauf $x(t)$. Die Gründe für diese Abweichungen liegen einerseits in der Ungenauigkeit des Modells und andererseits im Auftreten von Störsignalen, welche die Strecke beeinflussen.

Damit die Fehler $\Delta x(t) = x(t) - x_{\text{nom}}(t)$ klein bleiben, werden (kleine) Korrekturen $\Delta u(t)$ an den Stellgrößen vorgenommen. Dabei drängt es sich auf, für die Realisierung dieser Korrekturen einen Regler einzusetzen (s. Bild 5.1). Sein Eingangsvektor ist der Fehler $\Delta x(t)$, sein Ausgangsvektor die Korrektur $\Delta u(t)$. Auf die Regelstrecke wirkt insgesamt der Steuervektor $u(t) = u_{\text{nom}}(t) + \Delta u(t)$.

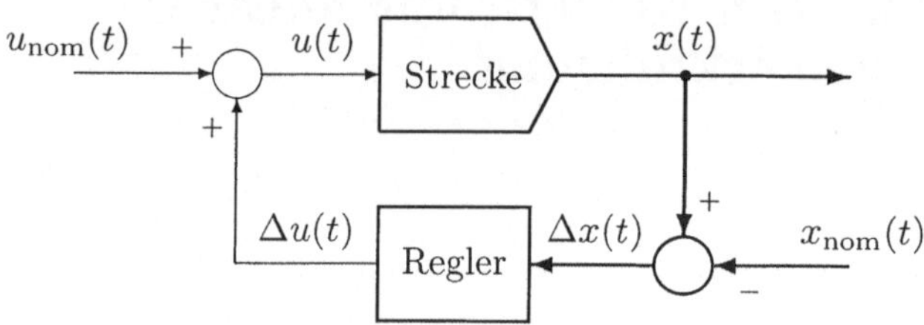

Bild 5.1. Nichtlineare Regelstrecke mit Vorsteuerung und überlagerter linearer Zustandsregelung; vgl. Bild 1.3

Wenn die Abweichungen $\Delta x(t)$ und $\Delta u(t)$ klein bleiben, kann dieser Regler aufgrund des folgenden (entlang der nominalen Trajektorie) linearisierten Modells der Regelstrecke entworfen werden:

$$\begin{aligned} \Delta\dot{x}(t) &= A(t)\Delta x(t) + B(t)\Delta u(t) \\ \Delta x(t_0) &= \Delta x_0 \ , \end{aligned}$$

wobei

$$\begin{aligned} A(t) &= \frac{\partial f(x_{nom}(t), u_{nom}(t), t)}{\partial x} \quad \text{und} \\ B(t) &= \frac{\partial f(x_{nom}(t), u_{nom}(t), t)}{\partial u} \end{aligned}$$

die Matrizen der partiellen Ableitungen sind (vgl. Anhang 4).

Im folgenden werden wir uns primär mit dem Entwurf solcher Regler befassen. Zur Vereinfachung werden wir immer $x(t)$ anstelle von $\Delta x(t)$ und $u(t)$ anstelle von $\Delta u(t)$ schreiben. Bei genügend großer Bandbreite und genügend hoher Robustheit des Regelsystems verzichtet man der Einfachheit halber manchmal auf die Vorsteuerung mit $u_{nom}(t)$. Im weiteren ist es oft möglich, die zeitvariablen Matrizen $A(t)$ und $B(t)$ des linearisierten Systems für den Entwurf des Reglers durch konstante Matrizen A bzw. B zu ersetzen.

5.2 Das zeitvariable LQ-Regulator-Problem

5.2.1 Problemstellung

Wir betrachten das lineare zeitvariable dynamische System mit dem Eingangsvektor $u(t) \in R^m$ und dem Zustandsvektor $x(t) \in R^n$, das durch die Bewegungsgleichung

$$\begin{aligned} \dot{x}(t) &= A(t)x(t) + B(t)u(t) \\ x(t_0) &= x_0 \qquad \text{(gegeben)} \end{aligned}$$

beschrieben wird. Wir nehmen an, daß wir alle Zustandsvariablen messen und deshalb auf den Eingang zurückführen können (Regelung mit Zustandsrückführung).

Das Ziel des Regelungsproblems besteht darin, den Zustandsvektor $x(t)$ im ganzen interessierenden Zeitintervall $[t_0, t_1]$ möglichst nahe beim Gleichgewichtszustand $x = 0$ zu halten, ohne dafür unnötig große Eingangssignale $u(t)$ verwenden zu müssen (Leistungsbedarf). Rein theoretisch wäre das Problem lösbar, indem der Zustandsvektor zu Beginn in die Nullage gesteuert würde: $x(T) = 0$, $T > t_0$, $T \ll t_1$. Nachher würde der Zustand ohne weitere Eingriffe stets in der Gleichgewichtslage bleiben: $u(t) \equiv 0$ und $x(t) \equiv 0$ für $T \leq t \leq t_1$. Da die obige Bewegungsgleichung aber im allgemeinen nur ein unvollkommenes Modell des zu beeinflussenden physikalischen Systems darstellt (vereinfachte Gleichungen, unbekannte externe Störungen, Parameterschwankungen), würde der Zustand mit der Zeit doch aus der Gleichgewichtslage abwandern, und es wären neue Steuerungseingriffe nötig.

Wir formulieren deshalb die Absicht, sowohl den Zustandsvektor $x(t)$ als auch den Eingangsvektor $u(t)$ klein zu halten, als Forderung, daß $u(t)$ im Intervall $[t_0, t_1]$ so zu wählen ist, daß der Güteindex

$$J(u) = x^{\mathrm{T}}(t_1)Fx(t_1) + \int_{t_0}^{t_1} \left[x^{\mathrm{T}}(t)Q(t)x(t) + u^{\mathrm{T}}(t)R(t)u(t)\right] dt$$

$$\text{mit } F = F^{\mathrm{T}} \geq 0 \text{ und } Q(t) = Q^{\mathrm{T}}(t) \geq 0\,,\;\; R(t) = R^{\mathrm{T}}(t) > 0 \text{ für alle } t \in [t_0, t_1]$$

minimiert wird. Falls das resultierende optimale Eingangssignal $u(t)$, $t_0 \leq t \leq t_1$, als Funktion der Zeit t berechnet wird, sprechen wir von optimaler Steuerung. Falls es als (zeitvariable) Funktion des laufenden Zustandsvektors $x(t)$ berechnet wird, sprechen wir von optimaler Regelung. Aus den bereits erwähnten Gründen ist offensichtlich eine optimale Regelung einer optimalen Steuerung vorzuziehen, obwohl sie rein theoretisch völlig gleichwertig wären.

Die symmetrische und positiv-definite Gewichtungs-Matrixfunktion $R(t)$ und die symmetrischen und positiv-semidefiniten Gewichtungsmatrizen F und $Q(t)$ werden nach Maßgabe der relativen Bedeutung (Leistungsbedarf, Gefährlichkeit, Unerwünschtheit, Anforderungen an den Endzustand) und des gewünschten transienten Verhaltens aller Zustandssignale und Stellsignale gewählt.

5.2.2 Lösung des Regulatorproblems

Als optimalen Regler erhalten wir eine lineare, zeitvariable Zustandsrückführung der Form

$$u(t) = -G(t)x(t) = -R^{-1}(t)B^{\mathrm{T}}(t)K(t)x(t)\ .$$

Dabei ist die in der Rückführmatrix $G(t)$ auftretende quadratische n mal n Matrix $K(t)$ für das ganze Zeitintervall $[t_0, t_1]$ im voraus als Lösung der sogenannten

Matrix-Riccati-Differentialgleichung zu berechnen:

$$\dot{K}(t) = -A^{\mathrm{T}}(t)K(t) - K(t)A(t) + K(t)B(t)R^{-1}(t)B^{\mathrm{T}}(t)K(t) - Q(t)$$
$$K(t_1) = F \ .$$

Die resultierende zeitvariable Rückführmatrix $G(t) = R^{-1}(t)B^{\mathrm{T}}(t)K(t)$ wird für $t \in [t_0, t_1]$ abgespeichert, damit sie vom Regler in Echtzeit abgerufen werden kann.

Die Bewegungsgleichung des optimalen Regelsystems (Bild 5.2) lautet:

$$\dot{x}(t) = \left[A(t) - B(t)R^{-1}(t)B^{\mathrm{T}}(t)K(t)\right] x(t)$$
$$x(t_0) = x_0 \ .$$

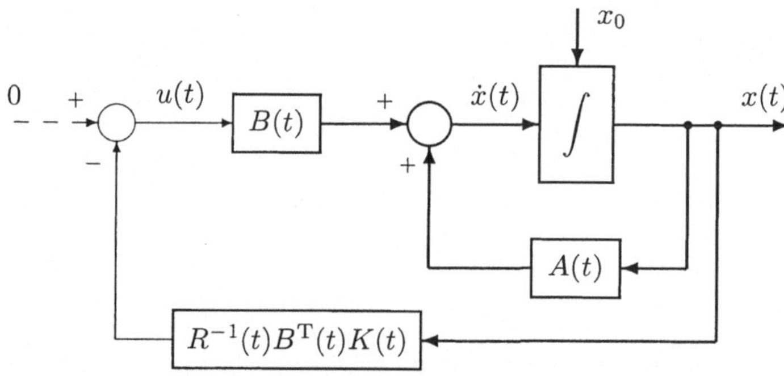

Bild 5.2. LQ-Regulatorproblem: Signalflußbild des optimalen Regelsystems

Die n mal n Matrix $K(t)$ ist symmetrisch und positiv-semidefinit, in den wichtigsten Fällen für $t < t_1$ sogar positiv-definit. Die optimale Zustandsrückführung benützt alle Komponenten des Zustandsvektors: jedes Stellsignal $u_i(t)$ ist eine zeitvariable Linearkombination aller Zustandssignale $x_1(t)$, $x_2(t)$, ..., $x_n(t)$.

5.2.3 Verifikation der Lösung und Kommentare

Die zweckmäßigsten mathematischen Hilfsmittel für die Herleitung des obigen Resultats sind das Pontryaginsche Minimumprinzip oder die Hamilton-Bellman-Jacobi-Theorie [2], [8], die hier aber nicht als bekannt vorausgesetzt werden. Deshalb begnügen wir uns hier damit, die Optimalität dieser linearen Zustandsrückführung zu verifizieren. Dabei verfahren wir nach der elementaren Methode der Vervollständigung von Quadraten und erhalten als Nebenprodukt den Minimalwert des Güteindexes J. Die Eigenschaften der Matrix $K(t)$ werden am Schluß dieses Unterkapitels diskutiert.

Güteindex:

$$J(u) = x^{\mathrm{T}}(t_1)Fx(t_1) + \int_{t_0}^{t_1} \left[x^{\mathrm{T}}(t)Q(t)x(t) + u^{\mathrm{T}}(t)R(t)u(t)\right] dt$$
$$- \int_{t_0}^{t_1} x^{\mathrm{T}}(t) \Big[\dot{K}(t) + A^{\mathrm{T}}(t)K(t) + K(t)A(t)$$
$$- K(t)B(t)R^{-1}(t)B^{\mathrm{T}}(t)K(t) + Q(t)\Big]\, x(t)dt$$

Das letzte Integral ist null, da $K(t)$ der Matrix-Riccati-Differentialgleichung gehorcht. Wir multiplizieren aus und ordnen um, so daß das totale Differential der Größe $x^{\mathrm{T}}(t)K(t)x(t)$ nach der Zeit t auftaucht.

$$J(u) = x^{\mathrm{T}}(t_1)Fx(t_1)$$
$$- \int_{t_0}^{t_1} \Big\{[A(t)x(t)+B(t)u(t)]^{\mathrm{T}}\, K(t)x(t)$$
$$+ x^{\mathrm{T}}(t)\dot{K}(t)x(t) + x^{\mathrm{T}}(t)K(t)\,[A(t)x(t)+B(t)u(t)]\Big\}\, dt$$
$$+ \int_{t_0}^{t_1} \{u^{\mathrm{T}}(t)R(t)u(t) + u^{\mathrm{T}}(t)B^{\mathrm{T}}(t)K(t)x(t)$$
$$+ x^{\mathrm{T}}(t)K(t)B(t)u(t) + x^{\mathrm{T}}(t)K(t)B(t)R^{-1}(t)B^{\mathrm{T}}(t)K(t)x(t)\}\, dt$$

Das erste Integral enthält als Integranden das gewünschte totale Differential von $x^{\mathrm{T}}(t)K(t)x(t)$ nach der Zeit t und kann deshalb analytisch integriert werden, wobei die Randbedingungen $K(t_1) = F$ und $x(t_0) = x_0$ zu berücksichtigen sind; der Integrand des zweiten Integrals kann als vollständiges Quadrat geschrieben werden:

$$J(u) = x_0^{\mathrm{T}} K(t_0)x_0$$
$$+ \int_{t_0}^{t_1} \left[u(t)+R^{-1}(t)B^{\mathrm{T}}(t)K(t)x(t)\right]^{\mathrm{T}} R(t) \left[u(t)+R^{-1}(t)B^{\mathrm{T}}(t)K(t)x(t)\right] dt$$

Da die Matrix $R(t)$ für alle Zeiten $t \in [t_0, t_1]$ positiv-definit ist, ist der Integrand positiv, wenn der Vektor $[u(t) + R^{-1}(t)B^{\mathrm{T}}(t)K(t)x(t)]$ vom Nullvektor verschieden ist. Der Minimalwert dieses Intergrals ist also null und wird genau dann erreicht, wenn

$$u(t) = -R^{-1}(t)B^{\mathrm{T}}(t)K(t)x(t)$$

erfüllt ist (was zu verifizieren war). Als Minimalwert des Güteindexes erhalten wir

$$J(u)_{\mathrm{opt}} = x_0^{\mathrm{T}} K(t_0)x_0 \quad .$$

Das optimale Regelsystem ist für jeden beliebigen Anfangszustand optimal. In der Zustandsrückführung werden alle Komponenten des Zustandsvektors benötigt. Falls nicht alle Zustandssignale gemessen werden können und deshalb eine andere, suboptimale lineare Ausgangsvektorrückführung $u(t) = -N(t)y(t)$, $N(t) \in R^{m \times p}$, realisiert wird, ist der resultierende Wert des Güteindexes $J_N(u)$ für jeden Anfangszustand $x_0 \in R^n$ höher, allenfalls gleich, d.h. $J_N(u) \geq J(u)_{\mathrm{opt}}$ für alle $x_0 \in R^n$.

Eigenschaften der Matrix $K(t)$

a) Riccati-Differentialgleichung

$$\dot{K}(t) = -A^{\mathrm{T}}(t)K(t) - K(t)A(t) + K(t)B(t)R^{-1}(t)B^{\mathrm{T}}(t)K(t) - Q(t)$$
$$K(t_1) = F$$

b) Symmetrie: $K(t) = K^{\mathrm{T}}(t)$

c) $K(t)$ ist positiv-semidefinit, $K(t) \geq 0$, für alle $t \in [t_0, t_1]$

d) $K(t)$ ist in den folgenden Fällen positiv-definit, $K(t) > 0$,

   d1) $F > 0$

   d2) für alle $t \leq a$, wenn $Q(t) > 0$ in einem Intervall $t \in [a, b]$

   d3) $M(t, t_1) = \int_t^{t_1} \Phi^{\mathrm{T}}(\sigma, t)Q(\sigma)\Phi(\sigma, t)d\sigma > 0$, wobei $\Phi(\sigma, t)$ die Transitionsmatrix von $A(t)$ ist. (Vgl. Beobachtbarkeit, Kap. 4.7.2).

e) Wenn $F = 0$ ist und die Matrizen A, B, Q und R konstant sind, "wächst $K(t)$ monoton" mit abnehmender Zeit im Sinne von $K(\tau) \geq K(t)$ für $\tau < t$ (d.h. $K(\tau) - K(t) \geq 0$).

5.2.4 Beispiel: System 1. Ordnung

In diesem Problem wird eine zeitinvariante, instabile Regelstrecke erster Ordnung im Zeitintervall $[0, t_1]$ betrachtet, wobei die Regelungsgüte nur zur Endzeit t_1 interessiert:

Regelstrecke:

$$\dot{x}(t) = ax(t) + bu(t) \qquad (a > 0)$$
$$x(0) = x_0$$

Gütekriterium:

$$J(u) = fx^2(t_1) + \int_0^{t_1} ru^2(t)\,dt \qquad (f > 0,\ r > 0)$$

Die Lösung der Riccati-Differentialgleichung

$$\dot{k}(t) = -2ak(t) + \frac{b^2}{r}k^2(t)$$
$$k(t_1) = f$$

berechnen wir durch Separation der Variablen wie folgt:

$$\int_k^f \frac{dk}{k^2 - \frac{2ar}{b^2}k} = \frac{b^2}{2ar}\int_k^f \frac{dk}{k - \frac{2ar}{b^2}} - \frac{b^2}{2ar}\int_k^f \frac{dk}{k} = \frac{b^2}{r}\int_t^{t_1} dt \; .$$

Daraus ergibt sich schließlich die Lösung

$$k(t) = \frac{\frac{2ar}{b^2}e^{2a(t_1-t)}}{e^{2a(t_1-t)} - 1 + \frac{2ar}{fb^2}} > 0 \; .$$

Mit dem zeitvariablen Verstärkungsfaktor

$$g(t) = \frac{b}{r}k(t)$$

der Zustandsrückführung resultiert das zeitvariable optimale Regelsystem mit der Bewegungsgleichung

$$\dot{x}(t) = [a - bg(t)]x(t) = -a\,\frac{e^{2a(t_1-t)} + 1 - \frac{2ar}{fb^2}}{e^{2a(t_1-t)} - 1 + \frac{2ar}{fb^2}}\,x(t) \; .$$

Beachte: Für $t \ll t_1$ ist $k(t) \approx \frac{2ar}{b^2}$ und das Regelsystem praktisch zeitinvariant mit $\dot{x}(t) \approx -ax(t)$. Für $f = \frac{2ar}{b^2}$ ist $k(t)$ konstant und das Regelsystem zeitinvariant mit $\dot{x}(t) = -ax(t)$. Für $f \geq \frac{ar}{b^2}$ ist das optimale Regelsystem gleichmäßig asymptotisch stabil (vgl. Kap. 4.5.1); andernfalls ist $a - bg(t)$ in der Schlußphase positiv.

Im Bild 5.3 sind die Lösung $k(t)$ der Riccati-Differentialgleichung, der Koeffizient $a - bg(t)$ der Differentialgleichung des optimalen Regelsystems und dessen Zustandstrajektorie $x(t)$ für das folgende Zahlenbeispiel dargestellt: $a = 4\,[\mathrm{s}^{-1}]$, $b = 2\,[\mathrm{s}^{-1}]$, $x_0 = 10$, $f = 10$, $r = 1$ und $t_1 = 1\,[\mathrm{s}]$.

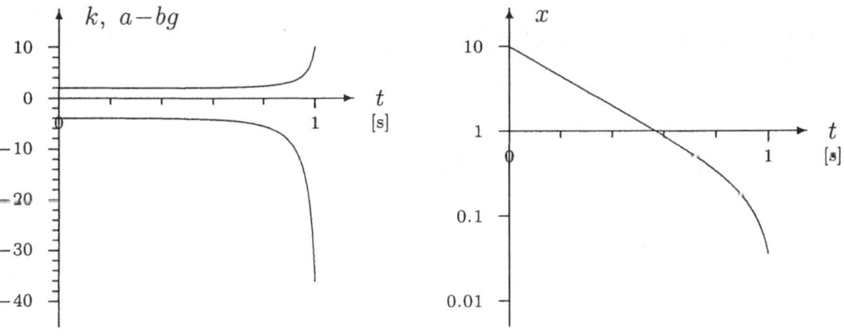

Bild 5.3. Optimale Lösung des LQ-Regulatorproblems

5.3 Das zeitinvariante LQ-Regulator-Problem

Falls die Regelstrecke zeitinvariant ist,

$$\dot{x}(t) = Ax(t) + Bu(t)$$
$$x(0) = x_0 \quad ,$$

und wenn wir einen Güteindex mit konstanten Gewichtungsmatrizen Q und R wählen,

$$J(u) = x^{\mathrm{T}}(t_1)Fx(t_1) + \int_0^{t_1} \left[x^{\mathrm{T}}(t)Qx(t) + u^{\mathrm{T}}(t)Ru(t)\right] dt \quad ,$$

strebt die Lösung $K(t)$ der Matrix-Riccati-Differentialgleichung für $t \to -\infty$ unter gewissen Voraussetzungen asymptotisch gegen einen Grenzwert K_∞. Wenn wir in der Problemstellung das Zeitintervall $[0, t_1]$ unendlich lang machen,

$$t_1 = \infty \quad ,$$

tritt im Rückführgesetz diese konstante Matrix $K(t) = K_\infty$ auf:

$$u(t) = -Gx(t) = -R^{-1}B^{\mathrm{T}}K_\infty x(t) \quad .$$

In diesem Fall erhalten wir das zeitinvariante Regelsystem

$$\dot{x}(t) = [A - BG]x(t) = \left[A - BR^{-1}B^{\mathrm{T}}K_\infty\right]x(t)$$
$$x(0) = x_0 \quad .$$

Der Grenzwert

$$\lim_{t \to -\infty} K(t) = K_\infty$$

existiert immer dann, wenn der Güteindex bei beliebigem Anfangszustand x_0 trotz unendlich langer Problemdauer einen endlichen Wert annehmen kann. Dies trifft in den folgenden Fällen zu:

a) Regelstrecke asymptotisch stabil (d.h. $\mathrm{Re}(s_i) < 0$; $\det(s_i I - A) = 0$; für $i = 1, \ldots, n$)

b) System $[A, B]$ vollständig steuerbar (vgl. Kap. 4.6.3)

c) System $[A, B]$ stabilisierbar (vgl. Kap. 4.6.4).

Wenn mindestens eine der obigen Bedingungen erfüllt ist, genügt der Grenzwert K_∞ der sogenannten algebraischen Matrix-Riccati-Gleichung

$$0 = -A^{\mathrm{T}}K - KA + KBR^{-1}B^{\mathrm{T}}K - Q \ .$$

Da diese Gleichung quadratisch ist, hat sie im allgemeinen mehr als eine Lösung. Allerdings kann höchstens eine der Lösungen positiv-definit sein. Wenn die Bedingung d2 oder die schwächere Beobachtbarkeitsbedingung d3 von Kap. 5.2.3 erfüllt ist, ist K_∞ positiv-definit.

5.3.1 Konservative Problemstellung

In diesem Abschnitt betrachten wir eine lineare zeitinvariante Regelstrecke, die wir "voll im Griff haben". Präziser ausgedrückt verlangen wir, daß die Regelstrecke vollständig steuerbar ist, so daß die resultierende lineare Zustandsrückführung alle Pole der Strecke verschieben kann. Zudem wählen wir die Gewichtungsmatrix Q des Zustandsbestrafungsterms $x^{\mathrm{T}}(t)Qx(t)$, so daß eine "umfassende Bestrafung des Zustands" erfolgt. Präziser ausgedrückt verlangen wir, daß die Beobachtbarkeitsbedingung d3 von Kap. 5.2.3 erfüllt ist. Damit nimmt das Gütekriterium stets einen (streng) positiven Wert an, außer im Idealfall $u(t) \equiv 0$, $x(t) \equiv 0$.

Im zeitinvarianten Fall vereinfacht sich die Beobachtbarkeitsbedingung d3 wie folgt: Jede symmetrische, positiv-semidefinite Matrix Q kann als Produkt einer Matrix $C \in R^{p \times n}$ ($p \geq \mathrm{Rang}(Q)$) und ihrer Transponierten C^{T} geschrieben werden, $Q = C^{\mathrm{T}}C$. Eine solche Matrix C wird deshalb als Quadratwurzel der Matrix Q bezeichnet, $C = Q^{1/2}$. Mit ihr ist eine fiktive Ausgangsgleichung

$$y(t) = Cx(t) = Q^{1/2}x(t)$$

der Regelstrecke verknüpft. Die Beobachtbarkeitsbedingung d3 ist genau dann erfüllt, wenn das System $[A, C]$ vollständig beobachtbar ist.

Unter den genannten Voraussetzungen lautet die Problemstellung nun wie folgt:

Regelstrecke:

$$\dot{x}(t) = Ax(t) + Bu(t) \qquad [A, B] \text{ vollständig steuerbar}$$

$$x(0) = x_0$$

Fiktive Ausgangsgleichung:

$$y(t) = Cx(t) = Q^{1/2}x(t) \qquad [A, C] \text{ vollständig beobachtbar}$$

Zu minimierendes Gütekriterium:

$$J(u) = \int_0^\infty \left[x^{\mathrm{T}}(t)Qx(t) + u^{\mathrm{T}}(t)Ru(t)\right] dt$$

$$Q = C^{\mathrm{T}}C$$

$$R > 0 \quad \text{und diagonal}\,.$$

Diese Problemformulierung ist (mathematisch) konservativ: Die Annahmen betreffend Steuerbarkeit und Beobachtbarkeit können abgeschwächt werden. Diese Aspekte werden im Abschn. 5.3.3 A diskutiert.

5.3.2 Lösung des Regulatorproblems

Die Lösung des obigen zeitinvarianten LQ-Regulatorproblems lautet wie folgt:

Optimaler Regler:

$$u(t) = -Gx(t) = -R^{-1}B^{\mathrm{T}}K_{\infty}x(t) \ ,$$

wobei K_{∞} die einzige positiv-definite Lösung der algebraischen Matrix-Riccatigleichung ist:

$$0 = -A^{\mathrm{T}}K - KA + KBR^{-1}B^{\mathrm{T}}K - Q$$

Minimaler Wert des Gütekriteriums:

$$J(u)_{opt} = x_0^{\mathrm{T}}K_{\infty}x_0$$

Optimales Regelsystem:

$$\dot{x}(t) = [A - BG]x(t) = \left[A - BR^{-1}B^{\mathrm{T}}K_{\infty}\right]x(t)$$

$$x(0) = x_0 \ .$$

Das Regelsystem ist in jedem Fall asymptotisch stabil, auch wenn die Regelstrecke instabil ist. Für jedes beliebige Paar Q, R von Gewichtungsmatrizen, das die Voraussetzungen der Problemstellung erfüllt, erhalten wir ein Regelsystem mit guter Stabilitätsreserve.

Im Sinne der im Kap. 3 eingeführten Begriffe Phasenreserve und Verstärkungsreserve können wir die garantierte Robustheit des Regelsystems wie folgt quantifizieren [6]: Wir schneiden den optimalen geschlossenen Regelkreis an der Stelle $u(t)$ auf (vgl. Bild 5.2). An der Schnittstelle fügen wir in jedem der m Signalpfade u_i eine zunächst noch unbekannte Übertragungsfunktion $g_i(s)$ ein, die eine fehlerhafte Realisierung des betreffenden Stellsignals modelliert.

Phasenreserve: Wenn die Realisierungsfehler in den m Signalpfaden u_i reine (voneinander unabhängige) Phasendrehungen sind, d.h.

$$g_i(s) = e^{-j\varphi_i} \ , \qquad i = 1, \ldots, m \ ,$$

bleibt das Regelsystem asymptotisch stabil, solange

$$-60^{\circ} < \varphi_i < 60^{\circ} \qquad \text{für alle } i = 1, \ldots, m \ .$$

Verstärkungsreserve: Wenn die Realisierungsfehler in den m Signalpfaden u_i reine (voneinander unabhängige) Verstärkungsfehler sind, d.h.

$$g_i(s) = k_i \ , \qquad i = 1, \ldots, m \ ,$$

bleibt das Regelsystem asymptotisch stabil, solange

$$\frac{1}{2} < k_i < \infty \qquad \text{für alle } i = 1, \dots, m \, .$$

Wie im Kap. 3 gelten auch hier die Angaben betreffend Phasenreserve und Verstärkungsreserve nicht kumulativ, sondern sind alternative Aussagen über die Stabilitätsreserve.

5.3.3 Kommentare

A) Konservativität der Problemstellung

Die konservative Problemstellung im Abschn. 5.3.1 ist ingenieurmäßig sinnvoll. Im folgenden werden sukzessive Abschwächungen der mathematischen Voraussetzungen und deren Konsequenzen diskutiert:

a) Voraussetzungen: $[A, B]$ stabilisierbar, $[A, C]$ vollständig beobachtbar.

   Konsequenzen: K_∞ ist die einzige symmetrische, positiv-definite Lösung der Matrix-Riccatigleichung. Das Regelsystem ist asymptotisch stabil. Hingegen werden die nicht-steuerbaren Pole nicht verschoben.

b) Voraussetzungen: $[A, B]$ stabilisierbar, $[A, C]$ detektierbar.

   Konsequenzen: K_∞ ist die einzige symmetrische, positiv-semidefinite Lösung der Matrix-Riccatigleichung. Das Regelsystem ist asymptotisch stabil. Hingegen werden die nicht-steuerbaren und die nicht-detektierbaren Pole nicht verschoben.

c) Voraussetzungen: $[A, B]$ stabilisierbar, $[A, C]$ hat keine nicht-detektierbaren Pole auf der imaginären Achse.

   Notwendige zusätzliche Forderung: Asymptotische Stabilität des Regelsystems.

   Konsequenzen: Die algebraische Matrix-Riccatigleichung kann mehrere positiv-semidefinite Lösungen haben. Unter ihnen gibt es genau eine, welche das Regelsystem stabilisiert; wir bezeichnen sie mit K_∞. Hingegen werden die nicht-steuerbaren Pole nicht und von den nicht-detektierbaren Polen nur die instabilen Pole verschoben. — Ohne die zusätzliche Forderung liefert jede Lösung der algebraischen Matrix-Riccatigleichung endliche Werte des Gütekriteriums, auch wenn das resultierende Regelsystem instabil ist (vgl. Abschn. 5.2.4). — Die richtige Lösung K_∞ können wir sowohl durch Rückwärtsintegration der Matrix-Riccati-Differentialgleichung mit einer beliebigen, aber positiv-definiten Endbedingung $F > 0$, als auch mit Hilfe der Eigenproblemmethode (s. Aufgabe 6) ermitteln.

B) Singularwerte

Die im Abschnitt 5.3.2 angegebenen garantierten Stabilitätsreserven können vollständiger und rationeller mit Hilfe von Singularwertverläufen gewisser Frequenzgangmatrizen angegeben werden (vgl. Anhang 3, Abschn. 6).

Wir betrachten den bei u aufgeschnittenen Regelkreis (s. Bild 5.2) und erhalten die Kreisverstärkungsmatrix

$$L_u(j\omega) = G[j\omega I - A]^{-1}B = R^{-1}B^{\mathrm{T}}K_\infty[j\omega I - A]^{-1}B$$

und die Kreisverstärkungsdifferenzmatrix

$$D_u(j\omega) = I + L_u(j\omega) = I + G[j\omega I - A]^{-1}B = I + R^{-1}B^{\mathrm{T}}K_\infty[j\omega I - A]^{-1}B\ .$$

Zudem interessiert das Übertragungsverhalten von u_{nom} nach $-\Delta u$ (s. Bilder 5.1 und 5.2) mit der Frequenzgangmatrix

$$T_u(j\omega) = L_u(j\omega)D_u^{-1}(j\omega)\ .$$

Wenn die Gewichtungsmatrix R des Steuervektors u diagonal ist und identische (positive) Diagonalelemente hat (d.h. $R = \rho I$, $\rho > 0$), lautet das Resultat für die Stabilitätsreserve, ausgedrückt durch den kleinsten Singularwert der Kreisverstärkungsdifferenzmatrix:

$$\underline{\sigma}(D_u(j\omega)) = \sqrt{1 + \frac{1}{\rho}\underline{\sigma}^2\{C[j\omega I - A]^{-1}B\}} \geq 1 \qquad \text{für alle } \omega \in [0, \infty)\ .$$

Daraus folgt unmittelbar, daß der Rang der Matrizen C und $Q = C^{\mathrm{T}}C$ mindestens gleich groß sein sollte wie die Anzahl m der Stellgrößen, damit der kleinste Singularwert der Frequenzgangmatrix $C[j\omega I - A]^{-1}B$ im interessierenden Frequenzintervall größer als eins ist.

Wenn die Gewichtungsmatrix R diagonal ist und unterschiedliche (positive) Diagonalelemente hat ($R = \mathrm{diag}(r_i)$, $r_i > 0$), lautet das entsprechende ("umskalierte") Resultat:

$$\underline{\sigma}(R^{1/2}D_u(j\omega)R^{-1/2}) \geq 1 \qquad \text{für alle } \omega \in [0, \infty)\ .$$

Die Angaben im Abschn. 5.3.2 betreffend Phasenreserven und Verstärkungsreserven sind Spezialfälle dieser beiden Resultate, wobei die Diagonalelemente nicht identisch sein müssen.

Beachte: Im Kap. 3 haben wir Regelsysteme mit einer skalaren Stellgröße betrachtet ($m = 1$). Wir haben die Kreisverstärkung $L_u(j\omega)$ mit $G_0(j\omega)$ bezeichnet (Frequenzgang des aufgeschnittenen Regelkreises). Der Singularwertverlauf der 1×1 Matrix $L_u(j\omega)$ ist in diesem Fall identisch mit dem Amplitudengang

$|G_0(j\omega)|$. Der Singularwertverlauf der Kreisverstärkungsdifferenz $D_u(j\omega)$ ist identisch mit dem Amplitudengang $|1 + G_0(j\omega)|$, d.h. mit dem Abstand der Punkte $G_0(j\omega)$ auf der Nyquistkurve vom kritischen Punkt $(-1 + j0)$. Somit besagt das obige Robustheitsresultat im Falle einer skalaren Stellgröße, daß die Nyquistkurve des optimalen Regelsystems die Kreisscheibe mit Zentrum im kritischen Punkt und Radius eins nicht schneidet. Als Spezialfälle davon erhalten wir eine Phasenreserve von $\pm 60°$ und eine Verstärkungsreserve $K \in (\frac{1}{2}, \infty)$.

Wenn die Gewichtungsmatrix R des Steuervektors u diagonal ist und identische (positive) Diagonalelemente hat, erhalten wir als zusätzliches Resultat für den größten Singularwert der Frequenzgangmatrix $T_u(j\omega)$:

$$\overline{\sigma}(T_u(j\omega)) \leq 2 \qquad \text{für alle } \omega \in [0, \infty) ,$$

da $T_u(j\omega) + D_u^{-1}(j\omega) \equiv I$ gilt. — In Worten: Die Resonanzüberhöhung vom Eingangssignal u_{nom} zum Signal $-\Delta u$ beträgt höchstens zwei (vgl. Bild 5.1). (Für $x_{\text{nom}}(t) \equiv 0$ betrachtet das optimale Regelsystem u_{nom} als Störgröße, welche durch $\Delta u(t) \equiv -u_{\text{nom}}(t)$ kompensiert werden sollte.)

C) Erhöhung der Robustheit

Wenn wir im Kap. 3 für ein Regelsystem mit einem P-Regler für einen gewissen Verstärkungsfaktor K_P eine Verstärkungsreserve $K \in (\frac{1}{a}, \infty)$ erhalten haben, können wir den Abstand zur unteren Grenze offenbar dadurch verbessern, daß wir eine größere Verstärkung $K'_P = \beta K_P$ verwenden $(\beta > 1)$. Dabei resultiert die Verstärkungsreserve $K' \in (\frac{1}{\beta a}, \infty)$.

Eine etwas subtilere Vorgehensweise zur Erhöhung der Robustheit eines LQ-Zustandsreglers führt auf die folgenden modifizierten Bestimmungsgleichungen für den Zustandsregler:

$$u(t) = -Gx(t) = -R^{-1}B^{\mathrm{T}}K_{\infty}x(t) ,$$

wobei K_{∞} die einzige symmetrische, positiv-definite (bzw. positiv-semidefinite, bzw. positiv-semidefinite und stabilisierende) Lösung der modifizierten algebraischen Matrix-Riccatigleichung

$$0 = -A^{\mathrm{T}}K - KA + \frac{1}{\beta}KBR^{-1}B^{\mathrm{T}}K - Q \qquad (\beta \geq 1)$$

ist. (Falls die Regelstrecke asymptotisch stabil ist, darf auch $1/\beta = 0$ eingesetzt werden!)

Wenn die Gewichtungsmatrix R diagonal ist und identische (positive) Diagonalelemente hat $(R = \rho I, \rho > 0)$, lautet das modifizierte Resultat für die Stabilitätsreserve:

$$\underline{\sigma}(\beta I + L_u(j\omega)) \geq \beta \qquad \text{für alle } \omega \in [0, \infty) .$$

Im Falle einer skalaren Stellgröße bedeutet dies, daß die Nyquistkurve des modifizierten Regelsystems die Kreisscheibe mit Zentrum im Punkt $-\beta+j0$ und Radius β nicht schneidet. Als Spezialfälle davon erhalten wir eine Phasenreserve von $\pm \arccos(\frac{1}{2\beta})$ und eine Verstärkungsreserve $K \in (\frac{1}{2\beta}, \infty)$. Im Mehrgrößenfall gelten diese Werte kanalweise (vgl. Abschn. 5.3.2).

D) LQ-Regler mit integrierendem Verhalten

Um LQ-Regler mit einem I-Anteil zu erhalten, wenden wir die Methode der "Erweiterung der Strecke am Eingang" an und lösen ein LQ-Regulatorproblem für die erweiterte Regelstrecke:

Gegeben sei eine Regelstrecke mit dem Zustandsraummodell

$$\dot{x}_s(t) = A_s x_s(t) + B_s u_s(t) \qquad x_s(t) \in R^{n_s}\,,\; u_s(t) \in R^m\,.$$

Die Systemerweiterung am Eingang ist ein dynamisches System mit dem Eingangssignal $u(t) \in R^m$, das als Ausgangsvektor den Eingangsvektor $u_s(t)$ der Regelstrecke liefert. Sein Zustandsraummodell sei

$$\begin{aligned} \dot{x}_e(t) &= A_e x_e(t) + B_e u(t) \qquad x_e(t) \in R^{n_e}\,,\; u(t) \in R^m \\ u_s(t) &= C_e x_e(t) + D_e u(t)\,. \end{aligned}$$

Die erweiterte Regelstrecke hat die Ordnung $n = n_s + n_e$ und das Zustandsraummodell

$$\dot{x}(t) = \begin{bmatrix} \dot{x}_s(t) \\ \dot{x}_e(t) \end{bmatrix} = \begin{bmatrix} A_s & B_s C_e \\ 0 & A_e \end{bmatrix} \begin{bmatrix} x_s(t) \\ x_e(t) \end{bmatrix} + \begin{bmatrix} B_s D_e \\ B_e \end{bmatrix} u(t) = Ax(t) + Bu(t)\,.$$

Für die erweiterte Regelstrecke lösen wir ein Standard-LQ-Regulatorproblem nach Abschn. 5.3.1 und 5.3.2 mit den Gewichtungsmatrizen $Q \geq 0 \in R^{n\times n}$ und $R > 0 \in R^{m\times m}$. Mit der Lösung $K_\infty \in R^{n\times n}$ erhalten wir den folgenden Satz von Gleichungen für den dynamischen Regler:

$$\begin{aligned} u(t) &= -R^{-1} B^{\mathrm{T}} K_\infty \begin{bmatrix} x_s(t) \\ x_e(t) \end{bmatrix} \\ \dot{x}_e(t) &= A_e x_e(t) + B_e u(t) \\ u_s(t) &= C_e x_e(t) + D_e u(t)\,. \end{aligned}$$

Beispiel 1: Erweiterung der Strecke mit je einem Integrator für jedes Eingangssignal

Wir erhalten die folgenden vier m mal m Systemmatrizen:

$$A_e = 0 \qquad B_e = I \qquad C_e = I \qquad D_e = 0\,.$$

Beispiel 2: Erweiterung der Strecke mit je einem PI-Element für jedes Eingangssignal

Für alle m PI-Elemente wählen wir identische Verstärkungen $K_{P,i} = 1$, aber allenfalls unterschiedliche Nachstellzeiten $T_{N,i}$. Mit der m mal m Diagonalmatrix

$$T = \mathrm{diag}(T_{N,i})$$

erhalten wir die folgenden vier m mal m Systemmatrizen:

$$A_e = 0 \qquad B_e = I \qquad C_e = T^{-1} \qquad D_e = I \; .$$

Beispiel 3: Regelstrecke mit drei Stellgrößen. Systemerweiterung mit je einem PI-Element für zwei der drei Stellgrößen: siehe Kap. 6.4.

E) Gewichtungsmatrizen Q und R als Entwurfsparameter

Bisher haben wir das LQ-Regulatorproblem als echtes Optimierungsproblem dargestellt. In der Praxis wird das Gütekriterium $J(u)$ aber selten (z.B.) ein physikalisch und administrativ begründetes Funktional sein, welches Kosten in Schweizer Franken angibt. Vielmehr werden wir die Gewichtungsmatrizen $Q = C^{\mathrm{T}}C$ (symmetrisch und positiv-semidefinit) und R (diagonal und positiv-definit) und den Robustheitserhöhungsfaktor $\beta \geq 1$ als freie Entwurfsparameter verwenden.

Diese Vorgehensweise für den Entwurf eines Zustandsreglers hat die folgenden Vorteile: a) Bei beliebiger Wahl der Entwurfsparameter resultiert immer ein robustes Regelsystem; b) der qualitative Einfluß der Parameter ist intuitiv klar: Bei Vergrößerung von Q oder Verkleinerung von R klingen die Transienten schneller ab und wandern die (zu verschiebenden) Pole in der komplexen Ebene weiter nach links.

Dual dazu werden wir im Kap. 6 für den Entwurf eines vollständigen Zustandsbeobachters oft die Gleichungen eines Kalman-Bucy-Filters verwenden, obwohl kein stochastisches System betrachtet wird. Matrizen von spektralen Leistungsdichten werden aus den gleichen Gründen als Entwurfsparameter "mißbraucht".

F) Lineare Zustandsrückführung mit Polvorgabe

Das LQ-Regulatorproblem ergibt als Lösung eine optimale Zustandsrückführung. Es ist nicht abwegig, direkt eine lineare Zustandsrückführung $u(t) = -Gx(t)$ anzusetzen und die Rückführmatrix G aufgrund anderer Kriterien festzulegen.

Recht verbreitet ist die Methode der Polvorgabe. Alle Pole des Regelsystems, d.h. die Eigenwerte der Systemmatrix $A - BG$ des Regelsystems, werden vorgeschrieben. Im Falle einer einzigen Stellgröße ($m = 1$) gibt es genau eine Lösung, sofern die Regelstrecke vollständig steuerbar ist (vgl. Kap. 4, Aufg. 20). Im Mehrgrößenfall gibt es mehr Freiheitsgrade als Bedingungen. Zusätzlich zu den Polen können weitere Bedingungen (z.B. Eigenvektoren) festgelegt werden.

Diese Methode wird hier nicht weiter verfolgt, da sie mangels Robustheitsgarantien beim Autor nicht auf Liebe stößt.

5.3.4 Beispiel: System 3. Ordnung

Wir betrachten die bereits im Kap. 3.2.3 untersuchte Regelstrecke dritter Ordnung, die je ein Eingangs- und Ausgangssignal hat und durch die Übertragungsfunktion

$$G_S(s) = \frac{Y(s)}{U(s)} = \frac{1}{(s+1)(s+2)(s+3)}$$

beschrieben wird. Da die Regelstrecke nur ein einziges Ausgangssignal hat, wollen wir nur dieses im Güteindex erfassen und uns um die übrigen Zustandsvariablen nicht kümmern. Wir wählen den Güteindex

$$J(u) = \int_0^\infty \left[y^2(t) + ru^2(t)\right] dt \qquad r > 0$$

und behalten den Gewichtungsfaktor r als Parameter in unseren Berechnungen.

Sowohl in der steuerbaren als auch in der beobachtbaren Standardform haben wir das Zustandsraummodell

$$\begin{bmatrix} \dot{x}_1(t) \\ \dot{x}_2(t) \\ \dot{x}_3(t) \end{bmatrix} = \begin{bmatrix} 0 & 1 & 0 \\ 0 & 0 & 1 \\ -6 & -11 & -6 \end{bmatrix} \begin{bmatrix} x_1(t) \\ x_2(t) \\ x_3(t) \end{bmatrix} + \begin{bmatrix} 0 \\ 0 \\ 1 \end{bmatrix} u(t) \qquad y(t) = \begin{bmatrix} 1 & 0 & 0 \end{bmatrix} \begin{bmatrix} x_1(t) \\ x_2(t) \\ x_3(t) \end{bmatrix} .$$

Die beteiligten Matrizen sind

$$A = \begin{bmatrix} 0 & 1 & 0 \\ 0 & 0 & 1 \\ -6 & -11 & -6 \end{bmatrix} \qquad B = \begin{bmatrix} 0 \\ 0 \\ 1 \end{bmatrix} \qquad C = \begin{bmatrix} 1 & 0 & 0 \end{bmatrix}$$

$$Q = C^{\mathrm{T}} C = \begin{bmatrix} 1 & 0 & 0 \\ 0 & 0 & 0 \\ 0 & 0 & 0 \end{bmatrix} \qquad R = r > 0 \ .$$

Alle Voraussetzungen für die Problemstellung gemäß Kap. 5.3.1 sind erfüllt. Das optimale Regelgesetz lautet

$$u(t) = -\frac{1}{r} B^{\mathrm{T}} K_\infty x(t) = -\frac{k_{13\infty}}{r} x_1(t) - \frac{k_{23\infty}}{r} x_2(t) - \frac{k_{33\infty}}{r} x_3(t)$$

und verlangt, wie erwartet, daß alle drei Zustandsgrößen x_1, x_2 und x_3 gemessen und dem Regler zur Verfügung gestellt werden. Im Regelgesetz ist die Symmetrieeigenschaft der Riccati-Matrix

$$K_\infty = \begin{bmatrix} k_{11\infty} & k_{12\infty} & k_{13\infty} \\ k_{12\infty} & k_{22\infty} & k_{23\infty} \\ k_{13\infty} & k_{23\infty} & k_{33\infty} \end{bmatrix}$$

bereits benützt worden. Diese Matrix enthält sechs Unbekannte. Dementsprechend kann die algebraische Matrix-Riccati-Gleichung

$$0 = -A^\mathrm{T} K - KA + KBR^{-1}B^\mathrm{T} K - Q$$

äquivalent als System von sechs skalaren Gleichungen angeschrieben werden.

$$\begin{aligned}
(1,1): &\quad 0 = 12k_{13} + \frac{1}{r}k_{13}^2 - 1 \\
(1,2): &\quad 0 = 6k_{23} - k_{11} + 11k_{13} + \frac{1}{r}k_{13}k_{23} \\
(1,3): &\quad 0 = 6k_{33} - k_{12} + 6k_{13} + \frac{1}{r}k_{13}k_{33} \\
(2,2): &\quad 0 = -2k_{12} + 22k_{23} + \frac{1}{r}k_{23}^2 \\
(2,3): &\quad 0 = -k_{13} + 11k_{33} - k_{22} + 6k_{23} + \frac{1}{r}k_{23}k_{33} \\
(3,3): &\quad 0 = -2k_{23} + 12k_{33} + \frac{1}{r}k_{33}^2 \ .
\end{aligned}$$

Im Bild 5.4 ist dargestellt, wie die Lösung der algebraischen Riccati-Gleichung durch Rückwärtsintegration der Riccati-Differentialgleichung über ein genügend langes Zeitintervall und mit der willkürlichen, aber positiv-definiten, Randbedingung $K(0) = I$ ermittelt werden kann.

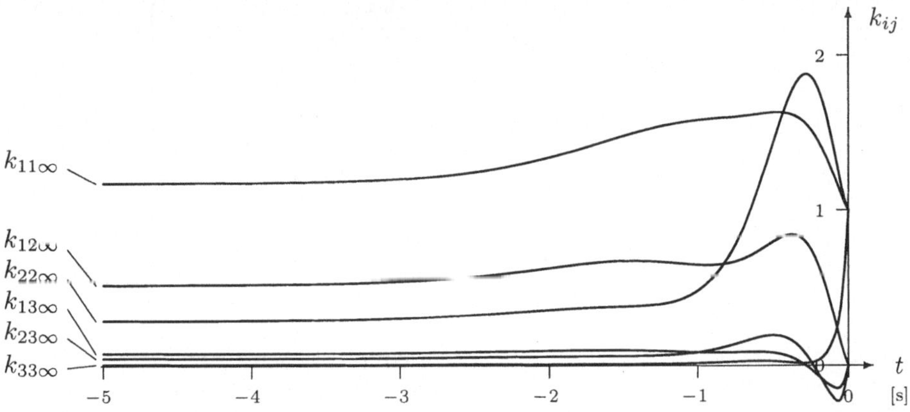

Bild 5.4. Rückwärtsintegration der Matrix-Riccati-Differentialgleichung für das System 3. Ordnung ($r = 0.1$)

Tabelle 5.1 Optimale Rückkopplungsfaktoren für das System 3. Ordnung und Pollagen des Regelsystems

	$r=10^{-5}$	$r=10^{-4}$	$r=10^{-3}$	$r=10^{-2}$	$r=10^{-1}$	$r=1$
$k_{13\infty}$	$3.10\cdot10^{-3}$	$9.42\cdot10^{-3}$	$2.62\cdot10^{-2}$	$5.66\cdot10^{-2}$	$7.82\cdot10^{-2}$	$8.28\cdot10^{-2}$
$k_{23\infty}$	$8.44\cdot10^{-4}$	$3.49\cdot10^{-3}$	$1.25\cdot10^{-2}$	$3.17\cdot10^{-2}$	$4.64\cdot10^{-2}$	$4.96\cdot10^{-2}$
$k_{33\infty}$	$8.31\cdot10^{-5}$	$4.29\cdot10^{-4}$	$1.81\cdot10^{-3}$	$5.07\cdot10^{-3}$	$7.69\cdot10^{-3}$	$8.26\cdot10^{-3}$
$\frac{1}{r}k_{13\infty}$	310.	94.2	26.2	5.66	0.782	$8.28\cdot10^{-2}$
$\frac{1}{r}k_{22\infty}$	84.4	34.9	12.5	3.17	0.464	$4.96\cdot10^{-2}$
$\frac{1}{r}k_{33\infty}$	8.31	4.29	1.81	0.507	$7.69\cdot10^{-2}$	$8.26\cdot10^{-3}$
s_1	−7.16	−5.15	−3.90	−3.25	−3.04	−3.00
s_2	−3.58	−2.57	−1.95	−1.63	−1.80	−1.98
s_3	$\pm j5.60$	$\pm j3.58$	$\pm j2.11$	$\pm j0.97$	−1.24	−1.02

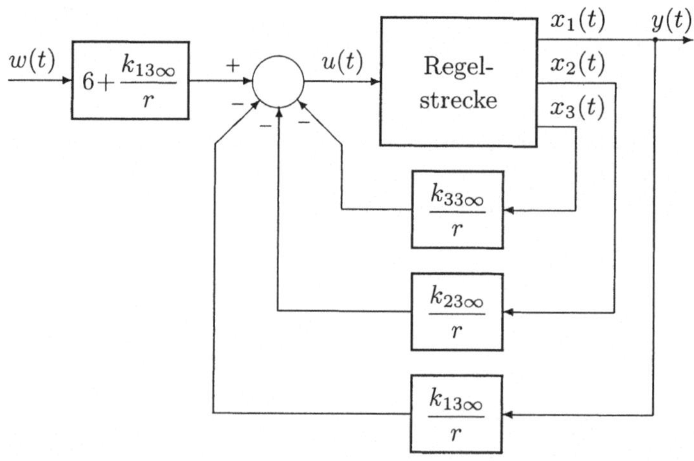

Bild 5.5. Optimaler Regler mit Zustandsvektor-Rückführung und Vorfilter. Das Vorfilter eliminiert den statischen Nachlauffehler der Sprungantwort

In der Tabelle 5.1 sind die maßgebenden asymptotischen Grenzwerte $k_{ij\infty}$ für verschiedene Werte des Gewichtungsfaktors r und die Pole des jeweils entsprechenden Regelsystems aufgelistet. Das Bild 5.5 zeigt das detaillierte Signalflußbild des optimalen Regelsystems. Darin ist zusätzlich ein P-Glied als Vorfilter eingesetzt worden, damit der statische Übertragungsfaktor zwischen der

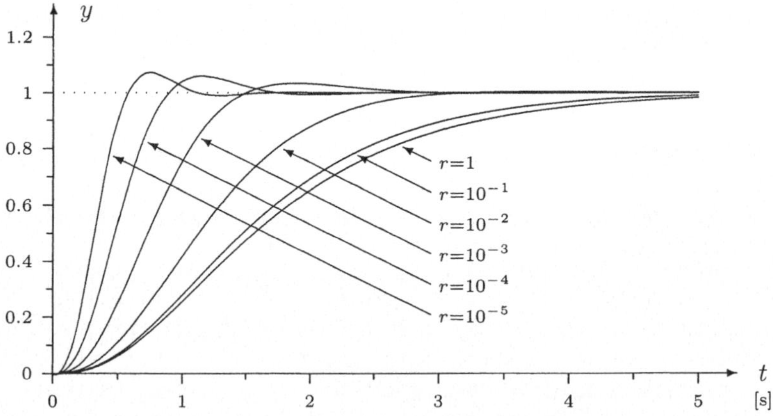

Bild 5.6. Einheitssprungantworten für verschiedene Gewichtungsfaktoren r

Führungsgröße $w(t)$ und dem Ausgangssignal $y(t)$ in allen Fällen genau eins ist. Im Bild 5.6 sind, als Vergleich zum Bild 3.15, die Antworten des optimalen Regelsystems auf einen Einheitssprung der Führungsgröße $w(t)$ für verschiedene Werte von r eingezeichnet. Wie ersichtlich kann die Einheitssprungantwort durch Verkleinern von r beliebig rasch gemacht werden (Vergrößerung der Bandbreite des Regelsystems, vgl. Pollage), ohne daß dabei die Dämpfung des Systems immer kleiner wird oder daß das System sogar instabil wird (vgl. Bilder 3.5, 3.6, 3.9 und 3.15).

5.4 LQ-Folgeregelungs-Probleme

In einem LQ-Regulator-System verschwinden im Idealfall alle Signale: $x(t) \equiv 0$ und $u(t) \equiv 0$.

In diesem Unterkapitel werden drei LQ-*Folgeregelungs*-Probleme behandelt. In den beiden ersten Problemen steht der Momentanwert des gewünschten Zustandsvektors $x_{\mathrm{d}}(t)$ bzw. des gewünschten Ausgangsvektors $y_{\mathrm{d}}(t)$ als Führungsgröße zur Verfügung. — Im dritten Problem, dem LQ Model Predictive Control Problem, werden in der Steuerung und Regelung nicht nur der Momentanwert des gewünschten Ausgangsvektors, sondern sein ganzer zukünftiger Verlauf über einen unendlichen oder endlichen Horizont in optimaler Weise ausgewertet.

5.4.1 LQ-Folgeregelung mit Zustandsvektor-Führung

Ein LQ-Folgeregelungssystem mit Zustandsvektorführung erhält als Führungsgröße den (physikalisch realisierbaren) Sollverlauf $x_{\mathrm{soll}}(t)$ des Zustandsvektors der Regelstrecke und als Vorsteuerungssignal denjenigen Verlauf der Stellgröße

$u_s(t)$, der (aufgrund des mathematischen Modells der Regelstrecke) theoretisch den gewünschten Zustandsverlauf erzeugt.

Dieser Fall ist im einleitenden Unterkapitel 5.1 bereits andiskutiert worden: Bei der optimalen Steuerung eines nichtlinearen dynamischen Systems fallen als Lösung des Optimierungsproblems die optimale Zustandstrajektorie $x_{\text{soll}}(t) = x_{\text{nom}}(t)$ und der Verlauf der Vorsteuerung $u_s(t) = u_{\text{nom}}(t)$ als Führungsgröße bzw. als Vorsteuerungssignal für die überlagerte lineare Zustandsregelung automatisch bereits an.

Oft wird aber ein solches Optimierungsproblem nicht zugrunde liegen. Sowohl für eine nichtlineare als auch für eine lineare Regelstrecke wird man dann im allgemeinen den Aufwand scheuen, miteinander harmonierende und physikalisch realisierbare Signale $x_{\text{soll}}(t)$ und $u_s(t)$ aufzubereiten. — Meistens werden wir es dann vorziehen, das Folgeregelungsproblem als LQ-Folgeregelungsproblem mit Ausgangsvektor-Führung zu behandeln.

5.4.2 LQ-Folgeregelung mit Ausgangsvektor-Führung

Bei einem LQ-Folgeregelungsproblem mit Ausgangsvektor-Führung müssen wir nur einen p-dimensionalen Führungsvektor $y_{\text{soll}}(t) \in R^p$ erzeugen, dessen zeitlicher Verlauf nicht einmal physikalisch realisierbar zu sein braucht. Da zeitkontinuierlich nicht *mehr* Ausgangssignale $y_i(t)$ geregelt werden können, als Eingangssignale $u_j(t)$ im Stellvektor $u(t) \in R^m$ zur Verfügung stehen, gilt offenbar die Beschränkung $p \leq m$.

Dieses Problem wird im Kapitel 6 ausführlich behandelt.

5.4.3 LQ Model Predictive Control

In den Abschnitten 5.4.1 und 5.4.2 haben wir klassische Folgeregelungsprobleme diskutiert; klassisch im Sinne, daß zur Zeit t der Momentanwert des Führungsvektors $x_{\text{soll}}(t)$ bzw. $y_{\text{soll}}(t)$ und allenfalls der Momentanwert der Vorsteuerung $u_s(t)$ in das Folgeregelungssystem eingespiesen werden.

In diesem Abschnitt befassen wir uns mit einer moderneren, unter dem Namen "model predictive control" bekannten Möglichkeit der Kombination von Steuerung und Regelung, bei der im momentanen Stellvektor $u(t)$ der zukünftige gewünschte Verlauf $x_{\text{d}}(\sigma)$ des Zustandsvektors $x(\sigma)$ bzw. des gewünschten Verlaufs $y_{\text{d}}(\sigma)$ des Ausgangsvektors $y(\sigma)$ über den unendlichen Horizont $(t \leq \sigma < \infty)$ oder auch nur über einen endlichen Horizont $(t \leq \sigma \leq T)$ im Sinne einer Least-squares-Optimierung berücksichtigt wird.

5.4.3.1 Das zeitvariable LQ Model Predictive Control Problem

Problemstellung:

Wir betrachten das lineare, zeitvariable dynamische System mit dem Eingangsvektor $u(t) \in R^m$ und dem Zustandsvektor $x(t) \in R^n$, das durch die Bewegungsgleichung

$$\dot{x}(t) = A(t)x(t) + B(t)u(t)$$
$$x(t_0) = x_0 \qquad \text{(gegeben)}$$

beschrieben wird. Wir nehmen an, daß wir alle Zustandsvariablen messen und deshalb auf den Eingang zurückführen können.

Für gewisse Komponenten des Zustandsvektors oder Linearkombinationen davon interessieren wir uns besonders. Wir betrachten also die folgende lineare Ausgangsgleichung mit $y(t) \in R^p$:

$$y(t) = C(t)x(t) \quad .$$

Das Ziel des Folgeregelungsproblems besteht darin, das System so zu steuern und zu regeln, daß der Ausgangsvektor $y(t)$ während der ganzen Problemdauer $[t_0, t_1]$ einer vorgegebenen Vektorfunktion

$$y_d(t) \qquad \text{bekannt für } t \in [t_0, t_1]$$

möglichst gut folgt, ohne daß wir dafür unnötig große Eingangssignale $u(t)$ verwenden müssen.

Wir formulieren unsere Zielsetzung in ein Optimierungsproblem um. Wir wollen $u(t)$ für $t \in [t_0, t_1]$ so wählen, daß der Güteindex

$$\begin{aligned} J(u) &= [y_d(t_1) - y(t_1)]^{\mathrm{T}} F_y \, [y_d(t_1) - y(t_1)] \\ &+ \int_{t_0}^{t_1} \Big\{ [y_d(t) - y(t)]^{\mathrm{T}} Q_y(t) \, [y_d(t) - y(t)] + u^{\mathrm{T}}(t) R(t) u(t) \Big\} \, dt \end{aligned}$$

mit $F_y = F_y^{\mathrm{T}} \geq 0$ und $Q_y(t) = Q_y^{\mathrm{T}}(t) \geq 0 \,, \; R(t) = R^{\mathrm{T}}(t) > 0$ für alle $t \in [t_0, t_1]$

minimiert wird.

Lösung des zeitvariablen LQ MPC Problems:

Wenn wir die symmetrische n mal n Matrix $K(t)$ als Lösung der Matrix-Riccati-Differentialgleichung

$$\begin{aligned} \dot{K}(t) &= -A^{\mathrm{T}}(t)K(t) - K(t)A(t) + K(t)B(t)R^{-1}(t)B^{\mathrm{T}}(t)K(t) - C^{\mathrm{T}}(t)Q_y(t)C(t) \\ K(t_1) &= C^{\mathrm{T}}(t_1)F_y C(t_1) \end{aligned}$$

und die n-Vektor Führungsgröße $w(t)$ als Lösung der "adjungierten" Vektor-Differentialgleichung

$$\begin{aligned}\dot{w}(t) &= -\left[A(t)-B(t)R^{-1}(t)B^{\mathrm{T}}(t)K(t)\right]^{\mathrm{T}} w(t) - C^{\mathrm{T}}(t)Q_y(t)y_d(t) \\ w(t_1) &= C^{\mathrm{T}}(t_1)F_y y_d(t_1)\end{aligned}$$

für das Zeitintervall $[t_0, t_1]$ im voraus ermitteln und abspeichern, können wir die folgende Kombination von optimaler Regelung und optimaler Steuerung realisieren:

$$u(t) = -R^{-1}(t)B^{\mathrm{T}}(t)K(t)x(t) + R^{-1}(t)B^{\mathrm{T}}(t)w(t) \quad .$$

Die Bewegungsgleichung des optimalen Regelsystems ist dann:

$$\begin{aligned}\dot{x}(t) &= [A(t)-B(t)R^{-1}(t)B^{\mathrm{T}}(t)K(t)]x(t) + B(t)R^{-1}(t)B^{\mathrm{T}}(t)w(t) \\ x(t_0) &= x_0 \quad .\end{aligned}$$

Die optimale Zustandsvektorrückführung benützt wiederum alle Komponenten des Zustandsvektors. Die optimale Führungsgröße $w(t)$ zur Zeit t enthält ausschließlich Informationen über die noch kommenden Werte des gewünschten Ausgangsvektors $y_d(\sigma)$, $\sigma \in [t, t_1]$.

Die Führungsgröße $w(t)$ ist, wie bereits beschrieben, im voraus für das ganze Intervall $[t_0, t_1]$ zu berechnen, indem ihre Vektordifferentialgleichung vom Randwert zur Zeit t_1 an rückwärts zu integrieren ist. Der Regler ruft dann die Führungsgröße $w(t)$ aus dem Speicher ab, ebenso wie die benötigten Matrizen $K(t)$ und $R^{-1}(t)B^{\mathrm{T}}(t)$. Dies ist im Signalflußbild im Bild 5.7 dargestellt.

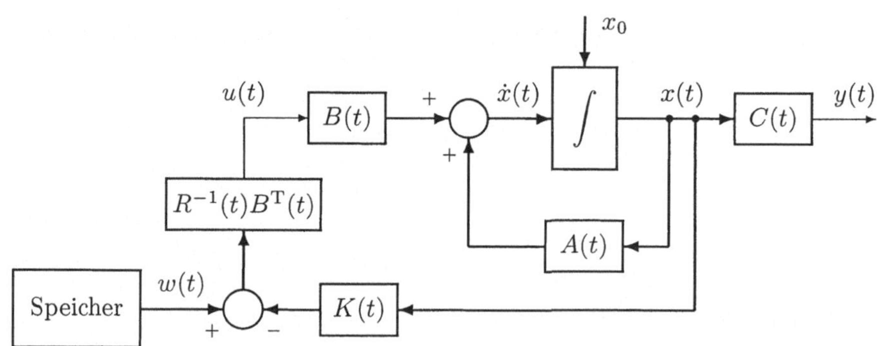

Bild 5.7. LQ MPC Problem: Signalflußbild des optimalen Regelsystems

Im Prinzip könnte die Führungsgröße $w(t)$ auch on-line in einem dynamischen Vorfilter mit dem Eingangsvektor $y_d(t)$ erzeugt werden. Der Anfangszustand $w(t_0)$ dieses Vorfilters wäre aber trotzdem, durch Rückwärtsintegration der Vektordifferentialgleichung für w von t_1 nach t_0, im voraus zu berechnen. Der entscheidende Nachteil dieser Methode besteht aber darin, daß dieses Vorfilter mit der Systemmatrix $-[A(t) - B(t)R^{-1}(t)B^{\mathrm{T}}(t)K(t)]^{\mathrm{T}}$ im allgemeinen vollständig instabil (und damit für die praktische Anwendung unbrauchbar) ist, da das Regelsystem mit der Systemmatrix $[A(t) - B(t)R^{-1}(t)B^{\mathrm{T}}(t)K(t)]$ im allgemeinen asymptotisch stabil ist. [Ausnahmen: a) Regelstrecke nicht stabilisierbar, b) Regelstrecke instabil, stabilisierbar, aber Zeitintervall $[t_0, t_1]$ sehr kurz.]

Die Herleitung bzw. Verifizierung dieser Lösung erfolgt mit den gleichen Hilfsmitteln und sinngemäß gleich wie im Kap. 5.2.3.

5.4.3.2 Das zeitinvariante LQ Model Predictive Control Problem

In Analogie zum Kap. 5.3 betrachten wir für ein zeitinvariantes lineares dynamisches System das Zeitintervall $[0, \infty)$ und setzen gewisse Struktureigenschaften voraus.

Problemstellung:

$$\dot{x}(t) = Ax(t) + Bu(t)$$

$$x(0) = x_0$$

$$y(t) = Cx(t)$$

$[A, B, C]$ vollständig steuerbar und beobachtbar (s. Kap. 4.6 u. 4.7)

$y_d(t)$ im Intervall $0 \leq t < \infty$ vorgegeben

$$J(u) = \int_0^\infty \left\{ [y_d(t) - y(t)]^{\mathrm{T}} Q_y [y_d(t) - y(t)] + u^{\mathrm{T}}(t) R u(t) \right\} dt$$

$Q_y > 0,\; R > 0$ und diagonal

Lösung des zeitinvarianten LQ MPC Problems:

$$u(t) = -R^{-1}B^{\mathrm{T}}K_\infty x(t) + R^{-1}B^{\mathrm{T}}w(t)$$

K_∞ einzige positiv-definite Lösung der algebraischen Riccati-Gleichung

$$0 = A^{\mathrm{T}}K - KA + KBR^{-1}B^{\mathrm{T}}K - C^{\mathrm{T}}Q_yC$$

$$\dot{w}(t) = -[A - BR^{-1}B^{\mathrm{T}}K_\infty]^{\mathrm{T}}w(t) - C^{\mathrm{T}}Q_y y_d(t)$$

$$w(\infty) = 0$$

$$\dot{x}(t) = [A - BR^{-1}B^{\mathrm{T}}K_\infty]x(t) + BR^{-1}B^{\mathrm{T}}w(t)$$

$$x(0) = x_0$$

Auch diese optimale Zustandsvektorrückführung benützt natürlich alle Komponenten des Zustandsvektors. Das Regelsystem nach Bild 5.7 ist asymptotisch stabil; d.h. alle Eigenwerte der Systemmatrix $[A - BR^{-1}B^{\mathrm{T}}K_{\infty}]$ haben negativen Realteil. Das im Abschn. 5.4.3.1 erwähnte Vorfilter für die Erzeugung der Führungsgröße $w(t)$ wäre vollständig instabil (alle Pole haben positiven Realteil) und ist deshalb nicht verwendbar. Da die Differentialgleichung der Führungsgröße $w(t)$ aber rückwärts, d.h. im Sinne abnehmender Zeit, zu integrieren ist, ist diese Integration stabil. Der Einfluß von $w(\infty)$ auf $w(t)$ verschwindet vollkommen. Der Einfluß von $y_d(\tau)$ auf $w(t)$, $\tau > t$, ist umso kleiner, je größer die Zeitdifferenz $\tau - t > 0$ ist. Mit wachsender Zeitdifferenz $\tau - t$ verschwindet der Einfluß von $y_d(\tau)$ auf $w(t)$ asymptotisch.

In der Praxis wird es also genügen, die Differentialgleichung

$$\dot{w}(\sigma) = -[A - BR^{-1}B^{\mathrm{T}}K_{\infty}]^{\mathrm{T}}w(\sigma) - C^{\mathrm{T}}Q_y y_d(\sigma)$$

nur über ein Intervall $t \leq \sigma \leq t + T$ der Länge T zu integrieren, um $w(t)$ zu erhalten, wobei T viel größer als die größte Zeitkonstante des Regelsystems sein sollte. Da $y_d(t)$ für alle Zeiten bekannt ist, kann die Vektorfunktion $w(t)$ im voraus im Sinne einer solchen Integration "über die nächste Zukunft (T)" berechnet und abgespeichert werden. Die (gleitende) Randbedingung für diese Integration, $w(t{+}T)$, ist für genügend große Intervallänge T beliebig, z.B. $w(t+T){=}0$. Will man aber auch relativ kleine Werte von T zulassen, allenfalls sogar $T{=}0$, ist es wahrscheinlich sinnvoll, die Randbedingung

$$w(t+T) = -[A - BR^{-1}B^{\mathrm{T}}K_{\infty}]^{-\mathrm{T}}C^{\mathrm{T}}Q_y y_d(t+T)$$

anzusetzen. Dies entspricht der stationären Antwort der obigen Differentialgleichung für w (bei der Rückwärtsintegration) bei einem konstanten Referenzsignal y_d. Anders ausgedrückt ist in diesem Fall die vollständige Information über den zukünftigen Verlauf des Referenzsignals y_d ersetzt durch die folgende partielle Information:

$$y_d(\tau) = \begin{cases} y_d(\tau) & \text{für } \tau \in [t, t+T] \quad \text{exakte Information} \\ y_d(t+T) & \text{für } \tau \geq t+T \quad \text{konstante Fortsetzung}\ . \end{cases}$$

5.4.3.3 Beispiel: Servosteuerung

Wir betrachten eine Koordinate einer Werkzeugmaschinensteuerung. Wir idealisieren den Koordinatenantrieb als reibungsfrei und nehmen an, daß wir im wesentlichen die Vorschubbeschleunigung als Steuergröße zur Verfügung haben. Mit den Signalen

$$\begin{aligned} y(t) &= x_1(t) = \text{Position} \\ x_2(t) &= \text{Geschwindigkeit} \\ u(t) &= \text{Beschleunigung} \end{aligned}$$

lauten die Systemgleichungen für unsere Positionssteuerung:

$$\begin{bmatrix} \dot{x}_1(t) \\ \dot{x}_2(t) \end{bmatrix} = \begin{bmatrix} 0 & 1 \\ 0 & 0 \end{bmatrix} \begin{bmatrix} x_1(t) \\ x_2(t) \end{bmatrix} + \begin{bmatrix} 0 \\ 1 \end{bmatrix} u(t) \qquad \begin{bmatrix} x_1(0) \\ x_2(0) \end{bmatrix} = \begin{bmatrix} 0 \\ 0 \end{bmatrix}$$

$$y = [1 \quad 0] \begin{bmatrix} x_1(t) \\ x_2(t) \end{bmatrix} \; .$$

Wir verlangen, daß die Vorschubposition $y(t)$ ziemlich genau den im Bild 5.8 gezeigten (physikalisch nicht exakt realisierbaren) Rechteck-Verlauf $y_d(t)$ haben soll.

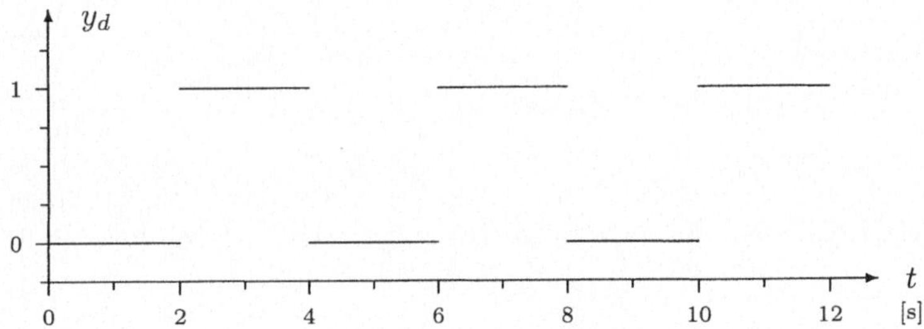

Bild 5.8. Soll-Position der Werkzeugmaschinenkoordinate

Die Positions-Folgeregelung soll so ausgelegt werden, daß der Güteindex

$$J(u) = \int_0^\infty \left\{ [y_d(t) - y(t)]^2 + r u^2(t) \right\} dt$$

minimiert wird. Wir erhalten als einzige positiv-definite Lösung der algebraischen Riccati-Gleichung

$$K_\infty = \begin{bmatrix} \sqrt{2\sqrt{r}} & \sqrt{r} \\ \sqrt{r} & \sqrt{2r\sqrt{r}} \end{bmatrix}$$

und die folgenden Pole des optimalen Regelsystems:

$$s_{1,2} = \frac{-1 \pm j}{\sqrt[4]{4r}} \; .$$

Das Bild 5.9 zeigt den simulierten Verlauf der Ist-Position der Werkzeugmaschinenkoordinate für $r = 1/1024$. Die Zeitkonstante des Regelsystems ist 0.25 s. Das Bild 5.9 enthält den Vergleich der Antworten für die Extrapolationszeiten $T = \infty$ (bzw. 10 s), $T = 0.25$ s und $T = 0$ und demonstriert eindrücklich den

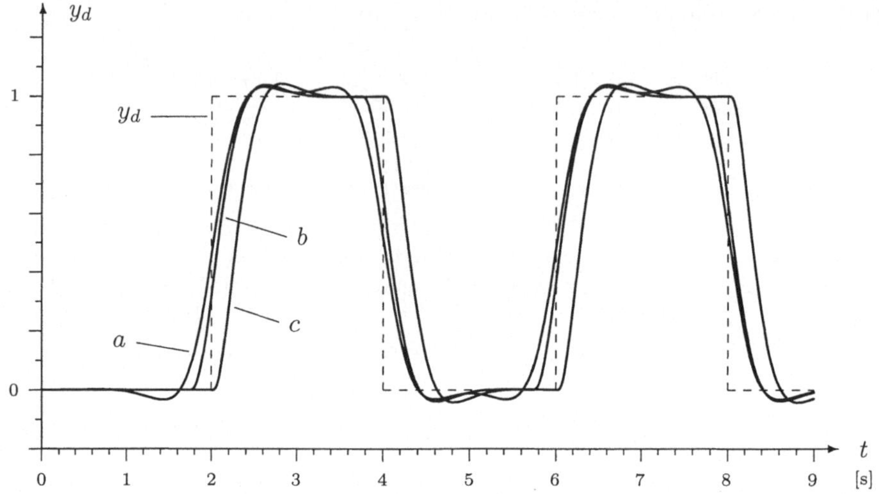

Bild 5.9. Optimale Folgeregelung: Ist-Position der Werkzeugmaschinenkoordinate für verschiedene Extrapolationshorizonte. a) $T = \infty$, b) $T = 0.25\,\mathrm{s}$, c) $T = 0$.

Wert des "Vorausschauens". (Um besseres Folgeverhalten zu erreichen, wäre r selbstverständlich zu verkleinern.)

5.5 Literatur zu Kapitel 5

1. B. Friedland: *Control System Design: An Introduction to State Space Methods*. New York: McGraw-Hill 1986.
2. M. Athans, P. L. Falb: *Optimal Control*. New York: McGraw-Hill 1966.
3. H. Kwakernaak, R. Sivan: *Linear Optimal Control Systems*. New York: Wiley-Interscience 1972.
4. T. Kailath: *Linear Systems*. Englewood Cliffs: Prentice-Hall 1980.
5. B. D. O. Anderson, J. B. Moore: *Optimal Control: Linear Quadratic Methods*. Englewood Cliffs: Prentice-Hall 1990.
6. N. A. Lehtomaki, N. R. Sandell, M. Athans: "Robustness Results in Linear-Quadratic Gaussian Based Multivariable Control Designs", *IEEE Trans. Automatic Control, vol. 26(1981)*, S. 75–93.
7. R. F. Stengel: *Stochastic Optimal Control: Theory and Applications*. New York: Wiley-Interscience 1986.
8. H. P. Geering: *Optimale Regelung*. Zürich: IMRT-Press, 1999. `http://www.imrt.mavt.ethz.ch/OPTREG/index.html`

5.6 Aufgaben zu Kapitel 5

1. Löse für das zeitinvariante System 1. Ordnung das Regulatorproblem mit endlichem Horizont analytisch für den allgemeinen Fall: $\dot{x}(t) = ax(t) + bu(t)$, $x(0) = x_0$, $J(u) = fx^2(T) + \int_0^T \{qx^2(t) + ru^2(t)\}dt$. Verifiziere, a) daß die Lösung $k(t)$ der Riccati-Differentialgleichung für alle Zeiten und für alle Wertkombinationen von a, b $(b \neq 0)$, f $(f > 0)$, q $(q > 0)$, r $(r > 0)$ positiv ist; b) daß die Lösung $k(t)$ der Riccati-Differentialgleichung mit abnehmender Zeit gegen einen konstanten Wert strebt, der unabhängig von f $(f > 0)$ ist; c) daß dieser Wert die algebraische Riccati-Gleichung erfüllt.

2. Löse für das zeitinvariante System 1. Ordnung das Regulatorproblem mit unendlichem Horizont analytisch für den allgemeinen Fall: $\dot{x}(t) = ax(t) + bu(t)$, $x(0) = x_0$, $J(u) = \int_0^\infty \{qx^2(t) + ru^2(t)\}dt$. Verifiziere, daß das Regelsystem für alle Wertkombinationen von a, b, q $(q > 0)$, r $(r > 0)$ asymptotisch stabil ist. Skizziere die Wurzelortkurve des Regelsystems mit dem Bestrafungsfaktor r als Parameter $(0 < r < \infty)$ a) für den Fall, daß die Regelstrecke asymptotisch stabil ist $(a < 0)$; b) für den Fall, daß die Regelstrecke instabil ist $(a > 0)$.

3. Löse das folgende Regulatorproblem mit unendlichem Horizont analytisch für ein System 2. Ordnung: $\dot{x}_1(t) = x_2(t)$, $\dot{x}_2(t) = -3x_1(t) - 4x_2(t) + 2u(t)$, $J(u) = \int_0^\infty \{100x_1^2(t) + ru^2(t)\}dt$. Berechne die Pollage des Regelsystems und verifiziere, daß es für jeden positiven Wert von r asymptotisch stabil ist. Skizziere die Wurzelortkurve des Regelsystems mit r als Parameter $(0 < r < \infty)$.

4. Wiederhole die ganze Aufgabe 3 für das modifizierte Gütekriterium $J(u) = \int_0^\infty \{(10x_1(t) + 2x_2(t))^2 + ru^2(t)\}dt$. Erkläre aufgrund des Gütekriteriums, warum einer der beiden Pole des Regelsystems für sehr kleine r gegen den Wert $s = -5$ strebt. Wie wird der Zustand des Regelsystems (qualitativ) verlaufen, wenn r sehr klein ist und das System den Anfangszustand $x_1(0) = 10$, $x_2(0) = 10$ hat? (Skizze im Zustandsraum)

5. Wir schreiben das Gütekriterium von Aufgabe 4 in der äquivalenten Form $J(u) = \int_0^\infty \{y^2(t) + ru^2(t)\}dt$ mit $y(t) = 10x_1(t) + 2x_2(t)$. Berechne die Übertragungsfunktion der Regelstrecke mit der obigen Ausgangsgleichung und berechne ihre Pole und Nullstellen. Welchen Bezug zur Wurzelortkurve der Aufgabe 4 haben diese? Was passiert, wenn in der obigen Ausgangsgleichung das Vorzeichen "+" durch "−" ersetzt wird?

6. Entwickle ein Computerprogramm (z.B. mit Hilfe des Softwarepakets MATLAB), das für das allgemeine LQ-Regulator-Problem mit unendlichem Horizont die einzige positiv-(semi)definite Lösung K_∞ der algebraischen Riccati-Gleichung nach dem folgenden Ablaufschema berechnet:

1) Setze aus den Matrizen A und B der Regelstrecke n-ter Ordnung und den Gewichtungsmatrizen Q und R des Gütekriteriums die $2n$ mal $2n$ Blockmatrix des "Hamiltonschen Systems" auf: $M = \begin{bmatrix} A & -BR^{-1}B^{\mathrm{T}} \\ -Q & -A^{\mathrm{T}} \end{bmatrix}$.

2) Löse das Eigenproblem für die Matrix M, d.h., bestimme die $2n$ (komplexen) Eigenwerte und die dazugehörigen $2n$ (komplexen) Eigenvektoren (der Dimension $2n$).

3) Wähle unter den $2n$ Eigenvektoren der Matrix M genau diejenigen n aus, die zu den n Eigenwerten gehören, die negativen Realteil haben. (Die letzteren entsprechen den Polen des optimalen Regelsystems.) Setze diese n Vektoren in beliebiger Reihenfolge als Kolonnenvektoren in eine Matrix N ein (die damit die Dimension $2n$ mal n erhält). Unterteile diese Matrix in zwei quadratische Teilblöcke: $N = \begin{bmatrix} N_1 \\ N_2 \end{bmatrix}$.

4) Berechne die gesuchte Lösung $K_\infty = N_2 N_1^{-1}$. Anmerkung: Theoretisch ist diese Matrix reell, symmetrisch und positiv-(semi)definit (wenn die Voraussetzungen des Regulatorproblems erfüllt sind). Aus numerischen Gründen können sehr kleine Imaginärteile und eine nicht ganz perfekte Symmetrie der Lösungsmatrix entstehen. Diese Mängel können durch die Programmanweisung $K_\infty := \frac{1}{2}\mathrm{Re}(K_\infty + K_\infty^{\mathrm{T}})$ behoben werden.

Hinweis: Ein numerisches Beispiel zu diesem Algorithmus ist im Anhang 1 wiedergegeben.

7. Jemand hat für eine Regelstrecke n-ter Ordnung mit einer einzigen Stellgröße ein LQ-Regulator-Problem mit sehr zufriedenstellendem Resultat gelöst. Aufbauend auf diesem Regler möchte man nun für das skalare Ausgangssignal $y = x_1 = Cx$ eine Folgeregelung mit dem statischen Übertragungsfaktor eins zwischen der Führungsgröße $w = y_d$ und dem Ausgangssignal y realisieren. Untersuche, wie dieses Problem mit einer statischen Vorsteuerung gelöst werden kann (vgl. Bild 5.2). Berechne den Wert der Verstärkung K_F des benötigten P-Elements.

6 Entwurf von Reglern mit linearer Ausgangsrückführung

Im Kap. 5.1 haben wir diskutiert, daß wir es normalerweise mit nichtlinearen Regelstrecken zu tun haben und daß wir die Abweichungen $\Delta x(t)$ des Zustandsvektors $x(t)$ von einem nominalen Wert $x_{\text{nom}}(t)$, welcher theoretisch von einem nominalen Steuervektorsignal $u_{\text{nom}}(t)$ erzeugt wird, mittels einer überlagerten linearen Zustandsrückführung der Form $u(t) = u_{\text{nom}}(t) + \Delta u(t)$ mit $\Delta u(t) = -G(t)\Delta x(t)$ klein zu halten versuchen. Dabei haben wir angenommen, daß wir alle Zustandssignale messen können.

In der Praxis ist es oft aus physikalischen, konstruktiven oder ökonomischen Gründen nicht möglich, alle n Zustandsvariablen $x_i(t)$ bzw. $\Delta x_i(t)$ in Echtzeit zu messen, sondern nur ein p-Vektor von Meßsignalen $y(t)$ bzw. $\Delta y(t) = y(t) - y_{\text{nom}}(t)$ ist verfügbar.

Für die nichtlineare Regelstrecke mit dem theoretischen Zustandsraummodell

$$\begin{aligned} \dot{x}(t) &= f(x(t), u(t), t) \\ x(t_0) &= x_0 \\ y(t) &= g(x(t), t) \end{aligned}$$

steht für den Entwurf des überlagerten linearen Reglers das entlang der Nominaltrajektorie $u_{\text{nom}}(\cdot)$, $x_{\text{nom}}(\cdot)$, $y_{\text{nom}}(\cdot)$ linearisierte Modell der Regelstrecke zur Verfügung (s. Bild 6.1):

$$\begin{aligned} \Delta\dot{x}(t) &= A(t)\Delta x(t) + B(t)\Delta u(t) \\ \Delta x(t_0) &= \Delta x_0 \\ \Delta y(t) &= C(t)\Delta x(t) \ , \end{aligned}$$

wobei

$$A(t) = \frac{\partial f(x_{\text{nom}}(t), u_{\text{nom}}(t), t)}{\partial x} \qquad B(t) = \frac{\partial f(x_{\text{nom}}(t), u_{\text{nom}}(t), t)}{\partial u}$$

$$C(t) = \frac{\partial g(x_{\text{nom}}(t), t)}{\partial x}$$

die Matrizen der partiellen Ableitungen sind (vgl. Anhang 4).

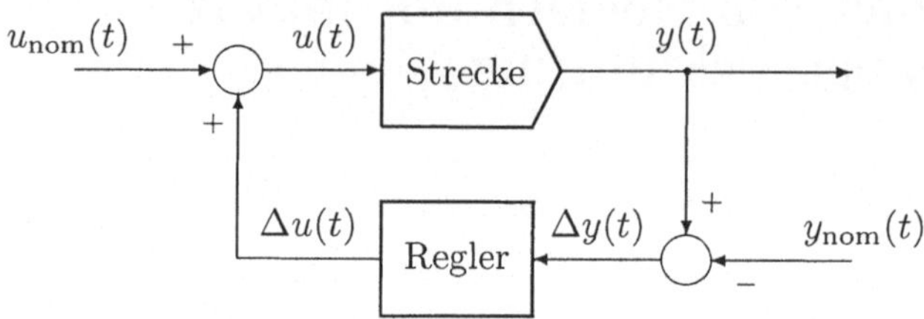

Bild 6.1. Nichtlineare Regelstrecke mit Vorsteuerung und überlagerter linearer Regelung mit Ausgangsrückführung; vgl. Bild 5.1

In diesem Kapitel betrachten wir dynamische Regler für die lineare überlagerte Regelung mit Ausgangsrückführung, welche aus einem vollständigen linearen Zustandsbeobachter und einer linearen Rückführung des (asymptotisch) rekonstruierten Zustands bestehen.

Zur Vereinfachung der Notation werden wir im folgenden immer $x(t)$ anstelle von $\Delta x(t)$, $y(t)$ anstelle von $\Delta y(t)$ und $u(t)$ anstelle von $\Delta u(t)$ schreiben.

6.1 Der Luenberger-Beobachter

Wenn wir zur asymptotischen Rekonstruktion einen differentiatorfreien dynamischen Beobachter verwenden wollen, suchen wir ein dynamisches System mit Zustandsvektor $q(t) \in R^r$, das durch die Systemgleichungen

$$\begin{aligned}
\dot{q}(t) &= F(t)q(t) + G_y(t)y(t) + G_u(t)u(t) \\
q(t_0) &= q_0 \\
\widehat{x}(t) &= L(t)q(t) + M_y(t)y(t) + M_u(t)u(t) \\
F(t) &\in R^{r\times r} \qquad G_y(t) \in R^{r\times p} \qquad G_u(t) \in R^{r\times m} \\
L(t) &\in R^{n\times r} \qquad M_y(t) \in R^{n\times p} \qquad M_u(t) \in R^{n\times m}
\end{aligned}$$

beschrieben wird, dessen Ausgangsvektor $\widehat{x}(t) \in R^n$ eine vernünftige Schätzung des wahren Zustandsvektors $x(t) \in R^n$ ist. Wir nennen dieses System einen Beobachter oder Luenberger-Beobachter für das vollständig beobachtbare dynamische System

$$\begin{aligned}
\dot{x}(t) &= A(t)x(t) + B(t)u(t) \\
y(t) &= C(t)x(t) \quad ,
\end{aligned}$$

wenn es für jeden Anfangszustand $x(t_0) \in R^n$ einen Vektor $q_0 \in R^r$ gibt, so daß $\widehat{x}(t) \equiv x(t)$ für alle $t \geq t_0$ gilt, bei beliebigem Verlauf des Eingangsvektors $u(t)$, $t \geq t_0$.

Wenn $r = n$ ist, sprechen wir von einem vollständigen Beobachter (full-order observer), wenn $r < n$ ist von einem reduzierten Beobachter (reduced-order observer; $n - \text{Rang}[C] \leq r < n$). Wir haben keinen Anlaß, $r > n$ zu wählen.

Wenn wir einen vollständigen Beobachter entwerfen, wählen wir sinnvollerweise gerade

$$q(t) = \widehat{x}(t) \quad ,$$

d.h. $L(t) \equiv I$, $M_y(t) \equiv 0$, $M_u(t) \equiv 0$, und haben genau dann einen Beobachter, wenn seine Matrizen $F(t)$, $G_y(t)$ und $G_u(t)$ die folgenden Bedingungen erfüllen:

$$F(t) = A(t) - H(t)C(t) \qquad G_y(t) = H(t) \qquad G_u(t) = B(t) \quad ,$$

wobei $H(t)$ zunächst eine beliebige stückweise stetige Matrix ist.

Die Systemgleichungen des Beobachters lauten jetzt (vgl. Bild 6.2)

$$\begin{aligned} \dot{\widehat{x}}(t) &= [A(t) - H(t)C(t)]\widehat{x}(t) + H(t)y(t) + B(t)u(t) \\ &= A(t)\widehat{x}(t) + B(t)u(t) + H(t)\{y(t) - C(t)\widehat{x}(t)\} \\ \widehat{x}(t_0) &= \widehat{x}_0 \quad . \end{aligned}$$

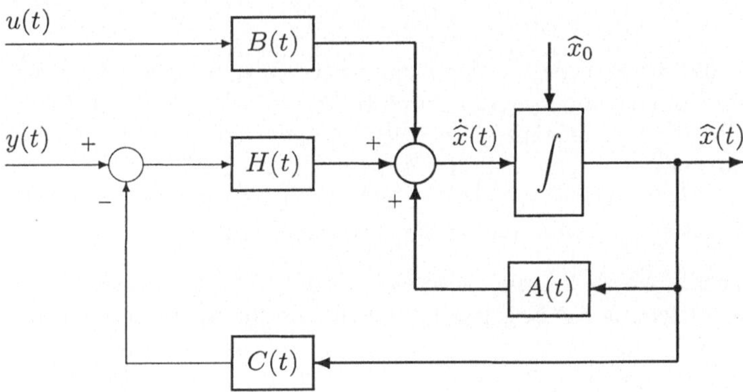

Bild 6.2. Vollständiger Luenberger-Beobachter für das lineare dynamische System mit den Systemmatrizen $A(t)$, $B(t)$ und $C(t)$. Die Beobachter-Verstärkungsmatrix $H(t)$ ist so zu wählen, daß die Systemmatrix $A(t) - H(t)C(t)$ der Fehlerdynamik eine Stabilitätsmatrix ist.

Der Schätzfehler

$$e(t) = x(t) - \widehat{x}(t)$$

gehorcht der homogenen Differentialgleichung

$$\begin{aligned} \dot{e}(t) &= [A(t) - H(t)C(t)]e(t) = F(t)e(t) \\ e(t_0) &= x(t_0) - \widehat{x}_0 \quad . \end{aligned}$$

Damit der Beobachter sinnvoll funktioniert, muß $F(t) = A(t) - H(t)C(t)$ die Systemmatrix eines gleichmäßig asymptotisch stabilen Systems sein.

Für ein zeitinvariantes, vollständig beobachtbares System mit den konstanten Matrizen A, B und C wählen wir einen zeitinvarianten Beobachter mit einer konstanten Matrix $H \in R^{n \times p}$. Laut Satz 10 (Kap. 4.7.4) gilt, daß wir die Pole des vollständigen zeitinvarianten Beobachters, d.h. die Eigenwerte der Matrix $F = A - HC$, beliebig vorgeben können.

6.2 Das Separations-Theorem

Wenn wir nun in einem Zustandsregler $u(t) = -G(t)x(t)$ in der linearen Zustandsrückführung anstelle des wahren Zustandsvektors $x(t)$ den geschätzten Zustandsvektor, nämlich den Zustandsvektor $\widehat{x}(t)$ des Beobachters, einsetzen, erhalten wir für das gesamte Regelsystem (s. Bild 6.3) die folgende homogene Bewegungsdifferentialgleichung

$$\begin{bmatrix} \dot{x}(t) \\ \dot{\widehat{x}}(t) \end{bmatrix} = \begin{bmatrix} A(t) & -B(t)G(t) \\ H(t)C(t) & A(t)-B(t)G(t)-H(t)C(t) \end{bmatrix} \begin{bmatrix} x(t) \\ \widehat{x}(t) \end{bmatrix}$$

$$\begin{bmatrix} x(t_0) \\ \widehat{x}(t_0) \end{bmatrix} = \begin{bmatrix} x_0 \\ q_0 \end{bmatrix} .$$

Wenn sowohl die Strecke mit der Zustandsregelung für sich allein, als auch der Beobachter für sich allein asymptotisch stabil sind, dann ist auch das obige kombinierte Regelystem asymptotisch stabil. Zudem fallen die $2n$ Pole des Regelsystems im zeitinvarianten Fall mit den n Polen des Beobachters (Eigenwerte der Matrix $A-HC$) und den n Polen der Strecke mit Zustandsregelung (Eigenwerte der Matrix $A - BG$) zusammen ("Separations-Theorem").

Die einfachste Methode, um diese Behauptung zu verifizieren, besteht darin, die Systemgleichung des Regelsystems $2n$-ter Ordnung mit den neuen Zustandsvariablen $x(t)$ und $e(t)$ anstelle der bisherigen Zustandsvariablen $x(t)$ und $\widehat{x}(t)$ anzuschreiben. Die neue $2n$ mal $2n$ Systemmatrix ist dann block-dreieckig mit den diagonal gelegenen Blöcken $A-BG$ und $A-HC$ und hat die entsprechenden Eigenwerte.

6.3 Mehrgrößen-Folgeregelung

6.3.1 Struktur des Folgeregelungssystems

Im Bild 6.3 wird ein Regulatorproblem gelöst: Alle Signale verschwinden asymptotisch. Um ein (robustes) Mehrgrößen-Folgeregelungssystem mit einer Vorsteuerung, einem Zustandsregler und einem vollständigen Zustandsbeobachter zu realisieren, kombinieren wir die Bilder 6.3, 6.1 und 3.22. Als Resultat erhalten wir das Signalflußbild 6.4.

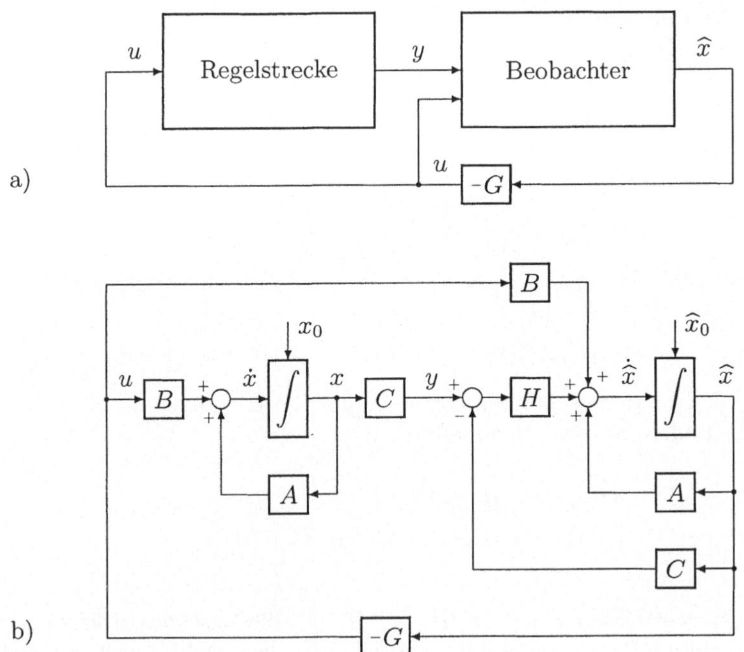

Bild 6.3. Zustandsregler mit Beobachterzustands-Rückführung. a) Grobes Signalflußbild, b) feineres Signalflußbild

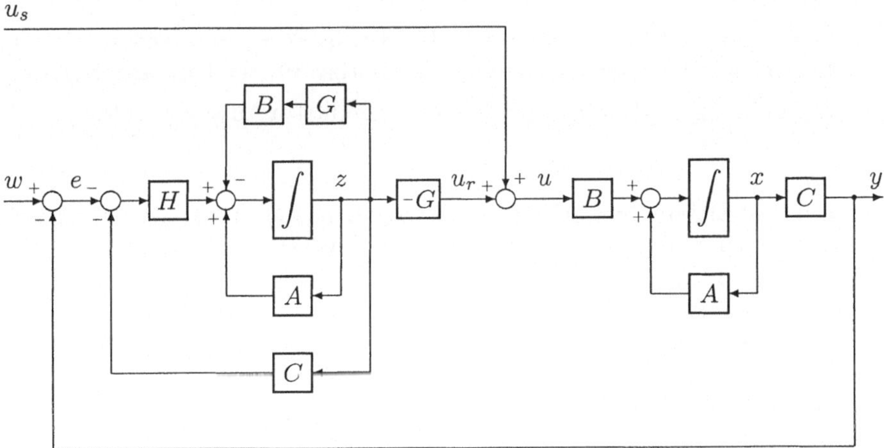

Bild 6.4. Folgeregelungssystem mit Vorsteuerung, Zustandsregler und vollständigem Zustandsbeobachter

Dieses Folgeregelungssystem wird durch die Gleichungen

$$\begin{aligned}
e(t) &= w(t) - y(t) \\
\dot{z}(t) &= [A - BG - HC]z(t) - He(t) \\
u_r(t) &= -Gz(t) \\
u(t) &= u_r(t) + u_s(t) \\
\dot{x}(t) &= Ax(t) + Bu(t) \\
y(t) &= Cx(t)
\end{aligned}$$

beschrieben, mit $w(t), y(t), e(t) \in R^p$, $z(t), x(t) \in R^n$ und $u_r(t), u_s(t), u(t) \in R^m$.

Für spätere Verwendung schreiben wir noch die Übertragungsmatrizen $G(s)$ der Regelstrecke und $K(s)$ des Reglers an:

$$\begin{aligned}
G(s) &= C[sI - A]^{-1}B \\
K(s) &= G[sI - A + BG + HC]^{-1}H \ .
\end{aligned}$$

Die Beobachterverstärkungsmatrix $H \in R^{n \times p}$ und die Zustandsrückführmatrix $G \in R^{m \times n}$ sind die Parameter des dynamischen Reglers, welche nach geeigneten Gesichtspunkten festgelegt werden müssen. Im Kap. 6.3.2 wird eine effiziente Methode zur Bestimmung von H und G dargestellt, welche unter dem Namen LQG/LTR-Methode bekannt ist.

Bemerkungen:

a) Das Signalflußbild 6.4 ist auch auf zeitvariable Systeme anwendbar. Im folgenden werden wir uns aber auf den zeitinvarianten Fall beschränken.

b) Die Führungsgröße $w(t)$ entspricht dem nominalen Ausgangsvektor $y_{\text{nom}}(t)$, die Vorsteuerung $u_s(t)$ der nominalen Stellgröße $u_{\text{nom}}(t)$ von Bild 6.1.

c) Wenn $u_s(t) \equiv 0$ und $w(t) \equiv 0$ sind, entspricht der Zustandsvektor $z(t)$ des Beobachters einer Schätzung des Zustandsvektors $x(t)$ der Regelstrecke (wobei der Schätzfehler asymptotisch verschwindet).

d) Wenn $u_s(t)$ und $w(t)$ kompatible Signale sind (d.h. wenn sie über die Systemgleichungen der Regelstrecke miteinander verknüpft sind: $\dot{x}_{\text{nom}}(t) = Ax_{\text{nom}}(t) + Bu_s(t)$, $w(t) = Cx_{\text{nom}}(t)$), entspricht $z(t)$ einer Schätzung des Zustandsfehlers $\Delta x(t) = x(t) - x_{\text{nom}}(t)$, welcher mit dem Zustandsregler auf null geregelt werden soll.

e) Andernfalls hat der Zustandsvektor $z(t)$ des Beobachters keine physikalische Bedeutung. — Im klassischen Falle einer fehlenden Vorsteuerung (also $u_s(t) \equiv 0$) resultiert bei genügend hoher Bandbreite des Folgeregelungssystems ein "geeigneter" Vektor $z(t)$, so daß der Regler $u(t) = -Gz(t)$ einen Ausgangsvektor $y(t) \approx w(t)$ erzeugt.

6.3.2 LQG/LTR: eine Methode für den Entwurf robuster Regler

In diesem Unterkapitel behandeln wir eine Methode zur Auswahl der Beobachterverstärkungsmatrix H und der Zustandsrückführmatrix G, so daß ein robustes Mehrgrößen-Folgeregelungssystem resultiert, welches gewisse quantitative Spezifikationen erfüllt. Sie wird LQG/LTR-Methode genannt, da sie je eine algebraische Matrix-Riccati-Gleichung eines Kalman-Bucy-Filters und eines LQ-Regulators verwendet (LQG für "linear quadratic Gaussian") und da sich die guten Robustheitseigenschaften des optimalen Beobachters (bzw. des optimalen zustandsgeregelten Systems) mit einem Grenzübergang beim LQ-Regulator (bzw. beim Kalman-Bucy-Filter) auch für das Regelsystem mit Ausgangsrückführung ergeben (LTR für "loop transfer recovery").

Um ein Regelsystem mit einer Bandbreite ω_1 zu erhalten, gehen wir in den folgenden Schritten vor:

1) Modellieren der Regelstrecke

   Resultat: Zustandsraummodell $\dot{\widetilde{x}}_s(t) = \widetilde{A}_s\widetilde{x}_s(t) + \widetilde{B}_s\widetilde{u}_s(t)$, $\widetilde{y}(t) = \widetilde{C}_s\widetilde{x}_s(t)$ mit $\widetilde{x}_s(t) \in R^{n_s}$, $\widetilde{u}_s(t) \in R^m$ und $\widetilde{y}(t) \in R^p$.

   Annahmen:

   A) Das Zustandsraummodell ist vollständig steuerbar und vollständig beobachtbar.

   B) Die Anzahl m der Stellgrößen ist mindestens so groß wie die Anzahl p der zu regelnden Größen, $m \geq p$ (vgl. Kap. 6.3.3).

   C) Das Zustandsraummodell modelliert das Eingangs-Ausgangs-Verhalten mindestens bis zur Kreisfrequenz $10\omega_p$ repräsentativ (vgl. Schritt 4, Anmerkung C).

   D) Das System ist minimalphasig (d.h. alle Nullstellen haben negativen Realteil, s. Kap. 2.4).

2) Skalieren des Modells

   Das physikalische Zustandsraummodell wird skaliert, indem alle physikalischen Signale durch bezogene, dimensionslose Signale ersetzt werden, welche typischerweise von der Größenordnung 1 sind (s. Abschn. 4.2.4 C).

   Resultat: Skaliertes Zustandsraummodell $\dot{x}_s(t) = A_s x_s(t) + B_s u_s(t)$, $y(t) = C_s x_s(t)$ mit $x_s(t) \in R^{n_s}$, $u_s(t) \in R^m$ und $y(t) \in R^p$.

3) Erweitern der Regelstrecke

   Falls nötig erweitern wir die Regelstrecke am Eingang, z.B. mit PI- oder I-Elementen, damit z.B. eine Forderung nach verschwindenden stationären Nachlauffehlern erfüllt werden kann (unendlich große Kreisverstärkung des Regelsystems bei $\omega = 0$).

   Resultat: Zustandsraummodell $\dot{x}(t) = Ax(t) + Bu(t)$, $y(t) = Cx(t)$ mit $x(t) \in R^n$, $u(t) \in R^m$ und $y(t) \in R^p$, wobei die obigen Annahmen A–D gültig bleiben. (Vgl. Abschn. 5.3.3 D).

4) Aufstellen der Spezifikationen

Für die Singularwerte der Kreisverstärkungsmatrix $L_e(j\omega) = G(j\omega)K(j\omega)$ und der Kreisverstärkungsdifferenzmatrix $D_e(j\omega) = I + L_e(j\omega)$ stellen wir Spezifikationen auf: untere Schranke für $\underline{\sigma}(L_e(j\omega))$ im Paßband, untere Schranke für $\underline{\sigma}(D_e(j\omega))$ im Durchtrittsbereich und obere Schranke für $\overline{\sigma}(L_e(j\omega))$ im Sperrband ("verbotene Zonen").

Das Bild 6.5 veranschaulicht die aufzustellenden Spezifikationen für ein Folgeregelungssystem, welches keine stationären Nachlauffehler auf konstante Führungsgrößen aufweisen darf (integrierendes Verhalten des Reglers oder der Regelstrecke).

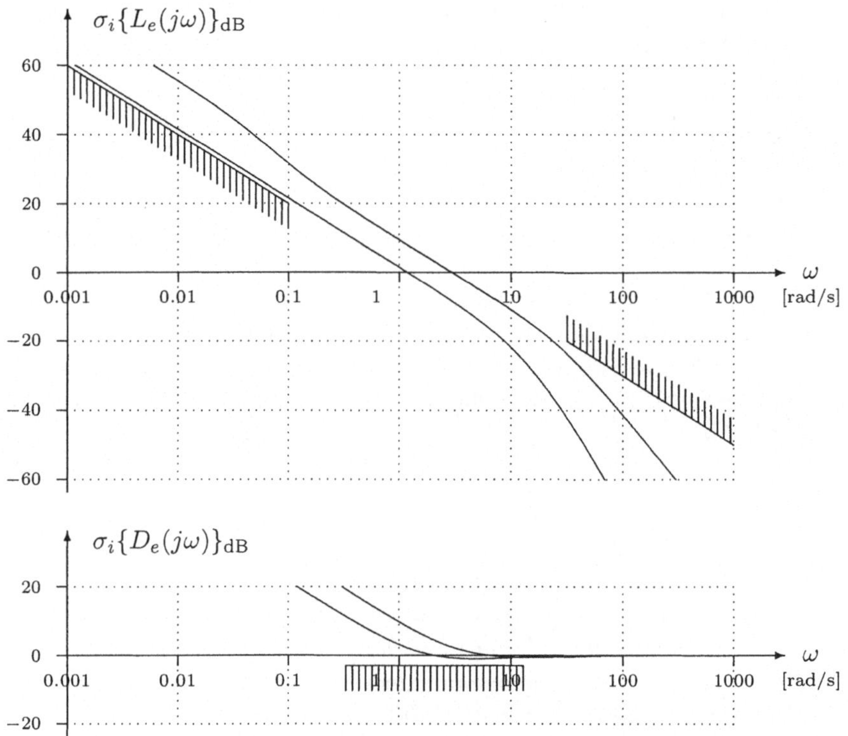

Bild 6.5. Spezifikationen für die Singularwerte der Kreisverstärkungs- und der Kreisverstärkungsdifferenzmatrix und zulässige Singularwertverläufe

Anmerkungen:

A) Paßband: Für Frequenzen im Paßband ist die Kreisverstärkung viel größer als eins und die Folgeregelung für harmonische Führungsgrößen entsprechend gut.

B) Sperrband: Für Frequenzen im Sperrband ist die Kreisverstärkung viel kleiner als eins. Harmonische Führungsgrößen haben praktische keine Auswirkungen auf die Ausgangsgrößen (Tiefpaßcharakter des Folgeregelungssystems).

C) Durchtrittsbereich: Mit ω_1 [ω_p] bezeichnen wir die Durchtrittsfrequenz des kleinsten [größten] Singularwerts der Kreisverstärkungsmatrix durch die 0-dB-Linie: $\underline{\sigma}(L_e(j\omega_1))=1$ [$\overline{\sigma}(L_e(j\omega_p))=1$, vgl. Schritt 1, Annahme C]. Die Durchtrittsfrequenz ω_1 bezeichnen wir als Bandbreite des Folgeregelungssystems.

D) Robustheit im Sperrband: Mit der Spezifikation erreichen wir hohe Robustheit gegenüber nicht-modellierter Dynamik (z.B. mechanische Strukturresonanzen) bei hohen Frequenzen $\omega > 10\omega_p$ (vgl. Schritt 1, Annahme C).

E) Robustheit im Durchtrittsbereich: Mit dieser Spezifikation erzwingen wir eine gute Robustheit im Bereich der Durchtrittsfrequenzen $\omega_1 \ldots \omega_p$, also z.B. gegenüber nicht-modellierten Totzeiten am Eingang der Regelstrecke. (Im skalaren Fall $p = 1$ spezifizieren wir den minimalen Abstand der Nyquistkurve vom kritischen Punkt $-1+j0$.)

F) In der Spezifikation für die Singularwerte der Kreisverstärkungsmatrix müssen die beiden Punkte +20 dB und −20 dB etwa zwei Frequenzdekaden auseinander liegen, damit eine vernünftige Robustheit im Durchtrittsbereich möglich wird.

5) Entwerfen eines loop shaping Kalman-Bucy-Filters

Wir verwenden die algebraische Matrix-Riccati-Gleichung eines Kalman-Bucy-Filters, um die Beobachterverstärkungsmatrix H zu bestimmen.

Entwurfsparameter: Skalare $\mu > 0$, $\beta_F \geq 1$ und Matrix B_ξ (meist: $B_\xi = B$).

Ziel: Die Singularwerte der Kreisverstärkungsmatrix $L_F(j\omega) = C[j\omega I - A]^{-1}H$ erfüllen die entsprechenden Spezifikationen im Paßband mit etwas Reserve (z.B. 3 dB).

6) Entwerfen eines LQ-Regulators

Wir verwenden die algebraische Matrix-Riccati-Gleichung eines LQ-Regulators, um die Zustandsrückführmatrix G zu bestimmen.

Entwurfsparameter: Skalar $\rho > 0$ und Matrizen $Q_y > 0$, $R_1 > 0$ (meist: $Q_y = I_p$, $R_1 = I_m$).

Ziel: Die Singularwerte der Kreisverstärkungsmatrix $L_e(j\omega)$ und der Kreisverstärkungsdifferenzmatrix $D_e(j\omega)$ des Folgeregelungssystems erfüllen alle Spezifikationen.

7) Realisieren des Reglers

Der für die ursprüngliche physikalische Regelstrecke (mit den Systemmatrizen $\widetilde{A}_s$, $\widetilde{B}_s$, $\widetilde{C}_s$) zu realisierende Regler besteht aus der Serieschaltung der folgenden Elemente (aufgezählt von seinem Eingang bis zu seinem Ausgang):

- Umskalierung vom physikalischen Vektor der Regelabweichung $\widetilde{e}_i$ auf die bezogenen, dimensionslosen Regelabweichungen e_i
- Kompensator mit der Übertragungsmatrix $K(s)$ bzw. den Systemmatrizen $A-BG-HC$, $-H$ und $-G$ seines Zustandsraummodells
- Systemerweiterung entsprechend Schritt 3.
- Umskalierung vom Vektor der bezogenen, dimensionslosen Stellsignale u_i auf den Vektor der physikalischen Stellsignale $\widetilde{u}_i$ der Regelstrecke.

Im Schritt 5 wird das folgende fiktive stochastische System betrachtet:

$$\begin{aligned} \dot{x}(t) &= Ax(t) + B_\xi \xi(t) \\ y(t) &= Cx(t) + \vartheta(t) \ . \end{aligned}$$

Dabei sind A und C die Systemmatrizen der skalierten erweiterten Regelstrecke. Die beiden Größen $\xi(t) \in R^\ell$ und $\vartheta(t) \in R^p$ sind fiktive, unkorrelierte, weiße Vektor-Zufallsprozesse mit den Matrizen der spektralen Leistungsdichten $\mu\Theta_1 > 0 \in R^{p\times p}$ bzw. $\Xi > 0 \in R^{\ell\times\ell}$. Die Matrix $B_\xi \in R^{n\times\ell}$ ist die Eingangsmatrix des fiktiven Eingangssignals $\xi(t)$. (Vgl. Kap. 8–11.) Voraussetzung: $[A, B_\xi]$ vollständig steuerbar.

Die Zahl $\mu > 0$ und die Matrizen B_ξ, $\Xi > 0$ und $\Theta_1 > 0$ sind freie Parameter für den Entwurf des loopshaping Kalman-Bucy-Filters. Aus Robustheitsgründen setzen wir

$$\Theta_1 = I \in R^{p\times p}$$

und ohne Verlust an Allgemeinheit können wir

$$\Xi = I \in R^{\ell\times\ell}$$

wählen. Als echte Entwurfsparameter verbleiben die positive Zahl μ und die Eingangsmatrix B_ξ (inkl. deren Anzahl ℓ der Kolonnen). Die Zahl μ steuert die Bandbreite des Kalman-Bucy-Filters. Für die Matrix B_ξ treffen wir meistens die Wahl $B_\xi = B$. Sie kann aber auch dazu verwendet werden, um z.B. den Abstand der Singularwerte der Kreisverstärkungsmatrix zu beeinflussen.

Für die obige Wahl von Θ_1 und Ξ erhalten wir die folgende algebraische Matrix-Riccati-Gleichung des Kalman-Bucy-Filters:

$$0 = \Sigma A^{\mathrm{T}} + A\Sigma - \frac{1}{\mu\beta_{\mathrm{F}}}\Sigma C^{\mathrm{T}} C\Sigma + B_\xi B_\xi^{\mathrm{T}} \ .$$

Dabei ist der Faktor $\beta_{\mathrm{F}} \geq 1$ ein zusätzlicher Parameter zur Erhöhung der Robustheit des Kalman-Bucy-Filters gegenüber dem (im stochastischen Sinne optimalen) Nominalfall mit $\beta_{\mathrm{F}} = 1$, (vgl. Kap. 9.5 und dual dazu Kap. 5.3.3 C). Der Autor wählt meistens $\beta_{\mathrm{F}} = 2$.

Die gesuchte Beobachterverstärkungsmatrix H ergibt sich aus der Gleichung:

$$H = \Sigma_\infty C^\mathrm{T} \frac{1}{\mu} ,$$

wobei Σ_∞ die einzige symmetrische, positiv-definite Lösung der obigen algebraischen Matrix-Riccati-Gleichung ist.

Die Kreisverstärkungsmatrix des Kalman-Bucy-Filters ist

$$L_\mathrm{F}(j\omega) = C[j\omega I - A]^{-1} H .$$

Ihre Singularwerte vergleichen wir im Schritt 5 mit den Spezifikationen für die Singularwerte der Kreisverstärkungsmatrix $L_e(j\omega)$.

Im Schritt 6 wird das folgende fiktive Optimierungsproblem betrachtet:

$$\dot{x}(t) = Ax(t) + Bu(t)$$
$$x(0) = x_0$$
$$J(u) = \int_0^\infty \left[x^\mathrm{T}(t) C^\mathrm{T} Q_y C x(t) + \rho u^\mathrm{T}(t) R_1 u(t)\right] dt .$$

Dabei sind A, B und C die Systemmatrizen der skalierten erweiterten Regelstrecke. Die Zahl $\rho > 0$ und die symmetrischen, positiv-definiten Matrizen $Q_y \in R^{p\times p}$ und $R_1 \in R^{m\times m}$ sind freie Parameter des Loop-Transfer-Recovery LQ-Regulators.

Die gesuchte Zustandsrückführmatrix G ergibt sich aus der Gleichung

$$G = \frac{1}{\rho} R_1^{-1} B^\mathrm{T} K_\infty ,$$

wobei K_∞ die einzige symmetrische, postiv-definite Lösung der folgenden algebraischen Matrix-Riccati-Gleichung ist:

$$0 = -A^\mathrm{T} K - KA + \frac{1}{\rho} KBR_1^{-1} B^\mathrm{T} K - C^\mathrm{T} Q_y C .$$

Meistens wählen wir

$$R_1 = I \in R^{m\times m} \quad \text{und} \quad Q_y = I \in R^{p\times p} .$$

Als echter Entwurfsparameter verbleibt die positive Zahl ρ. Man kann zeigen, daß die Kreisverstärkungsmatrix $L_e(j\omega)$ des Folgeregelungssystems für $\rho \downarrow 0$ asymptotisch gegen die Kreisverstärkungsmatrix $L_\mathrm{F}(j\omega)$ des loop shaping Kalman-Bucy-Filters strebt.

Mit anderen Worten: Für $\rho \downarrow 0$ erhalten wir asymptotisch für das Folgeregelungssystem die hohe Robustheit eines Kalman-Bucy-Filters ($\underline{\sigma}(D_\mathrm{F}(j\omega)) \geq 1$ für alle Kreisfrequenzen ω). Natürlich werden wir ρ nur etwa so klein wählen, daß die Spezifikationen für die Kreisverstärkungsdifferenzmatrix $D_e(j\omega)$ erfüllt sind (vgl. Bild 6.5), damit die Elemente der Rückführmatrix G nicht zu groß werden.

6.3.3 Kommentare

A) Minimalphasigkeit

Wie oben vermerkt, gilt

$$\lim_{\rho\downarrow 0} L_e(j\omega) = \lim_{\rho\downarrow 0} G(j\omega)K(j\omega) = L_{\mathrm{F}}(j\omega) = C[j\omega I - A]^{-1}H$$

und somit

$$\lim_{\rho\downarrow 0} K(j\omega) = \left[C[j\omega I - A]^{-1}B\right]^{-1} C[j\omega I - A]^{-1}H\ .$$

Mit anderen Worten: Die Dynamik der Regelstrecke wird am Ausgang des Kompensators $K(s)$ invertiert. Diese Inversion ist (perfekt) nur möglich, wenn die Regelstrecke, wie vorausgesetzt, keine Nullstellen in der abgeschlossenen rechten Halbebene hat.

Wenn die Regelstrecke nicht-minimalphasige Nullstellen hat, deren Beträge aber deutlich im Sperrband liegen, ist es im Loop-Transfer-Recovery Schritt trotzdem möglich, die geforderten Spezifikationen für die Robustheit des Folgeregelungssystems (ausgedrückt durch $\underline{\sigma}(D_e(j\omega))$ im Durchtrittsbereich) zu erreichen.

B) Anzahl der Freiheitsgrade; duale LQG/LTR-Methode

Wir haben vorausgesetzt, daß die Anzahl m der Stellgrößen mindestens so groß ist wie die Anzahl p der zu regelnden Größen (vgl. Schritt 1, Annahme B). In der Tat macht i.allg. der Versuch keinen Sinn, mit m Stellgrößen gleichzeitig $p > m$ Ausgangsgrößen zu einem beliebig gewünschten Verlauf zu zwingen. Dies macht nur dann einen Sinn, wenn die offenbar in den Ausgangsgrößen vorhandenen Abhängigkeiten korrekt berücksichtigt werden. — Beispiel (Servoproblem): $\dot{x}_1(t) = x_2(t)$, $\dot{x}_2(t) = u(t)$, $y_1(t) = x_1(t)$ (Positionsmessung), $y_2(t) = x_2(t)$ (Geschwindigkeitsmessung). Das Folgeregelungsproblem ist dann und nur dann sinnvoll, wenn zwischen den beiden Führungsgrößen $w_1(t) = y_{1,\mathrm{soll}}(t)$ und $w_2(t) = y_{2,\mathrm{soll}}(t)$ der Zusammenhang $w_2(t) \equiv \dot{w}_1(t)$ gilt.

Im Fall $p > m$ ist die duale LQG/LTR-Methode anzuwenden. Die Schritte 5 und 6 der LQG/LTR-Methode laufen dabei neu wie folgt ab:

5′) Entwerfen eines loop shaping LQ-Regulators

Matrix-Riccati-Gleichung: $0 = -A^{\mathrm{T}}K - KA + \dfrac{1}{\rho\beta_{\mathrm{R}}}KBB^{\mathrm{T}}K - N^{\mathrm{T}}N$

Voraussetzung: System $[A, N]$ vollständig beobachtbar

Rückführmatix: $G = \dfrac{1}{\rho}B^{\mathrm{T}}K_{\infty}$

Entwurfsparameter: Skalare $\rho > 0$, $\beta_{\mathrm{R}} \geq 1$ und Matrix N (meist: $N = C$)

Ziel: Die Singularwerte der Kreisverstärkungsmatrix $L_{\mathrm{R}}(j\omega) = G[j\omega I - A]^{-1}B$ erfüllen die entsprechenden Spezifikationen im Paßband mit etwas Reserve (z.B. 3 dB).

6′) Entwerfen eines Kalman-Bucy-Filters

Matrix-Riccati-Gleichung: $0 = A\Sigma + \Sigma A^{\mathrm{T}} - \frac{1}{\mu}\Sigma C^{\mathrm{T}}\Theta_1^{-1}C\Sigma + BQ_u B^{\mathrm{T}}$

Beobachterverstärkungsmatrix: $H = \Sigma_\infty C^{\mathrm{T}}\Theta_1^{-1}\frac{1}{\mu}$

Entwurfsparameter: Skalar $\mu > 0$ und Matrizen $\Theta_1 > 0$, $Q_u > 0$ (meist: $\Theta_1 = I_p$, $Q_u = I_m$)

Ziel: Die Singularwerte der Kreisverstärkungsmatrix $L_u(j\omega) = K(j\omega)G(j\omega)$ und der Kreisverstärkungsdifferenzmatrix $D_u(j\omega) = I + L_u(j\omega)$ des Folgeregelungssystems erfüllen alle Spezifikationen.

C) Rolle der Matrix B_ξ (bzw. N)

Die Rolle der Matrix B_ξ wird am besten ersichtlich, wenn der Entwurfsparameter μ für das loop shaping Kalman-Bucy-Filter sehr klein gewählt werden muß. Für die Singularwerte gilt nämlich:

$$\lim_{\mu \downarrow 0} \sigma_i(L_{\mathrm{F}}(j\omega)) = \sigma_i\left(C[j\omega I - A]^{-1}B_\xi\frac{1}{\sqrt{\mu}}\right) .$$

Für die duale LQG/LTR-Methode gilt analog:

$$\lim_{\rho \downarrow 0} \sigma_i(L_{\mathrm{R}}(j\omega)) = \sigma_i\left(N[j\omega I - A]^{-1}B\frac{1}{\sqrt{\rho}}\right) .$$

Durch geschickte Wahl der Matrix B_ξ (bzw. N) kann somit der Abstand zwischen dem größten und dem kleinsten Singularwert der Kreisverstärkungsmatrix in einem gewissen Frequenzbereich (z.B. $\omega \approx 0$) “gesteuert” werden.

6.4 Fallstudie: Ottomotor

In diesem Unterkapitel betrachten wir einen Ottomotor eines Automobils im stationären Betrieb bei einer Motordrehzahl von 900 U/min und einem Lastdrehmoment von 10 Nm. Seine Drosselklappe wird elektromotorisch betätigt. Die drei Stellgrößen sind die Sollposition der Drosselklappe, die Einspritzmenge (genauer: ein Korrekturfaktor für das Kraftstoff-zu-Luft-Verhältnis) und der Zündzeitpunkt. Die zu steuernden und zu regelnden Größen sind die Motordrehzahl (aufgrund einer Interpretation der Bewegung des Gaspedals durch den Fahrer) und die Luftzahl für eine stöchiometrische Verbrennung (damit der Dreiwegekatalysator einwandfrei funktioniert).

Wir interessieren uns hier nur für die einer Vorsteuerung überlagerten Regelung. Dementsprechend sind die für unser Problem relevanten Eingangssignale die Korrekturen der Drosselklappen-Sollposition, $\widetilde{u}_1(t) = \Delta\alpha_{\text{DK,soll}}(t)$, des Anreicherungsfaktors der Einspritzung, $\widetilde{u}_2(t) = \Delta F_\lambda(t)$, und die Änderung des Zündzeitpunkts, $\widetilde{u}_3(t) = \Delta\alpha_Z(t)$. Die Ausgangssignale sind der Drehzahlfehler, $\widetilde{y}_1(t) = \Delta n(t)$, und die Abweichung des Lambdasondensignals vom Nominalwert (der einer stöchiometrischen Verbrennung entspricht), $\widetilde{y}_2(t) = \Delta\lambda(t)$.

Für den modellbasierten Entwurf eines robusten Mehrgrößenreglers verwenden wir ein linearisiertes Modell der Regelstrecke vierter Ordnung [7].

Die vier physikalischen Zustandsvariablen des linearisierten Modells sind die Abweichung der wahren Drosselklappenposition von ihrem Nominalwert von 6°, $\widetilde{x}_1(t) = \Delta\alpha_{\text{DK,ist}}(t)$, die Abweichung des Saugrohrdrucks von seinem Nominalwert von 0.44 bar, $\widetilde{x}_2(t) = \Delta p_s(t)$, die Abweichung der Motordrehzahl von 900 U/min, $\widetilde{x}_3(t) = \Delta n(t)$, und die Abweichung der gemessenen Luftzahl von 1, $\widetilde{x}_4(t) = \Delta\lambda(t)$.

Als Störgröße betrachten wir die Änderung $\widetilde{v}(t) = \Delta M_L(t)$ des Lastdrehmoments.

In diesem Unterkapitel entwerfen wir mit der LQG/LTR-Methode einen robusten Mehrgrößenregler, welcher insbesondere eine akzeptable Antwort auf einen großen Lastsprung von +40 Nm aufweisen soll. Dabei ist vor allem der transiente Drehzahleinbruch wichtig. (Der Fahrer nimmt Drehzahländerungen akustisch wahr. Zudem würde der ungeregelte Motor bei einem solchen Lastsprung sogar ausgehen.)

Skaliertes Modell der Regelstrecke: Für die bezogenen, dimensionslosen Zustandssignale $x_i(t)$ und Stellsignale $u_{si}(t)$ und die Störgröße $v(t)$

$$\begin{aligned}
x_1(t) &= \widetilde{x}_1(t)\,/\,1^\circ \\
x_2(t) &= \widetilde{x}_2(t)\,/\,0.05\,\text{bar} \\
x_3(t) &= \widetilde{x}_3(t)\,/\,200\,\text{U/min} \\
x_4(t) &= \widetilde{x}_4(t)\,/\,0.05 \\
u_{s1}(t) &= \widetilde{u}_{s1}(t)\,/\,1^\circ \\
u_{s2}(t) &= \widetilde{u}_{s2}(t)\,/\,0.05 \\
u_{s3}(t) &= \widetilde{u}_{s3}(t)\,/\,1.44^\circ\text{KW} \\
v(t) &= \widetilde{v}(t)\,/\,40\,\text{Nm}
\end{aligned}$$

ist das folgende linearisierte Zustandsraummodell des Ottomotors ermittelt worden:

$$
\begin{bmatrix} \dot{x}_1(t) \\ \dot{x}_2(t) \\ \dot{x}_3(t) \\ \dot{x}_4(t) \end{bmatrix} = \begin{bmatrix} -25 & 0 & 0 & 0 \\ 5.22 & -4 & -8.24 & 0 \\ 3.09 & 1.91 & -3.07 & 0 \\ -7.68 & 5.89 & 12.1 & -2.1 \end{bmatrix} \begin{bmatrix} x_1(t) \\ x_2(t) \\ x_3(t) \\ x_4(t) \end{bmatrix}
+ \begin{bmatrix} 25 & 0 & 0 \\ 0 & 0 & 0 \\ 0 & 0.846 & 0.562 \\ 0 & -2.1 & 0 \end{bmatrix} \begin{bmatrix} u_{s1}(t) \\ u_{s2}(t) \\ u_{s3}(t) \end{bmatrix} + \begin{bmatrix} 0 \\ 0 \\ -7.6 \\ 0 \end{bmatrix} v(t)
$$

$$
\begin{bmatrix} y_1(t) \\ y_2(t) \end{bmatrix} = \begin{bmatrix} 0 & 0 & 1 & 0 \\ 0 & 0 & 0 & 1 \end{bmatrix} \begin{bmatrix} x_1(t) \\ x_2(t) \\ x_3(t) \\ x_4(t) \end{bmatrix} .
$$

Systemerweiterung: Für ein konstantes Lastmoment und für konstante Fehler im Einspritzsystem fordern wir verschwindende stationäre Nachlauffehler der Drehzahl und der gemessenen Luftzahl. Zudem soll keine bleibende Zündzeitpunktkorrektur auftreten. Diese Forderungen können wir mit der Erweiterung der Regelstrecke mit je einem PI-Element an den Eingängen u_{s1} und u_{s2} erfüllen. Wir wählen für beide PI-Elemente eine Nachstellzeit von 0.5 s. Für die Systemerweiterung erhalten wir das Zustandsraummodell:

$$
\begin{bmatrix} \dot{x}_5(t) \\ \dot{x}_6(t) \end{bmatrix} = \begin{bmatrix} 0 & 0 \\ 0 & 0 \end{bmatrix} \begin{bmatrix} x_5(t) \\ x_6(t) \end{bmatrix} + \begin{bmatrix} 1 & 0 & 0 \\ 0 & 1 & 0 \end{bmatrix} \begin{bmatrix} u_1(t) \\ u_2(t) \\ u_3(t) \end{bmatrix}
$$

$$
\begin{bmatrix} u_{s1}(t) \\ u_{s2}(t) \\ u_{s3}(t) \end{bmatrix} = \begin{bmatrix} 2 & 0 \\ 0 & 2 \\ 0 & 0 \end{bmatrix} \begin{bmatrix} x_5(t) \\ x_6(t) \end{bmatrix} + \begin{bmatrix} 1 & 0 & 0 \\ 0 & 1 & 0 \\ 0 & 0 & 1 \end{bmatrix} \begin{bmatrix} u_1(t) \\ u_2(t) \\ u_3(t) \end{bmatrix} .
$$

Das für den Entwurf des dynamischen Mehrgrößenreglers benötigte Zustandsraummodell

$$
\begin{aligned} \dot{x}(t) &= Ax(t) + Bu(t) \\ y(t) &= Cx(t) \end{aligned}
$$

hat somit die folgenden Systemmatrizen (vgl. Kap. 5.3.3 D):

$$
A = \begin{bmatrix} -25 & 0 & 0 & 0 & 50 & 0 \\ 5.22 & -4 & -8.24 & 0 & 0 & 0 \\ 3.09 & 1.91 & -3.07 & 0 & 0 & 1.692 \\ -7.68 & 5.89 & 12.1 & -2.1 & 0 & -4.2 \\ 0 & 0 & 0 & 0 & 0 & 0 \\ 0 & 0 & 0 & 0 & 0 & 0 \end{bmatrix} \quad B = \begin{bmatrix} 25 & 0 & 0 \\ 0 & 0 & 0 \\ 0 & 0.846 & 0.562 \\ 0 & -2.1 & 0 \\ 1 & 0 & 0 \\ 0 & 1 & 0 \end{bmatrix}
$$

$$
C = \begin{bmatrix} 0 & 0 & 1 & 0 & 0 & 0 \\ 0 & 0 & 0 & 1 & 0 & 0 \end{bmatrix} .
$$

Spezifikationen: Nebst dem bereits diskutierten integrierenden Verhalten fordern wir eine Bandbreite des Regelsystems von 1 rad/s. Für die Singularwertverläufe der Kreisverstärkungsmatrix $L_e(j\omega)$ und der Kreisverstärkungsdifferenzmatrix $D_e(j\omega)$ legen wir deshalb fest:

$$\begin{aligned} \sigma_i(L_e(j\omega)) &\geq \frac{1}{\omega} && \text{für } \omega \leq 0.1\,\text{rad/s} \\ \sigma_i(L_e(j\omega)) &\leq \frac{3}{\omega} && \text{für } \omega \geq 30\,\text{rad/s} \\ \sigma_i(D_e(j\omega)) &\geq 0.7 && \text{für } 0.3 \leq \omega \leq 10\,\text{rad/s}\ . \end{aligned}$$

Diese Spezifikationen sind im Bild 6.5 bereits dargestellt worden. (0.7 entspricht −3 dB.)

Entwurf des Beobachters: Wenn wir routinemäßig $\beta_F = 2$ und $B_\xi = B$ wählen, reicht bereits $\mu = 3$, um die Singularwertverläufe der Kreisverstärkungsmatrix $L_F(j\omega)$ genügend hoch zu legen; s. Bild 6.6. (In typischeren Aufgaben müssen wir $\mu \ll 1$ wählen. Dies ist hier nicht der Fall, weil wir unter Berücksichtigung der zeitdiskreten Funktionsweise des Ottomotors eine recht tiefe Bandbreite spezifiziert haben.)

Es resultiert die Beobachter-Verstärkungsmatrix

$$H = \begin{bmatrix} 2.103 & -0.622 \\ -0.227 & -0.254 \\ 1.812 & -0.0337 \\ -0.0337 & 2.563 \\ 0.813 & 0.0801 \\ 0.0801 & -0.813 \end{bmatrix} .$$

Entwurf des Zustandsreglers: Wir wählen die Standardmatrizen $R_1 = I \in R^{3\times 3}$ und $Q_y = I \in R^{2\times 2}$. Den Loop-Transfer-Recovery Parameter ρ wählen wir kleiner als von den Spezifikationen her unbedingt nötig wäre, um eine möglichst hohe Robustheit des Folgeregelungssystems zu erreichen. Für $\rho = 10^{-3}$ erhalten wir die Zustandsrückführmatrix

$$G = \begin{bmatrix} 2.227 & 3.993 & 11.86 & -10.69 & 1.870 & 0.1032 \\ 1.301 & -4.270 & 3.420 & -26.17 & 0.0534 & 1.874 \\ 0.2664 & 4.918 & 29.18 & 10.82 & 0.0073 & -0.0354 \end{bmatrix} .$$

Das Bild 6.6 zeigt die resultierenden Singularwertverläufe der Kreisverstärkungsmatrix $L_e(j\omega)$ und der Kreisverstärkungsdifferenzmatrix $D_e(j\omega)$ des Folgeregelungssystems.

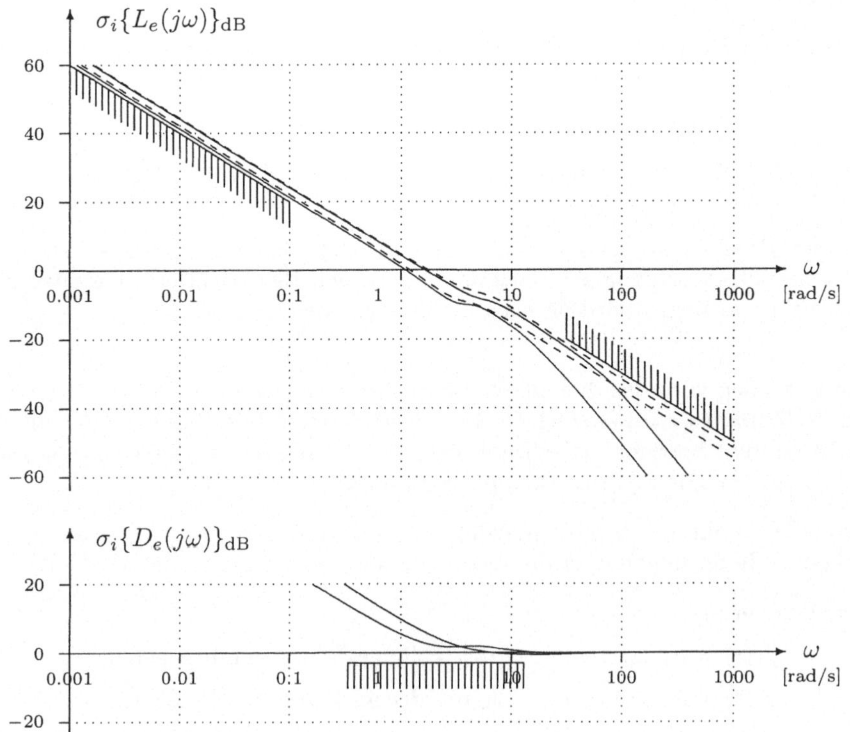

Bild 6.6. Singularwerte der Kreisverstärkungs- und der Kreisverstärkungsdifferenzmatrix des Folgeregelungssystems (gestrichelt: Singularwerte der Kreisverstärkungsmatrix des loop-shaping Kalman-Bucy-Filters)

Realisierung des Reglers: Der für den Ottomotor zu realisierende Regler hat die Übertragungsmatrix

$$\begin{aligned} G_{\mathrm{R}}(s) &= T_u G_e(s) K(s) T_y^{-1} \\ &= T_u\{C_e[sI - A_e]^{-1} B_e + D_e\} G[sI - A + BG + HC]^{-1} H T_y^{-1} \,. \end{aligned}$$

Dabei sind T_u und T_y die diagonalen Skalierungsmatrizen (Diagonalelemente 1 [°], 0.05 und 1.44 [°KW] bzw. 200 U/min und 0.05) und A_e, B_e, C_e und D_e die für die Systemerweiterung mit zwei PI-Elementen oben angegebenen Systemmatrizen.

Für die Serieschaltung dieser vier Subsysteme erhalten wir ein Zustandsraummodell achter Ordnung mit den folgenden Systemmatrizen:

$$A_\mathrm{R} = \begin{bmatrix} A - BG - HC & 0 \\ -B_eG & A_e \end{bmatrix} \qquad B_\mathrm{R} = \begin{bmatrix} -HT_y^{-1} \\ 0 \end{bmatrix}$$

$$C_\mathrm{R} = [\ -T_uD_eG \quad T_uC_e\ ] \qquad D_\mathrm{R} = 0\ .$$

Beachte: Die Matrizen A_R, B_R, C_R und D_R haben die Dimensionen 8 mal 8, 8 mal 2, 3 mal 8 bzw. 3 mal 2.

In der Praxis wird man diesen Regler als digitalen Regler realisieren. Das Thema der Umsetzung eines zeitkontinuierlichen Reglers in einen äquivalenten zeitdiskreten Regler wird im Kap. 12.6.1 behandelt.

Im folgenden wird das dynamische Verhalten des geregelten Ottomotors untersucht. Zunächst wird er stationär in seinem einleitend beschriebenen nominalen Arbeitspunkt betrieben (Drehzahl 900 U/min, Saugrohrdruck 0.44 bar, stöchiometrisches Gemisch, Drosselklappenposition 6°, Lastdrehmoment 10 Nm).

Zum Zeitpunkt $t = 0$ wird plötzlich das Lastdrehmoment von 10 auf 50 Nm erhöht. Die Sprungantwort des Ottomotors ist im Bild 6.7 aufgezeichnet.

Zur Erinnerung:

$x_1(t)$ = Änderung der Drosselklappen-Istposition bezogen auf 1°

$x_2(t)$ = Änderung des Saugrohrdrucks bezogen auf 0.05 bar

$x_3(t)$ = Änderung der Motordrehzahl bezogen auf 200 U/min

$x_4(t)$ = Änderung der Luftzahl λ bezogen auf 0.05

$u_{s1}(t)$ = Änderung der Drosseklappen-Sollposition bezogen auf 1°

$u_{s2}(t)$ = Änderung des Anreicherungsfaktors bezogen auf 0.05

$u_{s3}(t)$ = Änderung des Zündzeitpunkts bezogen auf 1.44°KW

Die Antwort des Ottomotors auf diesen großen Lastsprung ist sowohl bezüglich der Transienten der Zustandsvariablen, als auch bezüglich der Größe der verwendeten Korrektur-Stellsignale als sehr gut zu bezeichnen. — Allerdings sind in dieser Simulation die Totzeiten des Ottomotors nicht berücksichtigt, welche aus der zeitdiskreten Arbeitsweise des Viertaktmotors resultieren.

Das Bild 6.8 zeigt die simulierte Sprungantwort des Ottomotors, wobei alle Transporttotzeiten im Ottomotor korrekt berücksichtigt sind.

Aufgrund der Totzeiten sind die Transienten der Drehzahl und des Lambdasondensignals schlechter geworden. Sie sind aber immer noch akzeptabel. (In der Realität treten keine mathematisch sprunghaften Änderungen des Lastdrehmoments auf, sondern tiefpaßgefilterte Versionen davon.) Eine Verbesserung wäre dadurch zu erreichen, daß die Unterschiede der Totzeiten der Luft- und

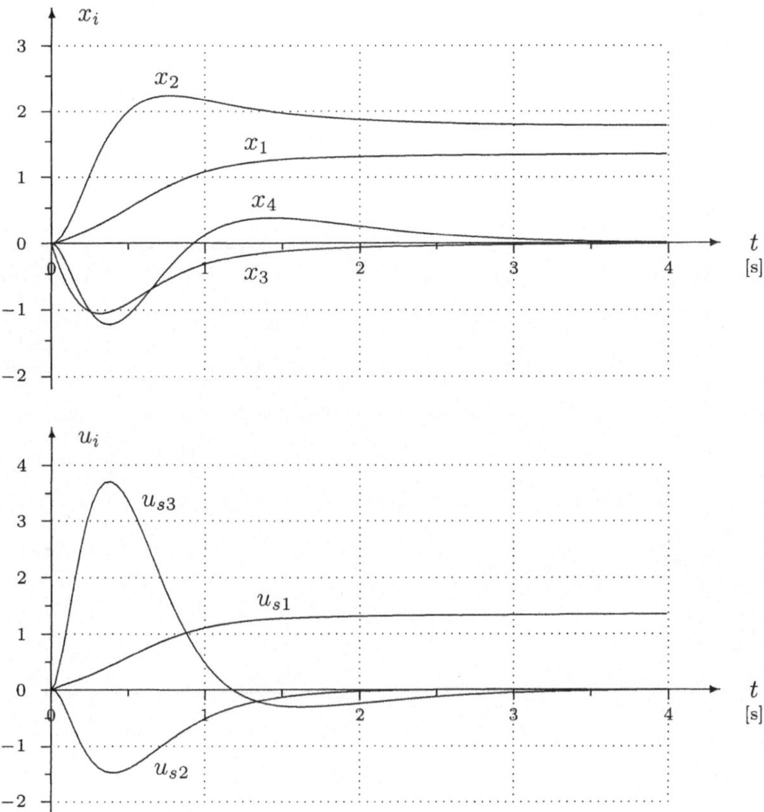

Bild 6.7. Antwort des Ottomotors auf einen Lastsprung von 40 Nm (Totzeiten vernachlässigt)

der Benzinzufuhr in die Zylinder in der Regelungsstrategie kompensiert würden. Mit der elektromotorisch betätigten Drosselklappe ist dies möglich [8].

6.5 Literatur zu Kapitel 6

1. B. Friedland: *Control System Design: An Introduction to State Space Methods*. New York: McGraw-Hill 1986.
2. H. Kwakernaak, R. Sivan: *Linear Optimal Control Systems*. New York: Wiley-Interscience 1972.
3. B. D. O. Anderson, J. B. Moore: *Optimal Control: Linear Quadratic Methods*. Englewood Cliffs: Prentice-Hall 1990.
4. D. H. Jacobson, D. H. Martin, M. Pachter, T. Geveci: *Extension of Linear-Quadratic Control Theory*. Berlin: Springer 1980.

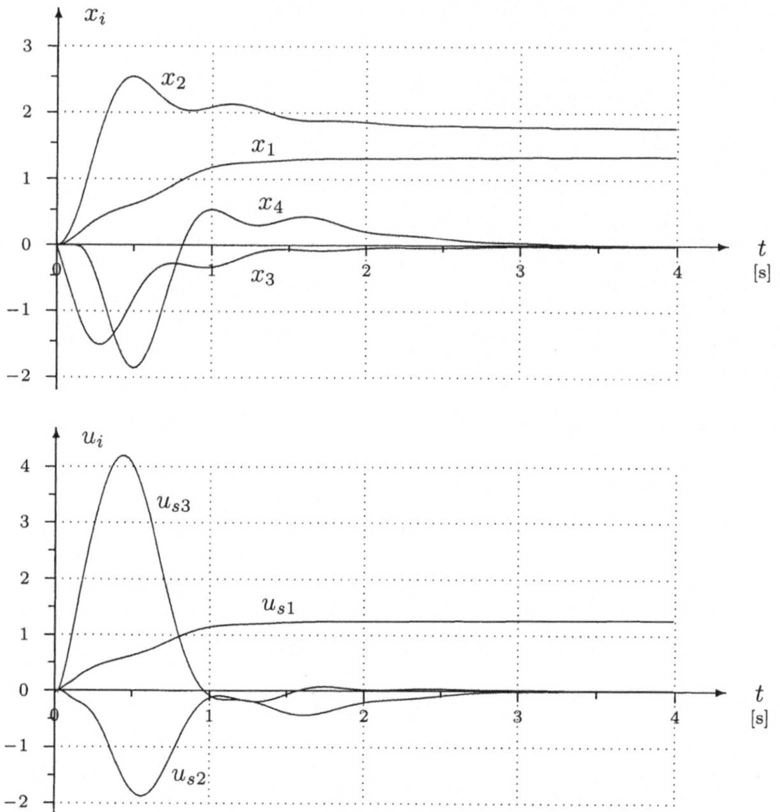

Bild 6.8. Antwort des Ottomotors auf einen Lastsprung von 40 Nm (Totzeiten berücksichtigt)

5. A. Weinmann: *Uncertain Models and Robust Control*. Wien: Springer 1991.

6. H. P. Geering: “Entwurf robuster Regler mit Hilfe von Singularwerten; Anwendung auf Automobilmotoren” in *GMA-Bericht Nr. 11: Robuste Regelung*. S. 125–145. Düsseldorf: VDI/VDE-Gesellschaft Meß- und Automatisierungstechnik 1986.

7. C. H. Onder: *Modellbasierte Optimierung der Steuerung und Regelung eines Automobilmotors*. Zürich: Eidgenössische Technische Hochschule, Diss. ETH Nr. 10323, 1993.

8. R. C. Turin: *Untersuchung modellbasierter, adaptiver Verfahren zur Kompensation der Gemischbildungsdynamik eines Ottomotors*. Zürich: Eidgenössische Technische Hochschule, Diss. ETH Nr. 9999, 1992.

6.6 Aufgaben zu Kapitel 6

1. Stelle für das System mit der Übertragungsfunktion $1/s^4$ einen vollständigen Zustandsbeobachter auf, dessen Pole bei $-2 \pm j \cdot 3$ und $-3 \pm j$ liegen.

2. Wir betrachten den Doppelintegrator mit den Systemgleichungen $\dot{x}_1(t) = x_2(t)$, $\dot{x}_2(t) = u(t)$, $y(t) = x_1(t)$. Zeichne ein detailliertes Signalflußbild eines vollständigen Zustandsbeobachters und schreibe seine Gleichungen in skalarer Form (statt Vektorform) an.

3. Wir betrachten wieder den Doppelintegrator von Aufg. 2. Da die Zustandsvariable $x_1(t)$ gemessen wird, können wir auf ihre Rekonstruktion in einem Beobachter verzichten. Konzipiere einen Beobachter minimaler Ordnung (also 1. Ordnung). Zeichne ein detailliertes Signalflußbild dieses Beobachters und schreibe seine Gleichungen in skalarer Form an.

4. Die Regelstrecke mit der Übertragungsfunktion $G(s) = 1/(s+1)(s+2)(s+3)$ ist im Kap. 3.2.3 mit einem P-Regler und im Kap. 5.3.4 mit einem Zustandsregler geregelt worden. Entwickle mit der LQG/LTR-Methode einen robusten dynamischen Regler dritter Ordnung, so daß die folgenden Spezifikationen erfüllt werden: a) Kreisverstärkung $\geq 40\,\text{dB}$ für $\omega = 0 \ldots 1\,\text{rad/s}$, b) Kreisverstärkung $\leq -20\,\text{dB}$ für $\omega \geq 100\,\text{rad/s}$, c) Kreisverstärkungsdifferenz $\geq -3\,\text{dB}$ für alle Kreisfrequenzen ω.

5. Gegeben ist die folgende Regelstrecke 2. Ordnung:

$$\begin{bmatrix} \dot{x}_1(t) \\ \dot{x}_2(t) \end{bmatrix} = \begin{bmatrix} 0 & 1 \\ 5 & 4 \end{bmatrix} \begin{bmatrix} x_1(t) \\ x_2(t) \end{bmatrix} + \begin{bmatrix} 0 \\ 1 \end{bmatrix} u(t) \qquad y(t) = \begin{bmatrix} 1 & 0 \end{bmatrix} \begin{bmatrix} x_1(t) \\ x_2(t) \end{bmatrix} .$$

   Die Strecke soll mit einem dynamischen Regler, bestehend aus einem vollständigen Zustandsbeobachter und einem Zustandsregler geregelt werden (vgl. Bild 6.4). — Bestimme die Beobachterverstärkungsmatrix H, so daß die Beobachterpole (Eigenwerte von $A - HC$) bei $-5 \pm j5$ und die Reglerverstärkungsmatrix G, so daß die Regulatorpole (Eigenwerte von $A - BG$) bei -3 und -4 liegen. Wie robust ist das Folgeregelungssystem? Ist es brauchbar? Vergleiche mit einem Regler, welcher mit der LQG/LTR-Methode entworfen wurde (Forderung: statische Kreisverstärkung ≈ 100).

7 Systembetrachtungen zum Messen und Stellen

In der Regelungstechnik wollen wir eine zeitkontinuierliche Regelstrecke mittels physikalischen Stellgrößen beeinflussen. Beispiele solcher Stellgrößen sind das Drehmoment [Nm] eines elektrischen Antriebsmotors in einer Werkzeugmaschine, die Heiz- oder Kühlleistung [W] eines Wärmetauschers in einem verfahrenstechnischen Prozeß usw. Wenn wir nicht nur steuern, sondern auch regeln wollen, d.h. einen Regelkreis schließen wollen, müssen wir relevante physikalische Größen der Regelstrecke messen. Beispiele solcher physikalischen Meßgrößen sind die Position [m] und die Geschwindigkeit [m/s] einer Koordinate einer Werkzeugmaschine, der Druck [bar] und die Temperatur [°C] an einer gewissen Stelle in einem verfahrenstechnischen Prozeß usw.

Zur Vereinfachung der Diskussion nehmen wir an, daß der Regler (oder allenfalls die Steuerung) auf analog-elektronischer oder digital-elektronischer Basis funktioniert. Die Eingangssignale des analogen Reglers sind elektrische Spannungen [V] oder Ströme [A], die den physikalischen Meßgrößen, Führungsgrößen oder Regelabweichungen entsprechen. Die Ausgangssignale des analogen Reglers sind elektrische Spannungen oder Ströme, die den physikalischen Stellgrößen entsprechen. Die zeitdiskreten und amplitudendiskreten Eingangs- und Ausgangssignale des digitalen Reglers sind Digitalzahlen einer gewissen Wortlänge (Anzahl Bits).

Im Fall des Messens sind offensichtlich für jedes einzelne Signal eine Wandlung (Erfassung) und eine eindeutige funktionale Zuordnung zwischen dem physikalischen Meßsignal und dem elektrischen Meßsignal bzw. den Digitalzahlen (Kalibrierung) erforderlich. Im Fall des Stellens gilt dual dasselbe.

Die Meßtechnik befaßt sich mit allen Aspekten des Messens. Dabei können wir zwischen den drei folgenden Ebenen unterscheiden:

Auf der systemtheoretischen Ebene befaßt sich die Meßtechnik etwa mit den folgenden Fragen: Wie funktioniert die konkrete Realisierung der Meßkette? (Das Eingangssignal der Meßkette ist die interessierende physikalische Meßgröße; das Ausgangssignal ist die elektrische Meßgröße bzw. die zeitdiskrete Folge von Digitalzahlen.) Welche einzelnen Wandlungsschritte umfaßt die Meßkette? Welche systematischen (deterministischen), quasi-zufälligen und/oder zufälligen (stochastischen) Fehler treten in jeder Wandlungsstufe auf? Wie ist das analoge oder digitale Signal skaliert und kalibriert? Welche dynamischen Verzögerungen ergeben sich in der Meßkette? Wie sind die analogen oder digitalen Signale zu filtern, damit der Einfluß der Meßfehler minimiert und die Dynamik der Meßkette möglichst vollständig kompensiert werden kann? Welche Möglichkeiten bestehen, um physikalische Signale der Regelstrecke dynamisch zu "rekonstruieren", welche in der konkreten Realisierung des Regelsystems nicht direkt gemessen werden (Zustandsschätzung, Estimation, Kalman-Bucy-Filter)? Welche mathematischen Modelle werden dafür benötigt?

Auf der anwendungstechnischen Ebene befaßt sich die Meßtechnik etwa mit den folgenden Fragen: Welche relevanten Größen der Regelstrecke will ich messen? Welche Bausteine für Meßketten (Sensoren, Wandler, Verstärker, A/D-Wandler, Signal- bzw. Datenübertragungsmittel) stehen für jede einzelne Meßgröße zur Verfügung? Wie sind die Kosten/Nutzenverhältnisse der in Frage kommenden Alternativen?

Auf der technologischen Ebene befaßt sich die Meßtechnik etwa mit den folgenden Fragen: Welche physikalischen Prinzipien können für die Wandlung einer konkreten physikalischen Größe in ein elektrisches Signal oder direkt in digitale Information herangezogen werden (Sensorik)? Welche Prinzipien sind für die Signalkonditionierung und die Kommunikation denkbar? Mit welchen Methoden und Mitteln sind die Bausteine einer Meßkette herstellbar? Welche statischen und dynamischen Charakteristiken ergeben sich für eine mögliche Realisierung?

Die "Stelltechnik" befaßt sich mit allen Aspekten des Stellens. Dabei können wir wieder zwischen den drei folgenden Ebenen unterscheiden:

Auf der systemtheoretischen Ebene befaßt sich die Stelltechnik etwa mit den folgenden Fragen: Wie funktioniert die konkrete Realisierung der Stellkette? (Das Eingangssignal der Stellkette ist die bereitgestellte analog- oder digitalelektronische Stellgröße; das Ausgangssignal ist die physikalische Stellgröße.) Welche einzelnen Wandlungsschritte umfaßt die Stellkette? Welche systematischen, quasi-zufälligen und/oder zufälligen Fehler treten in jeder Wandlungsstufe auf? Wie ist das Stellsignal skaliert und kalibriert? Welche dynamischen Verzögerungen ergeben sich in der Stellkette? Wie ist die physikalische Stellgröße allenfalls in einem autonomen Regler innerhalb der Stellkette zu regeln, damit der Einfluß von Stellfehlern minimiert und die Dynamik der Stellkette teilweise kompensiert werden kann?

Auf der anwendungstechnischen Ebene befaßt sich die Stelltechnik etwa mit den folgenden Fragen: Mit welchen physikalischen Größen kann ich die Regelstrecke beeinflussen? Welche Bausteine für Stellketten (Aktuatoren, Wandler, Verstärker, D/A-Wandler, Signal- bzw. Datenübertragungsmittel und Leistungsübertragungsmittel) stehen für jede einzelne Stellgröße zur Verfügung? Wie sind die Kosten/Nutzenverhältnisse der in Frage kommenden Alternativen?

Auf der technologischen Ebene befaßt sich die Stelltechnik etwa mit den folgenden Fragen: Welche physikalischen Prinzipien können für die Wandlung einer analog- oder digitalelektronischen Größe in eine konkrete physikalische Stellgröße mit einer genügenden maximalen Stellsignalamplitude herangezogen werden (Aktuatorik)? Welche Prinzipien sind für die Signalkonditionierung und die Informations- und Leistungsübertragung denkbar? Mit welchen Methoden und Mitteln sind die Bausteine einer Stellkette herstellbar? Welche statischen und dynamischen Charakteristiken ergeben sich für eine mögliche Realisierung?

In diesem Buch konzentrieren wir uns beim Messen und Stellen auf die systemtheoretische Ebene. Für die beiden anderen Ebenen bieten die Literaturangaben einen guten Einstieg.

Zunächst interessieren wir uns für die obenerwähnten Meß- und Stellfehler. Bei einer Messung stellt sich die grundsätzliche Frage, ob sie gut oder schlecht reproduzierbar sei. Selbstverständlich sind wir daran interessiert, daß eine Meßkette möglichst reproduzierbare Meßwerte liefert. Wenn also eine Messung bei identischem Wert der physikalischen Größe immer wieder gemessen wird, sollte der erhaltene Meßwert immer gleich groß sein. Im Prinzip ist es nicht sehr wichtig, ob der reproduzierbare Meßwert mit dem wahren Wert der physikalischen Größe übereinstimmt. Allfällige systematische Fehler können wir durch Kalibrieren der Meßkette erfassen. Mit der resultierenden Kalibrierkurve können wir den systematischen Meßfehler problemlos kompensieren. Im allgemeinen ist aber die Annahme unrealistisch, daß eine Messung perfekt reproduzierbar sei. Aus vielen Gründen, die wir hier nicht näher diskutieren wollen, ist eine Messung i.allg. nicht perfekt reproduzierbar, sondern "streut" um einen mittleren Wert herum. Dual gilt dasselbe für die Realisierung eines ausgegebenen Wertes der Stellgröße.

Es ist zweckmäßig, die Meßfehler und die Stellfehler als additive Fehler zu modellieren. Dabei lassen wir zu, daß diese Fehler zufälligen Charakter haben können, indem wir die Meßfehlersignale und die Stellfehlersignale als Zufallsprozesse bzw. Vektor-Zufallsprozesse modellieren (Kap. 8 u. 10).

In vielen interessanten Fällen kennen wir den zeitlichen Verlauf des Führungsvektors $w(t)$ nicht im voraus. Hingegen wissen wir, daß der Führungsvektor nicht völlig beliebig verlaufen kann, sondern daß er aus einer gewissen Klasse von möglichen Vektorsignalen stammt. Hier ist es durchaus sinnvoll, den Führungsvektor als Vektor-Zufallsprozeß zu modellieren (vgl. Kap. 9 u. 11).

Wie bereits erwähnt, müssen wir damit rechnen, daß die Meßketten und die Stellketten unseres Regelsystems als dynamische Systeme zu betrachten sind. Deshalb sind die Meßdynamik und die Stelldynamik zu untersuchen. Wenn die dynamischen Effekte in den Meß- und Stellketten nicht vernachlässigbar sind, müssen wir das Modell der Dynamik der Regelstrecke entsprechend erweitern (vgl. Kap. 4). — Eine physikalische Stellgröße wird zu einer zusätzlichen Zustandsvariablen, und die elektrische Stellgröße bleibt der entsprechenden Eingangsgröße zugeordnet. — Eine elektrische Meßgröße wird ebenfalls zu einer zusätzlichen Zustandsgröße, welche als Ausgangsgröße in der Ausgangsgleichung (anstelle der ursprünglichen physikalischen Meßgröße) erscheint. — Der Dynamikblock $\dot{x}(t) = Ax(t) + \cdots$ umfaßt dann die ursprüngliche Dynamik der Regelstrecke und die gesamte Stell- und Meßdynamik (vgl. Bild 4.2).

Die Reglerentwurfsmethoden von Kap. 3, 5, 6 u. 12 sind auf das erweiterte Modell der Regelstrecke anzuwenden. Auch der Luenberger-Beobachter für die dynamische Rekonstruktion des Zustandsvektors (Kap. 6.1) und das Kalman-Bucy-Filter zur optimalen Estimation des Zustandsvektors (Kap. 9.5 u. 12.5.3) beziehen sich auf das erweiterte Modell der Regelstrecke.

Wenn in einer Stellkette ein autonomer Regler eingesetzt wird, beruht der Entwurf dieses autonomen Reglers auf der modellierten Dynamik des (ungeregelten) Stellglieds. Sofern nötig, ist andererseits die Dynamik der autonom geregelten Stellkette in das oben diskutierte erweiterte Modell der Regelstrecke zu übernehmen.

7.1 Literatur zu Kapitel 7

Bücher

1. L. Finkelstein, K. T. V. Grattan (Hrsg.): *Concise Encyclopedia of Measurement and Instrumentation.* Oxford: Pergamon 1994.
2. J. Niebuhr, G. Lindner: *Physikalische Meßtechnik mit Sensoren.* 4. Aufl. München: Oldenbourg 1996.
3. B. E. Noltingk (Hrsg.): *Jones' Instrument Technology.* 4. Aufl., 3 Bände. London: Butterworth 1985 bzw. 1987.
4. P. Profos, T. Pfeifer (Hrsg.): *Handbuch der industriellen Meßtechnik.* 6. Aufl. München: Oldenbourg 1994.
5. P. H. Sydenham (Hrsg.): *Handbook of Measurement Science.* 2 Bände. New York: Wiley 1992.
6. E. Smith: *Principles of Industrial Measurement for Control Applications.* Research Triangle Park: Instrument Society of America 1984.
7. H. Schaumburg: *Sensoren.* Stuttgart: Teubner 1992.

Zeitschriften

1. *IEEE Trans. on Instrumentation and Measurement.* New York: The Institute of Electrical and Electronics Engineers.
2. *Measurement, Journal of the International Measurement Confederation.* Amsterdam: Elsevier Science.
3. *Review of Scientific Instruments.* Woodbury: American Institute of Physics.
4. *Sensors and Actuators.* Lausanne: Elsevier Sequoia.
5. *Technisches Messen.* München: Oldenbourg.

7.2 Aufgabe zu Kapitel 7

Betrachte eine Regelstrecke nach eigener Wahl. (Beispiele: Maschine zur Herstellung von Papier; Autopilot eines Flugzeugs; Kopierfräsmaschine; Stahlwalzwerk; Destillationskolonne oder Gesamtsystem Personenauto, umfassend Motor, automatisches Getriebe, elektromotorisch betätigte Drosselklappe, Bremsen, Hilfsaggregate wie Hydraulikpumpe, Lichtmaschine und elektrische Geräte wie Klimaanlage, Heckscheibenheizung, Gebläse, Licht etc.)

Zeichne ein Grobsignalflußbild des entsprechenden Regelsystems (vgl. Bild 1.3). Identifiziere alle Führungsgrößen, Stellsignale, Meßgrößen, und alle externen Störgrößen (meßbare und nicht meßbare), welche die Regelstrecke beeinflussen.

Ermittle möglichst viele Fehlerquellen, welche bewirken, daß die verfügbaren Meßsignale nicht exakt den wahren physikalischen Meßgrößen entsprechen bzw., daß die eigentlich beabsichtigten Führungsgrößen dem Regler nicht exakt zur Verfügung stehen bzw., daß die vom Regler berechneten Stellsignale nicht exakt als aktuelle physikalische Stellgrößen auf die Regelstrecken wirken (vgl. stochastische Signale, Kap. 8 u. 10).

Fragen: Kann der Regler merken, ob ein hochfrequenter Signalanteil der Regelabweichung $e(t)$ ein beabsichtigter Signalanteil der Führungsgröße oder ein in der physikalischen Meßgröße vorhandener Signalanteil oder ein der Führungsgröße überlagertes Rauschen oder ein Meßrauschen ist? — Welche Schlüsse sind daraus auf die allfällige Notwendigkeit der Filterung der Führungsgrößen bzw. der Meßsignale zu ziehen? — Wie wichtig ist es vergleichsweise, ob auch die Stellgrößen durch hochfrequente Rauschsignale verfälscht sind? — Können wir bei Rauschsignalen, welche den Führungsgrößen, den Meßgrößen oder den Stellgrößen additiv überlagert sind, garantieren, daß es eine maximale Frequenz ω_{max} gibt, welche nicht überschritten wird? — Inwiefern ist diese Frage bei digitaler Regelung relevant (vgl. Kap. 12)? — Welche Maßnahme muß ergriffen werden, damit hochfrequente Rauschsignalanteile bei digitaler Regelung keine unzulässigen Fehler bewirken? — Gilt diese Überlegung nur für Rauschsignalanteile oder auch für Nutzsignalanteile?

8 Beschreibung von Zufallsprozessen im Zeitbereich

In diesem Kapitel betrachten wir die dynamische, mit zufälligen Fehlern behaftete Messung einer zeitlich veränderlichen Größe, z.B. des Zustandsvektors eines dynamischen Systems, über ein Zeitintervall $[t_a, t_b]$.

Die momentanen additiven Meßfehler $r(t)$ und $r(\tau)$ für zwei verschiedene Zeiten t und τ im Intervall $[t_a, t_b]$ sind Zufallsvariablen, bzw. Zufallsvektoren, die im allgemeinen voneinander abhängig sind.

Den Zufallsprozeß des Meßfehlers r kennzeichnen wir hier durch seinen Erwartungswert $\mu_r(t) = \mathrm{E}\{r(t)\}$, seine Varianz $\Sigma_r(t) = \mathrm{E}\{(r(t) - \mu_r(t))^2\}$ und seine Autokovarianzfunktion $\Sigma_r(t, \tau) = \mathrm{E}\{(r(t) - \mu_r(t))(r(\tau) - \mu_r(\tau))\}$. Im Vektorfall kennzeichnen wir den Vektor-Zufallsprozeß des Meßfehlers r durch seinen Erwartungswert $\mu_r(t) = \mathrm{E}\{r(t)\}$ (Vektorfunktion), seine Kovarianzmatrix $\Sigma_r(t) = \mathrm{E}\{[r(t) - \mu_r(t)][r(t) - \mu_r(t)]^{\mathrm{T}}\}$ und durch seine Autokovarianzmatrix $\Sigma_r(t, \tau) = \mathrm{E}\{[r(t) - \mu_r(t)][r(\tau) - \mu_r(\tau)]^{\mathrm{T}}\}$ (Matrixfunktionen).

Der wichtigste und interessanteste Vektor-Zufallsprozeß ist das weiße Rauschen, das wir am Schluß dieses Kapitels behandeln. Weitere Zufallsprozesse (farbiges Rauschen) werden in den Kapiteln 9, 10 und 11 untersucht.

8.1 Dynamische Messung

Wir wollen den unbekannten Verlauf einer reellen Größe $x(t)$ über ein Zeitintervall $[t_a, t_b]$ mit einer zeitkontinuierlichen Messung ermitteln. Die Gleichung der Messung lautet im einfachsten Fall

$$y(t) = x(t) + r(t) \qquad \text{für } t \in [t_a, t_b] \quad ,$$

wobei $y(t)$ der momentane Meßwert und $r(t)$ der momentane Meßfehler zur Zeit t ist. Realistischerweise modellieren wir den Meßfehler r als Zufallsprozeß. Das Bild 8.1 zeigt ein Beispiel eines wahren (uns unbekannten) Signalverlaufs $x(t)$, ein Muster eines zufälligen (uns ebenfalls unbekannten) Meßfehlersignals $r(t)$ und das entsprechende verrauschte Meßsignal $y(t) = x(t) + r(t)$, das uns zur weiteren Verarbeitung zur Verfügung steht.

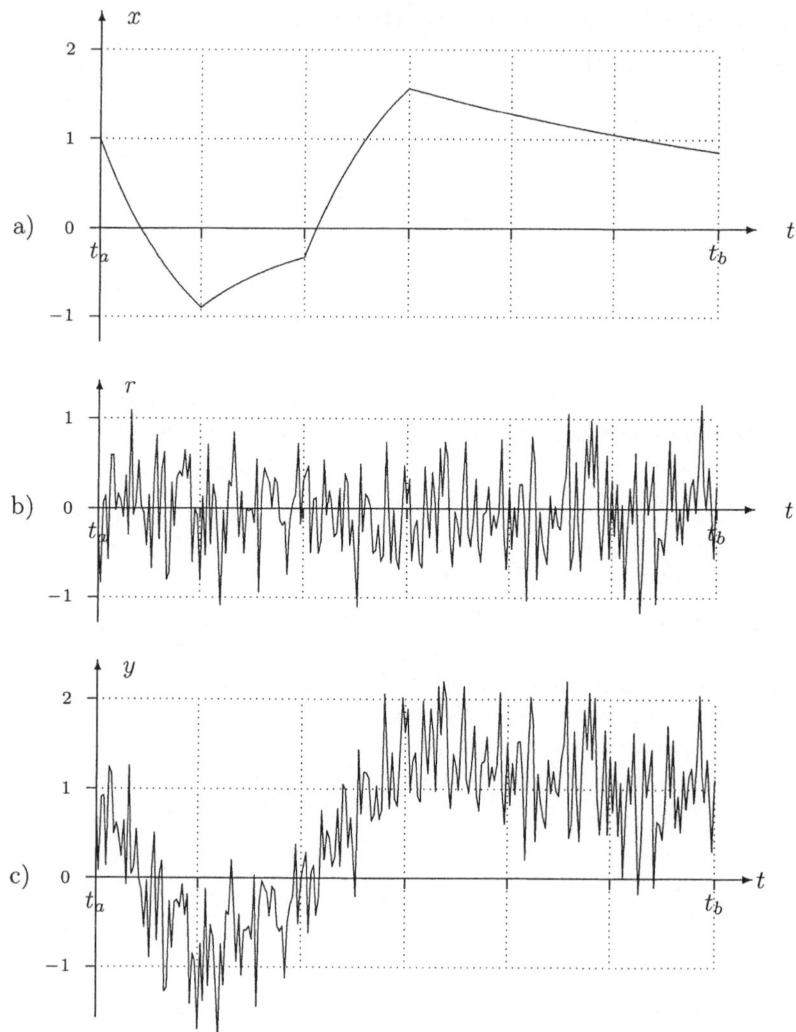

Bild 8.1. Dynamische Messung. a) Zustandsgröße $x(t)$ im Zeitintervall $[t_a, t_b]$, die durch dynamische Messung ermittelt werden soll. b) Zufälliger dynamischer Meßfehler (Rauschen). c) Verlauf des verrauschten Meßsignals.

In der Erweiterung der skalaren Meßgleichung auf eine Vektorgleichung

$$y(t) = C(t)x(t) + r(t) \qquad \text{für } t \in [t_a, t_b]$$

ist der stochastische Meßfehlervektor r ein Vektor-Zufallsprozeß.

8.2 Zufallsprozesse und ihre Kennzeichnung im Zeitbereich

8.2.1 Der Zufallsprozeß als unendliche Familie von Zufallsvariablen

Ein reeller Zufallsprozeß r, der sich im Zeitintervall $[t_a, t_b]$ abspielt, ist eine Familie oder Menge $\{r(t),\, t_a \leq t \leq t_b\}$ von Zufallsvariablen $r(t) : W \rightarrow R$, die durch die Zeit t parametrisiert ist. Da das betrachtete Zeitintervall $[t_a, t_b]$ ein Kontinuum von Zeiten t ist, enthält diese Familie unendlich viele Zufallsvariablen.

Wenn wir den Zufallsprozeß mit Hilfe einer Verteilungsdichtefunktion definieren wollen, müssen wir eine multivariable Verteilungsdichtefunktion p_r der unendlich vielen Variablen $r(t)$, $t \in [t_a, t_b]$, angeben können. Um den damit verbundenen Beschreibungsschwierigkeiten zu begegnen, begnügt man sich mit der Forderung, daß es für eine beliebige Anzahl N von verschiedenen Zeiten t_1, $t_2, \ldots, t_N$ (mit $t_a \leq t_1 < t_2 < \ldots < t_N \leq t_b$) möglich sein muß, die multivariable Verteilungsdichtefunktion p_r^* des N-dimensionalen Zufallsvektors $r^* = [r(t_1), r(t_2), \ldots, r(t_N)]^{\mathrm{T}}$ zu berechnen.

Wir nennen den Zufallsprozeß einen Gaußschen Zufallsprozeß, wenn er eine Gaußsche Verteilungsdichtefunktion p_r bzw. p_r^* hat.

Wir nennen den Zufallsprozeß ein weißes Rauschen, wenn die unendliche Familie $\{r(t),\, t_a \leq t \leq t_b\}$ von Zufallsvariablen $r(t)$ aus lauter voneinander unabhängigen Zufallsvariablen besteht.

Da wir für den reellen Zufallsprozeß r bereits eine unendliche Familie von Zufallsvariablen haben, bereitet die Erweiterung von einem skalaren Zufallsprozeß auf einen Vektor-Zufallsprozeß mit n Komponenten keine besondere Schwierigkeit mehr: Die Dimensionen aller zu betrachtenden Zufallsgrößen wachsen um einen Faktor n.

8.2.2 Der momentane Erwartungswert

Für einen reellen Zufallsprozeß r können wir für jede Zeit t im betrachteten Zeitintervall $[t_a, t_b]$ den Erwartungswert der betreffenden Zufallsvariablen $r(t)$ berechnen,

$$\mathrm{E}\{r(t)\} = \int_{-\infty}^{+\infty} \rho\, p_{r(t)}(\rho)\, d\rho = \mu_r(t) \quad .$$

Für einen Vektor-Zufallsprozeß r mit n Komponenten erhalten wir sinngemäß den Erwartungswert des Zufallsvektors $r(t)$,

$$\mathrm{E}\{r(t)\} = \int_{-\infty}^{+\infty} \cdots \int_{-\infty}^{+\infty} \rho\, p_{r(t)}(\rho_1, \ldots, \rho_n)\, d\rho_1 \ldots d\rho_n = \mu_r(t) \quad .$$

Der momentane Erwartungswert $\mathrm{E}\{r(t)\}$ ist also eine reelle Zahl bzw. ein reeller n-Vektor, der durch die laufende Zeit t, $t \in [t_a, t_b]$, parametrisiert ist.

Das Bild 8.2 zeigt für einen skalaren Zufallsprozeß im Zeitintervall $[t_a, t_b]$ den Verlauf des momentanen Erwartungswerts $\mu_r(t)$, die Grenzen des "ein-mal-sigma"-Streubandes (entsprechend der momentanen Standardabweichung $\sigma_r(t)$), sowie einen zufälligen Musterverlauf des Zufallsprozesses r.

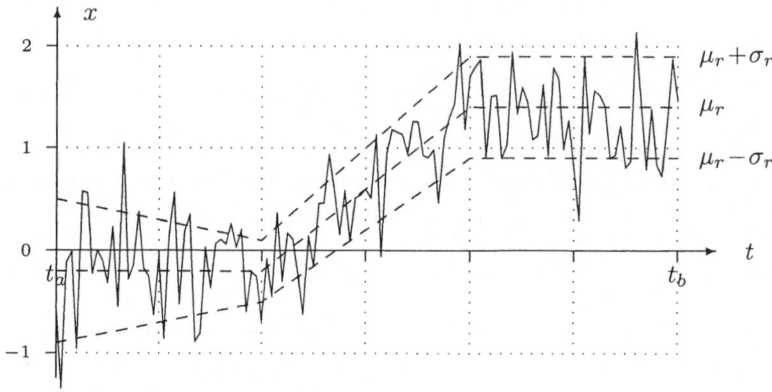

Bild 8.2. Instationärer Gaußscher Zufallsprozeß als dynamischer Meßfehler. $r(t)$: Muster eines zufälligen Meßfehlerverlaufs; $\mu_r(t) = \mathrm{E}\{r(t)\}$: Erwartungswert; $\mu_r(t) \pm \sigma_r(t)$: "Vertrauensgrenzen", wobei $\sigma_r(t)$: Standardabweichung.

8.2.3 Autokorrelationsfunktion, Autokovarianzfunktion, Autokovarianzmatrix

Wir betrachten einen reellen Zufallsprozeß r, der sich im Zeitintervall $[t_a, t_b]$ abspielt. Aus dem Zeitintervall greifen wir zwei beliebige Zeitpunkte t und τ heraus. Für den zweidimensionalen Zufallsvektor

$$\begin{bmatrix} r(t) \\ r(\tau) \end{bmatrix}$$

können wir den Erwartungswert des äußeren Produkts (2. Moment)

$$\mathrm{E}\left\{\begin{bmatrix} r(t) \\ r(\tau) \end{bmatrix}\begin{bmatrix} r(t) \\ r(\tau) \end{bmatrix}^{\mathrm{T}}\right\} = \begin{bmatrix} \mathrm{E}\{r^2(t)\} & \mathrm{E}\{r(t)r(\tau)\} \\ \mathrm{E}\{r(\tau)r(t)\} & \mathrm{E}\{r^2(\tau)\} \end{bmatrix}$$

und die Kovarianzmatrix (2. Zentralmoment)

$$\mathrm{E}\left\{\begin{bmatrix} r(t)-\mu_r(t) \\ r(\tau)-\mu_r(\tau) \end{bmatrix}\begin{bmatrix} r(t)-\mu_r(t) \\ r(\tau)-\mu_r(\tau) \end{bmatrix}^{\mathrm{T}}\right\}$$
$$= \begin{bmatrix} \mathrm{E}\{(r(t)-\mu_r(t))^2\} & \mathrm{E}\{(r(t)-\mu_r(t))(r(\tau)-\mu_r(\tau))\} \\ \mathrm{E}\{(r(\tau)-\mu_r(\tau))(r(t)-\mu_r(t))\} & \mathrm{E}\{(r(\tau)-\mu_r(\tau))^2\} \end{bmatrix}$$

berechnen. Für die außerdiagonalen Terme dieser beiden symmetrischen, positiv-semidefiniten Matrizen haben sich die folgenden Bezeichnungen eingebürgert:

Definition. Die Autokorrelationsfunktion $R_r(t,\tau)$ des Zufallsprozesses r ist der Erwartungswert des Produkts von $r(t)$ und $r(\tau)$:

$$R_r(t,\tau) = \mathrm{E}\{r(t)r(\tau)\} \qquad \text{für } t \in [t_a, t_b] \text{ und } \tau \in [t_a, t_b] \ .$$

Definition. Die Autokovarianzfunktion $\Sigma_r(t,\tau)$ des Zufallsprozesses r ist der Erwartungswert des Produkts von $r(t) - \mu_r(t)$ und $r(\tau) - \mu_r(\tau)$:

$$\Sigma_r(t,\tau) = \mathrm{E}\{(r(t)-\mu_r(t))(r(\tau)-\mu_r(\tau))\} \qquad \text{für } t \in [t_a, t_b] \text{ und } \tau \in [t_a, t_b] \ .$$

Beachte. Für $t = \tau$ erhalten wir gerade die Diagonalelemente der obigen Matrizen, nämlich die momentane Varianz des Zufallsprozesses r

$$\Sigma_r(t,t) = \mathrm{E}\{(r(t) - \mu_r(t))^2\}$$

und das momentane zweite Moment des Zufallsprozesses r

$$R_r(t,t) = \mathrm{E}\{r^2(t)\} = \Sigma_r(t,t) + \mu_r^2(t) \ .$$

Das Bild 8.3 zeigt die Autokovarianzfunktion eines instationären Zufallsprozesses r im Bereich $t \in [t_a, t_b]$, $\tau \in [t_a, t_b]$ und seine momentane Varianz auf der Linie $t = \tau$.

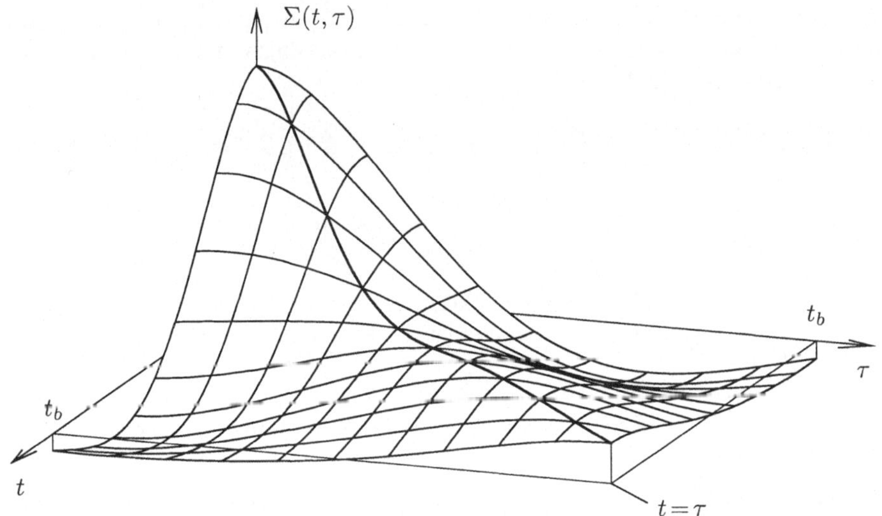

Bild 8.3. Autokovarianzfunktion $\Sigma_r(t,\tau)$ eines instationären Zufallsprozesses r, der sich im Zeitintervall $[t_a, t_b]$ abspielt

Den Begriff der Autokovarianzfunktion $\Sigma_r(t,\tau)$ eines Zufallsprozesses r wollen wir jetzt für einen Vektor-Zufallsprozeß r mit n Komponenten verallgemeinern. Aus dem Zeitintervall $[t_a, t_b]$ greifen wir wieder zwei beliebige Zeitpunkte t und τ heraus. Für den $2n$-dimensionalen Zufallsvektor

$$\begin{bmatrix} r(t) \\ r(\tau) \end{bmatrix}$$

können wir die $2n$ mal $2n$ Kovarianzmatrix

$$\mathrm{E}\left\{ \begin{bmatrix} r(t)-\mu_r(t) \\ r(\tau)-\mu_r(\tau) \end{bmatrix} \begin{bmatrix} r(t)-\mu_r(t) \\ r(\tau)-\mu_r(\tau) \end{bmatrix}^{\mathrm{T}} \right\}$$

$$= \begin{bmatrix} \mathrm{E}\{[r(t)-\mu_r(t)][r(t)-\mu_r(t)]^{\mathrm{T}}\} & \mathrm{E}\{[r(t)-\mu_r(t)][r(\tau)-\mu_r(\tau)]^{\mathrm{T}}\} \\ \mathrm{E}\{[r(\tau)-\mu_r(\tau)][r(t)-\mu_r(t)]^{\mathrm{T}}\} & \mathrm{E}\{[r(\tau)-\mu_r(\tau)][r(\tau)-\mu_r(\tau)]^{\mathrm{T}}\} \end{bmatrix}$$

berechnen. Für die außerdiagonale, asymmetrische n mal n Matrix und ihre Elemente haben sich die folgenden Bezeichnungen eingebürgert:

Definition. Die Autokovarianzmatrix $\Sigma_r(t,\tau)$ des Vektor-Zufallsprozesses r ist der Erwartungswert des äußeren Produkts der Vektoren $r(t) - \mu_r(t)$ und $r(\tau) - \mu_r(\tau)$:

$$\Sigma_r(t,\tau) = \mathrm{E}\{[r(t)-\mu_r(t)][r(\tau) - \mu_r(\tau)]^{\mathrm{T}}\} \qquad \text{für } t \in [t_a, t_b] \text{ und } \tau \in [t_a, t_b] \ .$$

Definition. Die Kreuzkovarianzfunktion $\Sigma_{r_i r_j}(t,\tau)$ der beiden Komponenten r_i und r_j des Vektor-Zufallsprozesses r ist der Erwartungswert des Produkts von $r_i(t) - \mu_{r_i}(t)$ und $r_j(\tau) - \mu_{r_j}(\tau)$:

$$\Sigma_{r_i r_j}(t,\tau) = \mathrm{E}\{[r_i(t)-\mu_{r_i}(t)][r_j(\tau)-\mu_{r_j}(\tau)]\} \qquad \text{für } t \in [t_a, t_b] \text{ und } \tau \in [t_a, t_b] \ .$$

In analoger Weise erhalten wir aus dem 2. Moment die Kreuzkorrelationsfunktion:

Definition. Die Kreuzkorrelationsfunktion $R_{r_i r_j}(t,\tau)$ der beiden Komponenten r_i und r_j des Vektor-Zufallsprozesses r ist der Erwartungswert des Produkts von $r_i(t)$ und $r_j(\tau)$:

$$R_{r_i r_j}(t,\tau) = \mathrm{E}\{r_i(t) r_j(\tau)\} \qquad \text{für } t \in [t_a, t_b] \text{ und } \tau \in [t_a, t_b] \ .$$

Beachte. Die Autokovarianzmatrix geht durch Vertauschen der beiden Zeitparameter t und τ in ihre Transponierte über,

$$\Sigma_r(\tau,t) = \Sigma_r^{\mathrm{T}}(t,\tau) \ .$$

Für $t = \tau$ erhalten wir auf beiden Seiten dieser Gleichung gerade die symmetrische Kovarianzmatrix des Zufallprozesses $r(t)$.

Aus der ersten Bemerkung folgt für die Kreuzkovarianzfunktion (und sinngemäß auch für die Kreuzkorrelationsfunktion) die Vertauschungsrelation

$$\Sigma_{r_i r_j}(t,\tau) = \Sigma_{r_j r_i}(\tau,t) \qquad R_{r_i r_j}(t,\tau) = R_{r_j r_i}(\tau,t) \quad .$$

Für $i = j$ geht die Kreuzkovarianzfunktion in die Autokovarianzfunktion, die Kreuzkorrelationsfunktion in die Autokorrelationsfunktion über.

Abgekürzte Schreibweise. Treten in den obigen Funktionen zweimal der gleiche Index oder identische Zeitparameter auf, werden wir die Schreibweise im allgemeinen durch Weglassen der Wiederholung vereinfachen:

$$\begin{array}{lll} \Sigma_r(t,t) \to \Sigma_r(t) & \Sigma_{r_i r_i}(t,\tau) \to \Sigma_{r_i}(t,\tau) & \Sigma_{r_i r_i}(t,t) \to \Sigma_{r_i}(t) \\ R_r(t,t) \to R_r(t) & R_{r_i r_i}(t,\tau) \to R_{r_i}(t,\tau) & R_{r_i r_i}(t,t) \to R_{r_i}(t) \quad . \end{array}$$

Dadurch entsteht aber keine Verwechslungsgefahr.

8.2.4 Stationäre Zufallsprozesse

Ein reeller Zufallsprozeß r, der sich im unendlich langen Zeitintervall von $-\infty$ bis $+\infty$ abspielt, heißt stationär, wenn für eine beliebige Anzahl N von verschiedenen Zeiten $t_1, t_2, \ldots, t_N$ und für eine beliebige Zeitdifferenz T die multivariablen Verteilungsdichtefunktionen des N-dimensionalen Zufallsvektors $r^* = [r(t_1), r(t_2), \ldots, r(t_N)]^{\mathrm{T}}$ und des um T zeitlich verschobenen Zufallsvektors $r_T^* = [r(t_1+T), r(t_2+T), \ldots, r(t_N+T)]^{\mathrm{T}}$ identisch sind.

Für einen stationären Zufallsprozeß gelten deshalb insbesondere (vgl. Bild 8.4)

$$\left.\begin{array}{l} \mathrm{E}\{r(t)\} = \mu_r \\ \mathrm{E}\{(r(t)-\mu_r)^2\} = \Sigma_r = \sigma_r^2 \end{array}\right\} \quad \text{konstant}$$

$$\left.\begin{array}{l} \mathrm{E}\{(r(t)-\mu_r)(r(\tau)-\mu_r)\} = \Sigma_r(t,\tau) = \Sigma_r(t-\tau,0) \\ \mathrm{E}\{r(t)r(\tau)\} = R_r(t,\tau) = R_r(t-\tau,0) \end{array}\right\} \quad \begin{array}{l}\text{nur von der Differenz} \\ t-\tau \text{ abhängig.}\end{array}$$

Ein stationärer Vektor-Zufallsprozeß ist in analoger Weise definiert und hat dementsprechend einen konstanten Erwartungswert μ_r (Vektor), eine konstante Kovarianzmatrix Σ_r und eine Autokovarianzmatrix $\Sigma_r(t-\tau, 0)$, die nur von der Zeitdifferenz $t - \tau$ abhängt.

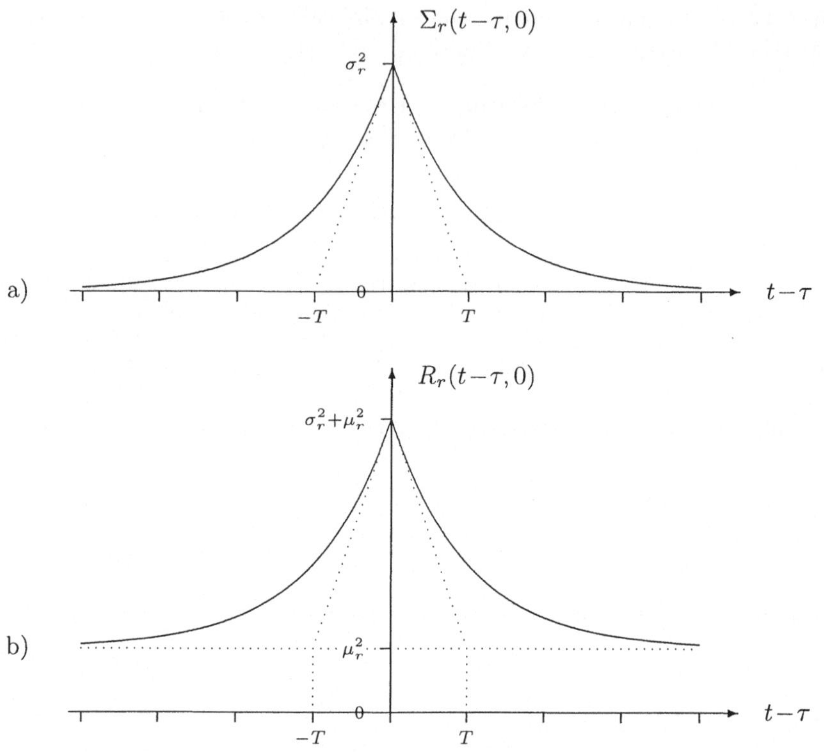

Bild 8.4. a) Autokovarianzfunktion $\Sigma_r(t-\tau, 0) = \sigma_r^2 e^{-|t-\tau|/T}$; b) Autokorrelationsfunktion $R_r(t-\tau, 0) = \Sigma_r(t-\tau, 0) + \mu_r^2$ eines stationären, exponentiell korrelierten Zufallsprozesses r mit dem Erwartungswert $\mathrm{E}\{r(t)\} \equiv \mu_r$ und der Varianz $\mathrm{E}\{(r(t)-\mu_r)^2\} \equiv \sigma_r^2 = \Sigma_r(0,0)$ und der Korrelationszeitkonstanten T

8.2.5 Stationäre, ergodische Zufallsprozesse

Ein reeller Zufallsprozeß, der sich im unendlich langen Zeitintervall $(-\infty, +\infty)$ abspielt, heißt stationär und ergodisch, wenn er stationär ist und wenn für jede beliebige Anzahl N von beliebigen Zeiten $t_1, t_2, \ldots, t_N$ und für jede beliebige Funktion $f : R^N \to R$ der Erwartungswert

$$\mathrm{E}\{f[r(t_1), r(t_2), \ldots, r(t_N)]\}$$

und der entsprechende zeitliche Mittelwert über einen zufälligen Musterverlauf des Signals r

$$\overline{f} = \lim_{T\to\infty} \frac{1}{2T} \int_{-T}^{+T} f[r(t_1+\tau), r(t_2+\tau), \ldots, r(t_N+\tau)]\, d\tau$$

identisch sind.

Ein stationärer und ergodischer Vektor-Zufallsprozeß ist in analoger Weise definiert.

Für einen stationären, ergodischen Vektor-Zufallsprozeß r sind also Ensemblemittelwert und zeitlicher Mittelwert über ein einziges Zufallsmuster stets äquivalent ($f[\cdots]$ beliebig).

Stationäre und ergodische Vektor-Zufallsprozesse sind in der Praxis enorm wichtig, da durch genügend lange Beobachtung eines einzigen zufälligen Vektor-Signalverlaufs alle statistischen Kennwerte ermittelt werden können, z.B.:

$$\begin{aligned}
\mathrm{E}\{r(t)\} \equiv \quad & \mu_r &&= \lim_{T\to\infty} \frac{1}{2T}\int_{-T}^{+T} r(t)\,dt \\
\mathrm{E}\{[r(t)-\mu_r][r(t)-\mu_r]^{\mathrm{T}}\} \equiv \quad & \Sigma_r &&= \lim_{T\to\infty} \frac{1}{2T}\int_{-T}^{+T} [r(t)-\mu_r][r(t)-\mu_r]^{\mathrm{T}} dt \\
\mathrm{E}\{[r(t+\tau)-\mu_r][r(t)-\mu_r]^{\mathrm{T}}\} \equiv \; & \Sigma_r(\tau,0) &&= \lim_{T\to\infty} \frac{1}{2T}\int_{-T}^{+T} [r(t+\tau)-\mu_r][r(t)-\mu_r]^{\mathrm{T}} dt
\end{aligned}$$

8.3 Weißes Rauschen

Als ersten Zufallsprozeß untersuchen wir ein stationäres weißes Rauschen. Wie bereits im Kapitel 8.2.1 erklärt, ist ein weißes Rauschen r eine unendliche Familie $\{r(t),\, t_a \le t \le t_b\}$ von Zufallsvariablen $r(t)$, die alle voneinander unabhängig sind.

Das Auftreten eines weißen Rauschens r in einer dynamischen Messung $y(t) = x(t) + r(t)$ $(t_a \le t \le t_b)$ ist der ungünstigste Fall, da aus allfälligen Kenntnissen über den zufälligen Meßfehlerverlauf in einem Teilintervall $[t_a, T]$ (die z.B. aus zusätzlichen Kalibriermessungen gewonnen werden) wegen der Unabhängigkeitseigenschaft keine Aussage über den "zukünftigen" zufälligen Meßfehlerverlauf im Intervall $(T, t_b]$ möglich ist.

Wie wir sehen werden, ist das weiße Rauschen ein extrem wilder Zufallsprozeß, dessen Varianz $\mathrm{E}\{[r(t) - \mathrm{E}\{r(t)\}]^2\}$ zu jeder Zeit t unendlich ist. Falls das Quadrat der Signalamplitude physikalisch Leistung bedeutet, ist das weiße Rauschen also ein Zufallsprozeß mit unendlicher Leistung. Trotzdem ein solches Signal in der Realität nicht existiert, ist es oft nützlich, den zufälligen dynamischen Meßfehler mit einem weißen Rauschen zu modellieren.

Bevor wir uns mit dem weißen Rauschen und seinem Integral, der Brownschen Bewegung, näher befassen, untersuchen wir den folgenden einfacheren Fall.

Eine uns unbekannte, konstante, reelle Größe x soll aus mehreren statischen, fehlerbehafteten Messungen ermittelt werden. In N Messungen erhalten wir nacheinander die Meßwerte $y_1, y_2, \ldots, y_N$:

$$y_1 = x + r_1 \qquad y_2 = x + r_2 \qquad \cdots \qquad y_N = x + r_N \quad .$$

Die Meßfehler $r_1, r_2, \ldots, r_N$ sind unabhängige Zufallsvariablen mit

$$\left.\begin{array}{l} \mathrm{E}\{r_i\} = 0 \\ \mathrm{E}\{r_i^2\} = \sigma^2 \end{array}\right\} \qquad \text{für } i = 1, \ldots, N$$

$$\mathrm{E}\{r_i r_j\} = 0 \qquad \text{für alle } i \neq j \quad .$$

Aufgrund der fehlerbehafteten Messungen wollen wir eine Aussage über den "geschätzten" oder "vermuteten" Wert der unbekannten Größe x machen, den wir mit $\widehat{x}_N$ bezeichnen. Dabei deutet der Index N an, daß wir N Messungen auswerten.

Intuitiv ist völlig klar, daß wir $\widehat{x}_N$ den Mittelwert der N Meßwerte zuordnen müssen

$$\widehat{x}_N = \frac{1}{N}(y_1 + y_2 + \ldots + y_N) \quad ,$$

da keine systematischen Meßfehler auftreten und da alle Messungen gleich ungenau sind.

Da die Meßfehler $r_1, r_2, \ldots, r_N$ Zufallsvariablen sind, sind auch die Schätzung $\widehat{x}_N$ und der Schätzfehler $x - \widehat{x}_N$ Zufallsvariablen. Für den Schätzfehler $x - \widehat{x}_N$ berechnen wir den Erwartungswert und die Varianz wie folgt:

$$\mathrm{E}\{x - \widehat{x}_N\} = \mathrm{E}\Big\{x - \frac{1}{N}\sum_i y_i\Big\} = \mathrm{E}\Big\{x - \frac{1}{N}\sum_i (x + r_i)\Big\} = -\frac{1}{N}\sum_i \mathrm{E}\{r_i\} = 0$$

$$\begin{aligned} \mathrm{E}\{(x - \widehat{x}_N)^2\} &= \mathrm{E}\Big\{\Big(x - \frac{1}{N}\sum_i y_i\Big)^2\Big\} = \mathrm{E}\Big\{\Big(\frac{1}{N}\sum_i r_i\Big)^2\Big\} \\ &= \frac{1}{N^2}\sum_i \mathrm{E}\{r_i^2\} + \frac{1}{N^2}\sum_{\substack{i,j \\ i \neq j}} \mathrm{E}\{r_i r_j\} = \frac{\sigma^2}{N} \quad . \end{aligned}$$

In der ersten Summe treten als Summanden die identischen Varianzen der Meßfehler, in der zweiten wegen der Unabhängigkeit der Meßfehler nur verschwindende Summanden auf.

Der Erwartungswert des Schätzfehlers verschwindet also, unabhängig von N, d.h. die Schätzung $\widehat{x}_N$ enthält keinen systematischen Fehler. Die Varianz des Schätzfehlers nimmt umgekehrt proportional zur Anzahl N der Messungen ab.

Beachte: Um den Mittelwert $\widehat{x}_N$ der Meßwerte $y_1, \ldots, y_N$ zu berechnen, müssen wir deren Summe

$$\sum_i y_i = \sum_i (x + r_i) = Nx + \sum_i r_i$$

bilden. Darin tritt die Summe

$$w_N = \sum_i r_i$$

der Meßfehler auf, für welche die folgenden Gleichungen gelten:

$$\begin{aligned} \mathrm{E}\{w_N\} &= 0 && \text{Erwartungswert} \\ \mathrm{E}\{w_N^2\} &= N\sigma^2 && \text{Varianz} \quad . \end{aligned}$$

In Analogie zur N mal wiederholten statischen, fehlerbehafteten Messung der unbekannten, konstanten, reellen Größe x betrachten wir jetzt die dynamische Messung von x über ein Zeitintervall $[0, T]$,

$$y(t) = x + r(t) \qquad t \in [0, T] \quad .$$

Der Meßfehler r ist ein stationäres, weißes Rauschen mit

$$\mathrm{E}\{r(t)\} = 0 \qquad \text{für alle } t \in [0, T] \quad .$$

Im folgenden wollen wir die Charakterisierung der Varianz bzw. der Autokovarianzfunktion des weißen Rauschens erarbeiten.

Intuitiv ist völlig klar, daß wir dem "geschätzten" oder "vermuteten" Wert $\widehat{x}_T$ der unbekannten Größe x den zeitlichen Mittelwert der Messungen zuordnen müssen,

$$\widehat{x}_T = \frac{1}{T} \int_0^T y(\tau)\, d\tau \quad ,$$

da x konstant und das weiße Rauschen stationär ist. Die Schätzung $\widehat{x}_T$ und der Schätzfehler $x - \widehat{x}_T$ sind Zufallsvariablen. Der Erwartungswert des Schätzfehlers verschwindet wieder:

$$\begin{aligned} \mathrm{E}\{x - \widehat{x}_T\} &= \mathrm{E}\Big\{x - \frac{1}{T} \int_0^T (x + r(\tau))\, d\tau\Big\} = -\frac{1}{T}\mathrm{E}\Big\{\int_0^T r(\tau)\, d\tau\Big\} \\ &= -\frac{1}{T} \int_0^T \mathrm{E}\{r(\tau)\}\, d\tau = 0 \quad . \end{aligned}$$

Die Schätzung $\widehat{x}_T$ enthält somit keinen systematischen Fehler. Im Sinne einer Substitution führen wir den folgenden Zufallsprozeß w ein

$$w(t) = \int_0^t r(\tau)\, d\tau \quad .$$

Wir nennen ihn Brownsche Bewegung, falls das weiße Rauschen r stationär ist und eine Gaußsche Amplitudenverteilung hat, andernfalls einen Zufallsprozeß mit unabhängigen Inkrementen.

Mit w läßt sich der Schätzfehler wie folgt anschreiben:

$$x - \widehat{x}_T = -\frac{1}{T}w(T) \quad .$$

In Analogie zum vorherigen Fall ist die Varianz des Integrals der Meßfehler hier proportional zur Länge des Zeitintervalls:

$$\mathrm{E}\{w^2(T)\} \sim T \quad .$$

Wir bezeichnen den Proportionalitätsfaktor willkürlich mit σ^2 und erhalten

$$\mathrm{E}\{w^2(T)\} = \sigma^2 T \quad .$$

Für die Varianz des Schätzfehlers ergibt sich

$$\mathrm{E}\{(x-\widehat{x}_T)^2\} = \frac{1}{T^2}\mathrm{E}\{w^2(T)\} = \frac{\sigma^2}{T} \quad .$$

Für alle Zeiten $t \in [0, T]$ gelten sinngemäß die Gleichungen

$$\mathrm{E}\{w(t)\} \equiv 0 \qquad \mathrm{E}\{w^2(t)\} = \sigma^2 t$$

und für zwei beliebige Zeiten t und $t + \Delta t$ im Intervall $[0, T]$

$$\mathrm{E}\{[w(t+\Delta t) - w(t)]^2\} = \sigma^2 \Delta t \quad .$$

Da $w(t)$ ein Integral ist, setzen wir voraus, daß w stetig verläuft. Wir versuchen jetzt, durch Differentiation von w das weiße Rauschen r zu erhalten. Hier tritt aber die folgende Schwierigkeit auf: Der Differentialquotient $[w(t{+}\Delta t) - w(t)]/\Delta t$ hat eine zu $1/\Delta t$ proportionale Varianz, nämlich

$$\mathrm{E}\Big\{\Big(\frac{w(t+\Delta t) - w(t)}{\Delta t}\Big)^2\Big\} = \frac{\sigma^2}{\Delta t} \quad .$$

Das weiße Rauschen r als formale Ableitung des Zufallsprozesses w hat also eine unendliche Varianz,

$$\mathrm{E}\{r^2(t)\} = \mathrm{E}\left\{\left(\frac{dw(t)}{dt}\right)^2\right\} = \lim_{\Delta t \downarrow 0} \frac{\sigma^2}{\Delta t} = \infty \quad .$$

Der Zufallsprozeß w, der durch Integration des weißen Rauschens r entstanden ist, ist also stetig, aber für alle Zeiten t nicht differenzierbar. Trotzdem das weiße Rauschen physikalisch nicht existiert, da zu seiner Erzeugung eine unendlich hohe Leistung (Varianz) nötig wäre, ist es sinnvoll, es als mathematischen Extremfall eines zufälligen dynamischen Meßfehlers r zu verwenden. Wenn die

Meßdaten y mit einem dynamischen System (genannt Filter) geglättet werden (im obigen Fall durch Integration in einem Integrator, bzw. Mittelung), resultiert dann trotzdem eine Schätzung $\widehat{x}$ der gesuchten Größe x mit endlicher Varianz des Schätzfehlers $x - \widehat{x}$ (im obigen Fall σ^2/T).

Die unendliche Varianz des weißen Rauschens r beschreiben wir mit Hilfe der Dirac-Funktion und der Autokovarianzfunktion

$$\Sigma_r(t,\tau) = \mathrm{E}\{r(t)r(\tau)\} = \sigma^2\delta(t-\tau) \ .$$

Die Angemessenheit diese Ansatzes überprüfen wir noch wie folgt, wobei t und $\Delta t > 0$ beliebig sind, solange t und $t+\Delta t$ im betrachteten Intervall $[0,T]$ liegen:

$$\begin{aligned}\sigma^2 &= \mathrm{E}\Big\{\frac{1}{\Delta t}[w(t+\Delta t)-w(t)]^2\Big\} = \mathrm{E}\Big\{[w(T)-w(0)]\frac{w(t+\Delta t)-w(t)}{\Delta t}\Big\}\\ &= \mathrm{E}\left\{\int_0^T r(\tau)\,d\tau\,\frac{w(t+\Delta t)-w(t)}{\Delta t}\right\} \ .\end{aligned}$$

Hier haben wir bei der ersten Umformung die Unabhängigkeitseigenschaften des weißen Rauschens r und die daraus folgende Unabhängigkeit der drei Inkremente $w(T) - w(t+\Delta t)$, $w(t+\Delta t) - w(t)$ und $w(t) - w(0)$ des Zufallsprozesses w ausgenützt. Beim Grenzübergang $\Delta t \downarrow 0$ erhalten wir:

$$\begin{aligned}\sigma^2 &= \mathrm{E}\left\{\int_0^T r(\tau)\,d\tau\, r(t)\right\} = \mathrm{E}\left\{\int_0^T r(t)r(\tau)\,d\tau\right\} = \int_0^T \mathrm{E}\{r(t)r(\tau)\}\,d\tau\\ &= \int_0^T \Sigma_r(t,\tau)\,d\tau = \int_0^T \sigma^2\delta(t-\tau)\,d\tau = \sigma^2 \qquad \text{für } 0<t<T \ .\end{aligned}$$

Zur Veranschaulichung der Unprädiktierbarkeit eines weißen Rauschens zeigt das Bild 8.5 einen möglichen Musterverlauf (einer Approximation) eines weißen Rauschens, nebst seiner Autokovarianzfunktion. Zum Vergleich enthält das Bild 8.6 einen möglichen Musterverlauf eines exponentiell korrelierten Rauschens mit der Autokovarianzfunktion gemäß Bild 8.4, das kraft seiner Korreliertheit mit sich selbst (über die Zeit) teilweise prädiktierbar ist.

Verallgemeinerung auf den Vektorfall

Einen Vektor-Zufallsprozeß r mit n Komponenten, der sich im Zeitintervall $[t_a, t_b]$ abspielt und der ein weißes Rauschen ist, charakterisieren wir durch seinen Erwartungswert (n-Vektor)

$$\mathrm{E}\{r(t)\} = \mu_r(t) \qquad t \in [t_a, t_b]$$

und seine Autokovarianzmatrix

$$\mathrm{E}\{[r(t)-\mu_r(t)][r(\tau)-\mu_r(\tau)]^{\mathrm{T}}\} = R(t)\delta(t-\tau) \qquad t \in [t_a,t_b],\ \tau \in [t_a,t_b],$$

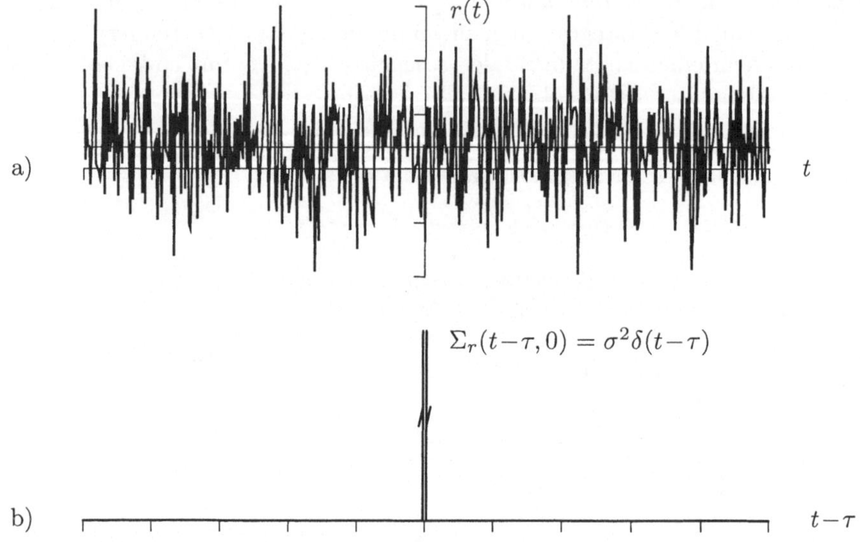

Bild 8.5. a) Musterverlauf eines (fast) weißen Rauschens; b) Autokovarianzfunktion des weißen Rauschens

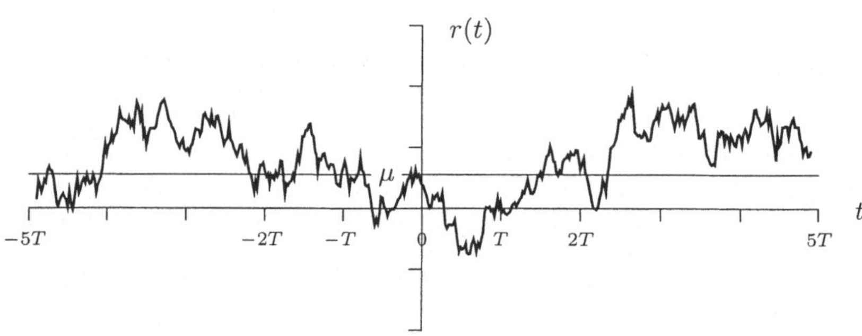

Bild 8.6. Muster eines stationären, farbigen Rauschens mit Autokovarianzfunktion gemäß Bild 8.4

wobei die n mal n Matrix $R(t)$ für alle Zeiten $t \in [t_a, t_b]$ symmetrisch und positiv-semidefinit (i.allg. positiv-definit) ist.

Für ein stationäres, weißes Rauschen sind die beiden Funktionen μ_r und R konstant. Ein Gaußsches weißes Rauschen hat zu jeder Zeit t eine Gaußsche Amplitudenverteilung und ist durch $\mu_r(t)$ und $R(t)$ vollständig beschrieben.

8.4 Literatur zu Kapitel 8

1. H. Kwakernaak, R. Sivan: *Linear Optimal Control Systems.* New York: Wiley-Interscience, 1972.
2. H. Schlitt: *Systemtheorie für stochastische Prozesse.* Berlin: Springer 1992.

8.5 Aufgaben zu Kapitel 8

1. Warum gibt es in der Natur kein weißes Rauschen?
2. Warum verwenden wir das weiße Rauschen trotzdem, um gewisse Zufallsprozesse zu modellieren?
3. Wie muß man sich einen stationären, nicht ergodischen Zufallsprozeß vorstellen?
4. Welche Voraussetzungen müssen erfüllt sein, damit die Summe zweier Zufallsprozesse identisch verschwindet.
5. Im Kap. 8.3 haben wir die Brownsche Bewegung als Integral eines Gaußschen, stationären, weißen Rauschens definiert. Ist die Brownsche Bewegung ein stationärer Zufallsprozeß?
6. Bei abgetasteten Systemen (digitale Regelung) wollen wir zeitdiskrete Signale modellieren, die mit einem zeitdiskreten weißen Rauschen additiv beaufschlagt sind. Wie sind die statistischen Kennzeichnungen (momentaner Erwartungswert, momentane Kovarianzmatrix, Autokovarianzmatrix) eines diskreten weißen Rauschens v_k $(k \leftrightarrow k{\cdot}T)$ anzusetzen, wenn es im Sinne äquivalenter Brownscher Bewegungen mit einem zeitkontinuierlichen weißen Rauschen mit $\mathrm{E}\{v(t)\} = \overline{v}(t)$ und $\mathrm{E}\{[v(t)-\overline{v}(t)][v(\tau)-\overline{v}(\tau)]^{\mathrm{T}}\} = Q(t)\delta(t-\tau)$ äquivalent sein soll?

9 Analyse stochastischer linearer dynamischer Systeme im Zeitbereich

Im Kapitel 8 haben wir dynamische, mit zufälligen Fehlern behaftete Messungen betrachtet. Als Extremfall haben wir den Meßfehler-Zufallsprozeß als weißes Rauschen modelliert.

Bereits bei der Beschreibung der zufälligen Meßfehlerverläufe (insbesondere im Kap. 8.3) ist klar geworden, daß wir die dynamischen Meßsignale mitteln, glätten oder filtern müssen, um genügend zuverlässige Systeminformationen (z.B. den geschätzten Zustandsvektor einer Regelstrecke) weiter verarbeiten zu können.

Damit wir ein dynamisches System, das als Filter eingesetzt wird, auslegen können, müssen wir das Verhalten dynamischer Systeme mit zufälligen Eingangssignalen beschreiben können.

In diesem Kapitel analysieren wir deshalb den momentanen Erwartungswert, die momentane Kovarianzmatrix und die Autokovarianzmatrix des Zustandsvektors (Vektor-Zufallsprozeß) eines linearen dynamischen Systems, dessen Eingangsvektor ein Vektor-Zufallsprozeß und dessen Anfangszustand ein Zufallsvektor ist.

Am Schluß des Kapitels wird das Kalman-Bucy-Filter vorgestellt, das aus den verrauschten Meßsignalen den Zustandsvektor des betreffenden dynamischen Systems optimal rekonstruiert. Mit Hilfe dieses geschätzten Zustandsvektors können wir in stochastischen Regulatorproblemen eine Zustandsvektorrückführung realisieren.

9.1 Farbiges Rauschen als Eingangsvektor

Wir untersuchen ein lineares dynamisches System mit dem n-dimensionalem Zustandsvektor $x(t)$, dem m-dimensionalem Eingangsvektor $v(t)$ und den bekannten Systemmatrizen $A(t)$ und $B(t)$:

$$\begin{aligned} \dot{x}(t) &= A(t)x(t) + B(t)v(t) \\ x(t_0) &= \xi \quad . \end{aligned}$$

Der Anfangszustand ξ ist ein Zufallsvektor, dessen Erwartungswert x_0 und Kovarianzmatrix Σ_0 wir kennen,

$$\mathrm{E}\{\xi\} = x_0 \qquad \mathrm{E}\{[\xi - x_0][\xi - x_0]^{\mathrm{T}}\} = \Sigma_0 \ .$$

Der Eingangsvektor v ist ein beliebiger Vektor-Zufallsprozeß, der vom Anfangszustand ξ unabhängig ist. Wir kennen seinen momentanen Erwartungswert u und seine Autokovarianzmatrix Σ_v,

$$\begin{aligned}
&\mathrm{E}\{v(t)\} = u(t) && \text{für } t \geq t_0 \\
&\mathrm{E}\{[v(t) - u(t)][v(\tau) - u(\tau)]^{\mathrm{T}}\} = \Sigma_v(t, \tau) && \text{für } t \geq t_0,\ \tau \geq t_0 \\
&\mathrm{E}\{[v(t) - u(t)][\xi - x_0]^{\mathrm{T}}\} \equiv 0 && \text{für } t \geq t_0 \text{ (Unkorreliertheit)} \ .
\end{aligned}$$

Physikalisch können wir den zufälligen Anfangszustand ξ und den zufälligen Eingangsvektor v wie folgt interpretieren: x_0 ist der Anfangszustand, den wir dem System geben wollen. Diesem deterministisch vorgegebenen Anfangszustand ist eine zufällige, additive Störung $\xi - x_0$ mit verschwindendem Erwartungswert und Kovarianzmatrix Σ_0 überlagert. Der Eingangsvektor v setzt sich aus dem von uns (deterministisch) beabsichtigten Steuervektor u und einer zufälligen, additiven Störung $v - u$ (Motorrauschen) zusammen, die einen verschwindenden Erwartungswert und die Autokovarianzmatrix $\Sigma_v(t, \tau)$ hat.

Da der Anfangszustand ξ ein Zufallsvektor und der Eingangsvektor v ein Vektor-Zufallsprozeß ist, ist der Zustand x des dynamischen Systems ebenfalls ein Vektor-Zufallsprozeß. (Wenn ξ ein Gaußscher Zufallsvektor und v ein Gaußscher Vektor-Zufallsprozeß ist, ist auch x ein Gaußscher Vektor-Zufallsprozeß.) Wir suchen den momentanen Erwartungswert $\mathrm{E}\{x(t)\}$, die momentane Kovarianzmatrix $\Sigma(t)$ und die Autokovarianzmatrix $\Sigma(t, \tau)$ des Zustandsvektors x. (Da keine Verwechslungsgefahr besteht, verzichten wir hier auf den Index x für $\Sigma(t)$ bzw. $\Sigma(t, \tau)$.)

Für jeden beliebigen, zufälligen Anfangszustand und jeden beliebigen, zufälligen Verlauf des Eingangsvektors läßt sich der entsprechende zufällige Verlauf des Zustandsvektors mit Hilfe der Transitionsmatrix $\Phi(t, t_0)$ in geschlossener Form anschreiben (vgl. Kap. 4.4.3):

$$x(t) = \Phi(t, t_0)\xi + \int_{t_0}^{t} \Phi(t, \sigma)B(\sigma)v(\sigma)\, d\sigma$$

Da der Erwartungswertoperator $\mathrm{E}\{\cdots\}$ ein linearer Operator ist, erhalten wir den momentanen Erwartungswert des Zustands $x(t)$ zur Zeit t aus der folgenden Berechnung, wobei wir zur Vereinfachung die abgekürzte Schreibweise

$$\mathrm{E}\{x(t)\} = \overline{x}(t)$$

einführen:

$$\begin{aligned}
\overline{x}(t) &= \mathrm{E}\left\{\Phi(t,t_0)\xi + \int_{t_0}^{t} \Phi(t,\sigma)B(\sigma)v(\sigma)\,d\sigma\right\} \\
&= \Phi(t,t_0)\mathrm{E}\{\xi\} + \int_{t_0}^{t} \Phi(t,\sigma)B(\sigma)\mathrm{E}\{v(\sigma)\}\,d\sigma \\
&= \Phi(t,t_0)x_0 + \int_{t_0}^{t} \Phi(t,\sigma)B(\sigma)u(\sigma)\,d\sigma \quad .
\end{aligned}$$

Die obige geschlossene Lösung für $\overline{x}(t)$ ist gemäß Kapitel 4.4.3 äquivalent zur Differentialgleichung

$$\begin{aligned}
\dot{\overline{x}}(t) &= A(t)\overline{x}(t) + B(t)u(t) \\
\overline{x}(t_0) &= x_0 \quad .
\end{aligned}$$

Der momentane Zustand $x(t)$ ist demnach zwar ein Zufallsvektor, aber wenigstens verhält sich sein Erwartungswert $\mathrm{E}\{x(t)\}$ so, wie wir es ursprünglich beabsichtigt haben.

Die Abweichung $x - \overline{x}$ des Vektor-Zufallsprozesses x von seinem Erwartungswert $\overline{x}$ gehorcht der Differentialgleichung

$$\begin{aligned}
\dot{x}(t) - \dot{\overline{x}}(t) &= A(t)[x(t) - \overline{x}(t)] + B(t)[v(t) - u(t)] \\
x(t_0) - \overline{x}(t_0) &= \xi - x_0
\end{aligned}$$

und hat die analytische Lösung

$$x(t) - \overline{x}(t) = \Phi(t,t_0)[\xi - x_0] + \int_{t_0}^{t} \Phi(t,\sigma)B(\sigma)[v(\sigma) - u(\sigma)]\,d\sigma \quad .$$

Daraus berechnen wir die Kovarianzmatrix $\Sigma(t)$ des Zustandsvektors $x(t)$ wie folgt:

$$\begin{aligned}
\Sigma(t) &= \mathrm{E}\{[x(t)-\overline{x}(t)][x(t)-\overline{x}(t)]^{\mathrm{T}}\} \\
&= \mathrm{E}\left\{\left(\Phi(t,t_0)[\xi - x_0] + \int_{t_0}^{t} \Phi(t,\sigma)B(\sigma)[v(\sigma)-u(\sigma)]\,d\sigma\right)\right. \\
&\qquad \left.\times\left(\Phi(t,t_0)[\xi - x_0] + \int_{t_0}^{t} \Phi(t,\rho)B(\rho)[v(\rho)-u(\rho)]\,d\rho\right)^{\mathrm{T}}\right\} \\
&= \mathrm{E}\{\Phi(t,t_0)[\xi - x_0][\xi - x_0]^{\mathrm{T}}\Phi^{\mathrm{T}}(t,t_0)\} \\
&\quad + \mathrm{E}\left\{\Phi(t,t_0)[\xi - x_0]\left(\int_{t_0}^{t} \Phi(t,\rho)B(\rho)[v(\rho)-u(\rho)]\,d\rho\right)^{\mathrm{T}}\right\} \\
&\quad + \mathrm{E}\left\{\int_{t_0}^{t} \Phi(t,\sigma)B(\sigma)[v(\sigma)-u(\sigma)]\,d\sigma\,[\xi - x_0]^{\mathrm{T}}\Phi^{\mathrm{T}}(t,t_0)\right\}
\end{aligned}$$

$$+\,\mathrm{E}\left\{\int_{t_0}^{t}\Phi(t,\sigma)B(\sigma)[v(\sigma)-u(\sigma)]\,d\sigma\left(\int_{t_0}^{t}\Phi(t,\rho)B(\rho)[v(\rho)-u(\rho)]\,d\rho\right)^{\mathrm{T}}\right\}$$

$$= \Phi(t,t_0)\mathrm{E}\{[\xi-x_0][\xi-x_0]^{\mathrm{T}}\}\Phi^{\mathrm{T}}(t,t_0)$$

$$+ \int_{t_0}^{t}\Phi(t,t_0)\mathrm{E}\{[\xi-x_0][v(\rho)-u(\rho)]^{\mathrm{T}}\}B^{\mathrm{T}}(\rho)\Phi^{\mathrm{T}}(t,\rho)\,d\rho$$

$$+ \int_{t_0}^{t}\Phi(t,\sigma)B(\sigma)\mathrm{E}\{[v(\sigma)-u(\sigma)][\xi-x_0]^{\mathrm{T}}\}\Phi^{\mathrm{T}}(t,t_0)\,d\sigma$$

$$+ \int_{t_0}^{t}\int_{t_0}^{t}\Phi(t,\sigma)B(\sigma)\mathrm{E}\{[v(\sigma)-u(\sigma)][v(\rho)-u(\rho)]^{\mathrm{T}}\}B^{\mathrm{T}}(\rho)\Phi^{\mathrm{T}}(t,\rho)\,d\rho\,d\sigma\,.$$

Durch Einsetzen der Kovarianzmatrix Σ_0 des Anfangszustands ξ und der Autokovarianzmatrix $\Sigma_v(t,\tau)$ des Eingangsvektors v und nach Berücksichtigung der Unkorreliertheit von ξ und v erhalten wir schließlich:

$$\Sigma(t) = \Phi(t,t_0)\Sigma_0\Phi^{\mathrm{T}}(t,t_0) + \int_{t_0}^{t}\int_{t_0}^{t}\Phi(t,\sigma)B(\sigma)\Sigma_v(\sigma,\rho)B^{\mathrm{T}}(\rho)\Phi^{\mathrm{T}}(t,\rho)\,d\rho\,d\sigma\,.$$

In völlig analoger Weise erhalten wir für die Autokovarianzmatrix $\Sigma(t,\tau)$ des Zustandsvektors:

$$\Sigma(t,\tau) = \Phi(t,t_0)\Sigma_0\Phi^{\mathrm{T}}(\tau,t_0) + \int_{t_0}^{t}\int_{t_0}^{\tau}\Phi(t,\sigma)B(\sigma)\Sigma_v(\sigma,\rho)B^{\mathrm{T}}(\rho)\Phi^{\mathrm{T}}(\tau,\rho)\,d\rho\,d\sigma\,.$$

Im nächsten Unterkapitel untersuchen wir das gleiche stochastische dynamische System für den besonders interessanten und wichtigen Spezialfall, daß der Vektor-Zufallsprozeß v ein weißes Rauschen ist.

9.2 Weißes Rauschen als Eingangsvektor

Wir betrachten ein lineares dynamisches System mit den bekannten Systemmatrizen $A(t)$ und $B(t)$:

$$\dot{x}(t) = A(t)x(t) + B(t)v(t)$$
$$x(t_0) = \xi\ .$$

Der Anfangszustand ξ ist ein Zufallsvektor mit

$$\mathrm{E}\{\xi\} = x_0 \qquad \mathrm{E}\{[\xi-x_0][\xi-x_0]^{\mathrm{T}}\} = \Sigma_0\ .$$

Der Eingangsvektor v ist ein vom Anfangszustand ξ unabhängiges, weißes Rauschen mit

$\mathrm{E}\{v(t)\} = u(t)$	für $t \geq t_0$
$\mathrm{E}\{[v(t)-u(t)][v(\tau)-u(\tau)]^{\mathrm{T}}\} = Q(t)\delta(t-\tau)$	für $t,\tau \geq t_0$ mit $Q(t)=Q^{\mathrm{T}}(t)\geq 0$
$\mathrm{E}\{[v(t)-u(t)][\xi-x_0]^{\mathrm{T}}\} \equiv 0$	für $t \geq t_0$ (Unkorreliertheit) .

Wir suchen wieder den momentanen Erwartungswert $\mathrm{E}\{x(t)\} = \overline{x}(t)$, die momentane Kovarianzmatrix $\Sigma(t)$ und die Autokovarianzmatrix $\Sigma(t,\tau)$ des Vektor-Zufallsprozesses x.

Wie im Kapitel 9.1 erhalten wir den momentanen Erwartungswert $\overline{x}$ in der geschlossenen Form

$$\overline{x}(t) = \Phi(t,t_0)x_0 + \int_{t_0}^{t} \Phi(t,\sigma)B(\sigma)u(\sigma)\,d\sigma$$

oder äquivalent als Lösung der Differentialgleichung

$$\begin{aligned}\dot{\overline{x}}(t) &= A(t)\overline{x}(t) + B(t)u(t)\\ \overline{x}(t_0) &= x_0 \quad .\end{aligned}$$

Um die Kovarianzmatrix $\Sigma(t)$ des Zustandsvektors $x(t)$ zu berechnen, setzen wir die Autokovarianzmatrix $\Sigma_v(t,\tau)$ des weißen Rauschens v,

$$\Sigma_v(\sigma,\rho) = Q(\sigma)\delta(\sigma-\rho) \quad ,$$

in die entsprechende Formel von Kapitel 9.1 ein und erhalten:

$$\begin{aligned}\Sigma(t) &= \mathrm{E}\{[x(t)-\overline{x}(t)][x(t)-\overline{x}(t)]^{\mathrm{T}}\}\\ &= \Phi(t,t_0)\Sigma_0\Phi^{\mathrm{T}}(t,t_0) + \int_{t_0}^{t}\int_{t_0}^{t} \Phi(t,\sigma)B(\sigma)Q(\sigma)\delta(\sigma-\rho)B^{\mathrm{T}}(\rho)\Phi^{\mathrm{T}}(t,\rho)\,d\rho\,d\sigma\\ &= \Phi(t,t_0)\Sigma_0\Phi^{\mathrm{T}}(t,t_0) + \int_{t_0}^{t} \Phi(t,\sigma)B(\sigma)Q(\sigma)B^{\mathrm{T}}(\sigma)\Phi^{\mathrm{T}}(t,\sigma)\,d\sigma \quad .\end{aligned}$$

Durch Ableiten nach der Zeit t gewinnen wir eine Matrix-Differentialgleichung für die Kovarianzmatrix $\Sigma(t)$ (vgl. Kap. 4.8):

$$\begin{aligned}\dot{\Sigma}(t) &= A(t)\Sigma(t) + \Sigma(t)A^{\mathrm{T}}(t) + B(t)Q(t)B^{\mathrm{T}}(t)\\ \Sigma(t_0) &= \Sigma_0 \quad .\end{aligned}$$

Durch numerische Integration dieser Differentialgleichung können wir die Kovarianzmatrix $\Sigma(t)$ direkt erhalten, d.h. ohne die Transitionsmatrix Φ berechnen zu müssen.

Um die Autokovarianzmatrix $\Sigma(t,\tau)$ des Vektor-Zufallsprozesses x zu berechnen, setzen wir die Autokovarianzmatrix des weißen Rauschens v in die letzte Formel des Kapitels 9.1 ein und erhalten:

$$\begin{aligned}\Sigma(t,\tau) &= \mathrm{E}\{[x(t)-\overline{x}(t)][x(\tau)-\overline{x}(\tau)]^{\mathrm{T}}\}\\ &= \Phi(t,t_0)\Sigma_0\Phi^{\mathrm{T}}(\tau,t_0) + \int_{t_0}^{t}\int_{t_0}^{\tau} \Phi(t,\sigma)B(\sigma)Q(\sigma)\delta(\sigma-\rho)B^{\mathrm{T}}(\rho)\Phi^{\mathrm{T}}(\tau,\rho)\,d\rho\,d\sigma\,.\end{aligned}$$

Zuerst führen wir die Integration über das größere der beiden Intervalle $[t_0, t]$ und $[t_0, \tau]$ durch (bei festgehaltenem Wert von ρ bzw. σ) und erhalten ein einfaches Integral über das kürzere der beiden Intervalle,

$$\Sigma(t,\tau) = \Phi(t,t_0)\Sigma_0\Phi^{\mathrm{T}}(\tau,t_0) + \int_{t_0}^{\min(t,\tau)} \Phi(t,\alpha)B(\alpha)Q(\alpha)B^{\mathrm{T}}(\alpha)\Phi^{\mathrm{T}}(\tau,\alpha)\,d\alpha\,.$$

Mit Hilfe der Transitionseigenschaft der Transitionsmatrix Φ (s. Tabelle 4.1) und der bereits berechneten Kovarianzmatrix $\Sigma(\tau)$ bzw. $\Sigma(t)$ können wir den obigen Ausdruck noch ein wenig umformen:

$$\begin{aligned} &\text{für } t > \tau: \qquad && \Sigma(t,\tau) = \Phi(t,\tau)\Sigma(\tau) \\ &\text{für } \tau > t: \qquad && \Sigma(t,\tau) = \Sigma(t)\Phi^{\mathrm{T}}(\tau,t) \quad . \end{aligned}$$

Daraus folgern wir, daß wir die Autokovarianzmatrix $\Sigma(t,\tau)$ durch numerische Integration von Matrix-Differentialgleichungen wie folgt direkt berechnen können:

Im Fall $t > \tau$:

zu integrieren über das Intervall $t_0 \le \alpha \le \tau$

$$\begin{aligned} \frac{d}{d\alpha}\Sigma(\alpha) &= A(\alpha)\Sigma(\alpha) + \Sigma(\alpha)A^{\mathrm{T}}(\alpha) + B(\alpha)Q(\alpha)B^{\mathrm{T}}(\alpha) \\ \Sigma(t_0) &= \Sigma_0 \quad , \end{aligned}$$

zu integrieren über das Intervall $\tau \le \beta \le t$

$$\begin{aligned} \frac{d}{d\beta}\Sigma(\beta,\tau) &= A(\beta)\Sigma(\beta,\tau) \\ \Sigma(\tau,\tau) &= \Sigma(\tau) \quad . \end{aligned}$$

Im Fall $\tau > t$:

zu integrieren über das Intervall $t_0 \le \alpha \le t$

$$\begin{aligned} \frac{d}{d\alpha}\Sigma(\alpha) &= A(\alpha)\Sigma(\alpha) + \Sigma(\alpha)A^{\mathrm{T}}(\alpha) + B(\alpha)Q(\alpha)B^{\mathrm{T}}(\alpha) \\ \Sigma(t_0) &= \Sigma_0 \quad , \end{aligned}$$

zu integrieren über das Intervall $t \le \beta \le \tau$

$$\begin{aligned} \frac{d}{d\beta}\Sigma(t,\beta) &= \Sigma(t,\beta)A^{\mathrm{T}}(\beta) \\ \Sigma(t,t) &= \Sigma(t) \quad . \end{aligned}$$

9.3 Stationäres weißes Rauschen als Eingangsvektor

Wenn das lineare dynamische System zeitinvariant und asymptotisch stabil ist und die Anfangszeit $t_0 = -\infty$ hat, und wenn der Eingangsvektor v ein stationäres weißes Rauschen ist, dann ist der Zustand x ebenfalls ein stationärer Vektor-Zufallsprozeß.

Der konstante Erwartungswert $\mathrm{E}\{x(t)\} \equiv \overline{x}$ ergibt sich als konstante Lösung der Vektor-Differentialgleichung des Erwartungswerts,

$$\overline{x} = -A^{-1}Bu \quad ,$$

wobei u der konstante Erwartungswert des stationären weißen Rauschens v ist. Die Invertierbarkeit der Systemmatrix A ist garantiert, da das dynamische System asymptotisch stabil ist.

Die konstante Kovarianzmatrix $\mathrm{E}\{[x(t)-\overline{x}][x(t)-\overline{x}]^{\mathrm{T}}\} \equiv \Sigma$ kann als asymptotische Lösung $\Sigma(t)$ für $t \to \infty$ der Matrix-Differentialgleichung

$$\begin{aligned} \dot{\Sigma}(t) &= A\Sigma(t) + \Sigma(t)A^{\mathrm{T}} + BQB^{\mathrm{T}} \\ \Sigma(0) &= \Sigma_0 = \Sigma_0^{\mathrm{T}} > 0 \qquad \text{(beliebig)} \end{aligned}$$

berechnet werden, wobei die konstante, symmetrische, positiv-semidefinite Matrix Q die Autokovarianzmatrix des weißen Rauschens v definiert,

$$\Sigma_v(t,\tau) = \mathrm{E}\{[v(t)-u][v(\tau)-u]^{\mathrm{T}}\} \equiv Q\delta(t-\tau) \quad .$$

Alternativ kann die Kovarianzmatrix Σ des stationären Vektor-Zufallsprozesses x als Lösung der algebraischen Gleichung

$$A\Sigma + \Sigma A^{\mathrm{T}} + BQB^{\mathrm{T}} = 0 \qquad \text{(Lyapunov-Gleichung)}$$

berechnet werden.

Die nur von der Zeitdifferenz $t_1 - t_2$ abhängige Autokovarianzmatrix

$$\mathrm{E}\{[x(t_1)-\overline{x}][x(t_2)-\overline{x}]^{\mathrm{T}}\} = \Sigma(t_1,t_2) \equiv \Sigma(t_1-t_2,0)$$

wird mit den oben bereits erwähnten Gleichungen berechnet. Mit der im stationären Fall üblichen Substitution

$$\tau = t_1 - t_2$$

für die Zeitdifferenz erhalten wir

$$\begin{aligned} \Sigma(\tau,0) &= e^{A\tau}\Sigma \qquad && \text{für } \tau > 0 \\ \Sigma(\tau,0) &= \Sigma e^{-A^{\mathrm{T}}\tau} \qquad && \text{für } \tau < 0 \quad . \end{aligned}$$

9.4 Beispiele

9.4.1 System 1. Ordnung

Wir betrachten die mit geschwindigkeitsproportionaler Reibung behaftete, geradlinige Massenpunktbewegung unter dem Einfluß einer zufälligen, äußeren Kraft und interessieren uns nur für die Geschwindigkeit (keine Feder vorhanden). In den Systemgleichungen

$$\begin{aligned}\dot{x}(t) &= ax(t) + bv(t) \\ x(0) &= \xi\end{aligned}$$

ist $x(t)$ die Geschwindigkeit, $v(t)$ die zufällige Kraft, ξ die zufällige Anfangsgeschwindigkeit zur Zeit $t = 0$, $a = -c/m = -1/T < 0$ und $b = 1/m$, wobei c den Reibungskoeffizienten, m die Masse und T die resultierende Zeitkonstante des Tiefpasses 1. Ordnung bedeuten. Als Zahlenwerte verwenden wir $m = 2\,\mathrm{kg}$, $c = 2\,\mathrm{Ns/m}$ und somit $a = -1\,\mathrm{s}^{-1}$, $b = 0.5\,\mathrm{kg}^{-1}$ und $T = 1\,\mathrm{s}$.

Die folgenden statistischen Kennwerte sind bekannt:

$$\begin{aligned}\mathrm{E}\{\xi\} &= x_0 = 10\,\mathrm{m/s} \\ \mathrm{E}\{(\xi - x_0)^2\} &= \Sigma_0 = 25\,\mathrm{m}^2/\mathrm{s}^2 \\ \mathrm{E}\{v(t)\} &\equiv u = 6\,\mathrm{N} \quad \text{für } t \geq 0 \\ \mathrm{E}\{(v(t)-u)(v(\tau)-u)\} &\equiv Q\delta(t-\tau) = 64\delta(t-\tau)\ \mathrm{N}^2 \quad \text{für } t,\, \tau \geq 0 \\ \mathrm{E}\{(\xi - x_0)(v(t)-u)\} &\equiv 0 \quad \text{für } t \geq 0\ .\end{aligned}$$

Wir suchen den momentanen Erwartungswert $\mathrm{E}\{x(t)\} = \overline{x}(t)$, die momentane Varianz $\Sigma(t)$ und die Autokovarianzfunktion $\Sigma(t_1, t_2)$ der Geschwindigkeit x.

Für den momentanen Erwartungswert haben wir:

$$\begin{aligned}\dot{\overline{x}}(t) &= a\overline{x}(t) + bu \\ \overline{x}(0) &= x_0 \\ \overline{x}(t) = e^{at}x_0 - \frac{b}{a}(1-e^{at})u &= 10e^{-t} + 3(1-e^{-t}) = 3 + 7e^{-t} \quad \mathrm{m/s}\ .\end{aligned}$$

Für $t \to \infty$ wird die Geschwindigkeit asymptotisch ein stationärer Zufallsprozeß mit dem Erwartungswert

$$\overline{x}_\infty = \lim_{t\to\infty} \overline{x}(t) = -\frac{b}{a}u = 3\,\mathrm{m/s}\ .$$

Für den Verlauf der momentanen Varianz der Geschwindigkeit erhalten wir:

$$\begin{aligned}\dot{\Sigma}(t) &= 2a\Sigma(t) + b^2Q \\ \Sigma(0) &= \Sigma_0 \\ \Sigma(t) = e^{2at}\Sigma_0 - \frac{b^2}{2a}(1-e^{2at})Q &= 25e^{-2t} + 8(1-e^{-2t}) = 8 + 17e^{-2t}\ \mathrm{m}^2/\mathrm{s}^2\ .\end{aligned}$$

Für die asymptotisch stationäre Geschwindigkeit können wir die Varianz aus der obigen Gleichung als Grenzwert für $t \to \infty$ oder als konstante Lösung der Differentialgleichung berechnen.

$$\Sigma_\infty = \lim_{t\to\infty} \Sigma(t) = -\frac{b^2 Q}{2a} = 8 \text{ m}^2/\text{s}^2 \ .$$

Die Autokovarianzfunktion $\Sigma(t_1,t_2)$ berechnet sich aus der Varianz $\Sigma(\min(t_1,t_2))$ und der Transitionsmatrix e^{at}:

$$\Sigma(t_1,t_2) = e^{a|t_1-t_2|}\Sigma(\min(t_1,t_2)) = e^{-|t_1-t_2|}\{8 + 17e^{-2\min(t_1,t_2)}\} \text{ m}^2/\text{s}^2 \ .$$

Im stationären Grenzfall $t_1 \to \infty$, $t_2 \to \infty$ erhalten wir mit der für diesen Fall üblichen Substitution

$$t_1 - t_2 = \tau$$

die folgende Autokovarianzfunktion der asymptotisch stationären, zufälligen Geschwindigkeit:

$$\Sigma_\infty(\tau,0) = e^{a|\tau|}\Sigma_\infty = -\frac{b^2 Q}{2a}e^{a|\tau|} = 8e^{-|\tau|} \text{ m}^2/\text{s}^2 \ .$$

9.4.2 Unterkritisch gedämpftes System 2. Ordnung

Wir betrachten einen unterkritisch gedämpften Feder-Masse-Schwinger mit Masse $m = 2\,\text{kg}$, Reibungskoeffizienten $c = 1\,\text{Ns/m}$, Federkonstanten $k = 8\,\text{N/m}$ und der Übertragungsfunktion Position zu Kraft

$$G(s) = \frac{x_1(s)}{v(s)} = \frac{\frac{1}{m}}{s^2 + 2\zeta\omega_0 s + \omega_0^2} \ ,$$

wobei

$$\omega_0 = \sqrt{\frac{k}{m}} = 2\,\text{s}^{-1} = \text{Eigenkreisfrequenz des ungedämpften Systems}$$

$$\zeta = \frac{c}{2\sqrt{km}} = 0.125 = \text{Dämpfungsmaß}$$

bedeuten (vgl. Kap. 2.3.2 und 4.4.4, Bsp. B).

Mit den Zustandsvariablen x_1 = Position, x_2 = Geschwindigkeit und der Eingangsgröße v = Kraft haben wir die Bewegungsgleichung

$$\begin{bmatrix} \dot{x}_1(t) \\ \dot{x}_2(t) \end{bmatrix} = \begin{bmatrix} 0 & 1 \\ -4 & -0.5 \end{bmatrix} \begin{bmatrix} x_1(t) \\ x_2(t) \end{bmatrix} + \begin{bmatrix} 0 \\ 0.5 \end{bmatrix} v(t) \ .$$

Am Anfang sei das System in der (deterministischen) Ruhelage:

$$\mathrm{E}\{x(0)\} = \begin{bmatrix} 0 \\ 0 \end{bmatrix} \qquad \mathrm{E}\{x(0)x^{\mathrm{T}}(0)\} = \Sigma_0 = \begin{bmatrix} 0 & 0 \\ 0 & 0 \end{bmatrix} \;.$$

Hingegen wirke eine zufällige, äußere Kraft v auf die Masse, die ein weißes Rauschen ist mit

$$\mathrm{E}\{v(t)\} \equiv u = 6\,\mathrm{N} \quad \text{für } t \geq 0$$
$$\mathrm{E}\{(v(t)-u)(v(\tau)-u)\} = Q\delta(t-\tau) = 64\delta(t-\tau)\ \mathrm{N}^2 \quad \text{für } t,\tau \geq 0 \;.$$

Wir suchen den momentanen Erwartungswert $\mathrm{E}\{x(t)\} = \overline{x}(t)$ des Vektor-Zufallsprozesses x, seine momentane Kovarianzmatrix $\Sigma(t)$ und seine Autokovarianzmatrix $\Sigma(t_1, t_2)$.

Momentaner Erwartungswert $\overline{x}(t)$:

$$\begin{aligned} \dot{\overline{x}}(t) &= A\overline{x}(t) + Bu \\ \overline{x}(0) &= x_0 = 0 \\ \overline{x}(t) &= \int_0^t e^{A(t-\sigma)} Bu d\sigma \;, \end{aligned}$$

wobei

$$e^{At} = e^{-\zeta\omega_0 t} \begin{bmatrix} \cos\omega t + \dfrac{\zeta}{\sqrt{1-\zeta^2}} \sin\omega t & \dfrac{1}{\omega} \sin\omega t \\ -\dfrac{\omega_0}{\sqrt{1-\zeta^2}} \sin\omega t & \cos\omega t - \dfrac{\zeta}{\sqrt{1-\zeta^2}} \sin\omega t \end{bmatrix}$$

mit $\omega = \omega_0\sqrt{1-\zeta^2} = \dfrac{\sqrt{63}}{4}$ = Eigenkreisfrequenz des gedämpften Systems.

Somit

$$\begin{aligned} \overline{x}(t) = \begin{bmatrix} \overline{x}_1(t) \\ \overline{x}_2(t) \end{bmatrix} &= \begin{bmatrix} \dfrac{u}{k} - \dfrac{u}{k} e^{-\zeta\omega_0 t}\left(\cos\omega t + \dfrac{\zeta\omega_0}{\omega} \sin\omega t\right) \\ \dfrac{u}{m\omega} e^{-\zeta\omega_0 t} \sin\omega t \end{bmatrix} \\ &= \begin{bmatrix} 0.75 - 0.75 e^{-0.25t}\left(\cos\dfrac{\sqrt{63}}{4}t + \dfrac{1}{\sqrt{63}} \sin\dfrac{\sqrt{63}}{4}t\right) \\ \dfrac{12}{\sqrt{63}} e^{-0.25t} \sin\dfrac{\sqrt{63}}{4}t \end{bmatrix} . \end{aligned}$$

Für $t \to \infty$ wird der Vektor-Zufallsprozeß $x(t)$ asymptotisch stationär mit

$$\overline{x}_\infty = \lim_{t\to\infty} \overline{x}(t) = -A^{-1}Bu = -\frac{1}{4}\begin{bmatrix} -0.5 & -1 \\ 4 & 0 \end{bmatrix}\begin{bmatrix} 0 \\ 0.5 \end{bmatrix} 6 = \begin{bmatrix} 0.75\,\mathrm{m} \\ 0\,\mathrm{m/s} \end{bmatrix} .$$

Die symmetrische, für $t > 0$ positiv-definite Kovarianzmatrix $\Sigma(\mathrm{t})$ berechnen wir aus der Matrix-Differentialgleichung

$$\begin{aligned}
\dot{\Sigma}(t) &= A\Sigma(t) + \Sigma(t)A^{\mathrm{T}} + BQB^{\mathrm{T}} \\
&= \begin{bmatrix} 0 & 1 \\ -4 & -0.5 \end{bmatrix}\begin{bmatrix} \Sigma_{11}(t) & \Sigma_{12}(t) \\ \Sigma_{12}(t) & \Sigma_{22}(t) \end{bmatrix} + \begin{bmatrix} \Sigma_{11}(t) & \Sigma_{12}(t) \\ \Sigma_{12}(t) & \Sigma_{22}(t) \end{bmatrix}\begin{bmatrix} 0 & -4 \\ 1 & -0.5 \end{bmatrix} + \begin{bmatrix} 0 \\ 0.5 \end{bmatrix} 64 \begin{bmatrix} 0 & 0.5 \end{bmatrix} \\
&= \begin{bmatrix} \dot{\Sigma}_{11}(t) & \dot{\Sigma}_{12}(t) \\ \dot{\Sigma}_{12}(t) & \dot{\Sigma}_{22}(t) \end{bmatrix} \\
&= \begin{bmatrix} 2\Sigma_{12}(t) & \Sigma_{22}(t) - 4\Sigma_{11}(t) - 0.5\Sigma_{12}(t) \\ \Sigma_{22}(t) - 4\Sigma_{11}(t) - 0.5\Sigma_{12}(t) & 16 - 8\Sigma_{12}(t) - \Sigma_{22}(t) \end{bmatrix}
\end{aligned}$$

mit der Anfangsbedingung

$$\Sigma_0 = \begin{bmatrix} \Sigma_{11}(0) & \Sigma_{12}(0) \\ \Sigma_{12}(0) & \Sigma_{22}(0) \end{bmatrix} = \begin{bmatrix} 0 & 0 \\ 0 & 0 \end{bmatrix} .$$

Die Lösung dieser Matrix-Differentialgleichung wäre am einfachsten durch numerische Integration zu bestimmen. (Dies verfolgen wir hier nicht weiter.)

Für $t \to \infty$ wird der Zufallsprozeß x asymptotisch stationär mit der Kovarianzmatrix Σ_∞, welche die algebraische Gleichung

$$\dot{\Sigma}(t) = 0 = A\Sigma + \Sigma A^{\mathrm{T}} + BQB^{\mathrm{T}}$$

erfüllt. Die Lösung lautet

$$\Sigma_\infty = \begin{bmatrix} \Sigma_{11\infty} & \Sigma_{12\infty} \\ \Sigma_{12\infty} & \Sigma_{22\infty} \end{bmatrix} = \begin{bmatrix} 4\,\mathrm{m}^2 & 0 \\ 0 & 16\,\mathrm{m}^2/\mathrm{s}^2 \end{bmatrix} .$$

Bei der Berechnung der Autokovarianzmatrix $\Sigma(t_1, t_2)$ des Zustandsvektor-Zufallsprozesses x beschränken wir uns der Einfachheit halber wieder auf den stationären Fall $t_1 \to \infty$, $t_2 \to \infty$. Mit der üblichen Substitution

$$\tau = t_1 - t_2$$

für die Zeitdifferenz erhalten wir die Autokovarianzmatrix des stationären Vektor-Zufallsprozesses x:

$$\Sigma(\tau, 0) = e^{A\tau}\Sigma_\infty \quad \text{für } \tau > 0 \qquad \Sigma(\tau, 0) = \Sigma_\infty e^{-A^{\mathrm{T}}\tau} \quad \text{für } \tau < 0 .$$

Die Diagonalelemente (Autokovarianzfunktionen) sind gerade Funktionen von τ, die außerdiagonalen Elemente (Kreuzkovarianzfunktionen) ungerade Funktionen von τ. Als Resultat erhalten wir:

$$\Sigma_{11}(\tau,0) = 4e^{-0.25|\tau|}\left(\cos\left(\frac{\sqrt{63}}{4}\tau\right) + \frac{1}{\sqrt{63}}\sin\left(\frac{\sqrt{63}}{4}|\tau|\right)\right)$$

$$\Sigma_{12}(\tau,0) = \frac{64}{\sqrt{63}}e^{-0.25|\tau|}\sin\left(\frac{\sqrt{63}}{4}\tau\right)$$

$$\Sigma_{21}(\tau,0) = -\Sigma_{12}(\tau,0)$$

$$\Sigma_{22}(\tau,0) = 16e^{-0.25|\tau|}\left(\cos\left(\frac{\sqrt{63}}{4}\tau\right) - \frac{1}{\sqrt{63}}\sin\left(\frac{\sqrt{63}}{4}|\tau|\right)\right) .$$

9.5 Das Kalman-Bucy-Filter

9.5.1 Problemstellung

Wir betrachten ein lineares dynamisches System mit bekannten Systemmatrizen $A(t)$, $B(t)$ und $C(t)$, dessen Anfangszustand ein Zufallsvektor ist und dessen Eingangs- und Ausgangs-Vektorsignale durch additive weiße Rauschen verfälscht sind:

$$\begin{aligned} \dot{x}(t) &= A(t)x(t) + B(t)v(t) \qquad && x(t) \in R^n \qquad v(t) \in R^m \\ x(t_0) &= \xi \\ y(t) &= C(t)x(t) + r(t) && y(t), r(t) \in R^p \ . \end{aligned}$$

Wir kennen die Erwartungswerte des Anfangszustands ξ, des Eingangsvektors $v(t)$ und des Meßfehlers $r(t)$:

$$\begin{aligned} \mathrm{E}\{\xi\} &= x_0 \\ \mathrm{E}\{v(t)\} &= u(t) \qquad && \text{für } t \geq t_0 \\ \mathrm{E}\{r(t)\} &= \overline{r}(t) && \text{für } t \geq t_0 \ . \end{aligned}$$

Zudem kennen wir die Kovarianzmatrix des Anfangszustands ξ und die Autokovarianzmatrizen der beiden Vektor-Zufallsprozesse v und r:

$$\begin{aligned} \mathrm{E}\{[\xi - x_0][\xi - x_0]^{\mathrm{T}}\} &= \Sigma_0 \\ \mathrm{E}\{[v(t) - u(t)][v(\tau) - u(\tau)]^{\mathrm{T}}\} &= Q(t)\delta(t-\tau) \qquad && \text{für } t,\tau \geq t_0 \\ \mathrm{E}\{[r(t) - \overline{r}(t)][r(\tau) - \overline{r}(\tau)]^{\mathrm{T}}\} &= R(t)\delta(t-\tau) && \text{für } t,\tau \geq t_0 \ , \end{aligned}$$

wobei

$$\left.\begin{aligned} \Sigma_0 &= \Sigma_0^{\mathrm{T}} \geq 0 \\ Q(t) &= Q^{\mathrm{T}}(t) \geq 0 \end{aligned}\right\} \quad \text{positiv-semidefinit}$$

$$R(t) = R^{\mathrm{T}}(t) > 0 \qquad \text{positiv-definit} \ .$$

Wir nehmen an, die beteiligten Zufallsvektoren und Zufallsprozesse seien voneinander unabhängig, d.h. insbesondere

$$\begin{aligned} E\{[\xi-x_0][v(t)-u(t)]^{\mathrm{T}}\} &\equiv 0 && \text{für alle } t \geq t_0 \\ E\{[\xi-x_0][r(t)-\overline{r}(t)]^{\mathrm{T}}\} &\equiv 0 && \text{für alle } t \geq t_0 \\ E\{[r(t)-\overline{r}(t)][v(\tau)-u(\tau)]^{\mathrm{T}}\} &\equiv 0 && \text{für alle } t,\tau \geq t_0 \ . \end{aligned}$$

Bemerkung. Die unterschiedliche Kennzeichnung der Erwartungswerte des Eingangsvektors und des Meßfehlervektors verwenden wir nur, um uns daran zu erinnern, daß $u(t) = E\{v(t)\}$ im allgemeinen der von uns beabsichtigte Eingangsvektor (Stellgröße) ist und daß $\overline{r}(t) = E\{r(t)\}$ der zwar ungewollte, aber bekannte systematische Meßfehler ist.

Gesucht ist ein optimaler vollständiger Zustandsbeobachter für das gegebene stochastische System. Da das stochastische Eingangssignal $v(t)$ unbekannt ist, verwenden wir für das gesuchte Filter den Ansatz:

$$\begin{aligned} \dot{\widehat{x}}(t) &= F(t)\widehat{x}(t) + H(t)y(t) + m(t) && \widehat{x}(t), m(t) \in R^n \\ \widehat{x}(t_0) &= z_0 \ . \end{aligned}$$

Dabei sind die Matrizen $F(t) \in R^{n\times n}$ und $H(t) \in R^{n\times p}$ und die Vektoren $m(t) \in R^n$ und $z_0 \in R^n$ die Variablen des Optimierungsproblems.

Optimalitätsforderungen:

a) Schätzung ohne systematischen Fehler: $E\{x(t)-\widehat{x}(t)\} \equiv 0$ für $t \geq t_0$

b) Kleinstmögliche Kovarianzmatrix des Schätzfehlers:

   Suboptimales Filter:
   - Zustand $\tilde{x}(t)$ (ebenfalls ohne systematischen Fehler)
   - Kovarianzmatrix $\tilde{\Sigma}(t) = E\{[x(t)-\tilde{x}(t)][x(t)-\tilde{x}(t)]^{\mathrm{T}}\}$

   Optimales Filter:
   - Zustand $\widehat{x}(t)$
   - Kovarianzmatrix $\Sigma(t) = E\{[x(t)-\widehat{x}(t)][x(t)-\widehat{x}(t)]^{\mathrm{T}}\}$

   Forderung: $\tilde{\Sigma}(t) - \Sigma(t) \geq 0$ (positiv-semidefinit) für alle suboptimalen, linearen Filter und alle Zeiten $t \geq t_0$.

Man kann zeigen [5], daß die Optimalitätsforderung b) äquivalent zur Forderung ist, daß gleichzeitig jede Komponente des Zustandsvektors mit minimaler Fehlervarianz geschätzt wird.

9.5.2 Lösung des Optimierungsproblems

Die Lösung des Problems der optimalen Filterung von Kap. 9.5.1 ist unter dem Namen Kalman-Bucy-Filter bekannt (Bild 9.1):

$$\begin{aligned}\dot{\widehat{x}}(t) &= [A(t)-\Sigma(t)C^{\mathrm{T}}(t)R^{-1}(t)C(t)]\widehat{x}(t) + B(t)u(t)\\ &\quad + \Sigma(t)C^{\mathrm{T}}(t)R^{-1}(t)\{y(t)-\overline{r}(t)\}\\ \widehat{x}(t_0) &= x_0 \;,\end{aligned}$$

wobei die Kovarianzmatrix $\Sigma(t)$ des Schätzfehlers $x(t) - \widehat{x}(t)$ aus der Matrix-Riccati-Differentialgleichung

$$\begin{aligned}\dot{\Sigma}(t) &= A(t)\Sigma(t) + \Sigma(t)A^{\mathrm{T}}(t) - \Sigma(t)C^{\mathrm{T}}(t)R^{-1}(t)C(t)\Sigma(t) + B(t)Q(t)B^{\mathrm{T}}(t)\\ \Sigma(t_0) &= \Sigma_0\end{aligned}$$

zu berechnen ist.

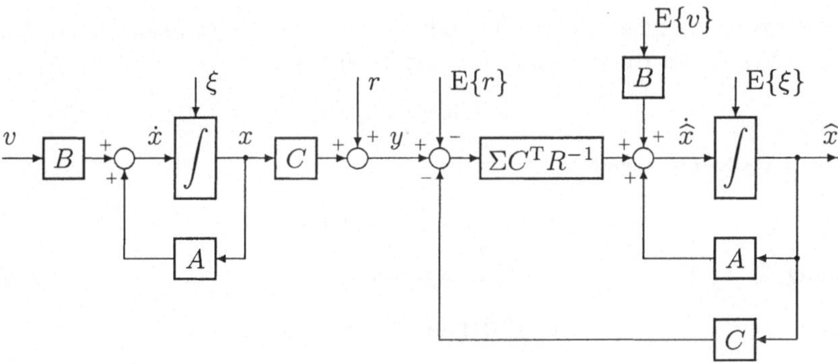

Bild 9.1. Signalflußbild des Kalman-Bucy-Filters

Die folgende Schreibweise für die Differentialgleichung des Kalman-Bucy-Filters ist aufschlußreicher:

$$\dot{\widehat{x}}(t) = A(t)\widehat{x}(t) + B(t)u(t) + \Sigma(t)C^{\mathrm{T}}(t)R^{-1}(t)\{y(t)-\overline{r}(t)-C(t)\widehat{x}(t)\}\;.$$

In den beiden ersten Termen ist der Anteil der Dynamik enthalten, der sich aufgrund des Erwartungswerts $\mathrm{E}\{v(t)\} = u(t)$ und der "bisher besten Schätzung $\widehat{x}(t)$" berechnet. Der letzte Term enthält einen Korrekturvektor. Dabei ist der Vektor $y(t) - \overline{r}(t) - C(t)\widehat{x}(t)$ die Differenz zwischen der, von seinem systematischen Fehler befreiten, neusten Meßvektor und dem aufgrund der bisher besten Schätzung $\widehat{x}(t)$ erwarteten Wert $\widehat{y}(t) = C(t)\widehat{x}(t)$ dieser Messung. Dieser völlig unprädiktierbare Differenzvektor $y(t) - \overline{r}(t) - C(t)\widehat{x}(t)$ ist ein weißes Rauschen und heißt Innovationsprozeß. Er wird mit der Matrix $H(t) = \Sigma(t)C^{\mathrm{T}}(t)R^{-1}(t)$ gewichtet (Filter-Verstärkungsmatrix). Diese ist direkt proportional zur Kovarianzmatrix $\Sigma(t)$ des Schätzfehlers $x(t) - \widehat{x}(t)$ (Ungewißheit in der bisherigen Information) und umgekehrt proportional zur "Intensität" $R(t)$ des Meßrauschens (Ungenauigkeit der Messung).

9.5.3 Verifikation der Optimalität des Kalman-Bucy-Filters

Um die Optimalität des Kalman-Bucy-Filters im Sinne der Forderungen a) und b) zu verifizieren, schreiben wir für den Schätzfehler die Gleichung zur Zeit t_0 und die Differentialgleichung an, die sich aufgrund des Ansatzes ergeben:

$$
\begin{aligned}
x(t_0) - \widehat{x}(t_0) &= \xi - z_0 \\
\dot{x}(t) - \dot{\widehat{x}}(t) &= A(t)x(t) + B(t)v(t) - F(t)\widehat{x}(t) - H(t)y(t) - m(t) \\
&= [A(t) - F(t) - H(t)C(t)]x(t) + F(t)\{x(t) - \widehat{x}(t)\} \\
&\quad + B(t)v(t) - H(t)r(t) - m(t) \quad .
\end{aligned}
$$

Die Forderung a) nach verschwindendem systematischem Schätzfehler für alle Zeiten $t \geq t_0$ ergibt die optimale Anfangsbedingung

$$
z_0 = \mathrm{E}\{\xi\} = x_0 \quad ,
$$

die optimale Filtermatrix

$$
F(t) = A(t) - H(t)C(t)
$$

(da i.allg. $\mathrm{E}\{x(t)\} \neq 0$ ist) und den optimalen "Bias"-Term

$$
m(t) = B(t)u(t) - H(t)\overline{r}(t) \quad .
$$

Mit diesen Zwischenresultaten erhalten wir die folgenden Gleichungen für den Schätzfehler:

$$
\begin{aligned}
\dot{x}(t) - \dot{\widehat{x}}(t) &= [A(t) - H(t)C(t)]\{x(t) - \widehat{x}(t)\} \\
&\quad + B(t)\{v(t) - u(t)\} - H(t)\{r(t) - \overline{r}(t)\} \\
x(t_0) - \widehat{x}(t_0) &= \xi - x_0 \quad .
\end{aligned}
$$

Gemäß Kapitel 9.2 und wegen der Unkorreliertheit von ξ, v und r ergibt sich daraus für die Kovarianzmatrix $\Sigma(t)$ des Schätzfehlers:

$$
\begin{aligned}
\dot{\Sigma}(t) &= [A(t) - H(t)C(t)]\Sigma(t) + \Sigma(t)[A(t) - H(t)C(t)]^{\mathrm{T}} \\
&\quad + B(t)Q(t)B^{\mathrm{T}}(t) + H(t)R(t)H^{\mathrm{T}}(t) \\
\Sigma(t_0) &= \Sigma_0 \quad .
\end{aligned}
$$

Die Optimalitätsforderung b) verlangt, daß $\Sigma(t)$ zu jeder beliebigen Zeit t "infimal" sein soll (im Sinne von $\tilde{\Sigma}(t) - \Sigma(t) \geq 0$, d.h. positiv-semidefinit). Der erste Hauptsatz der Variationsrechnung besagt, daß deshalb auch

$$\dot{\Sigma}(t) \text{ "infimal" für alle } t \geq t_0$$

sein muß (im Sinne von $\dot{\tilde{\Sigma}}(t) - \dot{\Sigma}(t) \geq 0$). Die optimale Filter-Verstärkungsmatrix $H(t)$ ist z.B. in [5], [6] und [7] hergeleitet worden. Eine reine Verifikation der optimalen Lösung kann in elementarerer Weise mit der Methode der vollständigen Quadrate erfolgen; die Differentialgleichung für die Kovarianzmatrix läßt sich nämlich wie folgt umformen:

$$\begin{aligned}
\dot{\Sigma}(t) &= [A(t) - H(t)C(t)]\Sigma(t) + \Sigma(t)[A(t) - H(t)C(t)]^{\mathrm{T}} \\
&\quad + B(t)Q(t)B^{\mathrm{T}}(t) + H(t)R(t)H^{\mathrm{T}}(t) \\
&= A(t)\Sigma(t) + \Sigma(t)A^{\mathrm{T}}(t) + B(t)Q(t)B^{\mathrm{T}}(t) - \Sigma(t)C^{\mathrm{T}}(t)R^{-1}(t)C(t)\Sigma(t) \\
&\quad + [H(t) - \Sigma(t)C^{\mathrm{T}}(t)R^{-1}(t)]R(t)[H(t) - \Sigma(t)C^{\mathrm{T}}(t)R^{-1}(t)]^{\mathrm{T}} \quad .
\end{aligned}$$

Die ersten vier Terme sind nicht explizite abhängig von $H(t)$. Der letzte Term ist wegen der Positiv-Definitheit von $R(t)$ stets positiv-semidefinit und verschwindet genau dann, wenn

$$H(t) = \Sigma(t)C^{\mathrm{T}}(t)R^{-1}(t)$$

ist, was zu verifizieren war.

9.5.4 Kommentare

A) Innovationsprozeß

Der Vektor-Zufallsprozeß $y(t) - \overline{r}(t) - C(t)\widehat{x}(t)$ wird Innovationsprozeß genannt (vgl. Bild 9.1). Er ist ein weißes Rauschen mit verschwindendem Erwartungswert und der Autokovarianzmatrix $\Sigma_{y-\overline{r}-C\widehat{x}}(t_1, t_2) = R(t_1)\delta(t_1 - t_2)$.

B) Optimalität des Kalman-Bucy-Filters

Das Kalman-Bucy-Filter ist das optimale lineare Filter, welches die Kovarianzmatrix des Schätzfehlers minimiert. Falls alle beteiligten Zufallsvektoren und -prozesse ξ, v und r (und somit auch x) Gauß-verteilt sind, ist das Kalman-Bucy-Filter gleichzeitig auch das beste nichtlineare Filter.

C) Zeitinvariantes Kalman-Bucy-Filter

Von besonderem Interesse ist der Fall eines zeitinvarianten Systems mit stationären Zufallsprozessen v und r. Die Systemmatrizen A, B und C und die Intensitätsmatrizen Q und R sind in diesem Fall konstant.

Wenn das System $[A, C]$ detektierbar ist, strebt die Kovarianzmatrix $\Sigma(t)$ des Schätzfehlers $x(t) - \widehat{x}(t)$ für $t \to \infty$ gegen einen endlichen Wert Σ_∞, selbst wenn das System instabil ist:

$$\lim_{t \to \infty} \Sigma(t) = \Sigma_\infty \geq 0 \ .$$

Wenn das System $[A, B]$ vollständig steuerbar und die Matrix Q positiv-definit ist, ist Σ_∞ eine positiv-definite Matrix.

Wenn das System $[A, B, C]$ detektierbar und stabilisierbar ist, ist Σ_∞ die einzige symmetrische, positiv-semidefinite Lösung der algebraischen Matrix-Riccati-Gleichung

$$0 = A\Sigma + \Sigma A^{\mathrm{T}} - \Sigma C^{\mathrm{T}} R^{-1} C \Sigma + BQB^{\mathrm{T}} \ .$$

D) Robustheit des zeitinvarianten Kalman-Bucy-Filters

Wenn wir das Kalman-Bucy-Filter beim Innovationsprozeß $y - \overline{r} - C\widehat{x}$ aufschneiden (s. Bild 9.1) erhalten wir die Kreisverstärkungsmatrix

$$L_{\mathrm{F}}(j\omega) = C[j\omega I - A]^{-1} \Sigma_\infty C^{\mathrm{T}} R^{-1}$$

und die Kreisverstärkungsdifferenzmatrix

$$D_{\mathrm{F}}(j\omega) = I + L_{\mathrm{F}}(j\omega) \ .$$

Zudem interessiert das Übertragungsverhalten von $y - \overline{r}$ nach $\widehat{y} = C\widehat{x}$ mit der Frequenzgangmatrix

$$T_{\mathrm{F}}(j\omega) = L_{\mathrm{F}}(j\omega) D_{\mathrm{F}}^{-1}(j\omega) \ .$$

Wenn das System $[A, B, C]$ detektierbar und stabilisierbar ist und wenn die Matrix R proportional zur p mal p Identitätsmatrix ist ($R = \rho I$), gelten für alle Singularwerte der Kreisverstärkungsdifferenzmatrix $D_{\mathrm{F}}(j\omega)$ und der Frequenzgangmatrix $T_{\mathrm{F}}(j\omega)$ und für alle Kreisfrequenzen ω die folgenden Ungleichungen:

$$\sigma_i\{D_{\mathrm{F}}(j\omega)\} = \sqrt{1 + \frac{1}{\rho} \sigma_i^2 \{C[j\omega I - A]^{-1} B Q^{1/2}\}} \geq 1$$

$$\sigma_i\{T_{\mathrm{F}}(j\omega)\} \leq 2 \ .$$

E) Dualität

Wie aus den algebraischen Matrix-Riccati-Gleichungen des Kalman-Bucy-Filters und des LQ-Regulators ersichtlich ist, besteht zwischen diesen beiden Objekten ein Dualitätszusammenhang. Alle im Kap. 5.3.3 diskutierten Robustheitsresultate für den LQ-Regulator können mit dieser Dualität auf das Kalman-Bucy-Filter übertragen werden, indem A durch A^{T}, B durch C^{T}, C durch B^{T} und "Eingang u" durch "Ausgang y" ersetzt wird.

Der Leser wird ermuntert, diese Dualitätsbetrachtungen zu pflegen, um weitere Robustheitsresultate und -interpretationen des Kapitels 5 auf das Kalman-Bucy-Filter zu übertragen.

Anmerkung: Im Kap. 6.3 sind die hier für das Kalman-Bucy-Filter-Problem verwendeten Symbole B, v, Q, r und R durch die Symbole B_ξ, ξ, Ξ, ϑ, sowie Θ_1 und μ ersetzt worden, um dort keine Doppelbelegungen von Symbolen zu haben.

9.6 Literatur zu Kapitel 9

1. H. Kwakernaak, R. Sivan: *Linear Optimal Control Systems*. New York: Wiley-Interscience 1972.
2. H. Schlitt: *Systemtheorie für stochastische Prozesse*. Berlin: Springer 1992.
3. B. Friedland: *Control System Design: An Introduction to State Space Methods*. New York: McGraw-Hill 1986.
4. A. Gelb (Hrsg.): *Applied Optimal Estimation*. Cambridge, Mass.: M. I. T. Press 1974.
5. M. Athans, E. Tse: "A Direct Derivation of the Optimal Linear Filter Using the Maximum Principle". *IEEE Trans. Automatic Control, vol. 12(1967)*, S. 690–698.
6. H. P. Geering, M. Athans: "The Infimum Principle". Abschn. 4.1. *IEEE Trans. Automatic Control, vol. 19(1974)*, S. 485–494.
7. H. P. Geering: *Optimale Regelung*. Kap. 4.1. Zürich: IMRT-Press, 1999. `http://www.imrt.mavt.ethz.ch/OPTREG/index.html`
8. R. F. Stengel: *Stochastic Optimal Control: Theory and Applications*. New York: Wiley-Interscience 1986.

9.7 Aufgaben zu Kapitel 9

1. Wir betrachten ein lineares dynamisches System, dessen Eingangsvektor ein Vektor-Zufallsprozeß ist. Welche Voraussetzungen müssen erfüllt sein, damit der Ausgangsvektor ein stationärer Vektor-Zufallsprozeß ist?

2. Von einem linearen, zeitinvarianten System kennen wir ein Zustandsraummodell, und wir wissen, daß der Anfangszustand zur Zeit $t = 0$ deterministisch ist und daß der Eingangsvektor ein Vektor-Zufallsprozeß ist. Welche Voraussetzungen müssen erfüllt sein, damit die momentane Kovarianzmatrix $\Sigma(t)$ des Zustandsvektors für $t > 0$ positiv-definit wird?

3. Wir betrachten einen Tiefpaß 1. Ordnung mit dem statischen Übertragungsfaktor 5 und einer Eckfrequenz von 10 rad/s. Sein Ausgangssignal hat zur Zeit $t = 0$ den Erwartungswert $\mathrm{E}\{y(0)\} = 3$ und die Varianz $\mathrm{Var}\{y(0)\} =$

20. Es stehe ein Signalgenerator zur Verfügung der ein stationäres, weißes Rauschen $v(t)$ liefern kann mit dem momentanten Erwartungswert $\mathrm{E}\{v(t)\} \equiv 1$ und der Autokovarianzfunktion $\Sigma_v(\tau, 0) = 10\delta(\tau)$. Das Eingangssignal des Tiefpasses verschwindet im Zeitintervall $2 \ldots 4\,\mathrm{s}$; für alle anderen Zeiten $(t \geq 0)$ ist die Rauschquelle mit dem Eingang des Tiefpasses verbunden. Berechne den momentanten Erwartungswert $\mathrm{E}\{y(t)\}$, die momentane Varianz $\Sigma_y(t)$ und die Autokovarianzfunktion $\Sigma_y(t_1, t_2)$ für alle Zeiten $t_1 \geq 0$ und $t_2 \geq 0$.

4. Wir betrachten das stochastische System 1. Ordnung $\dot{x}(t) = -3x(t) + 2v(t)$. Sein Eingangssignal v ist ein weißes Rauschen mit dem konstanten Erwartungswert 2 und der Autokovarianzfunktion $\Sigma_v(t, \tau) = 10\delta(t-\tau)$. Sein Anfangszustand zur Zeit 0 ist deterministisch. — Wie lange dauert es, bis die Varianz des (dimensionlosen) Signals $x(t)$ den Wert 3 erreicht? Wie groß wird die Varianz des Signals $x(t)$ maximal?

5. Ein Tiefpaß 1. Ordnung hat als Eingangssignal ein stationäres, exponentiell korreliertes Rauschen mit der Varianz σ^2 und der Korrelations-Zeitkonstanten τ. Erweitere das Modell des dynamischen Systems derart, daß das exponentiell korrelierte Rauschen eine Zustandsvariable des Systems und das Eingangssignal des Systems ein weißes Rauschen wird.

6. Wir betrachten das folgende Regelsystem mit einem additiven Störsignal v am Eingang der Regelstrecke:

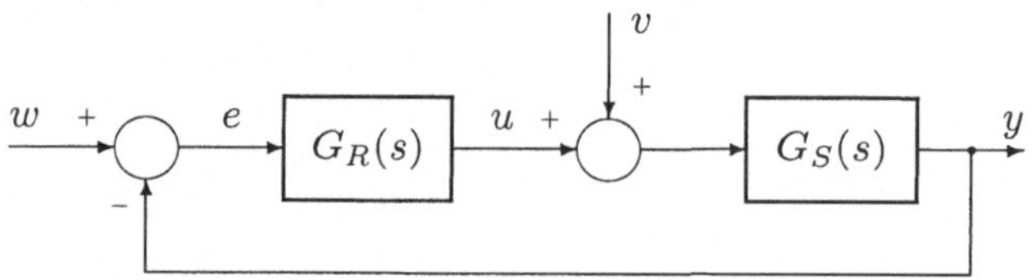

Die Regelstrecke hat die Übertragungsfunktion $G_S(s) = \frac{2}{s-1}$, der Regler ist ein P-Regler mit der Verstärkung K_P, und das Störsignal ist ein stationäres weißes Rauschen mit dem Erwartungswert $\mathrm{E}\{v(t)\} = 2$ und der Autokovarianzfunktion $\mathrm{E}\{[v(t)-2][v(\tau)-2]\} = 20\delta(t-\tau)$. — Wie groß muß die Verstärkung K_P gewählt werden, damit (für $w(t) \equiv 0$) der Erwartungswert und die Varianz des stationären Zufallsprozesses y die folgenden Bedingungen erfüllen: $\overline{y} = \mathrm{E}\{y(t)\} \leq 0.2$ und $\Sigma_y \leq 1$?

7. Wir betrachten ein zeitinvariantes System 3. Ordnung mit je einem einzigen Eingangs- und Ausgangssignal. Die voneinander unabhängigen, weißen Rauschen $v(t)$ ("Motorrauschen") und $r(t)$ ("Meßrauschen") und der zufällige Anfangszustand ξ sind unkorreliert. Die folgenden Daten des stochastischen Systems sind bekannt:

$$A = \begin{bmatrix} -2 & 3 & -2 \\ 0 & -1 & 5 \\ 3 & 4 & -2 \end{bmatrix}, \quad B = \begin{bmatrix} 0 \\ 0 \\ 1 \end{bmatrix}, \quad C = [2 \quad 1 \quad 0], \qquad \mathrm{E}\{\xi\} = \begin{bmatrix} 5 \\ 10 \\ -2 \end{bmatrix},$$

$$\mathrm{Cov}\{\xi\} = \begin{bmatrix} 10 & -1 & 0 \\ -1 & 5 & 3 \\ 0 & 3 & 10 \end{bmatrix}, \quad \mathrm{E}\{v(t)\} \equiv 10, \quad \mathrm{E}\{r(t)\} \equiv -1,$$

$\Sigma_v(\tau, 0) = 20\delta(\tau)$, $\Sigma_r(\tau, 0) = 10\delta(\tau)$. Schreibe die Gleichungen des Kalman-Bucy-Filters für dieses System an und zeichne ein detailliertes Signalflußbild.

8. Bestimme das zeitinvariante Kalman-Bucy-Filter des (erweiterten) dynamischen Systems von Aufgabe 5, unter der Annahme, daß das Ausgangssignal mit einem additiven, weißen Rauschen beaufschlagt ist.

9. Wir betrachten ein LQ-Regulatorproblem mit der Einschränkung, daß nicht alle Zustandsgrößen gemessen werden können und mit der Erschwernis, daß sowohl alle Stellsignale als auch alle Meßsignale durch additives weißes Rauschen gestört sind. Als optimalen vollständigen Beobachter wollen wir ein Kalman-Bucy-Filter einsetzen. Schreibe sämtliche Gleichungen an, die das Regelsystem definieren und zeichne dessen Grobsignalflußbild.

10 Beschreibung stationärer Zufallsprozesse im Frequenzbereich

Für einen stationären Vektor-Zufallsprozeß ist als Alternative zu der im Kapitel 9 eingeführten statistischen Beschreibung im Zeitbereich mittels momentanem Erwartungswert und Autokovarianzmatrix auch eine statistische Beschreibung im Frequenzbereich möglich. Im Frequenzbereich wird ein stationärer Vektor-Zufallsprozeß x durch den konstanten momentanen Erwartungswert μ_x (Vektor) und das Spektrum $S_x(\omega)$ (Matrix) statistisch gekennzeichnet. Das Spektrum ist als Fourier-Transformierte der Autokovarianzmatrix definiert.

Die Verwendung des Spektrums ist sehr anschaulich, da in der graphischen Darstellung einerseits dominante Frequenzen und andererseits die Eigenschaft "weißes Rauschen" leicht erkennbar sind.

Wenn der Eingangsvektor eines zeitinvarianten linearen dynamischen Systems ein stationärer Vektor-Zufallsprozeß ist, sind auch der Zustandsvektor und der Ausgangsvektor des Systems stationäre Vektor-Zufallsprozesse, falls das dynamische System asymptotisch stabil ist. Die Spektren dieser resultierenden Vektor-Zufallsprozesse können mit Hilfe der entsprechenden Frequenzgangmatrizen und des Spektrums des Eingangsvektors berechnet werden (s. Kap. 11).

10.1 Spektrum oder spektrale Leistungsdichte eines stationären Zufallsprozesses

Wir betrachten einen stationären Vektor-Zufallsprozeß r mit p Komponenten:

$$r(t) \qquad \text{für } t \in (-\infty, +\infty) \qquad\qquad r(t) \in R^p \quad .$$

Der Einfachheit halber nehmen wir an, daß sein momentaner Erwartungswert μ_r verschwindet (vgl. Kap. 10.4):

$$\mathrm{E}\{r(t)\} \equiv \mu_r = 0 \quad .$$

Seine Autokovarianzmatrix $\Sigma_r(\tau, 0)$ sei bekannt:

$$\Sigma_r(\tau,0) = \mathrm{E}\{[r(t+\tau) - \mu_r][r(t) - \mu_r]^{\mathrm{T}}\} = \mathrm{E}\{r(t+\tau)r(t)^{\mathrm{T}}\} \ .$$

Diese Zeitbereichs-Beschreibung des Vektor-Zufallsprozesses r durch seine Autokovarianzmatrix $\Sigma_r(\tau, 0)$ transformieren wir nun mit Hilfe der Fourier-Transformation in den Frequenzbereich, indem wir die folgende Definition einführen:

Definition. Das Spektrum oder die (p mal p) Matrix der spektralen Leistungsdichten $S_r(\omega)$ ist die Fourier-Transformierte der Autokovarianzmatrix $\Sigma_r(\tau, 0)$:

$$S_r(\omega) = \mathcal{F}\{\Sigma_r(\tau,0)\} = \int_{-\infty}^{+\infty} e^{-j\omega\tau}\Sigma_r(\tau,0)\,d\tau \qquad \text{für } \omega \in (-\infty,+\infty) \ .$$

Offensichtlich ist die Fourier-Transformation eng mit der (einseitigen) Laplace-Transformation (Kap. 2) verwandt. Sie unterscheidet sich von dieser einerseits dadurch, daß sich die Integration über das Intervall $(-\infty, +\infty)$ statt nur über $[0, +\infty)$ erstreckt und andererseits dadurch, daß anstelle der komplexen Frequenz s die rein imaginäre Variable $j\omega$ verwendet wird.

10.2 Interpretation des Spektrums

Die Bezeichnung spektrale Leistungsdichte läßt sich mit Hilfe der inversen Fourier-Transformation $\mathcal{F}^{-1}$ wie folgt begründen:

$$\Sigma_r(\tau,0) = \mathcal{F}^{-1}\{S_r(\omega)\} = \frac{1}{2\pi}\int_{-\infty}^{+\infty} e^{+j\omega\tau}S_r(\omega)\,d\omega \ .$$

Setzen wir nämlich in dieser Gleichung $\tau = 0$ ein, erhalten wir auf der linken Seite die Varianz ($p = 1$) bzw. die Kovarianzmatrix ($p > 1$) $\Sigma_r = \Sigma_r(0,0)$ und auf der rechten Seite, abgesehen vom Normierungsfaktor $1/2\pi$, das Integral der spektralen Leistungsdichte über das ganze Intervall $(-\infty, +\infty)$. Da wir in vielen wichtigen Fällen (z.B. Spannung an einem Widerstand) Amplitudenquadrat mit momentaner Leistung und Varianz mit Erwartungswert der Leistung assoziieren, gibt die spektrale Leistungsdichte $S_r(\omega)$ an, welcher Anteil der Leistung des Signals aus dem Frequenzintervall $[\omega, \omega+d\omega)$ stammt:

$$\text{Leistungsanteil des Intervalls } [\omega,\omega+d\omega) = \frac{1}{2\pi}S_r(\omega)\,d\omega \ .$$

Im Gegensatz zu einem deterministischen, periodischen Signal enthält also ein Zufallssignal nicht nur eine endliche (oder abzählbar unendliche) Anzahl von diskreten Frequenzen sondern im allgemeinen ein Kontinuum von Frequenzen.

10.3 Beispiele

Beispiel 1. Exponentiell korreliertes Rauschen

Wir betrachten einen skalaren stationären Zufallsprozeß r mit verschwindendem Erwartungswert $\mathrm{E}\{r(t)\} \equiv \mu_r = 0$ und der Autokovarianzfunktion

$$\Sigma_r(\tau, 0) = \sigma^2 e^{-|\tau|/T} \qquad (T > 0)\ .$$

Für das Spektrum berechnen wir

$$\begin{aligned} S_r(\omega) = \mathcal{F}\{\Sigma_r(\tau,0)\} &= \int_{-\infty}^{+\infty} e^{-j\omega\tau} \sigma^2 e^{-|\tau|/T}\, d\tau \\ &= \sigma^2 \int_{-\infty}^{0} e^{-j\omega\tau + \frac{\tau}{T}}\, d\tau + \sigma^2 \int_{0}^{+\infty} e^{-j\omega\tau - \frac{\tau}{T}}\, d\tau \\ &= \frac{\frac{2}{T}\sigma^2}{\omega^2 + \frac{1}{T^2}} = \frac{2T\sigma^2}{1 + \omega^2 T^2} \qquad \omega \in (-\infty, +\infty)\ . \end{aligned}$$

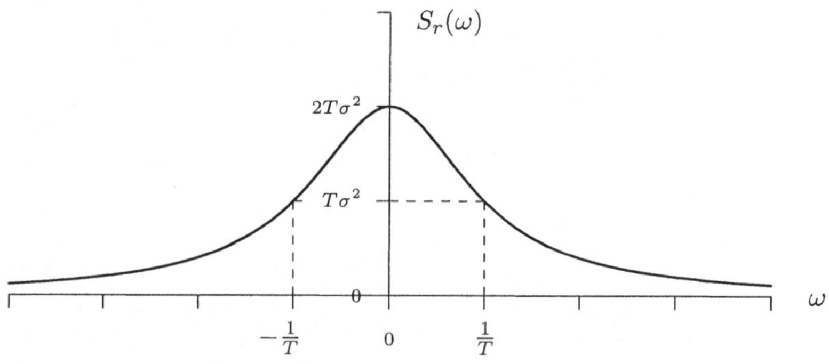

Bild 10.1. Spektrum eines exponentiell korrelierten Rauschens (vgl. Bild 11.1)

Wir sehen in Bild 10.1, daß die Leistung des exponentiell korrelierten Rauschens hauptsächlich im Frequenzintervall von $\omega = -1/T$ bis $\omega = +1/T$ enthalten ist. Für große Frequenzen mit $|\omega| \gg 1/T$ ist die spektrale Leistungsdichte vernachlässigbar klein.

Zudem stellen wir fest, daß das Spektrum bezüglich $\omega = 0$ symmetrisch ist. Dies gilt allgemein für jeden reellen stationären Zufallsprozeß und somit auch für jedes Diagonalelement der p mal p Matrix der spektralen Leistungsdichten $S_r(\omega)$ eines stationären p-Vektor-Zufallsprozesses (s. Kap. 10.5).

Beispiel 2. Weißes Rauschen

Ein stationärer Vektor-Zufallsprozeß r mit veschwindendem Erwartungswert $\mathrm{E}\{r(t)\} \equiv \mu_r = 0$, der ein weißes Rauschen ist, hat die Autokovarianzmatrix

$$\Sigma_r(\tau, 0) = R\delta(\tau) \quad ,$$

wobei R eine symmetrische, positiv-(semi)definite p mal p Matrix ist.

Für das Spektrum erhalten wir mit der Fourier-Transformation (Bild 10.2):

$$S_r(\omega) = \mathcal{F}\{\Sigma_r(\tau,0)\} = \int_{-\infty}^{+\infty} e^{-j\omega\tau} R\delta(\tau)\, d\tau \equiv R \quad \text{für alle } \omega \in (-\infty, +\infty).$$

Die spektrale Leistungsdichte des weißen Rauschens ist konstant und wird gerade durch die in der Autokovarianzmatrix $\Sigma_r(\tau, 0)$ auftretende Matrix R beschrieben. Im weißen Rauschen kommen alle Frequenzen gleich stark vor. Dies begründet, in Analogie zum weißen Licht in der Optik, die Bezeichnung "weißes Rauschen". Die Tatsache, daß die spektrale Leistungsdichte im ganzen Frequenzbereich $-\infty < \omega < +\infty$ konstant ist, bestätigt, daß die Leistung des weißen Rauschens unendlich groß ist.

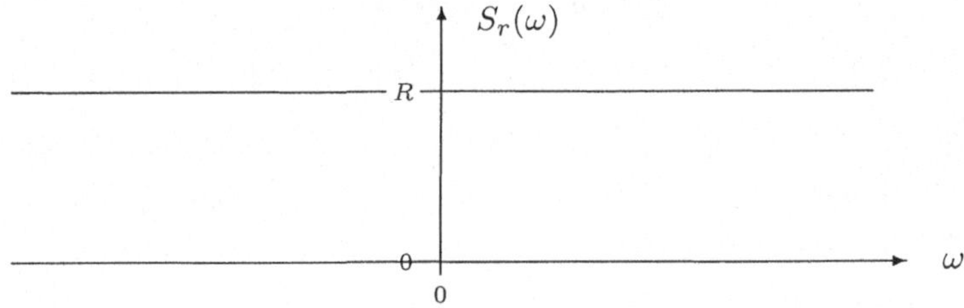

Bild 10.2. Spektrum eines weißen Rauschens

Beispiel 3. Harmonisches Zufallssignal

Wir untersuchen den folgenden reellen, stationären und ergodischen Zufallsprozeß

$$r(t) = \widehat{u}\sin(\omega_0 t + \varphi) \quad ,$$

dessen Amplitude $\widehat{u}$ und Kreisfrequenz ω_0 genau bekannt sind. Hingegen ist die Phase φ zufällig, wobei wir annehmen, daß sie im Intervall $[0, 2\pi)$ gleichmäßig verteilt ist (s. Bild 10.3). Die Verteilungsdichtefunktion der Phase φ ist also

$$p_\varphi(\varphi) = \begin{cases} \dfrac{1}{2\pi} & \text{für } 0 \leq \varphi < 2\pi \\ 0 & \text{für } \varphi < 0 \text{ und } \varphi \geq 2\pi \quad . \end{cases}$$

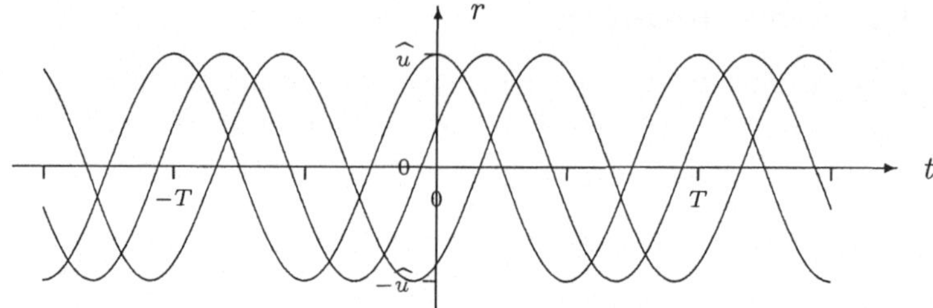

Bild 10.3. Verschiedene Muster eines harmonischen Zufallsprozesses; $T = 2\pi/\omega_0$

Zunächst berechnen wir den Erwartungswert und die Varianz des Zufallsprozesses r:

$$\mathrm{E}\{r(t)\} = \int_{-\infty}^{+\infty} r(t) p_\varphi(\varphi)\, d\varphi = \int_0^{2\pi} \widehat{u} \sin(\omega_0 t + \varphi) \frac{1}{2\pi}\, d\varphi = 0$$

$$\mathrm{E}\{r^2(t)\} = \int_{-\infty}^{+\infty} r^2(t) p_\varphi(\varphi)\, d\varphi = \int_0^{2\pi} \widehat{u}^2 \sin^2(\omega_0 t + \varphi) \frac{1}{2\pi}\, d\varphi$$
$$= \frac{\widehat{u}^2}{2} = \text{Quadrat des Effektivwerts} .$$

Da das Signal stationär und ergodisch ist, könnten wir diese statistischen Kennwerte auch durch zeitliche Mittelung über ein einziges Muster (φ fest) des Zufallsprozesses berechnen.

Als Autokovarianzfunktion des harmonischen Zufallsprozesses erhalten wir (vgl. Bild 10.4)

$$\Sigma_r(\tau, 0) = \mathrm{E}\{r(t+\tau) r(t)\} = \int_0^{2\pi} \widehat{u}^2 \sin(\omega_0(t+\tau) + \varphi) \sin(\omega_0 t + \varphi) \frac{1}{2\pi}\, d\varphi$$
$$= \frac{\widehat{u}^2}{2} \cos(\omega_0 \tau) .$$

Die Autokovarianzfunktion ist periodisch. Für $\tau = k2\pi/\omega_0$ ($k = \pm 1, \pm 2, \ldots$) ist $\Sigma_r(\tau, 0) = \Sigma_r(0, 0)$. Der Korrelationskoeffizient der entsprechend verschobenen Signale ist $\rho = +1$ (strenge Abhängigkeit) und in der Tat deckt sich ja jedes Muster des Zufallsprozesses mit seinem um eine oder mehrere Perioden verschobenen Signalverlauf exakt.

Für die Berechnung des Spektrums dieses harmonischen Zufallsprozesses benützen wir der Einfachheit halber die folgenden Kenntnisse:

a) Das Spektrum $S_r(\omega)$ ist eine symmetrische Funktion.

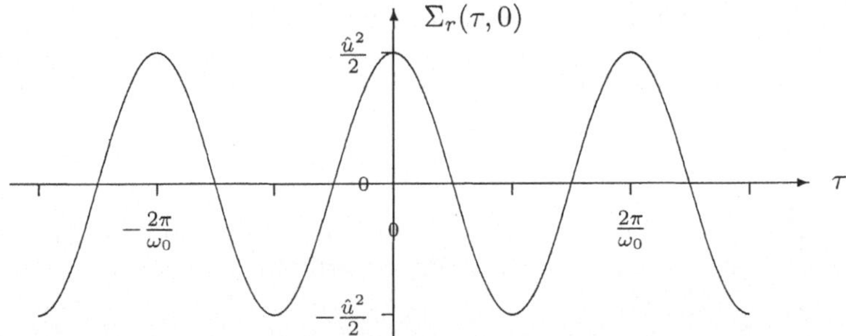

Bild 10.4. Autokovarianzfunktion des harmonischen Zufallsprozesses

b) Die Varianz ist proportional zum Integral der spektralen Leistungsdichte:

$$\Sigma_r(0,0) = \frac{1}{2\pi} \int_{-\infty}^{+\infty} S_r(\omega)\, d\omega = \frac{\widehat{u}^2}{2} \ .$$

c) Das harmonische Signal $r(t) = \hat{u} \sin(\omega_0 t + \varphi)$ enthält nur eine einzige Kreisfrequenz ω_0.

Aus c und a schließen wir, daß das Spektrum für alle Frequenzen $\omega \neq \pm\omega_0$ verschwindet,

$$S_r(\omega) \equiv 0 \qquad \text{für } \omega \neq \pm\omega_0 \ .$$

Aus b folgern wir, daß das Spektrum Dirac-Funktionen enthalten muß, damit die Integration eine positive Varianz ergibt. Aufgrund von a können wir schließlich das Spektrum wie folgt anschreiben (s. Bild 10.5):

$$S_r(\omega) = 2\pi \frac{\delta(\omega+\omega_0) + \delta(\omega-\omega_0)}{2} \frac{\widehat{u}^2}{2} = \pi \frac{\widehat{u}^2}{2} \{\delta(\omega+\omega_0) + \delta(\omega-\omega_0)\} \ .$$

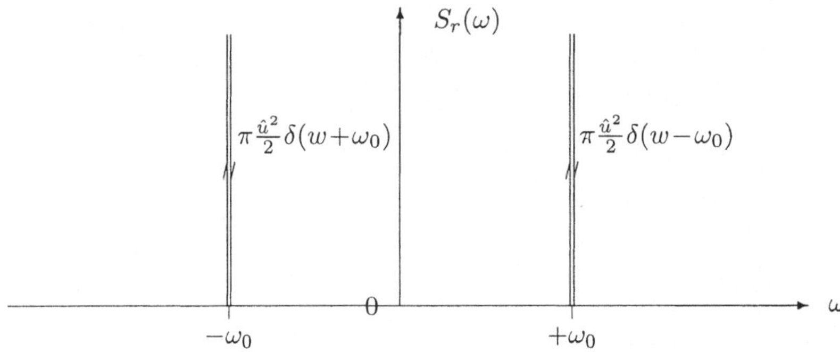

Bild 10.5. Spektrum des harmonischen Zufallsprozesses (Linienspektrum)

Beispiel 4. Spektrum eines periodischen Zufallssignals

Wir betrachten den folgenden reellen, stationären, ergodischen Zufallsprozeß r:

$$r(t) = f(t + t_\varphi) \ .$$

Dabei ist die reelle Funktion f eine genau bekannte periodische Funktion mit der Periode T und verschwindendem Mittelwert:

$$f(t) \equiv f(t + T) \qquad \text{für alle } t \in (-\infty, +\infty)$$

und

$$\frac{1}{T} \int_0^T f(t)\, dt = 0 \ .$$

Verschiedene Muster des Zufallsprozesses unterscheiden sich nur durch verschiedene zufällige Zeitverschiebungen t_φ. Wir nehmen an, die Zufallsvariable t_φ sei im Intervall $[0, T)$ gleichmäßig verteilt. Die Verteilungsdichtefunktion der Zeitverschiebung t_φ ist also

$$p_{t_\varphi}(t_\varphi) = \begin{cases} \dfrac{1}{T} & \text{für } 0 \leq t_\varphi < T \\ 0 & \text{für } t_\varphi < 0 \text{ und } t_\varphi \geq T \ . \end{cases}$$

Das Bild 10.6 zeigt ein Muster eines solchen periodischen Zufallsprozesses, wobei f die Sägezahnfunktion mit Amplitude $\widehat{f}$ ist:

$$f(t) = 2\frac{\widehat{f}}{T}t \qquad \text{für } t \in \left[-\frac{T}{2}, \frac{T}{2}\right) \ .$$

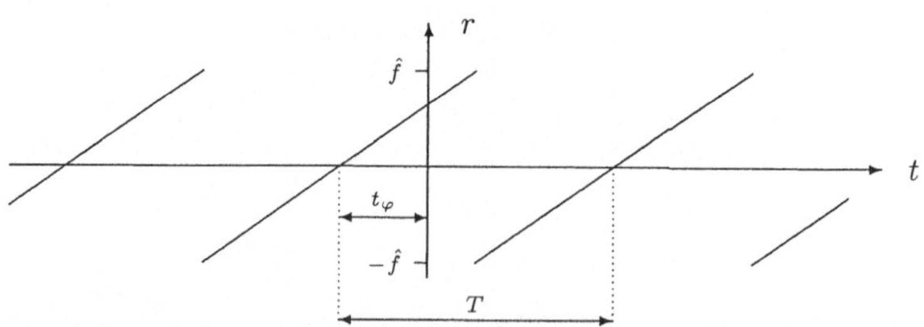

Bild 10.6. Muster eines periodischen Zufallsprozesses $r(t) = f(t + t_\varphi)$, wobei f eine Sägezahnfunktion und t_φ eine zufällige, gleichmäßig verteilte Zeitverschiebung ist.

Wir können die periodische, deterministische Funktion f als Fourier-Reihe anschreiben:

$$f(t) = \sum_{k=1}^{\infty} \left(a_k \cos\Big(\frac{2\pi kt}{T}\Big) + b_k \sin\Big(\frac{2\pi kt}{T}\Big) \right) = \sum_{k=1}^{\infty} c_k \sin\Big(\frac{2\pi kt}{T} + \varphi_k\Big)$$

mit den Fourier-Koeffizienten

$$a_k = \frac{2}{T} \int_0^T f(t) \cos\Big(\frac{2\pi kt}{T}\Big)\, dt \qquad b_k = \frac{2}{T} \int_0^T f(t) \sin\Big(\frac{2\pi kt}{T}\Big)\, dt$$

und den folgenden Zusammenhängen zwischen a_k, b_k, c_k und φ_k:

$$c_k = \sqrt{a_k^2 + b_k^2} \qquad a_k = c_k \sin\varphi_k \qquad b_k = c_k \cos\varphi_k \ .$$

In jedem Muster des stationären, ergodischen Zufallsprozesses r tritt eine zufällige Zeitverschiebung t_φ auf, die sich in jeder Harmonischen zeigt:

$$r(t) = f(t+t_\varphi) = \sum_{k=1}^{\infty} c_k \cos\Big(\frac{2\pi kt}{T} + \varphi_k + \frac{2\pi k}{T} t_\varphi\Big) \ .$$

Aufgrund der Orthogonalitätsrelationen

$$\int_0^T \cos\Big(\frac{2\pi pt}{T}\Big) \cos\Big(\frac{2\pi qt}{T}\Big)\, dt = 0 \qquad \text{für alle } p \text{ und } q \text{ mit } p \neq q$$

$$\int_0^T \cos\Big(\frac{2\pi pt}{T}\Big) \sin\Big(\frac{2\pi qt}{T}\Big)\, dt = 0 \qquad \text{für alle } p \text{ und } q$$

erhalten wir die folgende Autokovarianzfunktion des periodischen Zufallsprozesses r:

$$\Sigma_r(\tau, 0) = \int_0^T f(t+\tau+t_\varphi) f(t+t_\varphi) p_{t_\varphi}(t_\varphi)\, dt_\varphi = \sum_{k=1}^{\infty} \frac{c_k^2}{2} \cos\Big(\frac{2\pi k\tau}{T}\Big) \ .$$

Die Autokovarianzfunktion $\Sigma_r(\tau, 0)$ ist somit periodisch und hat die gleiche Periode T wie der periodische Zufallsprozeß r. Diese Eigenschaft folgt natürlich direkt aus der Tatsache, daß sich jedes Muster des Zufallsprozesses mit seinem um eine oder mehrere Perioden verschobenen Signalverlauf exakt deckt.

Da die Fourier-Transformation eine lineare Transformation ist, berechnen wir aufgrund von Beispiel 3 und mit dem Superpositionsprinzip das folgende Spektrum:

$$S_r(\omega) = \sum_{k=1}^{\infty} \pi \frac{c_k^2}{2} \left\{ \delta\Big(\omega + \frac{2\pi k}{T}\Big) + \delta\Big(\omega - \frac{2\pi k}{T}\Big) \right\} \ .$$

Das Spektrum $S_r(\omega)$ des periodischen Zufallsprozesses r ist ein Linienspektrum mit unendlich vielen Linien (Dirac-Stößen) bei den harmonischen Frequenzen

$$\omega_k = \pm\frac{2\pi k}{T} = \pm k\omega_0 \qquad \text{für } k = 1,\, 2,\, 3,\, \ldots$$

Im Beispiel der Sägezahnfunktion f erhalten wir für die quadrierten Effektivwerte der Harmonischen

$$\frac{c_k^2}{2} = \frac{2}{\pi^2 k^2}\widehat{f}^2 \ .$$

Beachte: Die Phaseninformationen φ_k, d.h. die relative Lage der Harmonischen untereinander in jedem der periodischen Muster des Zufallsprozesses, gehen sowohl in der Autokovarianzfunktion als auch im Spektrum verloren. Aus der Autokovarianzfunktion und dem Spektrum können wir deshalb nicht mehr auf den sägezahnförmigen Verlauf der Muster unseres Zufallsprozesses zurückschließen.

10.4 Behandlung des Erwartungswerts des Signals

Bei der Definition des Spektrums $S_r(\omega)$ eines stationären Vektor-Zufallsprozesses $r(t)$, $t \in (-\infty, +\infty)$, haben wir im Kapitel 10.1 vorausgesetzt, daß der momentane Erwartungswert verschwindet:

$$\mathrm{E}\{r(t)\} \equiv \mu_r = 0 \ .$$

Für die Analyse eines Vektor-Zufallsprozesses r mit nicht-verschwindendem Erwartungswert, $\mu_r \neq 0$, gehen wir wie folgt vor: Wir spalten den Zufallsprozeß in zwei Teilprozesse auf, in die "Gleichkomponente" und die "Wechselkomponente",

$$\text{Gleichkomponente} = \text{Erwartungswert} = \mu_r$$

$$\begin{aligned}&\text{Wechselkomponente}\\&= \text{Abweichung des Zufallsprozesses von seinem Erwartungswert}\\&= r(t) - \mu_r \ .\end{aligned}$$

Der Vektor-Zufallsprozeß r und die Wechselkomponente $r - \mu_r$ haben dieselbe Autokovarianzmatrix $\Sigma_{r-\mu_r}(\tau, 0) = \Sigma_r(\tau, 0) = \mathrm{E}\{[r(t+\tau) - \mu_r][r(t) - \mu_r]^{\mathrm{T}}\}$. Für die Wechselkomponente ist das Spektrum $S_{r-\mu_r}(\omega) = \mathcal{F}\{\Sigma_{r-\mu_r}\}$ bereits definiert, da sie verschwindenden Erwartungswert hat, $\mathrm{E}\{r(t) - \mu_r\} \equiv 0$.

Wir verzichten auf eine spektrale Darstellung der Gleichkomponente und definieren das Spektrum des Zufallsprozesses r und seine Leistung ("Quadrat der Amplitude") wie folgt:

Definition. Das Spektrum $S_r(\omega)$ des Zufallsprozesses r ist das Spektrum der Wechselkomponente $r - \mu_r$,

$$S_r(\omega) = \mathcal{F}\{\Sigma_r(\tau, 0)\} = \int_{-\infty}^{+\infty} e^{-j\omega\tau}\Sigma_r(\tau, 0)\, d\tau \ ,$$

die Leistung $P_=$ der Gleichkomponente μ_r ist

$$P_= = \mu_r \mu_r^{\mathrm{T}} \quad ,$$

und die Gesamtleistung P_{tot} des Zufallsprozesses r ist

$$P_{\mathrm{tot}} = P_= + \Sigma_r(0,0) = \mu_r \mu_r^{\mathrm{T}} + \frac{1}{2\pi} \int_{-\infty}^{+\infty} S_r(\omega)\, d\omega \quad .$$

In der Literatur findet man oft die folgende alternative Definition: Spektrum = Fourier-Transformierte der Autokorrelationsfunktion (bzw. des Erwartungswerts des äußeren Produkts $\mathrm{E}\{r(t+\tau)r^{\mathrm{T}}(t)\}$ im Vektorfall). Bezüglich der Leistung ist diese Definition zu unserer äquivalent, da sich die Autokorrelationsfunktion und die Autokovarianzfunktion nur um die additive Konstante μ_r^2 bzw. $\mu_r \mu_r^{\mathrm{T}}$ unterscheiden. Hingegen enthält das Spektrum in diesem Fall eine Linie (Dirac-Funktion) bei $\omega = 0$, nämlich $2\pi\mu_r^2\delta(\omega)$ bzw. $2\pi\mu_r\mu_r^{\mathrm{T}}\delta(\omega)$.

In der praktischen Meßtechnik ist unsere Definition vorteilhafter: Wenn wir mit dem Spektralanalysator ein Zufallssignal mit nicht-verschwindendem Erwartungswert auswerten, ohne dabei die Gleichkomponente zu unterdrücken, wird die Spektrallinie des Gleichanteils das Gerät in den meisten Fällen in die Sättigung treiben und den Rest des Spektrums unerkenntlich klein darstellen. Spektralanalyse mit unterdrücktem Gleichanteil löst einerseits dieses Problem und ist andererseits mit unserer Definition konform.

10.5 Eigenschaften des Spektrums

Für einen reellen, stationären Zufallsprozeß r (skalarer Fall, $p = 1$):

a) Für alle Frequenzen ist die spektrale Leistungsdichte positiv (genauer: nicht negativ),

$$S_r(\omega) \geq 0 \qquad \text{für } \omega \in (-\infty, +\infty) \quad .$$

b) Das Spektrum ist eine reelle, gerade Funktion,

$$S_r(-\omega) = S_r(\omega) \qquad \text{für } \omega \in (-\infty, +\infty) \quad .$$

Für einen stationären Vektor-Zufallsprozeß r mit p Komponenten:

c) Die spektrale Leistungsdichte ist eine komplexe, quadratische Matrix mit p Zeilen und p Kolonnen.

d) Das Spektrum ist eine Hermitesche Matrix, d.h. diese Matrix und ihre konjugiert-transponierte sind identisch:

$$S_r^{\mathrm{H}}(\omega) = \overline{S}_r^{\mathrm{T}}(\omega) = S_r^{\mathrm{T}}(-\omega) = S_r(\omega) \qquad \text{für } \omega \in (-\infty, +\infty) \quad .$$

Die Matrix der Realteile des Spektrums ist somit symmetrisch und die Matrix der Imaginärteile schiefsymmetrisch,

$$\begin{aligned} \mathrm{Re}\{S_r(\omega)\} &= [\mathrm{Re}\{S_r(\omega)\}]^{\mathrm{T}} && \text{für } \omega \in (-\infty, +\infty) \\ \mathrm{Im}\{S_r(\omega)\} &= -[\mathrm{Im}\{S_r(\omega)\}]^{\mathrm{T}} && \text{für } \omega \in (-\infty, +\infty) \ . \end{aligned}$$

Insbesondere sind die Diagonalelemente reelle Funktionen der Frequenz ω.

e) Das k-te Diagonalelement des Spektrums $S_r(\omega)$ ist die spektrale Leistungsdichte der k-ten Komponente des Vektor-Zufallsprozesses r (für $k=1,\ldots,p$). Für alle Diagonalelemente gelten deshalb a und b.

f) Die außerdiagonalen Elemente des Spektrums heißen Kreuzleistungsspektren (der entsprechenden Komponenten von r). Sie sind im allgemeinen komplexe Funktionen.

g) Für alle Frequenzen ist die spektrale Leistungsdichte positiv-semidefinit,

$$S_r(\omega) \geq 0 \qquad \text{für } \omega \in (-\infty, +\infty) \ ,$$

d.h. $z^{\mathrm{H}} S_r(\omega) z = \overline{z}^{\mathrm{T}} S_r(\omega) z \geq 0$ für jeden komplexen p-Vektor z.

Aus den Eigenschaften a, d und e schließen wir, daß es genügt, den Verlauf des Spektrums $S_r(\omega)$ lediglich für positive Frequenzen $0 \leq \omega < +\infty$ zu studieren:

Die Diagonalelemente sind reelle, gerade Funktionen, d.h. symmetrisch bezüglich $\omega = 0$.

Für jedes außerdiagonale Element $S_r(\omega)_{ij}$, $i \neq j$, ist der komplexe Verlauf im Bereich $0 \geq \omega > -\infty$ identisch mit dem Verlauf des symmetrisch gelegenen Elementes $S_r(\omega)_{ji}$ im Bereich $0 \leq \omega < +\infty$.

10.6 Literatur zu Kapitel 10

1. H. Kwakernaak, R. Sivan: *Linear Optimal Control Systems.* New York: Wiley-Interscience 1972.
2. H. Schlitt: *Systemtheorie für stochastische Prozesse.* Berlin: Springer 1992.
3. A. Papoulis: *Probability, Random Variables, and Stochastic Processes.* 3. Aufl. New York: McGraw-Hill 1991.

10.7 Aufgaben zu Kapitel 10

1. Bestimme die physikalischen Einheiten der Spektren der folgenden Zufallsprozesse: Spannung [V], Strom [A], Drehzahl [1/s], Drehzahl [U/min], Massenstrom [kMol/min], Linearbeschleunigung [$\mathrm{m/s}^2$].

2. Berechne das Spektrum eines stationären Zufallsprozesses, der sich aus der Differenz von zwei voneinander unabhängigen, exponentiell korrelierten Rauschen zusammensetzt.

11 Analyse stochastischer linearer zeitinvarianter dynamischer Systeme im Frequenzbereich

In diesem Kapitel untersuchen wir lineare zeitinvariante dynamische Systeme unter dem Einfluß von Eingangsvektoren, die stationäre Vektor-Zufallsprozesse sind. Wenn das betrachtete System asymptotisch stabil ist und wenn der Vektor-Zufallsprozeß bereits seit unendlich langer Zeit auf das System wirkt, sind der Zustandsvektor und der Ausgangsvektor des Systems ebenfalls stationäre Vektor-Zufallsprozesse.

In diesem Fall können wir mit Hilfe des Eingangsspektrums und der Frequenzgangsmatrix die Matrizen der spektralen Leistungsdichten des Zustandsvektors und des Ausgangsvektors berechnen.

11.1 Problemstellung

Wir betrachten ein lineares zeitinvariantes asymptotisch stabiles dynamisches System n-ter Ordnung mit m Eingangssignalen und p Ausgangssignalen, dessen Systemmatrizen A, B und C wir kennen:

$$\begin{aligned} \dot{x}(t) &= Ax(t) + Bv(t) \qquad & x(t) &\in R^n \qquad & v(t) &\in R^m \\ y(t) &= Cx(t) & y(t) &\in R^p \ . \end{aligned}$$

Seine p mal m Übertragungsmatrix $G(s)$ ist

$$G(s) = C[sI - A]^{-1}B \ .$$

Der Eingangsvektor v ist ein stationärer Vektor-Zufallsprozeß, dessen konstanten Erwartungswert $\mathrm{E}\{v(t)\} = u$, Autokovarianzmatrix $\Sigma_v(\tau, 0)$ und Matrix $S_v(\omega)$ der spektralen Leistungsdichten wir kennen.

Der Ausgangsvektor y ist ebenfalls ein stationärer Vektor-Zufallsprozeß. Seinen konstanten Erwartungswert $\overline{y}$ haben wir in den Unterkapiteln 9.1 bis 9.3 im wesentlichen bereits berechnet:

$$\overline{y} = \mathrm{E}\{y(t)\} = -CA^{-1}Bu = G(0)u \ .$$

Im folgenden wollen wir das Spektrum $S_y(\omega)$ des stationären Vektor-Zufallsprozesses y berechnen.

11.2 Spektrum des Ausgangsvektors

Das Spektrum $S_y(\omega)$ des stationären Vektor-Zufallsprozesses y berechen wir als Fourier-Transformierte der Autokovarianzmatrix $\Sigma_y(\tau,0)$,

$$S_y(\omega) = \int_{-\infty}^{+\infty} e^{-j\omega\tau}\Sigma_y(\tau,0)\,d\tau \quad .$$

Die in der Autokovarianzmatrix

$$\Sigma_y(\tau,0) = \mathrm{E}\{[y(t{+}\tau) - \overline{y}][y(t) - \overline{y}]^{\mathrm{T}}\}$$

auftretende Abweichung $y - \overline{y}$ des Vektor-Zufallsprozesses y von seinem Erwartungswert $\overline{y}$ berechnen wir im Zeitbereich als Systemantwort auf die Abweichung $v - u$ des Vektor-Zufallsprozesses v von seinem Erwartungswert u (Superpositionsprinzip):

$$y(t) - \overline{y} = \int_{-\infty}^{t} Ce^{A(t-\sigma)}B[v(\sigma) - u]\,d\sigma \quad .$$

Damit erhalten wir

$$\begin{aligned}
\Sigma_y(\tau,0) &= \mathrm{E}\left\{\left[\int_{-\infty}^{t+\tau} Ce^{A(t+\tau-\sigma)}B[v(\sigma)-u]d\sigma\right]\left[\int_{-\infty}^{t} Ce^{A(t-\rho)}B[v(\rho)-u]d\rho\right]^{\mathrm{T}}\right\} \\
&= \int_{-\infty}^{t+\tau}\int_{-\infty}^{t} Ce^{A(t+\tau-\sigma)}B\Sigma_v(\sigma,\rho)B^{\mathrm{T}}e^{A^{\mathrm{T}}(t-\rho)}C^{\mathrm{T}}\,d\rho\,d\sigma \\
&= \int_{0}^{\infty}\int_{0}^{\infty} Ce^{A\alpha}B\Sigma_v(\tau-\alpha+\beta,0)B^{\mathrm{T}}e^{A^{\mathrm{T}}\beta}C^{\mathrm{T}}\,d\beta\,d\alpha \quad ,
\end{aligned}$$

wobei wir am Schluß die Variablentransformationen $\alpha = t+\tau-\sigma$ und $\beta = t-\rho$ durchgeführt und die Stationaritätseigenschaft $\Sigma_v(t{+}\tau{-}\alpha, t{-}\beta) \equiv \Sigma_v(\tau{-}\alpha{+}\beta, 0)$ ausgenützt haben.

Wir schreiben nun das Spektrum $S_y(\omega)$ an und vertauschen die Reihenfolge der Integrationen:

$$\begin{aligned}
S_y(\omega) &= \int_{-\infty}^{+\infty} e^{-j\omega\tau}\Sigma_y(\tau,0)\,d\tau \\
&= \int\limits_{\alpha=0}^{\infty}\int\limits_{\beta=0}^{\infty}\int\limits_{\tau=-\infty}^{+\infty} Ce^{A\alpha}B\Sigma_v(\tau-\alpha+\beta,0)B^{\mathrm{T}}e^{A^{\mathrm{T}}\beta}C^{\mathrm{T}}e^{-j\omega\tau}\,d\tau\,d\beta\,d\alpha \ .
\end{aligned}$$

Im innersten Integral (über τ) transformieren wir die Integrationsvariable (bei α und β fest) mittels $\gamma = \tau-\alpha+\beta$ und erhalten

$$S_y(\omega) = \int\limits_{\alpha=0}^{\infty}\int\limits_{\beta=0}^{\infty}\int\limits_{\gamma=-\infty}^{+\infty} Ce^{A\alpha}B\Sigma_v(\gamma,0)B^{\mathrm{T}}e^{A^{\mathrm{T}}\beta}C^{\mathrm{T}}e^{-j\omega(\alpha-\beta+\gamma)}\,d\gamma\,d\beta\,d\alpha \ .$$

Indem wir den Term $e^{-j\omega(\alpha-\beta+\gamma)}$ in die Produktform $e^{-j\omega\alpha}e^{j\omega\beta}e^{-j\omega\gamma}$ aufspalten, können wir das obige dreifache Integral als Produkt von drei einfachen Integralen schreiben:

$$S_y(\omega) = \int_0^\infty e^{-j\omega\alpha} C e^{A\alpha} B \, d\alpha \int_{-\infty}^{+\infty} e^{-j\omega\gamma} \Sigma_v(\gamma, 0) \, d\gamma \int_0^\infty e^{j\omega\beta} B^{\mathrm{T}} e^{A^{\mathrm{T}}\beta} C^{\mathrm{T}} \, d\beta \; .$$

Das erste Integral enthält die Laplace-Transformation der Transitionsmatrix e^{At} für $s = j\omega$. Das zweite Integral stellt die Fourier-Transformation der Autokovarianzmatrix $\Sigma_v(\tau, 0)$ dar. Und das dritte Integral enthält die Laplace-Transformation der Transponierten der Transitionsmatrix für $s = -j\omega$.

Somit haben wir im Frequenzbereich den folgenden Zusammenhang für die statistischen Beschreibungen der Vektor-Zufallsprozesse am Eingang und am Ausgang des linearen Systems:

$$S_y(\omega) = G(j\omega) S_v(\omega) G^{\mathrm{T}}(-j\omega) \; .$$

Beachte: $S_v(\omega) \in C^{m \times m}$, $G(j\omega) \in C^{p \times m}$, $S_y(\omega) \in C^{p \times p}$.

Im skalaren Fall $m = p = 1$, d.h. für ein System mit einem einzigen Eingangssignal und einem einzigen Ausgangssignal, läßt sich die Reihenfolge der Faktoren vertauschen und wir erhalten (wegen $G(-j\omega) = \overline{G}(j\omega)$)

$$S_y(\omega) = G(j\omega) G(-j\omega) S_v(\omega) = |G(j\omega)|^2 S_v(\omega) \; .$$

Das Spektrum des Ausgangssignals ist das Spektrum des Eingangssignals, multipliziert mit dem Quadrat des Amplitudengangs.

Wenn wir im Vektorfall nur am i-ten Eingang einen stationären Zufallsprozeß v_i mit dem Spektrum $S_{v_i}(\omega)$ eingeben (übrige Eingangssignale identisch null), erhalten wir am j-ten Ausgang ($j = 1, \ldots, p$) einen stationären Zufallsprozeß y_j, dessen Spektrum $S_{y_j}(\omega)$ sich aufgrund der obigen Beziehung wie folgt ergibt:

$$S_{y_j}(\omega) = G_{ji}(j\omega) S_{v_i}(\omega) G_{ji}(-j\omega) = |G_{ji}(j\omega)|^2 S_{v_i}(\omega) \; .$$

Hier tritt das Quadrat des Amplitudengangs desjenigen Frequenzgangs auf, der in der Matrix $G(j\omega)$ in der j-ten Zeile und der i-ten Kolonne steht.

Wenn der Eingangsvektor aus mehreren nicht-verschwindenden, korrelierten, zufälligen Komponenten besteht, ist die allgemeingültige Matrizenformel $S_y(\omega) = G(j\omega) S_v(\omega) G^{\mathrm{T}}(-j\omega)$ zu verwenden.

11.3 Dezibel-Skala für Spektren

Wir betrachten einen stationären Zufallsprozeß x mit bekanntem Spektrum $S_x(\omega)$. Wenn wir das Spektrum graphisch darstellen wollen, genügt es aus Symmetriegründen, wenn wir nur den positiven Frequenzbereich $0 < \omega < \infty$ betrachten. In Analogie zum Bode-Diagramm eines Frequenzgangs wählen wir oft eine doppelt-logarithmische Darstellung mit

$$\begin{aligned} &\text{Abszisse:} \quad && \log_{10}(\omega) \quad && \text{für } 0 < \omega < \infty \\ &\text{Ordinate:} \quad && S_x(\omega)_{\mathrm{dB}} = 10 \log_{10}\{S_x(\omega)\} \quad . \end{aligned}$$

Das Bild 11.1 zeigt die spektrale Leistungsdichte eines exponentiell korrelierten Rauschens in der Dezibel-Skala.

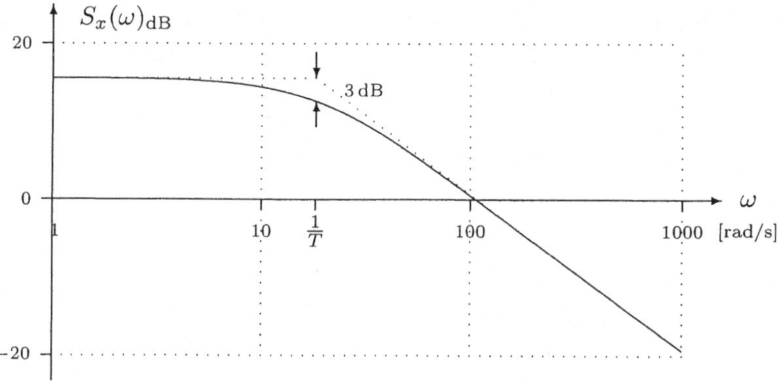

Bild 11.1. Spektrum des exponentiell korrelierten Rauschens (vgl. Kap. 10.3, Bsp. 1): $S_x(\omega) = \frac{2T\sigma^2}{1+\omega^2 T^2}$; $T = 1/18\,\mathrm{s}$, $\sigma^2 = 324$; $S_x(0) = 15.56\,\mathrm{dB}$

Der Grund für die Einführung der Dezibel-Skala für Spektren mit dem Faktor 10 und der Dezibel-Skala für Amplitudengänge mit dem Faktor 20 (vgl. Kap. 2.6.1) liegt darin, daß damit die Multiplikation in der Gleichung

$$S_y(\omega) = |G(j\omega)|^2 S_v(\omega)$$

in die Addition der dB-Werte übergeht:

$$\begin{aligned} S_y(\omega)_{\mathrm{dB}} &= 10 \log_{10}\{|G(j\omega)|^2 S_v(\omega)\} \\ &= 20 \log_{10}\{|G(j\omega)|\} + 10 \log_{10}\{S_v(\omega)\} \\ &= |G(j\omega)|_{\mathrm{dB}} + S_v(\omega)_{\mathrm{dB}} \quad . \end{aligned}$$

Besonders einfach wird die Eingangs-Ausgangs-Beziehung im Falle eines stationären weißen Rauschens als Eingangssignal: Da die spektrale Leistungsdichte eines weißen Rauschens konstant ist,

$$S_v(\omega) \equiv Q \quad ,$$

unterscheiden sich das Spektrum $S_y(\omega)_{\mathrm{dB}}$ des Ausgangssignals und der Amplitudengang $|G(j\omega)|_{\mathrm{dB}}$ des Systems nur um eine additive Konstante:

$$S_y(\omega)_{\mathrm{dB}} = |G(j\omega)|_{\mathrm{dB}} + Q_{\mathrm{dB}} \quad .$$

11.4 Beispiele

Beispiel 1: Tiefpaß 1. Ordnung

Wir untersuchen einen Tiefpaß 1. Ordnung mit der Eckfrequenz ω_c und dem statischen Übertragungsfaktor G_0. Seine Übertragungsfunktion ist somit

$$G(s) = \frac{G_0\omega_c}{s+\omega_c} \quad .$$

Das Eingangssignal $v(t)$ ist ein stationäres weißes Rauschen mit der spektralen Leistungsdichte Q.

Für das Spektrum des Ausgangssignals $y(t)$ berechnen wir

$$S_y(\omega)_{\mathrm{dB}} = S_v(\omega)_{\mathrm{dB}} + |G(j\omega)|_{\mathrm{dB}} = Q_{\mathrm{dB}} + \left(G_0\frac{\omega_c}{\sqrt{\omega^2+\omega_c^2}}\right)_{\mathrm{dB}} \quad .$$

Das Bild 11.2 zeigt das Spektrum des Eingangssignals v, den Amplitudengang des Tiefpasses 1. Ordnung und das resultierende Spektrum des Ausgangssignals y.

Beispiel 2: Unterkritisch gedämpftes System 2. Ordnung

Wir betrachten einen schwach gedämpften Feder-Masse-Schwinger (vgl. Kap. 2.3.2) mit der Bewegungsgleichung

$$m\ddot{y}(t) + c\dot{y}(t) + ky(t) = F(t) \quad .$$

Wir interessieren uns für die stochastische Position y (Ausgangssignal), wenn die Kraft F ein stationäres weißes Rauschen mit der spektralen Leistungsdichte Q [N^{2}s] ist.

Die Kraft F und die Position y haben die Spektren

$$S_F(\omega) \equiv Q \qquad S_y(\omega) = Q|G(j\omega)|^2 \quad ,$$

wobei wir die folgende Übertragungsfunktion einzusetzen haben:

$$G(s) = \frac{Y(s)}{F(s)} = \frac{\frac{1}{m}}{s^2+\frac{c}{m}s+\frac{k}{m}} = \frac{\frac{1}{m}}{s^2+2\zeta\omega_0 s+\omega_0^2} \quad \text{mit } \omega_0^2=\frac{k}{m}\,,\ \zeta=\frac{c}{2\sqrt{mk}} \quad .$$

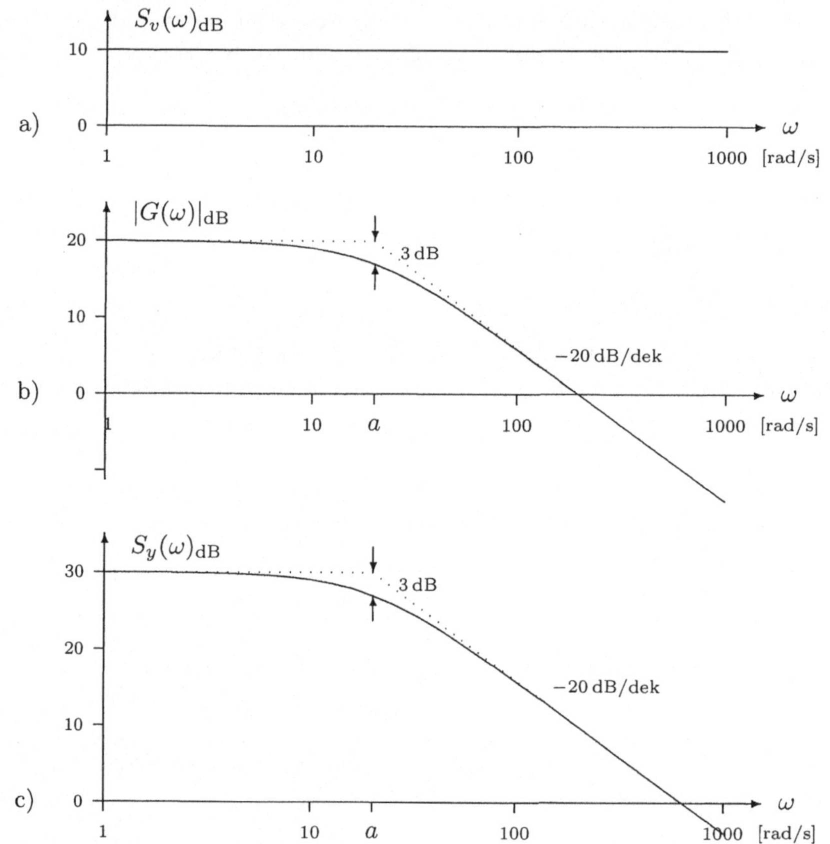

Bild 11.2. a) Spektrum des weißen Rauschens als Eingangssignal; b) Amplitudengang des Tiefpasses 1. Ordnung; c) Spektrum des exponentiell korrelierten Ausgangssignals; $a = 20\,\text{rad/s}$, $k = 200$, $Q = 10$.

Das Spektrum $S_y(\omega)$ der Position ist im Bild 11.3 für $\zeta < 1$ dargestellt.

Die Resonanzüberhöhung beträgt

$$\ddot{u} = \frac{S_y(\omega)_{\max}}{S_y(0)} = \frac{|G(j\omega)|^2_{\max}}{|G(0)|^2} = \frac{1}{(2\zeta)^2(1-\zeta^2)} \approx \frac{1}{(2\zeta)^2} \quad \text{für } \zeta \ll 1 \,.$$

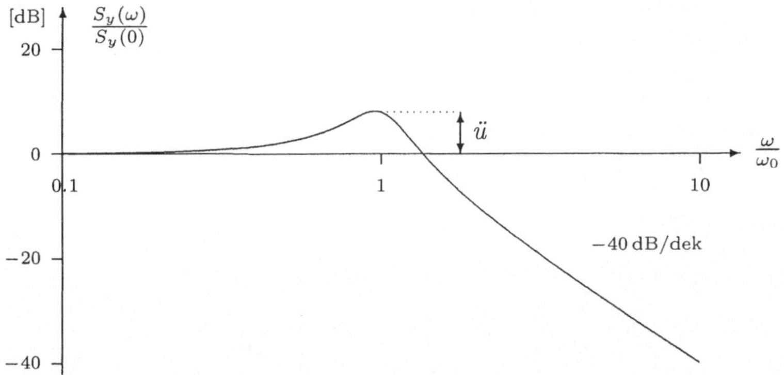

Bild 11.3. Spektrum $S_y(\omega)$ der Position y des Feder-Masse-Schwingers für $\zeta = 0.2$, bezogen auf den Wert $S_y(0) = Q/k^2$; $\ddot{u} = 7.96\,\text{dB}$

11.5 Literatur zu Kapitel 11

1. H. Kwakernaak, R. Sivan: *Linear Optimal Control Systems.* New York: Wiley-Interscience, 1972.
2. H. Schlitt: *Systemtheorie für stochastische Prozesse.* Berlin: Springer 1992.

11.6 Aufgaben zu Kapitel 11

1. Warum werden für Spektren und Amplitudengänge verschiedene Dezibel-Skalen verwendet?

2. Ein dynamisches System besteht aus der Parallelschaltung zweier Tiefpässe 1. Ordnung mit den statischen Übertragungsfaktoren 10 und 20 und den Eckfrequenzen 20 bzw. 50 [rad/s]. Das Eingangssignal (Strom [A]) ist ein exponentiell korreliertes Rauschen mit der Varianz 16 und der Korrelationszeitkonstanten 0.4 [s]. Bestimme das Spektrum des Ausgangssignals, das die Bedeutung einer Motordrehzahl [rad/s] hat. (Graphische Darstellung mit allen maßgeblichen Zahlen und Einheiten). [Anmerkung: alle obigen Zahlen haben physikalische Einheiten, die aus offensichtlichen Gründen absichtlich nicht angegeben wurden.]

3. Wir betrachten einen Tiefpaß 1. Ordung, dessen Eingangssignal ein stationäres, weißes Rauschen ist und dessen Ausgangssignal ein additives weißes Meßrauschen aufweist. Wähle als Filter für das Ausgangssignal einen Tiefpaß 1. Ordnung und lege seinen statischen Übertragungsfaktor und seine Eckfrequenz nach Gutdünken aufgrund der (als bekannt angenommenen) Parameter des stochastischen Systems fest. Berechne andererseits das entsprechende zeitinvariante Kalman-Bucy-Filter. Vergleiche die beiden Filter.

4. Wir betrachten ein unterkritisch gedämpftes System 2. Ordnung, dessen Eingangssignal ein stationäres, weißes Rauschen ist und dessen Ausgangssignal mit einem additiven weißen Meßrauschen beaufschlagt ist. Wähle als Filter für das Ausgangssignal einen Tiefpaß 1. Ordnung und lege seine Übertragungsfunktion nach Gutdünken fest. Berechne andererseits das entsprechende zeitinvariante Kalman-Bucy-Filter. Vergleiche die beiden Filter.

5. Im Regelsystem

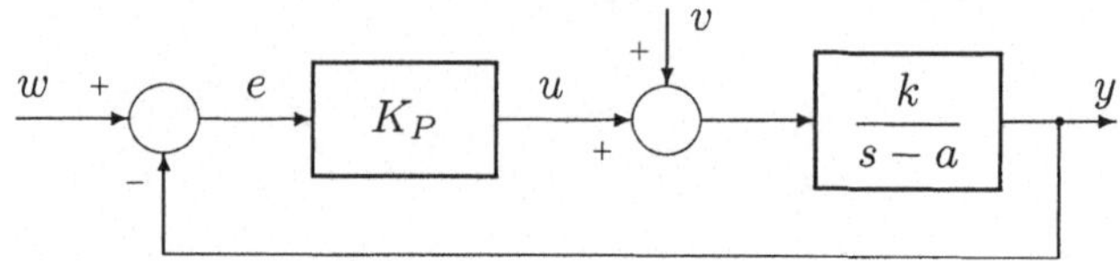

ist die Führungsgröße w deterministisch und das Motorrauschen v ein weißes Rauschen mit der spektralen Leistungsdichte Q. Wie groß muß K_P gewählt werden, damit die Varianz des Ausgangssignals y auf $\sigma_y^2 \leq c$ beschränkt ist?

12 Digitale Regelung

In diesem Kapitel untersuchen wir, wie wir mit Hilfe eines Digitalrechners eine lineare Regelstrecke steuern und regeln können. Wie in den Kap. 1–11 befassen wir uns hier mit zeitkontinuierlichen, linearen, zeitvariablen oder zeitinvarianten Regelstrecken, deren Dynamik durch gewöhnliche Differentialgleichungen beschrieben wird.

Da der Digitalrechner zur Abarbeitung eines Steuerungs- und Regelungsalgorithmus eine gewisse Rechenzeit benötigt, ist eine zeitkontinuierliche, laufend berechnete Ausgabe von Steuergrößen nicht mehr möglich. Bei digitaler Regelung ist deshalb ein getakteter Betrieb unumgänglich. Zu gewissen Zeitpunkten werden die zeitkontinuierlich anfallenden Meßsignale abgetastet. Aus diesen zeitdiskreten Werten der Meßsignale und den zeitdiskreten, abgetasteten oder berechneten, Werten der Führungsgrößen berechnet der digitale Regler neue zeitdiskrete Werte für die Stellgrößen. Diese Werte dienen als Stützwerte für die Herstellung der entsprechenden zeitkontinuierlichen Stellsignale, mit denen die Regelstrecke zu beaufschlagen ist. — Im Kap. 12.1 gehen wir näher auf die grundsätzliche Funktionsweise eines digitalen Regelsystems ein.

Im Kap. 12.2 behandeln wir die Signalabtastung und die Beschreibung zeitdiskreter Signale im Zeitbereich mit Hilfe von Zahlen- bzw. Vektorfolgen und im "Frequenz"-Bereich mit Hilfe der $\mathcal{Z}$-Transformation. Im Zusammenhang mit der Signalabtastung behandeln wir auch das Shannonsche Abtasttheorem.

Im Kap. 12.3 befassen wir uns mit der Signalrekonstruktion, d.h. der Berechnung zeitkontinuierlicher Signale aus vorgegebenen Abtast- oder Stützwerten.

Im Kap. 12.4 analysieren wir das dynamische Verhalten und die Stabilität linearer zeitdiskreter Systeme. Für zeitinvariante Systeme kann dazu die $\mathcal{Z}$-Transformation verwendet werden. — Zudem zeigen wir Zusammenhänge zwischen der Laplace-Transformation und der $\mathcal{Z}$-Transformation auf, insbesondere betreffend Übertragungsfunktionen, Frequenzgänge, Integration und Differentiation.

Im Kap. 12.5 befassen wir uns mit stochastischen, zeitdiskreten, linearen dynamischen Systemen und mit dem zeitdiskreten Kalman-Bucy-Filter.

Im Kap. 12.6 zeigen wir Methoden für den Entwurf digitaler Regler auf. Um dabei möglichst viel von den in den Kap. 1–11 erarbeiteten Kenntnissen profitieren zu können, legen wir dabei gewisse Schwerpunkte bei der Analogie zwischen zeitkontinuierlicher und zeitdiskreter Regelung und der Umsetzung zeitkontinuierlicher Regler in "äquivalente" zeitdiskrete Regler.

Selbstverständlich kann es in diesem Kapitel nicht darum gehen, die Methoden für die Analyse zeitdiskreter dynamischer Systeme und für den Entwurf digitaler Regler im gleichen Umfang und völlig parallel zum Stoff der Kap. 1–11 zu behandeln. Vielmehr geht es hier darum, das für zeitkontinuierliche Systeme erworbene Wissen in möglichst effizienter und anschaulicher Weise auf den zeitdiskreten Fall (für die digitale Regelung zeitkontinuierlicher Regelstrecken) zu übertragen.

12.1 Grundsätzliche Funktionsweise

Das Bild 12.1 zeigt ein grobes Signalflußbild eines digitalen Regelsystems. Die Regelstrecke ist ein dynamisches System mit dem Eingangsvektor $u(t)$ und dem Ausgangsvektor $y(t)$. Die Dynamik der Regelstrecke wird durch gewöhnliche Differentialgleichungen beschrieben (vgl. Kap. 2, 4 und 9). Der digitale Regler wird durch einen Algorithmus realisiert, der periodisch in einem Digitalrechner abgearbeitet wird.

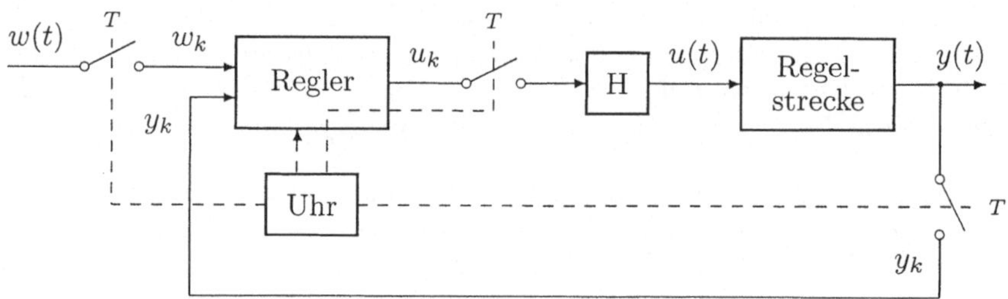

Bild 12.1. Signalflußbild eines digitalen Regelsystems

Die Uhr (als elementarste Verkörperung eines Echtzeit-Betriebssystems) sorgt dafür, daß periodisch alle Eingangsgrößen des Reglers abgetastet und in Digitalzahlen umgewandelt werden und daß die Abarbeitung des Regelungsalgorithmus gestartet wird. Die abgetasteten Eingangssignale des Reglers sind der Vektor w_k der Führungsgrößen und der Vektor y_k der Meßgrößen. Sie sind die digitalisierten Werte der entsprechenden zeitkontinuierlichen Signale zu den Abtastzeitpunkten $t = 0,\ T,\ 2T,\ \dots$:

$$w_k = w(kT) \qquad y_k = y(kT) \qquad k = 0, 1, 2, \dots$$

T ist die sogenannte Abtastperiode, die inverse Größe $f = 1/T$ die Abtastfrequenz. Der digitale Regler erhält somit nur Kenntnis der Werte des Führungsvektors w und des Vektors y der Meßwerte zu den Abtastzeitpunkten $t = kT$. Die Information über den zeitlichen Verlauf dieser Signale zwischen zwei Abtastzeitpunkten ist nicht mehr direkt greifbar.

Sobald der Algorithmus den Steuervektor u_k berechnet hat, schickt er ihn an das Halteglied "H". Dieses wandelt die digitalen Zahlen in analoge Signale $u(kT)$ um und extrapoliert den zeitlichen Verlauf der Steuergrößen $u(t)$ über die Dauer des Abtastintervalls $kT \leq t < (k+1)T$. Damit erhält die Regelstrecke den erforderlichen zeitkontinuierlichen Vektor $u(t)$ der Stellsignale. In den meisten Fällen wird ein Halteglied "nullter Ordnung" verwendet, welches das zeitkontinuierliche Stellsignal $u(t)$ entsprechend den ausgegebenen Werten u_k stückweise konstant hält:

$$u(t) \equiv u_k \qquad kT \leq t < (k+1)T \qquad \text{(Halteglied nullter Ordnung).}$$

Bei der obigen Schreibweise ist stillschweigend angenommen worden, daß der Rechenzeitbedarf des Digitalrechners zur Abarbeitung des Regelungsalgorithmus vernachlässigbar klein sei. Wenn die Rechenzeit ΔT nicht vernachlässigt werden kann, wird die Funktion des Halteglieds nullter Ordnung durch

$$u(t) \equiv u_k \quad kT + \Delta T \leq t < (k+1)T + \Delta T \quad \text{(Halteglied nullter Ordnung)}$$

beschrieben. Die Rechenzeit ΔT wirkt sich als zusätzliche Totzeit im Regelkreis aus. Deshalb ist es wichtig, daß der Steuervektor u_k tatsächlich sofort nach der Berechnung ausgegeben wird. Es darf nicht "aus Synchronisierungsgründen" bis zum nächsten Abtastzeitpunkt gewartet werden, da sonst mit $\Delta T = T$ eine der ganzen Abtastperiode entsprechende zusätzliche Totzeit entsteht. Im gleichen Sinne ist es wichtig, daß im Intervall zwischen einer Abtastung und der Ausgabe des Steuervektors nur jener Teil des Regelungsalgorithmus abzuarbeiten ist, der wirklich von den neuen Werten abhängig ist. Der restliche Programmteil kann schon vor dem Abtastzeitpunkt erledigt werden. Diese Überlegung zur Minimierung der Totzeit ΔT ist besonders bei adaptiven digitalen Reglern und bei digitalen Reglern mit vollständigen Zustandsbeobachtern wichtig.

Im Bild 12.1 ist die Tatsache, daß Signalwerte nur zu gewissen diskreten Zeitpunkten übergeben werden, symbolisch mit Schaltern dargestellt, welche von der Uhr betätigt werden. Die Abtastperiode braucht nicht unbedingt zeitgestützt zu sein. Z.B. bei einem Ottomotor ist es durchaus sinnvoll, die Abtastungen von Meßgrößen und die Ausgaben von Steuergrößen mit der Bewegung der Kurbelwelle zu synchronisieren. Die Abtastfrequenz ist dann proportional zur Motordrehzahl.

Im Bild 12.1 ist der Vektor $w(t)$ der Führungsgrößen als zeitkontinuierliches Signal eingezeichnet, das abgetastet wird. In gewissen Anwendungen werden die zeitdiskreten Führungsvektoren w_k vom Steuerungs- und Regelungsalgorithmus selbst berechnet, da die benötigten Informationen a priori bekannt sind. Beispiele: numerisch gesteuerte Werkzeugmaschine, Autopilot eines Flugzeugs.

12.2 Signalabtastung

12.2.1 Amplituden-Abtastung

Wir betrachten ein zeitkontinuierliches Signal $x(t)$ im Zeitintervall $0 \leq t < \infty$. Es wird mit einer konstanten Abtastperiode T zu den Zeitpunkten $t = 0$, $t = T$, $t = 2T$ usw. abgetastet. Die so erhaltenen Abtastwerte von $x(.)$ bilden eine Zahlenfolge $\{x_k\} = \{x_k = x(kT) \mid k = 0, 1, 2, \ldots\}$. Diese Zahlenfolge nennen wir das zeitdiskrete Signal $\{x_k\}$. Wie aus Bild 12.2 ersichtlich ist, enthält das zeitdiskrete Signal $\{x_k\}$ keine Information über den Verlauf des zeitkontinuierlichen Signals $x(.)$ zwischen zwei Abtastzeitpunkten. Die Abbildung von $x(.)$ auf $\{x_k\}$ ist eindeutig, aber nicht invertierbar.

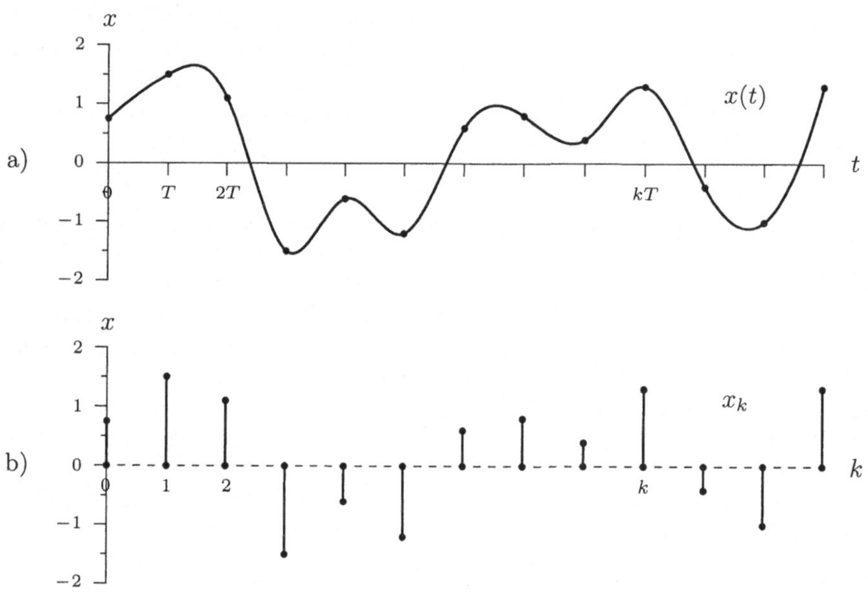

Bild 12.2. Amplitudenabtastung eines zeitkontinuierlichen Signals mit konstanter Abtastfrequenz $f = 1/T$; a) zeitkontinuierliches Signal $x(.)$, b) zeitdiskretes Signal $\{x_k\}$.

12.2.2 Die $\mathcal{Z}$-Transformation

Im Unterkapitel 12.2.1 haben wir das zeitdiskrete Signal als Folge der Abtastwerte angeschrieben, $\{x_k\} = \{x_k = x(kT) \mid k = 0, 1, 2, \ldots\}$. Mit Hilfe einer komplexen, dimensionslosen Variablen z können wir das zeitdiskrete Signal auch in der Form einer unendlichen Potenz-Reihe anschreiben:

$$\mathcal{Z}\{x_k\} = \sum_{k=0}^{\infty} x_k z^{-k} \ .$$

Wir nennen diese Repräsentation des zeitdiskreten Signals $\{x_k\}$ die $\mathcal{Z}$-Transformierte des Signals. Die Abbildung von $\{x_k\}$ auf $\mathcal{Z}\{x_k\}$ ist eindeutig und invertierbar, da der Zusammenhang zwischen dem Index k und der Potenz z^{-k} eineindeutig ist.

Zunächst ergeben sich aus dieser neuen Darstellung keine Vorteile, außer daß es in vielen Fällen gelingt, die Summe in geschlossener Form anzuschreiben. Wir werden aber im Unterkapitel 12.4 sehen, daß es mit Hilfe der $\mathcal{Z}$-Transformation möglich ist, die zeitdiskrete transiente Antwort eines zeitdiskreten, linearen, zeitinvarianten, dynamischen Systems für ein beliebiges zeitdiskretes Eingangssignal analytisch zu berechnen.

Beispiel 1

Diskrete Einheitssprungfunktion (exakter: konstante Einheitsfunktion)

$$x_k \equiv 1 \qquad \text{für alle } k \geq 0$$

$$\mathcal{Z}\{x_k\} = 1 + z^{-1} + z^{-2} + \cdots + z^{-k} + \cdots = \frac{1}{1 - z^{-1}} = \frac{z}{z-1} \ .$$

Diese geometrische Reihe konvergiert für alle komplexen Zahlen z mit $|z| > 1$.

Beispiel 2

Diskrete Einheitsimpulsfunktion

$$x_k = \begin{cases} 1 & \text{für } k = 0 \\ 0 & \text{für } k > 0 \end{cases}$$

$$\mathcal{Z}\{x_k\} = 1 + 0 \cdot z^{-1} + 0 \cdot z^{-2} + \ldots \equiv 1 \ .$$

Beispiel 3

Diskrete Exponentialfunktion (zeitkontinuierliche Exponentialfunktion e^{at} mit Abtastperiode T abgetastet)

$$x_k = e^{akT} \qquad \text{für alle } k \geq 0$$

$$\mathcal{Z}\{x_k\} = \sum_{k=0}^{\infty} e^{akT} z^{-k} = \frac{1}{1 - e^{aT} z^{-1}} = \frac{z}{z - e^{aT}} \ .$$

Diese geometrische Reihe konvergiert für alle z mit $|z| > |e^{aT}|$, wobei auch komplexe a zulässig sind.

Beispiel 4

Diskrete Dreiecksfunktion

$$x_k = \begin{cases} 1 & \text{für } k = 0,\, 2,\, 4,\, \ldots \text{ (gerade)} \\ -1 & \text{für } k = 1,\, 3,\, 5,\, \ldots \text{ (ungerade)} \end{cases}$$

$$\mathcal{Z}\{x_k\} = 1 - z^{-1} + z^{-2} - \cdots + (-z)^{-k} + \cdots = \frac{1}{1 + z^{-1}} = \frac{z}{z+1} \quad .$$

Diese geometrische Reihe konvergiert für alle z mit $|z| > 1$. — Dieses Signal hat offenbar die höchste Frequenz, die ein zeitdiskretes Signal überhaupt haben kann, da es bei jedem Zeitschritt das Vorzeichen wechselt.

Beispiel 5

Diskrete Cosinus-Funktion (zeitkontinuierliche Cosinus-Funktion $\cos(\omega t)$ mit Abtastperiode T abgetastet)

$$x_k = \cos(\omega k T) \qquad \text{für alle } k \geq 0$$

$$\begin{aligned} \mathcal{Z}\{x_k\} &= \sum_{k=0}^{\infty} \cos(\omega k T) z^{-k} = \frac{1}{2} \sum_{k=0}^{\infty} \left(e^{j\omega k T} + e^{-j\omega k T}\right) z^{-k} \\ &= \frac{1}{2}\left(\frac{1}{1 - e^{j\omega T} z^{-1}} + \frac{1}{1 - e^{-j\omega T} z^{-1}}\right) = \frac{1 - \frac{1}{2}\left(e^{j\omega T} + e^{-j\omega T}\right) z^{-1}}{1 - \left(e^{j\omega T} + e^{-j\omega T}\right) z^{-1} + z^{-2}} \\ &= \frac{1 - \cos(\omega T) z^{-1}}{1 - 2\cos(\omega T) z^{-1} + z^{-2}} \quad . \end{aligned}$$

Die Reihe konvergiert für alle z mit $|z| > 1$.

Beispiel 6

Diskrete Sinus-Funktion (zeitkontinuierliche Sinus-Funktion $\sin(\omega t)$ mit Abtastperiode T abgetastet)

$$x_k = \sin(\omega k T) \qquad \text{für alle } k \geq 0$$

$$\mathcal{Z}\{x_k\} = \sum_{k=0}^{\infty} \sin(\omega k T) z^{-k} = \frac{\sin(\omega T) z^{-1}}{1 - 2\cos(\omega T) z^{-1} + z^{-2}} \quad .$$

Die Reihe konvergiert für alle z mit $|z| > 1$.

Wir wollen die zeitdiskreten Signale der Beispiele 4–6 etwas näher betrachten. Dabei sei die Abtastperiode T festgehalten, und wir betrachten verschiedene Werte der Kreisfrequenz ω eines zeitkontinuierlichen harmonischen Signals. Zur Erleichterung der Diskussion führen wir die Frequenz Ω ein, für welche $\Omega T = \pi$ gilt:

$$\Omega = \frac{\pi}{T} \qquad \text{(Nyquist-Frequenz)}.$$

Für $\omega \in [0, \Omega)$ stellen wir fest, daß die harmonischen Signale $\cos(\omega t)$ und $\sin(\omega t)$ mehr als zweimal pro Periode abgetastet werden.

Für $\omega = \Omega$ sind die Abtastwerte des Cosinus-Signals abwechslungsweise 1 und -1 und diejenigen des Sinus-Signals stets Null. Im ersteren Fall degeneriert die diskrete Cosinus-Funktion zur Dreiecksfunktion von Beispiel 4 und das diskrete Sinus-Signal zur identisch verschwindenden Funktion. Diese Beobachtungen bestätigen sich, wenn wir in den $\mathcal{Z}$-Transformierten der Beispiele 5 und 6 $\omega = \Omega$ einsetzen. (Im Beispiel 5 läßt sich der Faktor $1 + z^{-1}$ wegkürzen. Im Beispiel 6 verschwindet der Zähler.)

Für Frequenzen $\omega > \Omega$ stellen wir folgendes fest: Sei ε eine beliebige Frequenz im Bereich $0 < \varepsilon < \Omega$. Dann liefern die verschiedenen zeitkontinuierlichen Signale $\cos(\varepsilon t)$, $\cos((2\Omega - \varepsilon)t)$, $\cos((2\Omega + \varepsilon)t)$, $\cos((4\Omega - \varepsilon)t)$, $\cos((4\Omega + \varepsilon)t)$ usw. mit der Abtastperiode T alle dasselbe zeitdiskrete Signal, welches gemäß Beispiel 5 die $\mathcal{Z}$-Transformierte

$$\frac{1 - \cos(\varepsilon T) z^{-1}}{1 - 2\cos(\varepsilon T) z^{-1} + z^{-2}}$$

hat. Diese Situation ist im Bild 12.3 verdeutlicht.

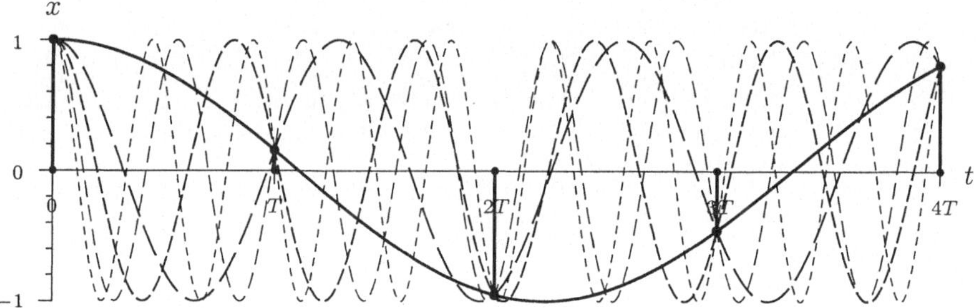

Bild 12.3. Abtastung der Signale $\cos(\varepsilon t)$ und $\cos((2\Omega - \varepsilon)t)$, $\cos((2\Omega + \varepsilon)t)$, $\cos((4\Omega - \varepsilon)t)$, $\cos((4\Omega + \varepsilon)t)$; Abtastperiode T, Nyquist-Frequenz $\Omega = \pi/T$, Frequenz des tiefstfrequenten Signals $\varepsilon = 0.45\,\Omega$.

Bildlich gesprochen können wir sagen, daß die Frequenzachse für ω beim Abtasten auf das Intervall von 0 bis Ω zusammengefaltet wird. Anders ausgedrückt: Die Abbildung des Cosinus-Signals $\cos(\omega t)$ auf die Abtastwerte $\{\cos(\omega kT) \mid k =$

$0, 1, 2, \ldots\}$ ist eindeutig, aber (wegen Mehrdeutigkeit) nicht umkehrbar. Sinngemäß das gleiche gilt auch für das Sinus-Signal, da $\sin(\varepsilon t)$, $-\sin((2\Omega-\varepsilon)t)$, $\sin((2\Omega+\varepsilon)t)$, $-\sin((4\Omega-\varepsilon)t)$, $\sin((4\Omega+\varepsilon)t)$ usw. mit der Abtastperiode T alle dasselbe zeitdiskrete Signal liefern, welches gemäß Beispiel 6 die $\mathcal{Z}$-Transformierte

$$\frac{\sin(\varepsilon T)z^{-1}}{1-2\cos(\varepsilon T)z^{-1}+z^{-2}}$$

hat.

12.2.3 Das Abtasttheorem von Shannon

Aus der obigen Diskussion ist ersichtlich, daß eine sinnvolle digitale Verarbeitung der abgetasteten Signale für regelungstechnische Zwecke nur möglich ist, wenn garantiert ist, daß das Spektrum des jeweiligen zeitkontinuierlichen Signals auf ein gewisses Frequenzintervall $0\ldots\omega_{max}$ beschränkt ist und daß die Abtastfrequenz genügend hoch gewählt worden ist. Andernfalls treten bei der Abtastung Frequenzverfälschungen ("aliasing") auf.

Das Shannonsche Abtasttheorem können wir mit Hilfe der Abtastperiode T, der Nyquist-Frequenz $\Omega = \pi/T$ und der Kreisfrequenz ω_{max} des höchstfrequenten Signalanteils des abzutastenden zeitkontinuierlichen Signals in verschiedener Weise formulieren.

Satz 1. Damit keine Frequenzverfälschung auftritt, muß das zeitkontinuierliche Signal mehr als zweimal pro Periode des höchstfrequenten Signalanteils abgetastet werden, d.h.

$$\frac{1}{f_{max}} = \frac{2\pi}{\omega_{max}} > 2T \qquad \text{oder} \qquad T < \frac{\pi}{\omega_{max}} \quad .$$

Satz 2. Damit keine Frequenzverfälschung auftritt, muß die Nyquist-Frequenz höher als die Kreisfrequenz des höchstfrequenten Signalanteils des abzutastenden zeitkontinuierlichen Signals sein, d.h.

$$\Omega = \frac{\pi}{T} > \omega_{max} \quad .$$

Diese Ungleichungen sind rein theoretischer Natur. In der Praxis müssen wir diese Forderungen bei regelungstechnischen Anwendungen mindestens um einen Faktor 5, besser um einen Faktor 10, verschärfen, da die Signalform sonst zu ungenau approximiert wird (vgl. Bild 12.6).

Bei abzutastenden verrauschten Meßsignalen müssen wir zudem durch analogelektronische Tiefpaß-Filterung dafür sorgen, daß keine hochfrequenten Rauschsignalanteile durch Frequenzverfälschung tieferfrequente Signalanteile (im Regelfehler $e(t)$) vortäuschen. Solche Filter nennen wir Anti-aliasing-Filter.

Beachte: Die Anti-aliasing-Filter für die Meßsignale haben normalerweise einen negativen Phasengang. Ihr phasenreservereduzierender Einfluß auf das Regelsystem ist im Reglerentwurf in gebührender Weise zu berücksichtigen!

12.2.4 Der Impuls-Abtaster

Aus mathematischen Gründen ist es manchmal interessant, anstelle des im Unterkapitel 12.2.1 betrachteten Amplituden-Abtasters den sogenannten Impuls-Abtaster zu betrachten. Im Gegensatz zum Amplituden-Abtaster liefert der Impuls-Abtaster als Ausgangssignal ein zeitkontinuierliches Signal. Es besteht aus einer Folge von Dirac-Funktionen, welche mit den mit der Abtastperiode T multiplizierten Amplitudenwerten der abzutastenden Funktion moduliert sind: Sei $u(t)$, $t \geq 0$, die abzutastende Funktion. Dann ist das Ausgangssignal $u_p(t)$ des Impuls-Abtasters

$$u_p(t) = \sum_{k=0}^{\infty} u_k T \delta(t - kT) \quad ,$$

wobei $u_k = u(kT)$ wieder den Wert der zeitkontinuierlichen Funktion $u(t)$ zur Abtastzeit kT bezeichnet.

Wenn wir dem Impuls-Abtaster das im Bild 12.4 gezeigte lineare dynamische System, bestehend aus einer Totzeit, einem Differenzbildner, einem P-Element und einem Integrator, nachschalten, erhalten wir ein vollständiges Abtast-und-Halteglied ("sample and hold") nullter Ordnung, welches ein zeitkontinuierliches Eingangssignal $u(t)$, $t \geq 0$, in ein zeitkontinuierliches Signal $u_{\#}(t)$ wandelt, das entsprechend den Stützwerten u_k stückweise konstant ist ("Treppenfunktion"):

$$u_{\#}(t) \equiv u_k = u(kT) \qquad \text{für } kT \leq t < (k+1)T \qquad (k = 0, 1, 2, \ldots)$$

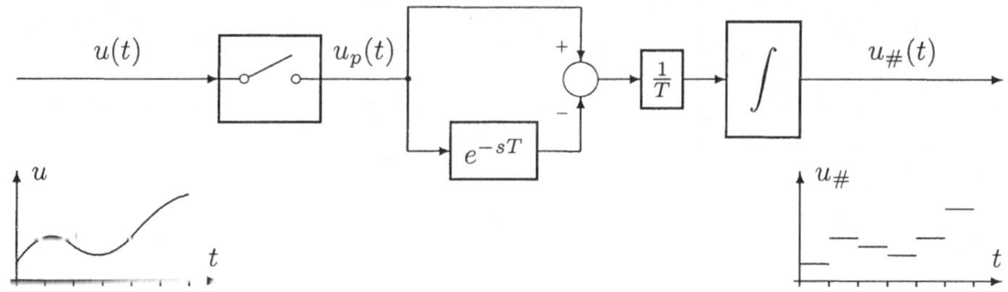

Bild 12.4. Vollständiges Abtast-und-Halteglied nullter Ordnung

Die drei zeitkontinuierlichen Signale $u(t)$, $u_p(t)$ und $u_{\#}(t)$ sind (in Approximation erster Ordnung bezüglich T, $T \downarrow 0$) "impulsäquivalent". ("Impuls" im Sinne von $\int u(t)\,dt$ in Analogie zum Impuls in der Mechanik, wenn u eine Kraft ist.)

Der Zustandsvektor $x(t)$ des linearen Systems

$$\dot{x}(t) = Ax(t) + Bu(t) \qquad\qquad x(0) = x_0$$

wird sich für jedes der drei Signale $u(t)$, $u_p(t)$ und $u_\#(t)$ (in Approximation erster Ordnung bezüglich T, $T \downarrow 0$) gleich verhalten.

Das Bild 12.4 läßt erahnen, daß der Übergang von einem zeitkontinuierlichen Regler, der das Steuersignal $u(t)$ liefert, zu einem äquivalenten digitalen Regler, der das $u(t)$ entsprechende treppenförmige Steuersignal $u_\#(t)$ liefert, mit dem Auftreten einer zusätzlichen Totzeit im Regelkreis verbunden ist.

Um dies zu überprüfen, analysieren wir das System von Bild 12.4 im Frequenzbereich. Die Laplace-Transformierten $U(s)$ und $U_p(s)$ der Signale $u(t)$ bzw. $u_p(t)$ sind

$$U(s) = \mathcal{L}\{u(t)\} = \int_0^\infty e^{-st} u(t)\, dt$$

$$U_p(s) = \mathcal{L}\{u_p(t)\} = \int_0^\infty e^{-st} u_p(t)\, dt = \sum_{k=0}^{\infty} e^{-skT} u_k T \;\approx U(s) \;.$$

Die Laplace-Transformierte von $u_p(t)$ entspricht der Laplace-Transformierten von $u(t)$, wenn man bei der letzteren die Eulersche Integrationsregel (Rechteckregel) mit Schrittweite T anwendet. Wenn wir diesen Unterschied zwischen $U(s)$ und $U_p(s)$ vernachlässigen, müssen wir das vermutete Totzeitverhalten in der Übertragungsfunktion zwischen $U_p(s)$ und $U_\#(s)$ suchen:

$$U_\#(s) = G(s) U_p(s) \qquad \text{mit} \qquad G(s) = \frac{1 - e^{-sT}}{sT} \;.$$

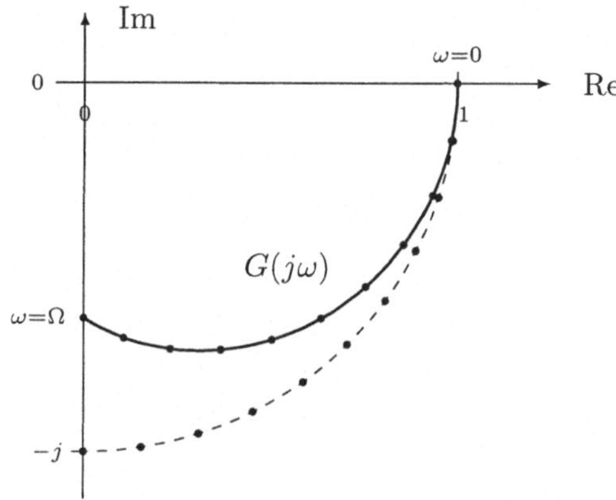

Bild 12.5. Komplexe Frequenzgänge des vollständigen Abtast-und-Haltegliedes nullter Ordnung, $G(j\omega) = (1 - e^{-j\omega T})/j\omega T$, und dessen Näherung, $e^{-j\omega T/2}$.

Für betragsmäßig kleine Werte von sT gilt $G(s) \approx e^{-sT/2}$. Für Frequenzen ω im Intervall $0 \leq \omega < \Omega$ sind im Bild 12.5 der Frequenzgang $G(j\omega)$ und dessen Näherung $e^{-j\omega T/2}$ in der komplexen Ebene eingezeichnet.

Beim oben erwähnten Übergang von einem zeitkontinuierlichen Regler zu einem äquivalenten digitalen Regler reduziert der negative Phasengang von $G(j\omega)$ die Phasenreserve des Regelsystems oder destabilisiert dieses sogar. — Für höhere Frequenzen, $\omega > \Omega$, tritt entsprechend dem Shannonschen Abtasttheorem eine Frequenzverfälschung ("aliasing") auf.

Aus Bild 12.5 entnehmen wir, daß die Phasengänge von $G(j\omega)$ und $e^{-j\omega T/2}$ sehr gut übereinstimmen. Das Auftreten einer Phasenverschiebung entsprechend einer Totzeit $T/2$ im digitalen Regelkreis macht auch das Bild 12.6 plausibel: Die Funktionswerte von $u_\#(t)$ eilen der abgetasteten Funktion $u(t)$ im zeitlichen Mittel um $T/2$ nach, wie das gestrichelt eingezeichnete Signal andeutet.

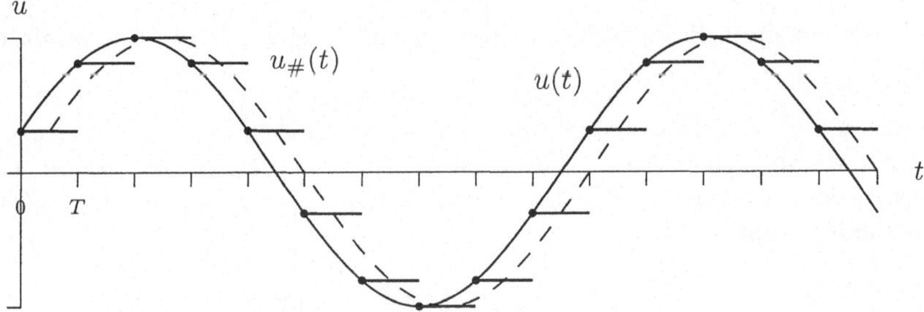

Bild 12.6. Plausibilitätsbetrachtung zum Totzeiteffekt des Abtastens und Haltens; harmonisches Signal $u(t)$, zehnmal pro Periode abgetastet; $\omega = \Omega/5$.

12.3 Signalrekonstruktion

Als Signalrekonstruktion bezeichnen wir die Umsetzung eines zeitdiskreten Signals in ein "entsprechendes" zeitkontinuierliches Signal.

Im Unterkapitel 12.2.4 haben wir bereits das Halteglied nullter Ordnung kennengelernt. Es erzeugt ein den Werten u_k des zeitdiskreten Signals entsprechendes, stückweise konstantes Ausgangssignal $u_\#(t)$:

$$u_\#(t) \equiv u_k \qquad \text{für } kT \leq t < (k+1)T \qquad (k = 0, 1, 2, \ldots).$$

Für das in den Regelkreis eingebrachte Totzeitverhalten bei digitaler Regelung mit einem Halteglied nullter Ordnung ist die Übertragungsfunktion zwischen dem Ausgang $u_p(t)$ des Impuls-Abtasters und dem Ausgang $u_\#(t)$ des Halteglieds verantwortlich:

$$U_\#(s) = G(s)U_p(s) \qquad \text{mit} \qquad G(s) = \frac{1 - e^{-sT}}{sT} \quad .$$

Als Nachteil des Halteglieds nullter Ordnung könnten wir vielleicht die Unstetigkeiten des Stellsignals $u_{\#}(t)$ empfinden (vgl. Bild 12.4).

Es ist deshalb naheliegend, Halteglieder höherer Ordnung zu definieren. Als Halteglied N-ter Ordnung bezeichnen wir ein Halteglied, welches das Stellsignal $u(t)$ im Zeitintervall $kT \leq t < (k+1)T$ aufgrund der Stützwerte u_k, u_{k-1}, ... und u_{k-N} erzeugt. Es ist a priori klar, daß Halteglieder höherer Ordnung einen ungünstigeren Phasengang als das Halteglied nullter Ordnung haben, da nebst u_k auch ältere Stützwerte verwendet werden.

Wir betrachten deshalb nur das Halteglied erster Ordnung. Dieses erzeugt einen rampenförmigen Verlauf des Stellsignals, indem aufgrund von u_k und u_{k-1} linear extrapoliert wird:

$$u(t) = u_k + \frac{t-kT}{T}(u_k - u_{k-1}) \qquad \text{für } kT \leq t < (k+1)T \qquad (k = 0, 1, 2, \ldots).$$

Die Unstetigkeiten dieses Stellsignals beschränken sich auf die Extrapolationsfehler.

Für das in den Regelkreis eingebrachte Totzeitverhalten bei digitaler Regelung mit einem Halteglied erster Ordnung ist die Übertragungsfunktion $G_1(s)$ zwischen dem Ausgang $u_p(t)$ des Impuls-Abtasters und dem Ausgang $u_{\#}(t)$ des Halteglieds verantwortlich:

$$U_{\#}(s) = G_1(s) U_p(s) \qquad \text{mit}$$

$$G_1(s) = \frac{1}{s}\left(1 + \frac{1}{sT}\right)\left(1 - e^{-sT}\right)^2 \frac{1}{T} = (1 + sT)\left(\frac{1 - e^{-sT}}{sT}\right)^2 .$$

Das Zwischenresultat für $G_1(s)$ entspricht einem anschaulichen Signalflußbild (analog zu Bild 12.4). Der Phasengang des Halteglieds erster Ordnung ist etwas negativer als der Phasengang des Halteglieds nullter Ordnung. Der Amplitudengang des Halteglieds erster Ordnung ist größer als der Amplitudengang des Halteglieds nullter Ordnung. Die destabilisierende Wirkung im Regelkreis beim Übergang von einem zeitkontinuierlichen Regler auf einen entsprechenden digitalen Regler mit Halteglied erster Ordnung ist deshalb größer als im Falle des Halteglieds nullter Ordnung. Auch die Rauschempfindlichkeit ist größer.

12.4 Analyse zeitdiskreter linearer Systeme

12.4.1 Analogie zur Differentialgleichung n-ter Ordnung

Im Kap. 2 haben wir ein lineares, zeitinvariantes System n-ter Ordnung mit je einem einzigen Eingangs- und Ausgangssignal durch eine gewöhnliche Differentialgleichung n-ter Ordnung mit konstanten Koeffizienten beschrieben.

Analog dazu können wir ein lineares, zeitinvariantes, zeitdiskretes System mit dem Eingangssignal u und dem Ausgangssignal y durch eine einzige diskrete Bewegungsgleichung n-ter Ordnung beschreiben:

$$\begin{aligned} &y_{k+1} + \alpha_0 y_k + \alpha_1 y_{k-1} + \cdots + \alpha_{n-2} y_{k-n+2} + \alpha_{n-1} y_{k-n+1} \\ &= \beta_0 u_k + \beta_1 u_{k-1} + \cdots + \beta_{m-1} u_{k-m+1} + \beta_m u_{k-m} \quad . \end{aligned}$$

Somit ergibt sich der nächste Wert y_{k+1} des Ausgangssignals aus dem momentanen Wert y_k und $n-1$ früheren Werten $y_{k-1}, \ldots, y_{k-n+1}$ des Ausgangssignals (d.h. dem Zustand des zeitdiskreten Systems) und dem aktuellen Wert u_k und m früheren Werten $u_{k-1}, \ldots, u_{k-m}$ des Eingangssignals.

Die Koeffizienten $\alpha_0, \ldots, \alpha_{n-1}, \beta_0, \ldots, \beta_m$ können experimentell wie folgt gewonnen werden:

- Registrieren der abgetasteten Eingangs- und Ausgangssignale während Transienten über längere Zeit
- Wahl des Modellansatzes durch Festlegen von n und m
- Berechnung der Koeffizienten α_i und β_i des Modells nach der Methode der kleinsten Fehlerquadrate (vgl. Anh. 3, Abschn. 4.2).

Die diskrete Bewegungsgleichung kann im Zeitbereich direkt gelöst werden, da sie eine explizite Rechenvorschrift für den nächsten Wert y_{k+1} des Ausgangssignals darstellt.

Beispiel 1

Wir betrachten das folgende System erster Ordnung mit $n = 1$, $m = 0$, $\alpha_0 = -0.5$, $\beta_0 = 2$ und gegebenem Anfangszustand y_0:

$$y_{k+1} - 0.5 y_k = 2 u_k \qquad y_0 = 0 \ .$$

Für alle $k > 0$ suchen wir die Systemantwort auf die konstante Einheitsfunktion $u_k \equiv 1$, $k \geq 0$. Wir lösen nach y_{k+1} auf

$$y_{k+1} = 0.5 y_k + 2 u_k \qquad y_0 = 0 \qquad u_k \equiv 1 \,, \quad k \geq 0$$

und setzen die gegebenen Werte sukzessive ein. Wir erhalten die Zahlenfolge

y_0	y_1	y_2	y_3	y_4	y_5	$\cdots$	y_k	$\cdots$
0	2	3	3.5	3.75	3.875	$\cdots$	$4(1-2^{-k})$	$\cdots$

In einfachen Fällen können wir die diskreten Bewegungsgleichungen mit Hilfe der $\mathcal{Z}$-Transformation auch analytisch lösen.

Beispiel 2

Wir betrachten wieder das Beispiel 1, behandeln es aber analytisch für beliebige Werte von α_0, β_0 und y_0 und ein beliebiges zeitdiskretes Eingangssignal.

Zunächst schreiben wir die allgemeine diskrete Bewegungsgleichung mit z^{-k} multipliziert an:

$$z^{-k}y_{k+1} + \alpha_0 z^{-k}y_k = z^{-k}\beta_0 u_k \quad .$$

Für jedes k, $k = 0, 1, 2, \ldots$, erhalten wir eine solche Gleichung. Wir summieren alle Gleichungen für $k \geq 0$ und erhalten aufgrund der Definition der $\mathcal{Z}$-Transformation eines zeitdiskreten Signals

$$z\mathcal{Z}\{y_k\} - zy_0 + \alpha_0\mathcal{Z}\{y_k\} = \beta_0\mathcal{Z}\{u_k\} \quad .$$

Als Lösung für die $\mathcal{Z}$-Transformierte des Signals erhalten wir

$$\mathcal{Z}\{y_k\} = \frac{z}{z+\alpha_0}\,y_0 + \frac{\beta_0}{z+\alpha_0}\,\mathcal{Z}\{u_k\} \quad .$$

Nun setzen wir die im Beispiel 1 gegebenen Größen ein und machen eine Partialbruchzerlegung (vgl. Kap. 2). (Die $\mathcal{Z}$-Transformierte der konstanten Einheitsfunktion haben wir bereits im Kap. 12.2.2, Beispiel 1, berechnet.) Wir erhalten

$$\begin{aligned}\mathcal{Z}\{y_k\} &= \frac{2}{z-0.5}\frac{z}{z-1} = \frac{2z^{-1}}{(1-0.5z^{-1})(1-z^{-1})} \\ &= \frac{A}{1-z^{-1}} + \frac{B}{1-0.5z^{-1}} = \frac{4}{1-z^{-1}} - \frac{4}{1-0.5z^{-1}}\end{aligned}$$

und erkennen die $\mathcal{Z}$-Transformierten der Exponentialfunktion und der konstanten Einheitsfunktion wieder. Die gesuchte Antwort lautet somit

$$y_k = 4 - 4\cdot 0.5^k = 4\,(1-2^{-k}) \qquad \text{für } k \geq 0,$$

womit das Resultat von Beispiel 1 analytisch bestätigt ist.

Allgemeiner Fall

In der Analyse des linearen, zeitinvarianten Systems n-ter Ordnung mit der diskreten Bewegungsgleichung

$$\begin{aligned}&y_{k+1} + \alpha_0 y_k + \alpha_1 y_{k-1} + \cdots + \alpha_{n-2}y_{k-n+2} + \alpha_{n-1}y_{k-n+1} \\ &\quad = \beta_0 u_k + \beta_1 u_{k-1} + \cdots + \beta_{m-1}u_{k-m+1} + \beta_m u_{k-m} \qquad (m \leq n-1)\end{aligned}$$

gehen wir gleich vor wie im Beispiel 2. Um die Schreibweise möglichst zu erleichtern führen wir die folgenden Hilfsgrößen ein:

$$\alpha_{-1} = 1 \qquad (\text{Koeffizient von } z^n)$$

und, falls $m < n-1$ ist,

$$\beta_{m+1} = \beta_{m+2} = \cdots = \beta_{n-1} = 0 \ .$$

Auf diese Weise erhalten wir für die $\mathcal{Z}$-Transformierte des gesuchten Ausgangssignals $\{y_k\}$

$$\mathcal{Z}\{y_k\} = \frac{\beta_0 z^{n-1} + \beta_1 z^{n-2} + \cdots + \beta_{n-2} z + \beta_{n-1}}{z^n + \alpha_0 z^{n-1} + \alpha_1 z^{n-2} + \cdots + \alpha_{n-2} z + \alpha_{n-1}} \mathcal{Z}\{u_k\}$$
$$+ \frac{\sum_{\ell=0}^{n-1} y_\ell \sum_{j=0}^{n-1-\ell} \alpha_{j-1} z^{n-\ell-j} - \sum_{\ell=0}^{n-2} u_\ell \sum_{j=1}^{n-1-\ell} \beta_{j-1} z^{n-\ell-j}}{z^n + \alpha_0 z^{n-1} + \alpha_1 z^{n-2} + \cdots + \alpha_{n-2} z + \alpha_{n-1}}$$

oder, mit Potenzen von z^{-1} geschrieben,

$$\mathcal{Z}\{y_k\} = \frac{\beta_0 z^{-1} + \beta_1 z^{-2} + \cdots + \beta_{n-2} z^{-(n-1)} + \beta_{n-1} z^{-n}}{1 + \alpha_0 z^{-1} + \alpha_1 z^{-2} + \cdots + \alpha_{n-2} z^{-(n-1)} + \alpha_{n-1} z^{-n}} \mathcal{Z}\{u_k\}$$
$$+ \frac{\sum_{\ell=0}^{n-1} y_\ell \sum_{j=0}^{n-1-\ell} \alpha_{j-1} z^{-\ell-j} - \sum_{\ell=0}^{n-2} u_\ell \sum_{j=1}^{n-1-\ell} \beta_{j-1} z^{-\ell-j}}{1 + \alpha_0 z^{-1} + \alpha_1 z^{-2} + \cdots + \alpha_{n-2} z^{-(n-1)} + \alpha_{n-1} z^{-n}} \ .$$

Die rationale Funktion, welche $\mathcal{Z}\{u_k\}$ multipliziert, nennen wir die komplexe Übertragungsfunktion

$$\mathcal{G}(z) = \frac{\beta_0 z^{n-1} + \beta_1 z^{n-2} + \cdots + \beta_{n-2} z + \beta_{n-1}}{z^n + \alpha_0 z^{n-1} + \alpha_1 z^{n-2} + \cdots + \alpha_{n-2} z + \alpha_{n-1}}$$
$$= \frac{\beta_0 z^{-1} + \beta_1 z^{-2} + \cdots + \beta_{n-2} z^{-(n-1)} + \beta_{n-1} z^{-n}}{1 + \alpha_0 z^{-1} + \alpha_1 z^{-2} + \cdots + \alpha_{n-2} z^{-(n-1)} + \alpha_{n-1} z^{-n}} \ .$$

Das Nennerpolynom der ersten Form

$$z^n + \alpha_0 z^{n-1} + \alpha_1 z^{n-2} + \cdots + \alpha_{n-2} z + \alpha_{n-1} = (z-z_1)(z-z_2)\cdots(z-z_n)$$

heißt charakteristisches Polynom des zeitdiskreten dynamischen Systems, und dessen komplexe Nullstellen $z_1, z_2, \ldots, z_n$ sind die Pole des zeitdiskreten dynamischen Systems.

Wenn wir den mit Potenzen von z^{-1} angeschriebenen Ausdruck für die $\mathcal{Z}$-Transformierte der Systemantwort $\{y_k\}$ in Partialbrüche zerlegen, gibt ein einfacher (allenfalls komplexer) Pol z_i Anlaß zu einem Partialbruch der Form

$$\frac{A_i}{1 - z_i z^{-1}} \ ,$$

wobei die Konstante A_i aus dem Koeffizientenvergleich zu bestimmen ist (vgl. Kap. 2). Der durch diesen Partialbruch verursachte Anteil an der Systemantwort ist eine (allenfalls komplexe) Exponentialfunktion (vgl. Kap. 12.2.2, Beispiel 3). Dieser Antwortanteil geht für $k \to \infty$ genau dann asymptotisch gegen Null, wenn $|z_i| < 1$ ist. Die gleiche Aussage gilt auch im Falle eines Mehrfachpols.

Wie im zeitkontinuierlichen Fall nennen wir ein zeitdiskretes, dynamisches System asymptotisch stabil, wenn sein Ausgangssignal y_k für $k \to \infty$ bei beliebigem Anfangszustand und für ein identisch verschwindendes Eingangssignal ($u_k \equiv 0$ für alle $k \geq 0$) asymptotisch gegen Null strebt ($\lim_{k\to\infty} y_k = 0$). Somit gilt der folgende

Satz: Ein zeitdiskretes, lineares, zeitinvariantes, dynamisches System ist genau dann asymptotisch stabil, wenn alle Pole des Systems im Inneren des Einheitskreises der komplexen Ebene liegen, d.h. wenn $|z_i| < 1$ für $i = 1, \ldots, n$ gilt.

12.4.2 Übergang von einer diskreten Bewegungsgleichung höherer Ordnung zu einem Zustandsraummodell

Wir betrachten ein lineares, zeitinvariantes System mit einem einzigen Eingangssignal u und einem einzigen Ausgangssignal y, dessen Dynamik durch die diskrete Bewegungsgleichung

$$
\begin{aligned}
&y_{k+1} + \alpha_0 y_k + \alpha_1 y_{k-1} + \cdots + \alpha_{n-2} y_{k-n+2} + \alpha_{n-1} y_{k-n+1} \\
&\quad = \beta_0 u_k + \beta_1 u_{k-1} + \cdots + \beta_{m-1} u_{k-m+1} + \beta_m u_{k-m} \qquad (m \leq n-1)
\end{aligned}
$$

beschrieben wird. Wir suchen eine Definition eines Zustandsvektors x_k und Systemmatrizen F, G und H, so daß die Dynamik des Systems durch ein Zustandsraummodell der Form

$$
x_{k+1} = F x_k + G u_k \qquad\qquad y_k = H x_k
$$

beschrieben wird.

Da für lineare Systeme das Superpositionsprinzip gilt, können wir das Systemverhalten statt mit der gegebenen diskreten Bewegungsgleichung mit einer einfacheren diskreten Bewegungsgleichung

$$
\zeta_{k+1} + \alpha_0 \zeta_k + \alpha_1 \zeta_{k-1} + \cdots + \alpha_{n-2} \zeta_{k-n+2} + \alpha_{n-1} \zeta_{k-n+1} = u_k
$$

für das Hilfssignal $\{\zeta_k\}$ und der algebraischen Gleichung

$$
y_k = \beta_0 \zeta_k + \beta_1 \zeta_{k-1} + \cdots + \beta_{m-1} \zeta_{k-m+1} + \beta_m \zeta_{k-m}
$$

berechnen. Wir definieren den n-dimensionalen Zustandsvektor, $x_k \in R^n$, dessen Komponenten der Momentanwert ζ_k und $n-1$ frühere Werte ζ_{k-1}, ζ_{k-2}, ...,

ζ_{k-n+1} sind. Für die beiden Zeiten (bzw. Indizes) k und $k+1$ ist somit der Zustandsvektor wie folgt definiert:

$$x_k = \begin{bmatrix} x_{k,1} \\ x_{k,2} \\ x_{k,3} \\ \vdots \\ x_{k,n} \end{bmatrix} = \begin{bmatrix} \zeta_k \\ \zeta_{k-1} \\ \zeta_{k-2} \\ \vdots \\ \zeta_{k-n+1} \end{bmatrix} \quad \text{und} \quad x_{k+1} = \begin{bmatrix} x_{k+1,1} \\ x_{k+1,2} \\ x_{k+1,3} \\ \vdots \\ x_{k+1,n} \end{bmatrix} = \begin{bmatrix} \zeta_{k+1} \\ \zeta_k \\ \zeta_{k-1} \\ \vdots \\ \zeta_{k-n+2} \end{bmatrix} .$$

Aus der diskreten Bewegungsgleichung für das Hilfssignal $\{\zeta_k\}$ und der Definition des Zustandsvektors lassen sich direkt die folgenden n diskreten Bewegungsgleichungen für die n Komponenten des Zustandsvektors herauslesen:

$$\begin{aligned} x_{k+1,1} = \zeta_{k+1} &= -\alpha_0\zeta_k - \alpha_1\zeta_{k-1} - \dots - \alpha_{n-2}\zeta_{k-n+2} - \alpha_{n-1}\zeta_{k-n+1} + u_k \\ &= -\alpha_0 x_{k,1} - \alpha_1 x_{k,2} - \dots - \alpha_{n-2} x_{k,n-1} - \alpha_{n-1} x_{k,n} + u_k \\ x_{k+1,2} = \zeta_k &= x_{k,1} \\ x_{k+1,3} = \zeta_{k-1} &= x_{k,2} \\ &\vdots \\ x_{k+1,n} = \zeta_{k-n+2} &= x_{k,n-1} \quad . \end{aligned}$$

Für die gesuchte Vektorschreibweise $x_{k+1} = Fx_k + Gu_k$, $y_k = Hx_k$ haben wir damit die folgenden Systemmatrizen F, G und H gefunden:

$$F = \begin{bmatrix} -\alpha_0 & -\alpha_1 & \cdots & \cdots & \cdots & -\alpha_{n-1} \\ 1 & 0 & \cdots & \cdots & \cdots & 0 \\ 0 & 1 & \ddots & & & \vdots \\ \vdots & \ddots & \ddots & \ddots & & \vdots \\ \vdots & & \ddots & \ddots & \ddots & \vdots \\ 0 & \cdots & \cdots & 0 & 1 & 0 \end{bmatrix} \qquad G = \begin{bmatrix} 1 \\ 0 \\ \vdots \\ \vdots \\ \vdots \\ 0 \end{bmatrix}$$

$$H = \begin{bmatrix} \beta_0 & \cdots & \beta_m & 0 & \cdots & 0 \end{bmatrix} .$$

Im Kap. 12.2.3 haben wir die Übertragungsfunktion

$$\mathcal{G}(z) = \frac{\beta_0 z^{n-1} + \beta_1 z^{n-2} + \dots + \beta_{n-2} z + \beta_{n-1}}{z^n + \alpha_0 z^{n-1} + \alpha_1 z^{n-2} + \dots + \alpha_{n-2} z + \alpha_{n-1}}$$

des linearen, zeitinvarianten Systems aus der diskreten Bewegungsgleichung n-ter Ordnung erhalten. Mit Hilfe der $\mathcal{Z}$-Transformation können wir sie auch aus dem Zustandsraummodell berechnen (vgl. Kap. 12.4.1, Beispiel 2):

$$\begin{aligned} z\mathcal{Z}\{x_k\} - zx_0 &= F\mathcal{Z}\{x_k\} + G\mathcal{Z}\{u_k\} \\ \mathcal{Z}\{x_k\} &= z\left[zI - F\right]^{-1} x_0 + \left[zI - F\right]^{-1} G\mathcal{Z}\{u_k\} \\ \mathcal{Z}\{y_k\} = H\mathcal{Z}\{x_k\} &= zH\left[zI - F\right]^{-1} x_0 + H\left[zI - F\right]^{-1} G\mathcal{Z}\{u_k\} \quad . \end{aligned}$$

Die Übertragungsfunktion ist somit

$$\mathcal{G}(z) = H\,[zI - F]^{-1}\,G \ .$$

Daraus folgt, daß für das charakteristische Polynom der Zusammenhang

$$\det(zI - F) = z^n + \alpha_0 z^{n-1} + \alpha_1 z^{n-2} + \cdots + \alpha_{n-2} z + \alpha_{n-1}$$

gilt und daß die Pole des zeitdiskreten Systems mit den Eigenwerten der Systemmatrix F identisch sind.

12.4.3 Umsetzung eines zeitkontinuierlichen Zustandsraummodells in ein zeitdiskretes Zustandsraummodell

Wir betrachten ein zeitkontinuierliches, lineares, zeitvariables, dynamisches System mit dem Zustandsvektor $x(t) \in R^n$, dem Eingangsvektor $u(t) \in R^m$ und dem Ausgangsvektor $y(t) \in R^p$. Sein Anfangszustand $x(0)$ und seine Systemgleichungen sind wie folgt gegeben:

$$\dot{x}(t) = A(t)x(t) + B(t)u(t) \qquad x(0) = x_0 \qquad y(t) = C(t)x(t) \ .$$

Der Eingangsvektor $u(t)$ wird von einem Halteglied nullter Ordnung geliefert, das mit einer konstanten Abtastperiode T betrieben wird,

$$u(t) \equiv u_k \qquad \text{für } kT \leq t \leq (k+1)T \qquad (k \geq 0).$$

Wir suchen die Systemmatrizen F_k, G_k und H_k eines zeitdiskreten, linearen, zeitvariablen, dynamischen Systems der Form

$$x_{k+1} = F_k x_k + G_k u_k \qquad y_k = H_k x_k \ ,$$

so daß der Zustand $x(kT)$ des zeitkontinuierlichen Systems zu allen Abtastzeitpunkten kT $(k \geq 0)$ und der Zustand x_k des zeitdiskreten Systems bei den entsprechenden Werten des Indexes k exakt übereinstimmen.

Diese Frage stellt sich offenbar bei der Analyse einer digital gesteuerten Regelstrecke, wenn wir den Zustand der Regelstrecke nur noch für die Abtastzeitpunkte kT wissen wollen. In ähnlicher Form stellt sie sich aber auch, wenn wir einen zeitkontinuierlichen dynamischen Kompensator (Regler) in einen "äquivalenten" digitalen Regler umsetzen wollen (s. Kap. 12.6).

Mit Hilfe der Transitionsmatrix $\Phi(.,.)$ des zeitkontinuierlichen Systems (siehe Kap. 4) läßt sich der Zustand $x(t)$ zu den Abtastzeitpunkten kT wie folgt rekursiv anschreiben.

$$\begin{aligned} x(kT) &= x_0 && \text{für } k = 0 \\ x((k+1)T) &= \Phi((k+1)T, kT)\, x(kT) \\ &\quad + \int_{kT}^{(k+1)T} \Phi((k+1)T, \sigma) B(\sigma) u(\sigma)\, d\sigma && \text{für } k = 0,\ 1,\ 2,\ \ldots \end{aligned}$$

Da der Eingangsvektor $u(.)$ stückweise konstant und die Ausgangsgleichung des zeitkontinuierlichen Systems eine statische ist, erhalten wir für die gesuchten Matrizen des zeitdiskreten Systems direkt

$$F_k = \Phi((k+1)T, kT) \qquad G_k = \int_{kT}^{(k+1)T} \Phi((k+1)T, \sigma)B(\sigma)\, d\sigma \qquad H_k = C(kT) \ .$$

Im wichtigen Spezialfall eines zeitinvarianten zeitkontinuierlichen Systems

$$\dot{x}(t) = Ax(t) + Bu(t) \qquad y(t) = Cx(t)$$

ist das äquivalente zeitdiskrete System (bei konstanter Abtastfrequenz) ebenfalls zeitinvariant:

$$x_{k+1} = Fx_k + Gu_k \qquad y_k = Hx_k \ ,$$

mit den konstanten Systemmatrizen

$$F = e^{AT} \qquad G = \int_0^T e^{A(T-\sigma)} B\, d\sigma \qquad H = C \ .$$

12.4.4 Zusammenhänge zwischen der Laplace-Transformation und der $\mathcal{Z}$-Transformation

In diesem Unterkapitel diskutieren wir die komplexen Variablen s der Laplace-Transformation und z der $\mathcal{Z}$-Transformation, die Übertragungsfunktionen $G(s)$ und $\mathcal{G}(z)$, die Frequenzgänge $G(j\omega)$ und $\mathcal{G}(e^{j\omega T})$, sowie die Operationen Integration und Differentiation.

A) Komplexe Variablen s und z

Ein zeitkontinuierliches, lineares, zeitinvariantes, dynamisches System n-ter Ordnung

$$\dot{x}(t) = Ax(t) + Bu(t) \qquad x(0) = x_0$$

ist genau dann asymptotisch stabil, wenn alle Pole s_i, $i = 1, \ldots, n$, des Systems negativen Realteil haben, $\mathrm{Re}\{s_i\} < 0$, (Kap. 2). Dabei sind die Pole des Systems identisch mit den Eigenwerten der Systemmatrix A, also den Nullstellen des charakteristischen Polynoms $\det(sI - A) = 0$.

Ein zeitdiskretes, lineares, zeitinvariantes, dynamisches System n-ter Ordnung

$$x_{k+1} = Fx_k + Gu_k \qquad x_{k=0} = x_0$$

ist genau dann asymptotisch stabil, wenn alle Pole z_i, $i = 1, \ldots, n$, des Systems einen Betrag kleiner Eins haben, $|z_i| < 1$, (Kap. 12.4.1). Dabei sind die Pole des Systems identisch mit den Eigenwerten der Systemmatrix F, d.h. den Nullstellen des charakteristischen Polynoms $\det(zI - F) = 0$.

Wenn die beiden obigen Systeme bezüglich einer konstanten Abtastperiode T äquivalent sind, ist

$$F = e^{AT} \quad .$$

Da zwischen den Eigenwerten s_i von A und z_i von F die Beziehung

$$z_i = e^{s_i T} \qquad\qquad i = 1, \ldots, n$$

gilt (vgl. Kap. 4, Aufg. 8), erhalten wir den folgenden Zusammenhang zwischen der Laplace-Transformation und der $\mathcal{Z}$-Transformation:

Satz. Zwischen den komplexen Variablen z der $\mathcal{Z}$-Transformation und s der Laplace-Transformation gilt der Zusammenhang $z = e^{sT}$, wobei T die konstante Abtastperiode ist.

Mit anderen Worten: Beim Übergang von der Laplace-Transformation zur $\mathcal{Z}$-Transformation (mit Abtastperiode T) wird die komplexe Zahlenebene zur Darstellung von s mit der komplexen Funktion e^{sT} in die komplexe Zahlenebene zur Darstellung von z abgebildet. Insbesondere wird dabei die offene linke Halbebene der s-Ebene in das Innere des Einheitskreises der z-Ebene abgebildet. Die Abbildung e^{sT} ist im Bild 12.7 dargestellt.

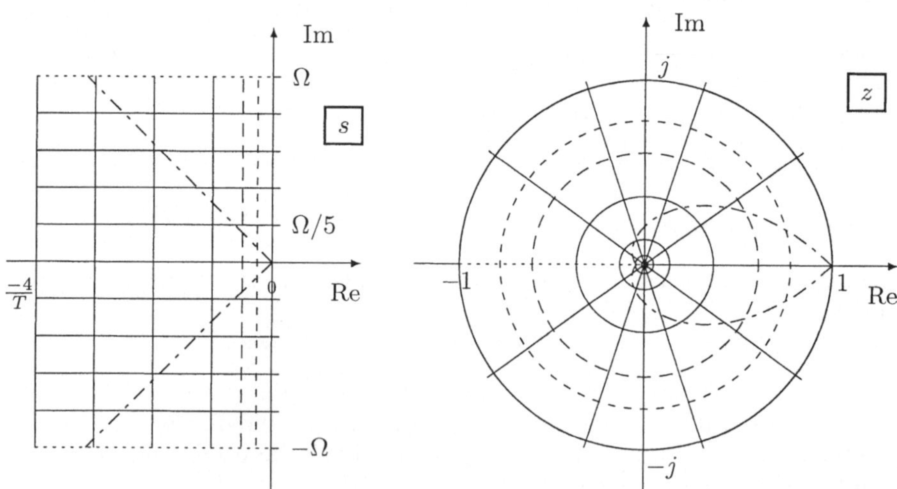

Bild 12.7. Abbildung der s-Ebene in die z-Ebene durch die komplexe Funktion $z = e^{sT}$; $\Omega = \pi/T$ = Nyquist-Frequenz; T = Abtastperiode. Spezielle Punkte: $(0,\, 0) \mapsto (1,\, 0)$, $(0,\, j\Omega/2) \mapsto (0,\, j)$, $(0,\, j\Omega) \mapsto (-1,\, 0)$.

Die Abbildung e^{sT} ist nicht invertierbar, da für jede komplexe Zahl s unendlich viele weitere komplexe Zahlen existieren, welche in den gleichen Punkt e^{sT} abgebildet werden:

$$e^{sT} \equiv e^{(s+j2\pi)T} \equiv e^{(s+j4\pi)T} \equiv \cdots \equiv e^{(s-j2\pi)T} \equiv e^{(s-j4\pi)T} \equiv \cdots$$

Hingegen ist die Abbildung e^{sT} invertierbar, wenn wir sie auf den horizontalen Streifen

$$\{s \in C \mid -\infty < \mathrm{Re}(s) < +\infty, \; -\Omega < \mathrm{Im}(s) < +\Omega\}$$

der s-Ebene beschränken. Dabei ist $\Omega = \pi/T$ die Nyquist-Frequenz. Für komplexe Zahlen s mit Imaginärteil $\geq \Omega$ bzw. $\leq -\Omega$ tritt Frequenzverfälschung ("aliasing") auf (vgl. Kap. 12.2.3).

B) Übertragungsfunktionen $G(s)$ und $\mathcal{G}(z)$

Hier betrachten wir ein zeitdiskretes, lineares, zeitinvariantes System, das aus der Serieschaltung eines Haltegliedes nullter Ordnung, eines zeitkontinuierlichen, linearen, zeitinvarianten Systems mit der Übertragungsfunktion $G(s)$ und eines Amplituden-Abtasters besteht (s. Bild 12.8). Die Abtastperiode ist T, und das Halteglied und der Abtaster werden synchron betrieben.

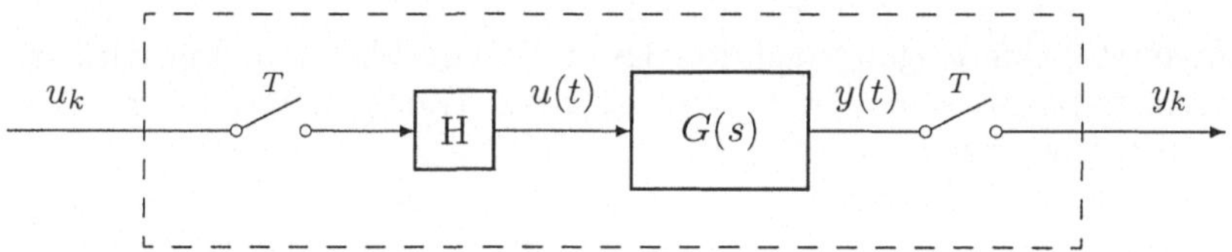

Bild 12.8. Zeitdiskretes lineares System mit der Übertragungsfunktion $\mathcal{G}(z)$

Wenn wir dieses System mit der zeitdiskreten Einheitsimpulsfunktion ansteuern, ist das zeitkontinuierliche Eingangssignal

$$u(t) = \begin{cases} 1 & \text{für } 0 \leq t < T \\ 0 & \text{für } t \geq T \,. \end{cases}$$

Es hat die Laplace-Transformierte

$$U(s) = \frac{1}{s}\left(1 - e^{-sT}\right) \,.$$

Bei anfänglicher Ruhelage des Systems erhalten wir im Frequenzbereich für das zeitkontinuierliche Ausgangssignal

$$Y(s) = \frac{G(s)}{s}\left(1 - e^{-sT}\right) \,.$$

Die Antwort $y(t)$ im Zeitbereich besteht somit aus der Differenz zwischen der Einheitssprungantwort und der um eine Zeiteinheit T verzögerten Einheitssprungantwort. Die zeitdiskrete Systemantwort $\{y_k\}$ auf diesen Einheitsimpuls lautet, als $\mathcal{Z}$-Transformierte angeschrieben,

$$\mathcal{Z}\{y_k\} = \mathcal{Z}\left\{\mathcal{L}^{-1}\left(\frac{G(s)}{s}\right)\bigg|_{t=kT}\right\}(1-z^{-1}) \ .$$

Wenn wir als Eingangssignal des betrachteten zeitdiskreten Systems ein beliebiges Signal $\{u_k\}$ wählen, erhalten wir (bei anfänglicher Ruhelage des Systems) aufgrund des Superpositionsprinzips die folgende zeitdiskrete Systemantwort:

$$\begin{aligned}\mathcal{Z}\{y_k\} &= \mathcal{Z}\left\{\mathcal{L}^{-1}\left(\frac{G(s)}{s}\right)\bigg|_{t=kT}\right\}(1-z^{-1})\,\mathcal{Z}\{u_k\}\\ &= \mathcal{G}(z)\mathcal{Z}\{u_k\} \ .\end{aligned}$$

In Analogie zur Übertragungsfunktion $G(s)$ des zeitkontinuierlichen Systems nennen wir die Funktion

$$\mathcal{G}(z) = \mathcal{Z}\left\{\mathcal{L}^{-1}\left(\frac{G(s)}{s}\right)\bigg|_{t=kT}\right\}(1-z^{-1})$$

die (diskrete) Übertragungsfunktion des im Bild 12.8 betrachteten zeitdiskreten, linearen, zeitinvarianten Systems. Sie ist die $\mathcal{Z}$-Transformierte der zeitdiskreten Einheitsimpulsantwort.

C) Frequenzgänge $G(j\omega)$ und $\mathcal{G}(e^{j\omega T})$

Im Kap. 2.6 haben wir ein zeitkontinuierliches, lineares, zeitinvariantes, asymptotisch stabiles System mit der Übertragungsfunktion $G(s)$ für ein harmonisches Eingangssignal $u(t) = \widehat{u}\cos(\omega t)$ analysiert. Es hat sich gezeigt, daß das Ausgangssignal asymptotisch gegen ein harmonisches Signal strebt, das die Frequenz ω des Eingangssignals hat und gegen dieses phasenverschoben ist. Wenn wir das eingeschwungene Ausgangssignal in der Form $y(t) = \widehat{y}\cos(\omega t+\varphi)$ anschreiben, sind das Amplitudenverhältnis $\widehat{y}/\widehat{u}$ und die Phasenverschiebung φ durch den Frequenzgang des Systems gegeben:

$$\frac{\widehat{y}}{\widehat{u}} = |G(j\omega)| \qquad \varphi = \arg\{G(j\omega)\} \ .$$

Hier untersuchen wir ein zeitdiskretes, lineares, zeitinvariantes, asymptotisch stabiles System mit der Übertragungsfunktion $\mathcal{G}(z)$ für das Eingangssignal

$$u_k = \widehat{u}\cos(k\omega T) \qquad k \geq 0 \ .$$

In Analogie zum zeitkontinuierlichen Fall erwarten wir, daß das Ausgangssignal für $k \to \infty$ asymptotisch gegen ein harmonisches Signal strebt, das die gleiche Frequenz hat wie das Eingangssignal und gegen dieses phasenverschoben ist. Das eingeschwungene Ausgangssignal, $\{y_k\}$, schreiben wir in der Form

$$y_k = \widehat{y}\cos(k\omega T+\varphi) \qquad \text{(eingeschwungene Antwort)}.$$

Seine $\mathcal{Z}$-Transformierte lautet (vgl. Kap. 12.2.2, Beispiele 5 u. 6)

$$\begin{aligned}\mathcal{Z}\{y_k\} &= \widehat{y}\,\mathcal{Z}\{\cos(\varphi)\cos(k\omega T) - \sin(\varphi)\sin(k\omega T)\}\\ &= \widehat{y}\,\frac{\cos(\varphi)\left[1-\cos(\omega T)z^{-1}\right] - \sin(\varphi)\sin(\omega T)z^{-1}}{1-2\cos(\omega T)z^{-1}+z^{-2}} \quad .\end{aligned}$$

Wenn wir die transiente Systemantwort mit Hilfe der $\mathcal{Z}$-Transformation gemäß Kap. 12.4.1 (Seite 243) anschreiben, stellen wir aufgrund der asymptotischen Stabilität des Systems fest, daß der einzige asymptotisch nicht verschwindende Antwortanteil vom Partialbruch mit dem Nenner $1-2\cos(\omega T)z^{-1}+z^{-2}$ stammt (Nenner von $\mathcal{Z}\{u_k\}$). Für diesen Partialbruch machen wir den Ansatz

$$\mathcal{Z}\{y_k\} = \frac{A\left[1-\cos(\omega T)z^{-1}\right] - B\sin(\omega T)z^{-1}}{1-2\cos(\omega T)z^{-1}+z^{-2}}\,\widehat{u} \quad .$$

Das Nennerpolynom hat die Nullstellen $z_1 = e^{j\omega T}$ und $z_2 = e^{-j\omega T}$. Deshalb können wir die beiden reellen Unbekannten A und B durch den folgenden Koeffizientenvergleich "im Unendlichen" bestimmen:

$$\begin{aligned}\lim_{z\to e^{j\omega T}} \mathcal{G}(z)\mathcal{Z}\{u_k\} &= \lim_{z\to e^{j\omega T}} \mathcal{G}(z)\,\frac{1-\cos(\omega T)z^{-1}}{1-2\cos(\omega T)z^{-1}+z^{-2}}\,\widehat{u}\\ &= \lim_{z\to e^{j\omega T}} \frac{A\left[1-\cos(\omega T)z^{-1}\right] - B\sin(\omega T)z^{-1}}{1-2\cos(\omega T)z^{-1}+z^{-2}}\,\widehat{u} \quad .\end{aligned}$$

Aus den beiden Zählern erhalten wir die Bedingung

$$\begin{aligned}&\left[\mathrm{Re}\left\{\mathcal{G}(e^{j\omega T}\right\} + j\,\mathrm{Im}\left\{\mathcal{G}(e^{j\omega T}\right\}\right]\left[1-\cos(\omega T)e^{-j\omega T}\right]\widehat{u}\\ &= A\left[1-\cos(\omega T)e^{-j\omega T}\right]\widehat{u} - B\sin(\omega T)e^{-j\omega T}\widehat{u}\\ &= [A+jB]\left[1-\cos(\omega T)e^{-j\omega T}\right]\widehat{u} \quad .\end{aligned}$$

Dabei haben wir im letzten Schritt die leicht zu verifizierende Identität

$$j\left[1-\cos(\omega T)e^{-j\omega T}\right] \equiv -\sin(\omega T)e^{-j\omega T}$$

benützt. Für die gesuchten reellen Koeffizienten erhalten wir somit

$$A = \mathrm{Re}\left\{\mathcal{G}(e^{j\omega T})\right\} \qquad B = \mathrm{Im}\left\{\mathcal{G}(e^{j\omega T})\right\} \quad .$$

Für die $\mathcal{Z}$-Transformierte der eingeschwungenen harmonischen Systemantwort erhalten wir schließlich

$$\begin{aligned}&\mathcal{Z}\{y_k\} = \mathcal{Z}\{\widehat{y}\cos(k\omega T+\varphi)\}\\ &= \widehat{u}\left|\mathcal{G}(e^{j\omega T})\right|\left[\frac{\mathrm{Re}\{\mathcal{G}(e^{j\omega T})\}}{|\mathcal{G}(e^{j\omega T})|}\mathcal{Z}\{\cos(k\omega T)\} - \frac{\mathrm{Im}\{\mathcal{G}(e^{j\omega T})\}}{|\mathcal{G}(e^{j\omega T})|}\mathcal{Z}\{\sin(k\omega T)\}\right]\\ &\text{mit}\quad \frac{\widehat{y}}{\widehat{u}} = \left|\mathcal{G}(e^{j\omega T})\right| \quad\text{und}\quad \varphi = \arg\left\{\mathcal{G}(e^{j\omega T})\right\} \qquad (0 \le \omega < \Omega = \frac{\pi}{T}).\end{aligned}$$

Beispiel

Wir betrachten ein zeitdiskretes System gemäß Bild 12.8, bestehend aus einem Halteglied nullter Ordnung, einem zeitkontinuierlichen Tiefpaß erster Ordnung und einem Amplituden-Abtaster. Die Übertragungsfunktion des zeitkontinuierlichen Tiefpasses sei

$$G(s) = \frac{b}{s+a} \qquad (a > 0,\ b > 0).$$

Die Übertragungsfunktion des zeitdiskreten Systems mit der Abtastperiode T ist

$$\mathcal{G}(z) = \mathcal{Z}\left\{\mathcal{L}^{-1}\left(\frac{G(s)}{s}\right)\bigg|_{t=kT}\right\}(1-z^{-1}) = \frac{b}{a}\frac{(1-e^{-aT})z^{-1}}{1-e^{-aT}z^{-1}} \ .$$

Im Bild 12.9 sind die Frequenzgänge $G(j\omega)$ des zeitkontinuierlichen Tiefpasses und $\mathcal{G}(e^{j\omega T})$ des zeitdiskreten Tiefpasses in einem Bode-Diagramm dargestellt. Wie wir sehen, nimmt der Phasengang von $\arg\{G(j\omega)\}$ zu $\arg\{\mathcal{G}(e^{j\omega T})\}$ so ab, wie wir es aufgrund von Bild 12.5 erwarten. Offenbar müssen wir in unserem Beispiel das zeitdiskrete System mit einer so kleinen Abtastperiode T betreiben, daß die Nyquist-Frequenz $\Omega = \pi/T$ das Hundertfache der Eckfrequenz a beträgt, damit bei der empfohlenen maximalen Nutzfrequenz von $w_{max} \approx \Omega/10 \ldots \Omega/5$ noch eine halbwegs akzeptable Abnahme des Phasengangs resultiert.

D) Integration

Ein Laplace-transformierbares Signal $u(\cdot)$ können wir problemlos integrieren:

$$y(t) = \int_0^t u(\sigma)\, d\sigma \ .$$

Im Frequenzbereich entspricht der Integration eine Multiplikation mit dem Faktor $1/s$:

$$Y(s) = \frac{1}{s}U(s) \ .$$

Für ein (mit der Abtastperiode T) abgetastetes Signal $u(\cdot)$ ist eine perfekte Integration des Signals aufgrund der Abtastwerte nicht mehr möglich, da die Information über den exakten Signalverlauf zwischen den Abtastwerten verloren gegangen ist.

Das gesuchte Integral ist deshalb mit einer geeigneten Methode der numerischen Integration zu approximieren. Dafür bieten sich vor allem die drei folgenden einfachen Methoden an:

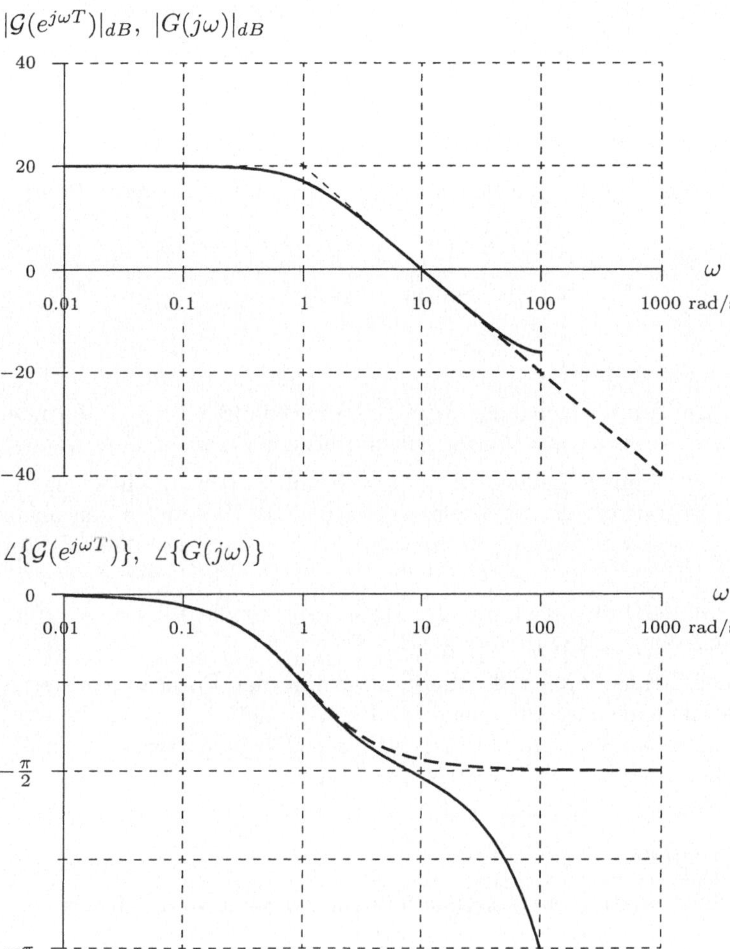

Bild 12.9. Frequenzgänge $\mathcal{G}(e^{j\omega T})$ des zeitdiskreten und $G(j\omega)$ des zeitkontinuierlichen Tiefpasses 1. Ordnung. Zahlenbeispiel: Eckfrequenz $a = 1\,\text{rad/s}$, $b = 10$, Nyquist-Frequenz $\Omega = 100\,\text{rad/s}$; Abtastperiode $T = \pi/\Omega = 0.0314\,\text{s}$. Beachte: Bei der Nyquist-Frequenz Ω ist der Phasengang des zeitdiskreten Systems bereits $-\pi$.

1) Integration mit der Trapezregel:

$$\text{Im Zeitbereich:} \qquad y_k = y_{k-1} + \frac{T}{2}\big(u_k + u_{k-1}\big)$$

$$\text{Im Frequenzbereich:} \qquad \mathcal{G}(z) = \frac{Y(z)}{U(z)} = \frac{T}{2}\frac{z+1}{z-1} \quad .$$

2) Integration mit der Rechteckregel mit Stützwert am linken Rand:

$$\text{Im Zeitbereich:} \qquad y_k = y_{k-1} + T u_{k-1}$$

$$\text{Im Frequenzbereich:} \qquad \mathcal{G}(z) = \frac{Y(z)}{U(z)} = \frac{T}{z-1} \quad .$$

3) Integration mit der Rechteckregel mit Stützwert am rechten Rand:

$$\text{Im Zeitbereich:} \qquad y_k = y_{k-1} + T u_k$$

$$\text{Im Frequenzbereich:} \qquad \mathcal{G}(z) = \frac{Y(z)}{U(z)} = \frac{Tz}{z-1} \quad .$$

Vergleich dieser drei Methoden:

- Die drei Amplitudengänge $|\mathcal{G}(e^{j\omega T})|$ approximieren den Amplitudengang $\frac{1}{\omega}$ bis zur Frequenz $w = \frac{1}{T}$ sehr gut und bis zur Frequenz $w = \frac{2}{T}$ gut.
- Bei der Nyquist-Frequenz $\omega = \Omega = \frac{\pi}{T}$ nimmt der Amplitudengang im Fall der Integration mit der Trapezregel den Wert Null an; in den beiden Fällen der Integration mit der Rechteckregel ist er dort um einen Faktor $\pi/2$ zu groß.
- Im Fall der Integration mit der Trapezregel ist der Phasengang für alle Frequenzen $0 \leq \omega < \Omega$ perfekt gleich $\frac{-\pi}{2}$.
- In den beiden Fällen der Integration mit der Rechteckregel erhalten wir schlecht angepaßte Phasengänge: Bei $\omega = \Omega/2$ haben wir bereits 45°, bei $\omega = \Omega$ sogar 90° Phasenfehler (nacheilend bei Stützwert am linken Rand, voreilend bei Stützwert am rechten Rand).

E) Differentiation

Einer Differentiation eines zeitkontinuierlichen Signals im Zeitbereich,

$$y(t) = \frac{du(t)}{dt} \quad ,$$

entspricht im Frequenzbereich eine Multiplikation mit dem Faktor s:

$$Y(s) = s\,U(s) \quad .$$

Für die numerische Differentiation eines (mit der Abtastperiode T) abgetasteten Signals $u(\cdot)$ bieten sich die vier folgenden einfachen Möglichkeiten an, wobei sich die ersten drei aus dem vorigen Abschnitt ergeben (Übergang von $\frac{1}{s}$ auf s):

1) Differentiation via bilineare Transformation:

$$\text{Im Zeitbereich:} \qquad y_k = -\,y_{k-1} + \frac{2}{T}(u_k - u_{k-1})$$

$$\text{Im Frequenzbereich:} \qquad \mathcal{G}(z) = \frac{Y(z)}{U(z)} = \frac{2}{T}\frac{z-1}{z+1} \quad .$$

Da die Übertragungsfunktion $\mathcal{G}(z)$ einen Pol bei $z = -1$ hat, wird der Amplitudengang bei der Nyquist-Frequenz Ω unendlich groß: $\mathcal{G}(e^{j\Omega T}) = \infty$. Ein *reines* D-Element oder ein netto differenzierendes System (Zählergrad der Übertragungsfunktion $G(s)$ größer als der Nennergrad) läßt sich deshalb (in der Praxis) mit dieser Methode nicht diskretisieren!

2) Differentation via Vorwärtsdifferenz:

$$\text{Im Zeitbereich:} \quad y_k = \frac{1}{T}(u_{k+1} - u_k)$$

$$\text{Im Frequenzbereich:} \quad \mathcal{G}(z) = \frac{Y(z)}{U(z)} = \frac{1}{T}(z-1) \ .$$

3) Differentation via Rückwärtsdifferenz:

$$\text{Im Zeitbereich:} \quad y_k = \frac{1}{T}(u_k - u_{k-1})$$

$$\text{Im Frequenzbereich:} \quad \mathcal{G}(z) = \frac{Y(z)}{U(z)} = \frac{z-1}{Tz} \ .$$

4) Differentation via symmetrische Differenz:

$$\text{Im Zeitbereich:} \quad y_k = \frac{1}{2T}(u_{k+1} - u_{k-1})$$

$$\text{Im Frequenzbereich:} \quad \mathcal{G}(z) = \frac{Y(z)}{U(z)} = \frac{z^2-1}{2Tz} \ .$$

Bemerkungen:

- Da wir von der Integration (Multiplikation mit $\frac{1}{s}$) zur Division (Multiplikation mit s) übergegangen sind, gelten die Anmerkungen am Schluß des vorigen Abschnitts D hier sinngemäß angepaßt.
- Die Methoden 2 und 4 sind in Echtzeit nicht anwendbar, da zur Berechnung von y_k zur Zeit kT bereits der Abtastwert u_{k+1} benötigt wird.
- Im übrigen approximiert der zeitdiskrete Differentiator nach Methode 4 den Amplitudengang ω bis zur Frequenz $w = \frac{1}{T}$ gut, und sein Phasengang ist perfekt gleich $\frac{\pi}{2}$. Bei der Nyquist-Frequenz $\omega = \Omega = \frac{\pi}{T}$ hat sein Amplitudengang den Wert 0. (Vgl. Methode 1 und Aufgabe 12.6!)

12.5 Stochastik

Im Kap. 8 haben wir uns mit der Beschreibung von Zufalls-Prozessen im Zeitbereich befaßt, und im Kap. 9 haben wir das dynamische Verhalten linearer Systeme unter dem Einfluß von stochastischen Eingangssignalen im Zeitbereich analysiert. Das wichtigste Ergebnis des Kap. 9 ist das Kalman-Bucy-Filter. Es ermöglicht eine optimale, zeitkontinuierliche Rekonstruktion oder Estimation $\widehat{x}(t)$ des stochastischen Zustandsvektors $x(t)$ eines linearen dynamischen Systems, dessen Eingangsvektor $u(t)$ und Ausgangsvektor $y(t)$ je durch ein additives weißes Rauschen gestört sind.

In diesem Unterkapitel entwickeln wir das zeitdiskrete Kalman-Bucy Filter.

12.5.1 Zeitdiskrete Zufallsprozesse

Ein reeller, zeitdiskreter Vektor-Zufallsprozeß (mit p Komponenten) ist eine Familie oder Menge $\{r_k,\ k = 0, 1, 2, \ldots\}$ von Zufallsvektoren $r_k : W \to R^p$, die durch den Index k parametrisiert ist (welcher der Zeit $t = kT$ entspricht).

Bei der Modellierung eines zeitdiskreten Vektor-Zufallsprozesses begnügen wir uns damit, den momentanen Erwartungswert, die momentane Kovarianzmatrix und die Autokovarianzmatrix angeben zu können ($k \geq 0$, $j \geq 0$):

$$\begin{aligned} \overline{r}(k) &= \mathrm{E}\{r_k\} && \text{(momentaner Erwartungswert)} \\ \Sigma_r(k) &= \mathrm{E}\left\{[r_k - \overline{r}(k)][r_k - \overline{r}(k)]^{\mathrm{T}}\right\} && \text{(momentane Kovarianzmatrix)} \\ \Sigma_r(k,j) &= \mathrm{E}\left\{[r_k - \overline{r}(k)][r_j - \overline{r}(j)]^{\mathrm{T}}\right\} && \text{(Autokovarianzmatrix).} \end{aligned}$$

Wenn aus dem Zusammenhang klar ist, welcher Vektor-Zufallsprozeß gemeint ist, verzichten wir oft auf die entsprechende explizite Angabe im Index. Dann verwenden wir vorzugsweise die vereinfachte Schreibweise $\overline{r}_k$, Σ_k, bzw. $\Sigma_{k,j}$.

Als weißes Rauschen bezeichnen wir einen Vektor-Zufallsprozeß, der mit sich selbst (über die Zeit) völlig unkorreliert ist. Im zeitdiskreten Fall modellieren wir ein (p-dimensionales) weißes Rauschen r durch die folgenden Angaben:

$$\begin{aligned} \overline{r}_k &= \mathrm{E}\{r_k\} && \text{(mom. Erwartungswert)} \\ \Sigma_{k,j} &= \mathrm{E}\left\{[r_k - \overline{r}_k][r_j - \overline{r}_j]^{\mathrm{T}}\right\} = \begin{cases} R_k & \text{für } k = j \\ 0 & \text{für } k \neq j \end{cases} && \text{(Autokovarianzmatrix).} \end{aligned}$$

Dabei ist R_k für alle $k \geq 0$ eine symmetrische, positiv-(semi)definite p mal p Matrix. Mit Hilfe des Kronecker-Symbols δ_{kj},

$$\delta_{kj} = \begin{cases} 1 & \text{für } k = j \\ 0 & \text{für } k \neq j \end{cases} ,$$

läßt sich die Schreibweise für die Autokovarianzmatrix des weißen Rauschens r noch weiter vereinfachen:

$$\Sigma_{k,j} = \mathrm{E}\left\{[r_k - \overline{r}_k][r_j - \overline{r}_j]^{\mathrm{T}}\right\} = \delta_{kj} R_k \quad .$$

12.5.2 Analyse stochastischer linearer Systeme

Wir betrachten ein zeitdiskretes, lineares, dynamisches System mit n-dimensionalem Zustandsvektor x_k, m-dimensionalem Eingangsvektor v_k und bekannten Systemmatrizen F_k und G_k:

$$
\begin{aligned}
x_{k+1} &= F_k x_k + G_k v_k \\
x_0 &= \xi \ .
\end{aligned}
$$

Der Anfangszustand ξ ist ein Zufallsvektor, dessen Erwartungswert und Kovarianzmatrix wir kennen,

$$
\mathrm{E}\{\xi\} = x_0 \qquad \mathrm{E}\{[\xi - x_0][\xi - x_0]^{\mathrm{T}}\} = \Sigma_0 \ .
$$

Der Eingangsvektor $\{v_k\}$ ist ein vom Anfangszustand ξ unabhängiges, weißes Rauschen, dessen momentanen Erwartungswert und Autokovarianzmatrix wir kennen,

$$
\begin{aligned}
&\mathrm{E}\{v_k\} = u_k && \text{für } k \geq 0 \\
&\mathrm{E}\left\{[v_k - u_k][v_j - u_j]^{\mathrm{T}}\right\} = Q_k \delta_{kj} && \text{für } k, j \geq 0 \text{ mit } Q_k = Q_k^{\mathrm{T}} \geq 0 \\
&\mathrm{E}\left\{[v_k - u_k][\xi - x_0]^{\mathrm{T}}\right\} \equiv 0 && \text{für } k \geq 0 \ \text{(Unkorreliertheit)}.
\end{aligned}
$$

Wir suchen den momentanen Erwartungswert $\mathrm{E}\{x_k\} = \overline{x}_k$ und die momentane Kovarianzmatrix Σ_k des Vektor-Zufallsprozesses $\{x_k\}$ (vgl. Kap. 9.2).

Der momentane Erwartungswert des Zustandsvektors kann offenbar aus der folgenden zeitdiskreten Bewegungsgleichung berechnet werden:

$$
\begin{aligned}
\overline{x}_{k+1} &= \mathrm{E}\{F_k x_k + G_k v_k\} = F_k \overline{x}_k + G_k u_k \qquad (k \geq 0) \\
\overline{x}_0 &= \mathrm{E}\{\xi\} = x_0 \ .
\end{aligned}
$$

Da der Vektor-Zufallsprozeß $\{v_k\}$ ein weißes Rauschen und vom Zufallsvektor ξ unabhängig ist, kann die momentane Kovarianzmatrix Σ_k des Zustandsvektors x_k ebenfalls rekursiv berechnet werden:

$$
\begin{aligned}
\Sigma_{k+1} &= \mathrm{E}\left\{[x_{k+1} - \overline{x}_{k+1}][x_{k+1} - \overline{x}_{k+1}]^{\mathrm{T}}\right\} \\
&= \mathrm{E}\left\{[F_k(x_k - \overline{x}_k) + G_k(v_k - u_k)][F_k(x_k - \overline{x}_k) + G_k(v_k - u_k)]^{\mathrm{T}}\right\} \\
&= F_k \Sigma_k F_k^{\mathrm{T}} + G_k Q_k G_k^{\mathrm{T}} && (k \geq 0) \\
\Sigma_0 &= \Sigma_0 && \text{(Kovarianzmatrix von } \xi).
\end{aligned}
$$

12.5.3 Das zeitdiskrete Kalman-Bucy-Filter

Wir betrachten ein zeitdiskretes, lineares, dynamisches System mit bekannten Systemmatrizen F_k, G_k und H_k, dessen Anfangszustand ein Zufallsvektor ist und dessen Eingangs- und Ausgangs-Vektorsignale durch additive weiße Rauschprozesse verfälscht sind:

$$\begin{aligned} x_{k+1} &= F_k x_k + G_k v_k \qquad && x_k \in R^n \qquad v_k \in R^m \\ x_0 &= \xi \\ y_k &= H_k x_k + r_k && y_k,\, r_k \in R^p \\ k &\geq 0 \ . \end{aligned}$$

Wir kennen die Erwartungswerte des Anfangszustands ξ, des Eingangsvektors v_k und des Meßfehlers r_k:

$$\begin{aligned} \mathrm{E}\{\xi\} &= \overline{\xi} \\ \mathrm{E}\{v_k\} &= u_k \qquad && \text{für } k \geq 0 \\ \mathrm{E}\{r_k\} &= \overline{r}_k && \text{für } k \geq 0 \ . \end{aligned}$$

Zudem kennen wir die Kovarianzmatrix des Anfangszustands ξ und die Autokovarianzmatrizen der beiden Vektor-Zufallsprozesse v und r:

$$\begin{aligned} \mathrm{E}\{[\xi-\overline{\xi}][\xi-\overline{\xi}]^{\mathrm{T}}\} &= \Sigma_0 \\ \mathrm{E}\{[v_k-u_k][v_j-u_j]^{\mathrm{T}}\} &= Q_k \delta_{kj} \qquad && \text{für } k,j \geq 0 \\ \mathrm{E}\{[r_k-\overline{r}_k][r_j-\overline{r}_j]^{\mathrm{T}}\} &= R_k \delta_{kj} && \text{für } k,j \geq 0 \ , \end{aligned}$$

wobei

$$\left.\begin{aligned} \Sigma_0 &= \Sigma_0^{\mathrm{T}} \geq 0 \\ Q_k &= Q_k^{\mathrm{T}} \geq 0 \end{aligned}\right\} \quad \text{positiv-semidefinit}$$

$$R_k = R_k^{\mathrm{T}} > 0 \qquad \text{positiv-definit} \ .$$

Wir nehmen an, die beteiligten Zufallsvektoren und Zufallsprozesse seien voneinander unabhängig, d.h. insbesondere

$$\begin{aligned} \mathrm{E}\{[\xi-\overline{\xi}][v_k-u_k]^{\mathrm{T}}\} &\equiv 0 \qquad && \text{für alle } k \geq 0 \\ \mathrm{E}\{[\xi-\overline{\xi}][r_k-\overline{r}_k]^{\mathrm{T}}\} &\equiv 0 && \text{für alle } k \geq 0 \\ \mathrm{E}\{[r_k-\overline{r}_k][v_j-u_j]^{\mathrm{T}}\} &\equiv 0 && \text{für alle } k,j \geq 0 \ . \end{aligned}$$

In Analogie zum zeitkontinuierlichen Kalman-Bucy-Filter (Kap. 9.5) suchen wir ein optimales, zeitdiskretes Filter der Ordnung n, dessen Zustandsvektor $\widehat{x}$ eine optimale Schätzung des wahren Zustandsvektors x ist (optimaler vollständiger Zustandsbeobachter).

Im Unterschied zum Kap. 9.5 unterscheiden wir hier zu jeder "Zeit" k zwischen zwei Vektoren $\widehat{x}_{k|k-1}$ und $\widehat{x}_{k|k}$. Der Zustandsvektor $\widehat{x}_{k|k-1}$ des Filters ist eine optimale Schätzung des wahren Zustandsvektors x_k zur Zeit k, bevor der neuste Meßvektor y_k ausgewertet wird, also eine optimale Schätzung von x_k, basierend auf den Daten $y_0, y_1, \ldots, y_{k-1}$. Der Zustandsvektor $\widehat{x}_{k|k}$ des Filters ist eine optimale Schätzung des wahren Zustandsvektors x_k zur gleichen Zeit k, nachdem auch der neuste Meßvektor y_k ausgewertet worden ist, also eine optimale Schätzung von x_k, basierend auf den Daten $y_0, y_1, \ldots, y_{k-1}, y_k$.

Dementsprechend unterscheiden wir zu jeder Zeit k auch zwischen den beiden Schätzfehlerkovarianzmatrizen $\Sigma_{k|k-1} = \mathrm{E}\{[x_k - \widehat{x}_{k|k-1}][x_k - \widehat{x}_{k|k-1}]^{\mathrm{T}}\}$ und $\Sigma_{k|k} = \mathrm{E}\{[x_k - \widehat{x}_{k|k}][x_k - \widehat{x}_{k|k}]^{\mathrm{T}}\}$.

An das optimale zeitdiskrete Filter stellen wir die folgenden Optimalitätsforderungen (vgl. Kap. 9.5):

a) Schätzungen $\widehat{x}_{k|k-1}$ und $\widehat{x}_{k|k}$ zu jeder Zeit k ohne systematische Fehler

b) Schätzfehlerkovarianzmatrizen $\Sigma_{k|k-1}$ und $\Sigma_{k|k}$ zu jeder Zeit k "minimal".

Die obigen Forderungen führen zum folgenden optimalen zeitdiskreten Filter, das unter der Bezeichnung zeitdiskretes Kalman-Bucy-Filter bekannt ist:

Zeitdiskretes Kalman-Bucy-Filter

Datenverarbeitungsschritt zur Zeit k:

$$\widehat{x}_{k|k} = \widehat{x}_{k|k-1} + L_k(y_k - \overline{r}_k - H_k \widehat{x}_{k|k-1}) \tag{1}$$

mit der im voraus berechenbaren Matrix

$$L_k = \Sigma_{k|k-1} H_k^{\mathrm{T}} \left[R_k + H_k \Sigma_{k|k-1} H_k^{\mathrm{T}}\right]^{-1} \tag{2}$$

Extrapolationsschritt (von k nach $k+1$):

$$\widehat{x}_{k+1|k} = F_k \widehat{x}_{k|k} + G_k u_k \tag{3}$$

Initialisierung des Filters für $k = 0$:

$$\widehat{x}_{0|-1} = \overline{\xi} \ . \tag{4}$$

Da, gemäß Problemstellung, zur Zeit $k = 0$ bereits eine Messung y_0 anfällt, beginnt die Filterung mit einem Datenverarbeitungsschritt. Anschließend folgen alternierend Extrapolations- und Datenverarbeitungsschritte.

Die zur Berechnung der Matrizen L_k, $k \geq 0$, benötigten Schätzfehlerkovarianzmatrizen $\Sigma_{k|k-1}$ ergeben sich aus dem folgenden, rekursiven Algorithmus (der im voraus abgearbeitet wird):

Initialisierung für $k = 0$:

$$\Sigma_{0|-1} = \Sigma_0 \qquad \text{(Kovarianzmatrix von } \xi) \tag{5}$$

Reduktion der Schätzfehlerkovarianzmatrix aufgrund eines Datenverarbeitungsschrittes zur Zeit k:

$$\Sigma_{k|k} = \Sigma_{k|k-1} - \Sigma_{k|k-1} H_k^{\mathrm{T}} \left[R_k + H_k \Sigma_{k|k-1} H_k^{\mathrm{T}}\right]^{-1} H_k \Sigma_{k|k-1} \tag{6}$$

"Zunahme" der Schätzfehlerkovarianzmatrix während des Zeitintervalls $k \to k+1$:

$$\Sigma_{k+1|k} = F_k \Sigma_{k|k} F_k^{\mathrm{T}} + G_k Q_k G_k^{\mathrm{T}} \ . \tag{7}$$

Beachte: In den obigen Gleichungen für das zeitdiskrete Kalman-Bucy-Filter könnten wir auf die "Zwischengröße" $\widehat{x}_{k|k-1}$ verzichten, indem wir die Gleichungen (1) und (3) (für $k-1$ statt k) kombinieren:

$$\begin{aligned}\widehat{x}_{k|k} &= (I - L_k H_k)\widehat{x}_{k|k-1} + L_k(y_k - \overline{r}_k) \\ &= (I - L_k H_k) F_{k-1} \widehat{x}_{k-1|k-1} + (I - L_k H_k) G_{k-1} u_{k-1} + L_k(y_k - \overline{r}_k) \ . \end{aligned} \tag{8}$$

Bemerkungen zur Herleitung des zeitdiskreten Kalman-Bucy-Filters

Die Gleichungen (3), (4), (5) und (7) folgen direkt aus Kap. 12.5.2 und der Forderung a. Die Gleichungen (1), (2) und (6) erhalten wir, indem wir im Ansatz $\widehat{x}_{k|k} = L_k y_k + b_k$ die freien Parameter L_k (Matrix) und b_k (Vektor) entsprechend den Forderungen b und a optimal bestimmen, so daß die Matrix $\mathrm{E}\{[\widehat{x}_{k|k} - x_k][\widehat{x}_{k|k} - x_k]^{\mathrm{T}}\}$ "infimiert" wird. (Siehe [9], Abschnitt IV, Problem 1).

12.5.4 Äquivalente weiße Rauschprozesse

Im Kap. 9.5 haben wir das zeitkontinuierliche Kalman-Bucy-Filter behandelt. Als Eingangssignal $v(t)$ und als Meßrauschen $r(t)$ haben wir zwei weiße Rauschprozesse mit den Autokovarianzmatrizen $Q(t)\delta(t{-}\tau)$ bzw. $R(t)\delta(t{-}\tau)$ betrachtet. Wenn wir das zeitdiskrete Kalman-Bucy-Filter (Kap. 12.5.3) als abgetastete Version des zeitkontinuierlichen Kalman-Bucy-Filters mit der Abtastperiode T verwenden wollen, stellt sich die Frage des Zusammenhangs zwischen $Q(t_k)$ und Q_k bzw. zwischen $R(t_k)$ und R_k.

Für das Eingangssignal $v(t)$ beantworten wir diese Frage mit Hilfe des "Prinzips äquivalenter Brownscher Bewegungen". Im Zeitintervall $kT \leq t \leq (k+1)T$ betrachten wir ein rein integrierendes System ($A = 0$) mit konstanter Eingangsmatrix B und dem weißen Rauschen $v(t)$ als Eingangsvektor:

$$\dot{x}(t) = Bv(t) \ .$$

Wir nehmen an, daß die Intensitätsmatrix $Q(t)$ des weißen Rauschens $v(t)$ im betrachteten Zeitabschnitt konstant sei:

$$Q(t) \equiv Q(kT) \qquad \text{für } kT \leq t < (k{+}1)T.$$

Gemäß Kap. 9.2 gilt für die Kovarianzmatrix Σ des Zustandsvektors x zur Zeit $(k+1)T$

$$\Sigma((k+1)T) = \Sigma(kT) + TBQ(kT)B^{\mathrm{T}} \ .$$

Im äquivalenten zeitdiskreten System

$$x_{k+1} = x_k + Gv_k = x_k + TBv_k$$

verwenden wir ein zeitdiskretes, weißes Rauschen v_k mit der noch zu bestimmenden Intensitätsmatrix Q_k. Die Kovarianzmatrix des Zustandsvektors x_{k+1} ist

$$\Sigma_{k+1} = \Sigma_k + GQ_kG^{\mathrm{T}} = \Sigma_k + T^2BQ_kB^{\mathrm{T}} \ .$$

Damit die abgetastete zeitkontinuierliche Brownsche Bewegung und die zeitdiskrete Brownsche Bewegung äquivalent (im Sinne gleicher Kovarianzmatrizen) sind, muß offenbar die folgende Beziehung erfüllt sein:

$$Q_k - \frac{1}{T}Q(kT) \qquad\qquad (k \geq 0).$$

Diese Beziehung können wir bei genügend kleiner Abtastperiode T auch verwenden, wenn die obigen Annahmen ($A = 0$; $B(t)$ und $Q(t)$ stückweise konstant) nicht erfüllt sind.

Beim Meßfehler $r(t)$ zeigt es sich, daß die mathematischen Idealisierungen weißes Rauschen und ideale Momentanwertabtastung nicht vereinbar sind, da das abgetastete Meßsignal einen Meßfehler mit unendlicher Varianz aufweisen würde.

Als Abhilfe legen wir die Kovarianzmatrix R_k des weißen Rauschens direkt fest, z.B. durch statistische Ermittlung des Meßfehlers im abgetasteten Signal y_k.

Wir können uns aber auch vorstellen, daß die Abtastung der Meßwerte mit einer Mittelung von $y(t)$ über ein (kurzes) Zeitintervall der Länge ΔT erfolgt. Für die Kovarianzmatrix R_k des zeitdiskreten Meßrauschens erhalten wir dann:

$$R_k = \frac{1}{\Delta T}R(kT) \ .$$

12.6 Synthese zeitdiskreter Regler

In diesem Unterkapitel befassen wir uns mit dem digitalen Regler. Dabei interessieren wir uns hauptsächlich für die Umsetzung eines bereits entworfenen zeitkontinuierlichen Reglers in einen äquivalenten digitalen Regler und für Analogien zwischer zeitkontinuierlicher und zeitdiskreter Regelung.

12.6.1 Reglerentwurf im Zeitbereich

Wenn wir für ein Folgeregelungssystem nach Bild 12.1 einen Regler im Zeitbereich entwickeln wollen, arbeiten wir vorzugsweise mit einer Zustandsraumdarstellung des Reglers oder dynamischen Kompensators,

$$\begin{aligned} e_k &= w_k - y_k \\ q_k &= M_{k-1} q_{k-1} - N_k e_k \\ u_k &= -P_k q_k \quad . \end{aligned}$$

Dabei ist q_k der Zustandsvektor des Kompensators. Die Schreibweise der Indizes erscheint auf den ersten Blick etwas eigenwillig. Jedenfalls deuten wir mit den obigen drei Gleichungen den folgenden Ablauf an: Zur Zeit $t = kT$ erfassen wir zuerst den Führungsvektor w_k und den Meßvektor y_k und bilden den Vektor e_k der Regelabweichungen. Dann berechnen wir den neuen Zustandsvektor q_k des Kompensators. Schließlich berechnen wir den auszugebenden Steuervektor u_k aufgrund des neuen Zustandsvektors q_k. Ein expliziter "feed-through"-Term (der Gestalt $\ldots + Q_k e_k$) ist in der Ausgangsgleichung des Kompensators (bei unserem Verfahren) nicht nötig, da u_k bereits von der neusten Information e_k abhängt.

Die Wahl der negativen Vorzeichen bei den Matrizen N_k und P_k ist willkürlich. Sie ist sinnvoll im Hinblick auf den wichtigen Fall, daß der dynamische Kompensator aus einem vollständigen Zustandsbeobachter und einem Zustandsregler besteht, weil dann gerade die "natürlichen" Vorzeichen resultieren (vgl. Bild 6.4).

Wenn wir den im Kap. 12.1 erwähnten Rechenzeitbedarf für die Abarbeitung des Regelungsalgorithmus zwischen dem Abtastzeitpunkt und dem Zeitpunkt der Ausgabe der Stellgröße u_k minimieren wollen, organisieren wir die Rechenschritte derart, daß zwischen der Abtastung und der Ausgabe nur diejenigen Rechenoperationen auszuführen sind, die von den neusten Informationen e_k abhängig sind:

Vor dem Abtastzeitpunkt $t = kT$ zu berechnen:

$$q_k := M_{k-1} q_{k-1} \quad ,$$

unmittelbar nach dem Abtastzeitpunkt $t = kT$ zu berechnen:

$$e_k := w_k - y_k \,; \quad q_k := q_k - N_k e_k \,; \quad u_k := -P_k q_k \quad .$$

Beispiel 1: Zustandsregler mit zeitdiskretem Kalman-Bucy-Filter

Wir betrachten die zeitdiskrete, lineare, stochastische Regelstrecke n-ter Ordnung von Kap. 12.5.3. Sie ist durch die Systemmatrizen F_k, G_k und H_k, die Vektoren der Erwartungswerte $\overline{\xi}$, u_k und $\overline{r}_k$ und die Kovarianzmatrizen Σ_0, Q_k und R_k gekennzeichnet. Hier sind die Vektoren u_k die vom Regler ausgegebenen Steuervektoren.

Für dieses zeitdiskrete System sei separat bereits ein LQ-Regulatorproblem gelöst worden, das zu einer Zustandsregelung der Form $u_k = -P_k x_k$ geführt hat.

Da nicht alle Komponenten des Zustandsvektors x_k, sondern nur der verrauschte Vektor $y_k = H_k x_k + r_k$ gemessen werden kann, ist ein dynamischer Kompensator zu realisieren, der einerseits als optimalen Zustandsbeobachter das Kalman-Bucy-Filter enthält und andererseits das Mehrgrößen-Folgeregelungsproblem gemäß Bild 12.1 löst.

Die allgemeinen Gleichungen des dynamischen Kompensators lauten hier:

$$\begin{aligned}
e_k &= w_k - (y_k - \overline{r}_k) \\
q_k &= M_{k-1} q_{k-1} - N_k e_k = M_{k-1} q_{k-1} + N_k (y_k - \overline{r}_k) - N_k w_k \\
u_k &= -P_k q_k \quad .
\end{aligned}$$

Als n-dimensionalen Zustandsvektor des Kompensators q_k wählen wir "im wesentlichen" den Zustandsvektor $\widehat{x}_{k|k}$ des Kalman-Bucy Filters.

Wenn wir die Gleichung (8) des Kalman-Bucy Filters (Kap. 12.5.3) und die obigen Gleichungen des Kompensators kombinieren, erhalten wir die folgende diskrete Bewegungsgleichung des Kompensators:

$$q_k = (I - L_k H_k)(F_{k-1} - G_{k-1} P_{k-1}) q_{k-1} + L_k (y_k - \overline{r}_k) - L_k w_k \quad .$$

Die Systemmatrizen

$$M_k = (I - L_k H_k)(F_{k-1} - G_{k-1} P_{k-1}) \qquad \text{und} \qquad N_k = L_k$$

sind aus den Gleichungen (5)–(7) und (2) des zeitdiskreten Kalman-Bucy Filters im voraus berechenbar.

Beachte: Bei identisch verschwindendem Führungsvektor, $w_k \equiv 0$, entspricht der Zustandsvektor q_k des Kompensators der optimalen Schätzung $\widehat{x}_{k|k}$ des Zustandsvektors x_k der zeitdiskreten Regelstrecke. — Andernfalls ergibt sich aufgrund des treibenden Terms $-L_k w_k$ eine Abweichung zwischen q_k und $\widehat{x}_{k|k}$, welche benötigt wird, damit das Ziel der Folgeregelung, $y_k \approx w_k$, erreicht wird.

Beispiel 2: Übergang von zeitkontinuierlicher auf zeitdiskrete Regelung: Zeitbereichsmethode ("zero-order hold equivalence")

Für eine zeitkontinuierliche Regelstrecke n-ter Ordnung mit m Stellsignalen und p Meßsignalen sei bereits ein zeitkontinuierlicher dynamischer Kompensator ℓ-ter Ordnung mit den Systemgleichungen

$$\begin{aligned}
e(t) &= w(t) - y(t) \\
\dot{q}(t) &= A_c(t) q(t) - B_c(t) e(t) \qquad && q(t) \in R^\ell \qquad e(t) \in R^p \\
u(t) &= -C_c(t) q(t) && u(t) \in R^m
\end{aligned}$$

entwickelt worden. Für eine digitale Regelung entsprechend Bild 12.1 mit der Abtastperiode T und einem Halteglied nullter Ordnung wird ein äquivalenter digitaler Regler mit den folgenden Systemgleichungen gesucht:

$$\begin{aligned} e_k &= w_k - y_k \\ q_k &= M_{k-1} q_{k-1} - N_k e_k \\ u_k &= -P_k q_k \ . \end{aligned}$$

Als Äquivalenzforderung schwebt uns natürlich vor, daß der Zustand $q(t)$ des zeitkontinuierlichen Kompensators bei beliebigem Verlauf des Ausgangsvektors $y(t)$ und des Führungsvektors $w(t)$ zu den Abtastzeitpunkten $t = kT$ und die entsprechenden Zustandsvektoren q_k des digitalen Reglers exakt übereinstimmen: $q_k \equiv q(kT)$, $k \geq 0$. Es ist unmöglich, die Äquivalenzforderung in dieser Allgemeinheit zu erfüllen, da der digitale Regler, im Gegensatz zum zeitkontinuierlichen Kompensator, keine Information über den Verlauf des Signals $e(t)$ zwischen den Abtastzeitpunkten hat. Hingegen können wir die Äquivalenzforderung in einer eingeschränkten Form erfüllen, wenn wir postulieren, daß die Regelabweichungen $e(t)$ stückweise konstant seien: $e(t) \equiv e_k$ für $(k-1)T < t \leq kT$.

Gemäß Kap. 12.4.3 erhalten wir für die reduzierte Äquivalenzforderung und mit Hilfe der ℓ mal ℓ Transitionsmatrix $\Phi(.,.)$ von $A_c(.)$ offensichtlich

$$M_{k-1} = \Phi(kT, (k-1)T) \qquad N_k = \int_{(k-1)T}^{kT} \Phi(kT, \sigma) B_c(\sigma)\, d\sigma \qquad P_k = C_c(kT) \ .$$

Damit die asymptotische Stabilität des zeitkontinuierlichen Regelsystems beim Übergang auf digitale Regelung erhalten bleibt, muß die Abtastperiode T genügend klein gewählt werden.

Beispiel 3: Übergang von zeitkontinuierlicher auf zeitdiskrete Regelung: Umrechnung im Frequenzbereich (bilineare Transformation)

Für eine zeitkontinuierliche, zeitinvariante Regelstrecke n-ter Ordnung mit m Stellsignalen und p Meßsignalen sei bereits ein zeitkontinuierlicher, zeitinvarianter dynamischer Kompensator ℓ-ter Ordnung mit dem Zustandsraummodell

$$\begin{aligned} e(t) &= w(t) - y(t) \\ \dot{q}(t) &= A_c q(t) - B_c e(t) \qquad && q(t) \in R^\ell \qquad e(t) \in R^p \\ u(t) &= -C_c q(t) && u(t) \in R^m \end{aligned}$$

und der Übertragungsmatrix

$$K(s) = C_c [sI - A_c]^{-1} B_c$$

entwickelt worden. Für eine digitale Regelung mit der Abtastperiode T und einem Halteglied nullter Ordnung wird ein zeitinvarianter digitaler Regler mit dem Zustandsraummodell

$$\begin{aligned} e_k &= w_k - y_k \\ q_k &= M q_{k-1} - N_1 e_k - N_2 e_{k-1} \\ u_k &= -P q_k + Q e_k \end{aligned}$$

bzw. der Übertragungsmatrix

$$\mathcal{K}(z) = P[zI - M]^{-1}(zN_1 + N_2) + Q$$

gesucht mit dem Ziel, den durch die Zeitdiskretisierung des Kompensators resultierenden Phasenreserveverlust möglichst klein zu halten.

Im Kap. 12.4.4 A haben wir den Zusammenhang $z = e^{sT}$ zwischen den komplexen Variablen z der $\mathcal{Z}$-Transformation und s der Laplace-Transformation gefunden. Wenn wir die Approximation

$$z = e^{sT} = \frac{e^{sT/2}}{e^{-sT/2}} \approx \frac{1 + \frac{sT}{2}}{1 - \frac{sT}{2}}$$

verwenden, erhalten wir durch Auflösen nach s den rationalen (bilinearen) Ausdruck

$$s = \frac{1}{T}\ln(z) \approx \frac{2}{T}\frac{z-1}{z+1} \,.$$

Damit lassen sich die folgenden Umformungen bewerkstelligen:

$$\begin{aligned} K(s) &= K\Big(\frac{1}{T}\ln(z)\Big) = C_c[sI - A_c]^{-1}B_c \\ = \mathcal{K}(z) &\approx C_c\left[\frac{2}{T}\frac{z-1}{z+1}I - A_c\right]^{-1} B_c \\ &= C_c\left[(z-1)I - \frac{T}{2}(z+1)A_c\right]^{-1}\frac{T}{2}(z+1)B_c \\ &= C_c\left[z\Big[I - \frac{T}{2}A_c\Big] - \Big[I + \frac{T}{2}A_c\Big]\right]^{-1}\frac{T}{2}(z+1)B_c \\ &= C_c\left[zI - \Big[I - \frac{T}{2}A_c\Big]^{-1}\Big[I + \frac{T}{2}A_c\Big]\right]^{-1}\frac{T}{2}\Big[I - \frac{T}{2}A_c\Big]^{-1}(z+1)B_c \\ &= P[zI - M]^{-1}(zN_1 + N_2) + Q \,. \end{aligned}$$

Der "Koeffizientenvergleich" liefert:

$$\begin{aligned} M &= \Big[I - \frac{T}{2}A_c\Big]^{-1}\Big[I + \frac{T}{2}A_c\Big] & N_1 = N_2 &= \frac{T}{2}\Big[I - \frac{T}{2}A_c\Big]^{-1}B_c \\ P &= C_c & Q &= 0 \ . \end{aligned}$$

Interpretation: Das obige Resultat können wir als Integration der Differentialgleichung des zeitkontinuierlichen Kompensators mit der Trapezregel interpretieren. Dabei korrigiert der Faktor $\approx e^{A_c T/2}$ in N_1 und N_2 die Tatsache, daß der Schwerpunkt des betrachteten Trapezes bei $kT - \frac{T}{2}$ statt bei der aktuellen Zeit kT liegt.

Damit die asymptotische Stabilität des zeitkontinuierlichen Regelsystems beim Übergang auf digitale Regelung erhalten bleibt, muß die Abtastperiode T auch bei der Anwendung der bilinearen Transformation genügend klein gewählt werden, da das Halteglied immer noch einen Phasenreserveverlust bewirkt.

12.6.2 Reglerentwurf im Frequenzbereich

In diesem Abschnitt betrachten wir zeitinvariante Regelsysteme. Unser allgemeiner Ansatz für einen zeitinvarianten Regler oder dynamischen Kompensator lautet:

$$\begin{aligned} e_k &= w_k - y_k \\ q_k &= M q_{k-1} - N e_k \\ u_k &= -P q_k \quad . \end{aligned}$$

Seine diskrete Übertragungsmatrix $\mathcal{K}(z)$ berechnen wir mit Hilfe der $\mathcal{Z}$-Transformation wie folgt:

$$\begin{aligned} \mathcal{Z}\{q_k\} &= M z^{-1} \mathcal{Z}\{q_k\} - N \mathcal{Z}\{e_k\} \\ \mathcal{Z}\{q_k\} &= -[I - z^{-1} M]^{-1} N \mathcal{Z}\{e_k\} \\ \mathcal{Z}\{u_k\} &= P[I - z^{-1} M]^{-1} N \mathcal{Z}\{e_k\} = \mathcal{K}(z) \mathcal{Z}\{e_k\} \quad . \end{aligned}$$

Somit haben wir

$$\mathcal{K}(z) = P[I - z^{-1} M]^{-1} N = z P [zI - M]^{-1} N \quad .$$

Die Richtigkeit dieses Resultates überprüfen wir noch für einen Proportionalregler der Form $u_k = L e_k$. Diesen können wir in unserem allgemeinen Ansatz mit den Matrizen $M = 0$, $N = I$ und $P = L$ darstellen. Die Übertragungsmatrix des Proportionalreglers ist $\mathcal{K}(z) \equiv L$.

Für eine zeitinvariante, zeitkontinuierliche Regelstrecke mit der Übertragungsmatrix $G(s)$, welche von einem Halteglied nullter Ordnung mit Abtastperiode T angesteuert wird, haben wir im Kap. 12.4.4, Abschn. B, die diskrete Übertragungsmatrix

$$\mathcal{G}(z) = \mathcal{Z}\left\{ \mathcal{L}^{-1}\left(\frac{G(s)}{s} \right)\bigg|_{t=kT} \right\} (1 - z^{-1})$$

erhalten.

Wenn wir den Regelkreis bei e aufschneiden, erhalten wir die diskrete Kreisverstärkungsmatrix $\mathcal{L}_e(z)$ und die diskrete Kreisverstärkungsdifferenzmatrix $\mathcal{D}_e(z)$,

$$\begin{aligned}\mathcal{L}_e(z) &= \mathcal{G}(z)\mathcal{K}(z) \\ \mathcal{D}_e(z) &= I + \mathcal{L}_e(z) = I + \mathcal{G}(z)\mathcal{K}(z) \quad ,\end{aligned}$$

mit deren Hilfe wir die diskrete Übertragungsmatrix $\mathcal{G}_{\text{cl}}(z)$ des digitalen Regelsystems zwischen dem Führungsvektor w und dem Ausgangsvektor y wie folgt anschreiben können:

$$\begin{aligned}\mathcal{Z}\{y_k\} &= \mathcal{G}_{\text{cl}}(z)\mathcal{Z}\{w_k\} = \mathcal{L}_e(z)\mathcal{D}_e^{-1}(z)\mathcal{Z}\{w_k\} \\ &= \mathcal{G}(z)\mathcal{K}(z)[I+\mathcal{G}(z)\mathcal{K}(z)]^{-1}\mathcal{Z}\{w_k\} \quad .\end{aligned}$$

Das digitale Regelsystem ist asymptotisch stabil, wenn alle Pole der Übertragungsmatrix $\mathcal{G}_{\text{cl}}(z)$ im Inneren des Einheitskreises der komplexen Zahlenebene liegen ($|z_i| < 1$).

Im Kap. 3 haben wir das Nyquist-Kriterium kennengelernt. Es erlaubt die Beurteilung der asymptotischen Stabilität eines zeitkontinuierlichen, linearen, zeitinvarianten, einschleifigen Regelsystems. Das Nyquist-Kriterium gilt für zeitdiskrete, lineare, zeitinvariante, einschleifige Regelkreise in völlig analoger Form: Anstelle des komplexen Frequenzgangs $G_0(j\omega)$ ist der diskrete komplexe Frequenzgang $\mathcal{L}(e^{j\omega T}) = \mathcal{G}(e^{j\omega T})\mathcal{K}(e^{j\omega T})$ für ω von $-\Omega = -\pi/T$ bis $\Omega = +\pi/T$ in der komplexen Ebene einzuzeichnen. Die Aussagen über den Zusammenhang zwischen der Anzahl instabiler Pole des aufgeschnittenen, zeitdiskreten Regelkreises, der Anzahl instabiler Pole des zeitdiskreten Regelsystems und der Anzahl Umläufe der Frequenzgangkurve $\mathcal{L}(e^{j\omega T})$ um den "kritischen Punkt" $-1 + j0$ bleiben unverändert.

Die Anschaulichkeit der Robustheitsmaße Phasenreserve und Verstärkungsreserve bleibt erhalten. — Wie wir gesehen haben, nimmt die Phasenreserve beim Übergang von einer zeitkontinuierlichen Regelung auf eine entsprechende digitale Regelung ab. Je größer die Abtastperiode T ist, desto mehr nimmt die Phasenreserve ab. Diesem Aspekt ist größte Aufmerksamkeit zu schenken.

12.6.3 Wahl der Regelrate

Bei den Überlegungen zur Wahl der Regelfrequenz $1/T$ oder der Abtastperiode T spielen das Shannonsche Abtasttheorem und die Stabilität (insbesondere die Stabilitätsreserve) des Regelsystems eine Rolle.

Das Abtasttheorem von Shannon ist in dreierlei Hinsicht von Bedeutung:

a) Maximale Nutzfrequenz: Bei Folgeregelungssystemen stellt sich die Frage, für welche maximale Frequenz ω_{max} eines Signalanteils der Führungsgröße w noch eine gute Folgeregelung zu realisieren ist.

b) Maximale Rauschfrequenz: Bei verrauschten Führungsgrößen w und Meßgrößen y ist zu untersuchen, bei welcher maximalen Frequenz ω_{max} es noch Rauschsignalanteile mit signifikanten Amplituden hat. Diese brauchen zwar bezüglich Folgeregelung nicht unbedingt beherrscht zu werden, aber sie dürfen durch die Signalabtastung keine Frequenzverfälschung erfahren. (Der Regler würde dann versuchen, tieferfrequente Störungen zu unterdrücken, die gar nicht vorhanden sind.)

c) Maximale Frequenzen in Transienten der gesteuerten Regelstrecke: Da die Regelstrecke zwischen zwei Abtastzeitpunkten mit einem konstanten Eingangsvektor $u(t) \equiv u_k$ (für $kT \leq t < (k+1)T$) gesteuert wird, werden bei jedem Abtastzeitpunkt Eigenantworten der Regelstrecke angestoßen. Die dabei auftretende maximale Frequenz ω_{max} darf durch das Abtasten keine Frequenzverfälschung erleiden, da sonst der Regler, wie in b, auf ein scheinbar vorhandenes Signal tieferer Frequenz reagiert. — In Problemen der optimalen Steuerung könnte man zwar mit schwingendem Systemverhalten zwischen zwei Abtastzeitpunkten leben. Für die Praxis wird dies aber kaum akzeptabel sein.

Wie im Kap. 12.2.3 dargelegt, müssen wir aufgrund des Shannonschen Abtasttheorems in der Praxis eine Abtastperiode

$$T < \frac{\pi}{N\omega_{max}} \qquad N \geq 5 \ldots 10$$

fordern, wobei die größte der drei in a–c diskutierten Maximalfrequenzen einzusetzen ist.

Bezüglich Stabilität fordern wir, daß das resultierende digitale Regelsystem asymptotisch stabil ist. Wenn irgendwie möglich, werden wir uns dabei auch mit der Frage der Robustheit des Regelsystems befassen. Für lineare, zeitinvariante Regelstrecken und lineare Regler können wir im Falle eines einschleifigen Regelkreises mit der diskreten Nyquist-Kurve $\mathcal{L}(e^{j\omega T})$, $-\Omega \leq \omega \leq +\Omega$, die Fragen der Stabilität, der Phasenreserve und der Verstärkungsreserve abklären.

Bei der Umsetzung eines zeitkontinuierlichen, linearen, zeitinvarianten Reglers in einen äquivalenten zeitdiskreten Regler fordern wir, daß der Verlust an Phasenreserve eine gewisse Grenze $\Delta\varphi$ nicht übersteigt. Dabei ist zu beachten, daß der Phasenreserveverlust nicht allein vom Totzeitverhalten des Abtast- und Halteglieds nullter Ordnung verursacht wird, sondern auch vom Rechenzeitbedarf des Digitalrechners zwischen dem Abtastzeitpunkt und dem Zeitpunkt der Ausgabe der neuen Stellsignale, sowie von der Differenz zwischen den Phasengängen $\angle\mathcal{G}(e^{j\omega T})$ der digitalen Implementation und $\angle G(j\omega)$ des ursprünglich ausgelegten zeitkontinuierlichen Reglers.

12.7 Literatur zu Kapitel 12

1. K. J. Åström, B. Wittenmark: *Computer Controlled Systems: Theory and Design*. 3. Aufl. Englewood Cliffs: Prentice-Hall 1997.
2. H. Kwakernaak, R. Sivan: *Linear Optimal Control Systems*. New York: Wiley-Interscience 1972.
3. R. Isermann: *Digitale Regelsysteme*. 2. Aufl., 2 Bände. Berlin: Springer 1987.
4. J. Ackermann: *Abtastregelung*. 3. Aufl. Berlin: Springer 1988.
5. G. F. Franklin, J. D. Powell, A. Emami-Naeini: *Feedback Control of Dynamic Systems*. 3. Aufl. Reading: Addison-Wesley 1994.
6. M. Morari, E. Zafiriou: *Robust Process Control*. Englewood Cliffs: Prentice-Hall 1989.
7. K. Ogata: *Discrete-Time Control Systems*. Englewood Cliffs: Prentice-Hall 1987.
8. H. Schlitt: *Systemtheorie für stochastische Prozesse*. Berlin: Springer 1992.
9. M. Athans, H. P. Geering: "Necessary and Sufficient Conditions for Differentiable Nonscalar-Valued Functions to Attain Extrema". *IEEE Trans. Automatic Control, vol. 18(1973)*, S. 132–139.

12.8 Aufgaben zu Kapitel 12

1. Berechne die $\mathcal{Z}$-Transformierte der Einheitsrampenfunktion $y_k = c+k$, $k \geq 0$, für die drei Werte $c = 0$, $c = 0.5$ und $c = 1$.

2. Gegeben ist die $\mathcal{Z}$-Transformierte $\mathcal{Z}\{y_k\} = \frac{1+2z^{-1}}{1+z^{-2}}$. Berechne das zeitdiskrete Signal $\{y_k\}$, $k \geq 0$, durch Ausdividieren der gegebenen rationalen $\mathcal{Z}$-Transformierten.

3. Untersuche die Stabilitätseigenschaften der folgenden zeitdiskreten Systeme:

   a) $y_{k+2} + 3y_{k+1} + 2y_k = 2u_k$ b) $y_{k+2} + 3y_{k+1} + 1.25y_k = 4u_k$

   c) $\mathcal{G}(z) = \frac{5z}{z^2-1}$ d) $\mathcal{G}(z) = \frac{3z^{-2}-6z^{-1}}{z^{-2}-0.5z^{-1}-3}$

   e) $y_k = 2y_{k-1} - y_{k-2} + 2u_{k-1}$.

4. Berechne die Einheitsimpulsantworten der Systeme d und e von Aufgabe 3 (bei anfänglichem Ruhezustand).

5. Berechne die Einheitssprungantwort des Systems b von Aufgabe 3 (bei anfänglichem Ruhezustand).

6. Warum dürfen wir einen D-, PD- oder PID-Regler (in der Praxis) nicht mit Hilfe der bilinearen Transformation diskretisieren? — Wie sieht dies beim realen D-, PD- oder PID-Regler aus?

7. Wir betrachten einen zeitkontinuierlichen, realen PID-Regler mit dem Regelgesetz $U(s) = K_P\Big(1+\frac{1}{T_N s}+\frac{T_V s}{1+\frac{T_V}{N}s}\Big)E(s)$. Er soll in einer digitalen Regelung mit der Abtastperiode T (approximativ) nachgebildet werden.
   a) Berechne die diskrete Übertragungsfunktion $\mathcal{K}(z) = \mathcal{Z}\{u_k\}/\mathcal{Z}\{e_k\}$ des zeitdiskreten PID-Reglers.
   b) Berechne die zeitdiskrete Bewegungsgleichung des Reglers in der Form $u_k + \alpha_1 u_{k-1} + \alpha_2 u_{k-2} = \beta_0 e_k + \beta_1 e_{k-1} + \beta_2 e_{k-2}$.
   c) Formuliere den zeitdiskreten, realen PID-Regler in der Form eines Zustandsraummodells in der Schreibweise $q_k = Mq_{k-1} + N_1 e_k + N_2 e_{k-1}$, $u_k = Pq_k + Qe_k$, wobei entweder $N_2 = 0$ und $Q = 0$ oder $N_1 = 0$ gilt. (Dimension des Vektors q, Matrizen M, N_i, P, Q. — Welche der beiden Varianten ist besser?)

8. Für eine lineare zeitinvariante Regelstrecke ist ein Regler mit der Übertragungsfunktion $G_R(s) = \frac{50}{s+8}$ ermittelt worden, wobei sich die Durchtrittsfrequenz $\omega_c = 5\,\mathrm{rad/s}$ der Kreisverstärkung des Regelsystems ergeben hat. Nun soll mit der Abtastperiode $T = 0.04\,\mathrm{s}$ digital geregelt werden.
   a) Ermittle einen äquivalenten digitalen Regler mit Hilfe der "zero-order hold equivalence Methode".
   b) Ermittle einen äquivalenten digitalen Regler mit Hilfe der bilinearen Transformation.
   c) Um wieviel nimmt die Phasenreserve des Regelsystems beim Übergang auf digitale Regelung ab?

9. Zeitdiskretes Kalman-Bucy-Filter: Wir betrachten das folgende stochastische System: $x_{k+1} = x_k + v_k$, $x_0 = \xi$, $y_k = x_k + r_k$, $k \geq 0$ mit $\mathrm{E}\{\xi\} = \overline{\xi}$, $\mathrm{E}\{v_k\} = u_k$, $\mathrm{E}\{r_k\} = 0$, $\mathrm{E}\{(\xi-\overline{\xi})^2\} = 10$, $\mathrm{E}\{(v_k-u_k)(v_j-u_j)\} = 2\delta_{kj}$, $\mathrm{E}\{r_k r_j\} = 4\delta_{kj}$, ($\xi$, v, r unkorreliert). Bestimme die beiden Gleichungen $\widehat{x}_{k|k} = \ldots$ und $\widehat{x}_{k+1|k} = \ldots$ des Kalman-Bucy-Filters und berechne numerisch die Folge der benötigten Werte L_0, L_1, L_2, etc.

10. Im Kap. 12.6.1 haben wir zeitdiskrete, zeitinvariante Kompensatoren der allgemeinen Form $q_k = Mq_{k-1} + N_1 e_k + N_2 e_{k-1}$, $u_k = Pq_k + Qe_k$ betrachtet. Bezüglich des Rechenzeitbedarfs zwischen der Abtastung und der Ausgabe der Stellgrößen ist diese Form nicht optimal, da die Multiplikationen von N_1 mit e_k und von P mit q_k erst nach dem Eintreffen von e_k ausgeführt werden können. Ermittle äquivalente Matrizen $\widetilde{M}$, $\widetilde{N}_1$, $\widetilde{N}_2$, $\widetilde{P}$ und $\widetilde{Q}$ mit der Nebenbedingung $\widetilde{N}_1 = 0$ (so daß dieser Nachteil entfällt).

Lösungen zu den Aufgaben

Kapitel 2

1. $y(t) = \frac{8}{9}e^{-0.5t}\sinh(\frac{9t}{2})$
2. $y(t) = \frac{2}{25}e^{3t} - \frac{2}{25}e^{-t}\cos(3t) - \frac{8}{75}e^{-t}\sin(3t)$
3. $y(t) = -2e^{-t} - e^{-2t} + h(t)\{2 + e^{-t} - 3e^{-2t}\}$ für $t \geq 0$. Für $t > 0$ somit $y(t) = 2 - e^{-t} - 4e^{-2t}$. (Beachte: Wenn wir anstelle von $u(t) = h(t)$ das Eingangssignal $u(t) = \mathbb{1}(t)$ verwenden, erhalten wir $y(t) = 2 - 6e^{-t} + e^{-2t}$.)
4. $y(t) = 2e^{-0.5t}\cos(\frac{\sqrt{39}t}{2})h(t)$
5. Einheitsimpulsantwort: $y(t) = 40e^{-t}\cos(3t + \psi) - 75e^{-5t}$ mit ψ aus den Bestimmungsgleichungen $\cos\psi = -\frac{4+3\sqrt{3}}{10}$ und $\sin\psi = \frac{4\sqrt{3}-3}{10}$. Für minimalen Rechenaufwand: Einheitsrampenantwort zweimal differenzieren (da anfängliche Ruhelage).
6. $y(t) = 5e^{-t} - 5e^{-3t}$. Die Übertragungsfunktion $G(s)$ hat eine Nullstelle bei $s = -2$ ("Transmissions-Nullstelle"), so daß sich $(s + 2)$ vom Zähler von $G(s)$ und $(s + 2)$ vom Nenner von $U(s)$ wegkürzen.
7. $G(s) = \dfrac{7s^2 + 30s + 28}{s^2 + 4s + 4}$
8. Voraussetzung: System asymptotisch stabil, damit die Einheitssprungantwort asymptotisch konstant wird. — Nur das erste System ist asymptotisch stabil und ergibt $y(\infty) = G(0) = \frac{3}{5}$. Das zweite System ist grenzstabil, das dritte und das vierte System sind instabil.
9. Voraussetzung: asymptotisch stabiles System.
a) eingeschwungene Antwort auf ein harmonisches Eingangssignal, b) eingeschwungene Antwort auf ein periodisches Eingangssignal, c) eingeschwungene Antwort auf ein konstantes Eingangssignal (statischer Übertragungsfaktor), d) Identifikation von $G(s)$ bei meßtechnisch ermitteltem Bode-Diagramm, e) relative Ordnung (aus Steigung des Amplitudenganges bei hohen Frequenzen), f) Systemresonanzen: Resonanzfrequenzen, Dämpfungszahlen, g) Sperrfrequenzen ("notches").

Für ein Regelsystem, aus dem Bode-Diagramm der komplexen Kreisverstärkung $G_0(j\omega)$: Stabilität des Regelsystems (spezielles und allgemeines Nyquist-Kriterium).

10. Asymptotische Stabilität (vgl. Aufg. 9).

11. Entweder Mehrfachpol(e) auf der imaginären Achse oder dominanter Pol mit positivem Realteil.

12. Übertragungsfunktion $G(s)$.

13. $Y(s) = 2[\frac{1}{s} - \frac{s+3}{(s+3)^2+4}]$, $U(s) = \frac{1}{s^2}$; $G(s) = \frac{6s^2+26s}{s^2+6s+13}$. Pole: $s_{1,2} = -3 \pm j2$. Das Regelsystem ist asymptotisch stabil. Die Einheitsrampenantwort bleibt beschränkt, da $G(s)$ eine Nullstelle bei $s = 0$ hat.

14. $\dot{y}(t) + \frac{1}{RC}y(t) = \frac{1}{RC}u(t)$.

15. $\ddot{y}(t) + \frac{1}{LC}y(t) = \frac{1}{LC}u(t)$.

16. $y(t) = y_{\max} = b$ bei $t = 0$.

17. $Y(s) = (\frac{b}{s+a})^2$, $y(t) = b^2e^{-at}t$; $\frac{dy(t)}{dt} = 0$ für $t = \frac{1}{a}$; $y_{\max} = y(\frac{1}{a}) = \frac{b^2}{ae}$.

18. $u(t) = \frac{\sin t}{t}$; $U(s) = \int_s^\infty \frac{1}{s^2+1}\,ds = \frac{\pi}{2} - \arctan s$.

Funktionswert $u(0)$:

Zeitbereichsmethode:

$$u(0) = \lim_{t\to 0} \frac{\sin t}{t} = \lim_{t\to 0} \frac{\frac{d}{dt}\sin t}{\frac{d}{dt}t} = \lim_{t\to 0} \cos t = 1 .$$

Frequenzbereichsmethode:

$$u(0) = \lim_{s\to\infty} sU(s) = \lim_{s\to\infty} \frac{\frac{\pi}{2} - \arctan s}{\frac{1}{s}} = \lim_{s\to\infty} \frac{\frac{d}{ds}\left(\frac{\pi}{2} - \arctan s\right)}{\frac{d}{ds}\frac{1}{s}} = 1 .$$

19. $U(s) = \frac{1}{s}\frac{1-e^{-st_1}}{1-e^{-sT}}$.

20. $X(s) = \frac{1}{s^2} - \frac{\frac{T}{s}e^{-sT}}{1-e^{-sT}} = \frac{1}{s^2} - \frac{T}{s}e^{-sT}\left(1 + e^{-sT} + e^{-2sT} + \dots\right)$.

Kapitel 3

1. $G_0(0) = G_R(0)G_S(0) \geq 100$ oder ≤ -100 (nebst asymptotischer Stabilität des Regelsystems).

2. $|G_0(j\omega)| \geq 11$ garantiert $0.917 = \frac{11}{12} \leq \frac{|G_0(j\omega)|}{|G_0(j\omega)|+1} \leq |G(j\omega)| \leq \frac{|G_0(j\omega)|}{|G_0(j\omega)|-1} \leq \frac{11}{10} = 1.1$

3. Charakteristisches Polynom des Regelsystems: $s^2 + (10K_P + 1)s + 10K_I$. Polvorgabe: $s_{1,2} = -10 \pm j\cdot 10$. (Somit $(s - s_1)(s - s_2) = s^2 + 20s + 200$.)

Begründungen: $\zeta = 1/\sqrt{2}$ für rasches Einschwingen auf einen Sprung der Führungsgröße ohne allzu starkes Überschwingen ($\approx 5\%$); negativerer Realteil würde eine größere Verstärkung K_P verlangen. Resultierende Reglereinstellung: $K_P = 1.9$, $K_I = 20$ (aus Koeffizientenvergleich), $T_N = 0.095\,\text{s}$. Für $K_P \to \infty$ bei $T_N =$ konstant geht ein Pol gegen $-1/T_N$, der andere gegen $-\infty$.

4. Übertragungsfunktion des Regelsystems: $G(s) = \frac{5K_P}{s+5K_P-2}$. — Asymptotische Stabilität für $K_P > 0.4$. — Bei 3-dB-Bandbreite: $\omega_c = 50\,\text{rad/s}$, $|G(j\omega_c)| = G(0)/\sqrt{2}$. Abgekürzter Rechnungsweg: Realteil und Imaginärteil im Nenner von $G(j\omega_c)$ sind gleich. $K_P = 10.4$.
Gesamtresultat: $K_P \geq 10.4$.

5. a) Reduktion des Nachlauffehlers auf 5 %:

1. Variante: K_P erhöhen:
Fall A) $G(0) = G_0(0)/(1+G_0(0)) = 0.7$, zu erhöhen auf 0.95 (asymptotisch stabile Regelstrecke). K_P um Faktor 57/7 erhöhen.
Fall B) $G(0) = G_0(0)/(1+G_0(0)) = 1.3$, abzusenken auf 1.05 (instabile Regelstrecke). K_P um Faktor 63/13 erhöhen.
Offene Frage: Bleibt das Regelsystem mit dem höheren Verstärkungsfaktor K_P asymptotisch stabil? (Wir haben nur die Kreisverstärkung bei $\omega = 0$ analysiert.)

2. Variante: P-Element als Vorfilter:
Fall A) $G(0) = 0.7$. Verstärkung des Vorfilters $K_V = 1/0.7 \approx 1.4$.
Fall B) $G(0) = 1.3$. $K_V = 1/1.3 \approx 0.75$.

3. Variante: PD-Regler mit K_P wie in der 1. Variante. D-Anteil so wählen, daß das Regelsystem asymptotisch stabil ist und eine genügende Phasenreserve besitzt. (Möglicherweise keine Lösung!)

b) Vollständige Elimination des Nachlauffehlers:

1. Variante: PI-Regler mit K_P unverändert (oder etwas kleiner, vgl. Ziegler-Nichols) und Nachstellzeit T_N genügend groß, damit das Regelsystem as. stabil bleibt. (Typisch K_P etwas verkleinern zugunsten eines kleineren T_N.)

2. Variante: PID-Regler. Typisch: Im Vergleich mit der 1. Variante größere Werte für K_P und kleinere Werte für T_N realisierbar.

6. Regelstrecke hat differenzierendes Verhalten, d.h. $b_0 = 0$, so daß $G_S(0) = 0$.

7. Durch Umformung des Signalflußbildes kann der zweischleifige Kaskadenregelkreis auf einen einschleifigen Regelkreis reduziert werden, dessen P-Regler die Verstärkung $(K+1)K_P$ hat. Für K genügend groß wird das Regelsystem instabil, falls die (ursprüngliche) Nyquistkurve die negative reelle Achse zwischen 0 und -1 schneidet. Wenn die Übertragungsfunktion $G_S(s)$ der Regelstrecke keine Nullstelle hat, trifft dies mit Sicherheit zu. Wenn die Strecke eine oder zwei Nullstellen hat, braucht dies nicht zuzutreffen, außer wenn mindestens eine der Nullstellen nicht-minimalphasig ist (d.h. positiven Realteil hat).

8. Allgemeinerer Fall: Kreisradius r ($r < 1$):
Phasenreserve $\varphi = 2\arcsin(\frac{r}{2})$, Verstärkungsreserve $K = (\frac{1}{1+r}, \frac{1}{1-r})$.
Spezialfall $r = 1$:
Phasenreserve $\varphi = \pm 60°$, Verstärkungsreserve $K = (0.5, \infty)$.

9. Phasenreserve $\varphi = \pm\arccos\frac{1}{2\beta}$, Verstärkungsreserve $K \in (\frac{1}{2\beta}, \infty)$.

10. Kreis mit Zentrum auf der reellen Achse bei $\frac{-c^2}{c^2-1}$ und Radius $\frac{c}{c^2-1}$.

11. $-\frac{1}{180} < K_P < \infty$

12. Ja. — Laut allgemeinem Nyquistkriterium muß die Nyquistkurve für $-\infty < \omega < +\infty$ den Nyquistpunkt zweimal im Gegenuhrzeigersinn umlaufen (bzw. einmal für $0 \le \omega < +\infty$), damit das Regelsystem asymptotisch stabil ist. Dies kann mit dem gegebenen Bode-Diagramm abgklärt werden anhand der Schnittpunkte der $(1/K_P)_{dB}$-Linie mit dem Amplitudengang und der $-\pi$-Linie im Phasengang (Reihenfolge der Schnittpunkte).

13. Vergrößerung von K_P: radial proportionale Streckung.
Übergang vom P- auf PD-Regler (bei gleichem K_P): Tangente bei $\omega = \infty$ dreht um einen Quadranten im Gegenuhrzeigersinn. Für $\omega \approx 0$ keine Änderung. Dazwischen Phasenwinkel für alle ω i.allg. größer (weniger negativ), insbesondere Phasenreserve i.allg. größer. Wirkung steigend mit zunehmender Vorhaltzeit T_V.
Übergang vom P- auf PI-Regler (bei gleichem K_P): Für $\omega \approx 0$ wird die Phase um 90° negativer, und der Betrag der Kreisverstärkung geht für $\omega \to 0$ gegen ∞. Für $\omega \approx \infty$ keine Änderung. Dazwischen Phasenwinkel i.allg. kleiner (d.h. negativer). Wirkung steigend mit abnehmender Nachstellzeit T_N.
Übergang vom P- auf PID-Regler: Kombinierte Wirkung; Vorteile bei geeigneter Parameterwahl kombinierbar.

14. Regelstrecke hat integrierendes Verhalten, d.h. einen Pol bei $s = 0$.

15. Da die Regelstrecke asymptotisch stabil ist und Ordnung 2 hat, kann die Nyquistkurve mit $K_P > 0$ den Nyquist-Punkt nicht berühren oder umlaufen. Somit ist das Regelsystem asymptotisch stabil. — $|G_0(j\omega_c)| = 1$ für die Durchtrittsfrequenz $\omega_c \approx 20.57\,\text{rad/s}$. Phasenreserve $\varphi \approx 5.9°$. Zunahme der Phasenreserve bei Zufügen des D-Teils: $\Delta\varphi = 24.1° \approx \arg(1 + j\omega_c T_V)$. Vorhaltzeit $T_V = \frac{1}{\omega_c}\tan(\Delta\varphi) = 0.0217\,\text{s}$.

16. Durchtrittsfrequenz $\omega_c \approx 9.67\,\text{rad/s}$ aus $|6 - \omega_c^2 + 5j\omega_c| = 100$. Gleiche Phasenreserve mit dem PID-Regler wie mit dem P-Regler resultiert für $\frac{1}{\omega_c T_N} = \omega_c T_V$. Somit: $T_V = \frac{1}{\omega_c^2 T_N} \approx 0.107\,\text{s}$. Phasenreserve: $\varphi \approx 28.9°$ aus $\arg(6 - \omega_c^2 + 5j\omega_c)$.

17. Nachstellzeit T_N und/oder Vorhaltzeit T_V vergrößern, da dadurch das Argument von $1 + j\omega T_V + \frac{1}{j\omega T_N}$ positiver wird.

18. Nullstellen des Kompensators: $-1/T_1$, $-1/T_3$. Pole des Kompensators: $-1/T_2$, $-1/T_4$. Um in der Nähe der Durchtrittsfrequenz von $G_0(j\omega)$ eine positivere Phase zu haben, ist es interessant, $1/T_1$ und $1/T_3$ klein und $1/T_2$ und $1/T_4$ groß zu wählen. — Beispiel: $T_1 = T_3 = 1/3$ und $T_2 = T_4 = 1/12$ [s] ergeben bei $K_P = 90$ ein asymptotisch stabiles Regelsystem mit Bandbreite 7.449 rad/s (Durchtrittsfrequenz von $G_0(j\omega)$), Phasenreserve 27.08° und Verstärkungsreserve $(0, 2.38)$. Nachteil: hohe Verstärkung des Kompensators bei hohen Frequenzen ($G_R(\infty) = 16K_P$). — I.allg. wird man einen Kompensator suchen, dessen Wert für $\frac{T_1T_3}{T_2T_4}$ näher bei 1 liegt.

19. Die Nullstellen des Regelsystems mit Regelung und Vorsteuerung sind die Nullstellen des Polynoms $P_S(s)\big(P_F(s)Q_R(s)Q_V(s){+}P_R(s)P_V(s)Q_F(s)\big)$, vgl. Kap. 3.4.1. Die Nullstellen der Strecke können also nicht "verschoben" werden. Hingegen können sie allenfalls durch geeignete Wahl der Nennerpolynome $Q_F(s)$ und $Q_V(s)$ "beseitigt" werden (Pol-Nullstellen-Aufhebung für Nullstellen in der linken Halbebene). — Wichtiger: Durch kombinierte Regelung, Vorfilterung und Vorsteuerung kann die Konstellation aller Pole und Nullstellen des Regelsystems so beeinflußt werden, daß ein qualitativ befriedigendes transientes Verhalten des Regelsystems resultiert, vgl. Kap. 3.4.2.

20. Sei ω_c die Durchtrittsfrequenz des Regelsystems mit dem P-Regler, d.h. $K_P|G_S(j\omega_c)| = 1$. Anhand des Bildes 3.17 wählen wir $N = 20$ und (z.B.) $\omega_c T_V = 2$ bzw. $T_V = \frac{2}{\omega_c}$ [s]. Im allgemeinen braucht die Verstärkung K_P nicht verändert zu werden.

Bemerkung: Wenn wir K_P unverändert lassen, ist zwar die Durchtrittsfrequenz des PD-geregelten Systems etwas größer als ω_c, aber andererseits bleibt die Kreisverstärkung $|G_0(j\omega)|$ bei tiefen Frequenzen ($\omega \ll \omega_c$) unverändert.

21. Wir versuchen, den Regler so auszuwählen, daß sich der Amplitudengang $|G_0(j\omega)|$ des aufgeschnittenen Regelkreises im Paßband und im Sperrband den im Bild 3.19 vorgegebenen Schranken möglichst gut anschmiegt und dass die Anforderung an die Durchtrittsfrequenz exakt erfüllt wird. — Wenn wir die erste benötigte Nullstelle des Reglers bei $s = 1$ rad/s wählen, resultiert beispielsweise ein Regler mit der folgenden Übertragungsfunktion: $G_R(s) = \frac{K(s+1)(s+6.821)}{(s+0.1)(s+3)(s+100)}$ mit $K = \frac{6000}{6.821} \approx 879.6$. Das Regelsystem hat eine Phasenreserve von etwa 72.8°.

22. Die drei Parameter K_P, T_N und T_V des PID-Reglers sind aus den drei folgenden Gleichungen zu bestimmen:
a) $|G_0(j\omega_c)| = 1$ mit $\omega_c = 2$ rad/s

b) $\dfrac{\mathrm{Im}\{G_0(j\omega_c)\}}{\mathrm{Re}\{G_0(j\omega_c)\}} = \tan(\varphi)$ mit $\varphi = 45°$

c) $\dfrac{\frac{\partial}{\partial\omega}\{\mathrm{Im}\{G_0(j\omega)\}}{\frac{\partial}{\partial\omega}\mathrm{Re}\{G_0(j\omega)\}} = \tan(\psi)$ für $\omega = \omega_c$, mit $\psi = 45°$.

Als numerische Lösung erhalten wir $K_P = \frac{1}{\sqrt{2}} = 0.707$, $T_N = 0.143\,\mathrm{s}$ und $T_V = 0.250\,\mathrm{s}$.

Kapitel 4

1. Für jeden translatorischen Freiheitsgrad je eine Zustandsvariable für die Position und die Geschwindigkeit; für jeden winkelmäßigen Freiheitsgrad je eine Zustandsvariable für die Winkelposition und die Winkelgeschwindigkeit. Total für die allgemeine Bewegung im dreidimensionalen Raum: 12 Zustandsvariablen. Dazu kommen noch weitere Zustandsvariablen, wenn die Dynamik von Sensoren und Stellgliedern modelliert wird.

2. $D \neq 0$. — Direkter Signalpfad von u nach y, der keine Integratoren enthält. ("Feed-through" durch das P-Element D, vgl. Bild 4.2)

3. $A = \begin{bmatrix} 0 & 1 & 0 & 0 & 0 \\ 0 & 0 & 1 & 0 & 0 \\ 0 & 0 & 0 & 1 & 0 \\ 0 & 0 & 0 & 0 & 1 \\ -70 & -25 & -20 & 0 & -7 \end{bmatrix} \quad B = \begin{bmatrix} 0 \\ 0 \\ 0 \\ 0 \\ 1 \end{bmatrix} \quad C = [4 \;\; -1 \;\; 5 \;\; 2 \;\; 0] \quad D = 0$

4. $A = \begin{bmatrix} 0 & 1 & 0 & 0 \\ 0 & 0 & 1 & 0 \\ 0 & 0 & 0 & 1 \\ -22 & 5 & -10 & -2 \end{bmatrix} \quad B = \begin{bmatrix} -4 \\ -17 \\ 88 \\ -88 \end{bmatrix} \quad C = [1 \;\; 0 \;\; 0 \;\; 0] \quad D = 3$

5. Zuerst durch Division den "ganzen" Teil vom echt gebrochen rationalen Rest abspalten: $G(s) = -1 + \frac{-4s^4+4s^3+3s^2+7s+90}{s^5-4s^4+2s^3-7s^2+5s-10}$

$A = \begin{bmatrix} 0 & 1 & 0 & 0 & 0 \\ 0 & 0 & 1 & 0 & 0 \\ 0 & 0 & 0 & 1 & 0 \\ 0 & 0 & 0 & 0 & 1 \\ 10 & -5 & 7 & -2 & 4 \end{bmatrix} \quad B = \begin{bmatrix} 0 \\ 0 \\ 0 \\ 0 \\ 1 \end{bmatrix} \quad C = [90 \;\; 7 \;\; 3 \;\; 4 \;\; -4] \quad D = -1$

6. $A = \begin{bmatrix} 0 & 1 & 0 & 0 & 0 \\ 0 & 0 & 1 & 0 & 0 \\ 0 & 0 & 0 & 1 & 0 \\ 0 & 0 & 0 & 0 & 1 \\ -35 & -14 & -5 & -3 & 0 \end{bmatrix} \quad B = \begin{bmatrix} 3 \\ -4 \\ -18 \\ -29 \\ -32 \end{bmatrix} \quad C = [1 \;\; 0 \;\; 0 \;\; 0 \;\; 0] \quad D = 2$

7. $e^{A_1 t} = \begin{bmatrix} 3e^{-t} - 2e^{-2t} & -3e^{-t} + 3e^{-2t} \\ 2e^{-t} - 2e^{-2t} & -2e^{-t} + 3e^{-2t} \end{bmatrix}.$

Blockdiagonale Matrix A_2:

$$e^{A_2 t} = \begin{bmatrix} 2e^{-t} - e^{-2t} & e^{-t} - e^{-2t} & 0 \\ -2e^{-t} + 2e^{-2t} & -e^{-t} + 2e^{-2t} & 0 \\ 0 & 0 & e^{5t} \end{bmatrix}.$$

$$e^{A_3 t} = \begin{bmatrix} e^{-3t} & te^{-3t} & \frac{1}{2}t^2 e^{-3t} \\ 0 & e^{-3t} & te^{-3t} \\ 0 & 0 & e^{-3t} \end{bmatrix}.$$

$$e^{A_4 t} = \begin{bmatrix} 2e^{-2t} - e^{-t}\cos t - e^{-t}\sin t & -e^{-2t} + e^{-t}\cos t & \frac{1}{2}e^{-2t} - \frac{1}{2}e^{-t}\cos t + \frac{1}{2}e^{-t}\sin t \\ 4e^{-2t} - 4e^{-t}\cos t - 2e^{-t}\sin t & -2e^{-2t} + 3e^{-t}\cos t - e^{-t}\sin t & e^{-2t} - e^{-t}\cos t + 2e^{-t}\sin t \\ 4e^{-2t} - 4e^{-t}\cos t & -2e^{-2t} + 2e^{-t}\cos t - 2e^{-t}\sin t & e^{-2t} + 2e^{-t}\sin t \end{bmatrix}.$$

Entkoppelte Subsysteme (x_1, x_6), (x_2, x_5), (x_3, x_4):

$$e^{A_5 t} = \begin{bmatrix} \frac{1}{2}e^{4t} + \frac{1}{2}e^{-2t} & 0 & 0 & 0 & 0 & \frac{1}{2}e^{4t} - \frac{1}{2}e^{-2t} \\ 0 & \left(\frac{1}{2} - \frac{1}{\sqrt{19}}\right) e^{(4+\sqrt{19})t} + \left(\frac{1}{2} + \frac{1}{\sqrt{19}}\right) e^{(4-\sqrt{19})t} & 0 & 0 & \frac{5}{2\sqrt{19}} e^{(4+\sqrt{19})t} - \frac{5}{2\sqrt{19}} e^{(4-\sqrt{19})t} & 0 \\ 0 & 0 & \frac{3}{4}e^{5t} + \frac{1}{4}e^{t} & \frac{1}{4}e^{5t} - \frac{1}{4}e^{t} & 0 & 0 \\ 0 & 0 & \frac{3}{4}e^{5t} - \frac{3}{4}e^{t} & \frac{1}{4}e^{5t} + \frac{3}{4}e^{t} & 0 & 0 \\ 0 & \frac{3}{2\sqrt{19}} e^{(4+\sqrt{19})t} - \frac{3}{2\sqrt{19}} e^{(4-\sqrt{19})t} & 0 & 0 & \left(\frac{1}{2} + \frac{1}{\sqrt{19}}\right) e^{(4+\sqrt{19})t} + \left(\frac{1}{2} - \frac{1}{\sqrt{19}}\right) e^{(4-\sqrt{19})t} & 0 \\ \frac{1}{2}e^{4t} - \frac{1}{2}e^{-2t} & 0 & 0 & 0 & 0 & \frac{1}{2}e^{4t} + \frac{1}{2}e^{-2t} \end{bmatrix}.$$

8. Eigenwert s_i, dazugehöriger Eigenvektor ξ_i von A: $A\xi_i = s_i \xi_i$, $A^2 \xi_i = A s_i \xi_i = s_i^2 \xi_i$, $A^3 \xi_i = s_i^3 \xi_i$, etc. $e^{At}\xi_i = [I + At + A^2 \frac{t^2}{2!} + \cdots + A^k \frac{t^k}{k!} + \cdots]\xi_i = \xi_i + s_i t \xi_i + s_i^2 \frac{t^2}{2!}\xi_i + \cdots + s_i^k \frac{t^k}{k!}\xi_i + \cdots = e^{s_i t}\xi_i$. Somit $e^{s_i t}$ Eigenwert und ξ_i Eigenvektor von $\Phi(t, 0) = e^{At}$.

9. $1 \circ\!\!-\!\!\bullet \frac{1}{s}$, $t^2 \circ\!\!-\!\!\bullet \frac{2}{s^3}$. Es wären drei Pole bei $s = 0$ nötig. Eine 2×2 Matrix A hat aber nur zwei Eigenwerte.

10. $F_k = \Phi(t_{k+1}, t_k)$, $G_k = \int_{t_k}^{t_{k+1}} \Phi(t_{k+1}, t) B(t) dt$, $H_k = C(t_k)$, $J_k = D(t_k)$.

11. $G = \int_0^T e^{A(T-t)} B\, dt = e^{AT} \int_0^T e^{-At} dt\, B = e^{AT}(-A)^{-1} e^{-At}\big|_0^T B$
$= e^{AT}(-A)^{-1}(e^{-AT} - I)B = (e^{AT} - I)A^{-1}B.$

12. $G = \sum_{k=1}^{\infty} A^{(k-1)} \frac{T^k}{k!} B$.

13. $F = e^{AT} \approx \sum_{k=0}^{N} A^k \frac{T^k}{k!}$, $G \approx \sum_{k=1}^{N} A^{(k-1)} \frac{T^k}{k!} B$. Horner-Schema zur gleichzeitigen Berechnung von F und G (gegeben: A, B, T, gewählt: N):

```
M:=I; k:=N; AT:=A*T;
REPEAT
  M:=M*AT/k+I; k:=k-1
UNTIL k=1;
G:=M*T*B;
F:=M*AT+I
```

Der Abbruchindex N kann aufgrund des Eigenwerts von A mit dem größten Betrag $|s|_{max}$ abgeschätzt werden (z.B. mit den beiden Forderungen $(|s|_{max}T)^k/k! < \epsilon$ und $|s|_{max}T/k < \delta$). Zudem kann die Genauigkeit des Algorithmus mit der zusätzlichen, gleichzeitigen Berechnung von $H = (AT)^N/N!$ überprüft werden.

14. $A = \begin{bmatrix} -3 & 0 & 3 \\ 0 & 2 & 0 \\ 1 & -1 & 5 \end{bmatrix} \quad B = \begin{bmatrix} 0 \\ 0 \\ 2 \end{bmatrix} \quad U = \begin{bmatrix} 0 & 6 & 12 \\ 0 & 0 & 0 \\ 2 & 10 & 56 \end{bmatrix} \quad \text{Rang}(U) = 2.$

Das System ist nicht vollständig steuerbar. Die Zustandsvariable x_2 ist nicht beeinflußbar.

15. $U = \begin{bmatrix} 0 & 2 & 1 & -4 & -5 & 8 & 19 & 18 \\ 0 & 0 & 0 & 8 & 4 & 0 & -12 & 32 \\ 0 & 0 & 0 & -10 & -5 & 0 & 15 & -40 \\ 1 & 0 & -3 & 0 & 9 & 34 & -10 & -102 \end{bmatrix} \quad \text{Rang}(U) = 3.$

Das System ist nicht vollständig steuerbar. Die beiden Zustandsvariablen x_2 und x_3 "leben" in zwei identischen, entkoppelten Subsystemen erster Ordnung, welche zueinander proportionale Eingangssignale ($\sim x_1$) erhalten.

16. $U = \begin{bmatrix} 0 & \cdots & \cdots & 0 & 1 \\ \vdots & & \iddots & 1 & -a_{n-1} \\ \vdots & \iddots & \iddots & \iddots & * \\ 0 & 1 & \iddots & \iddots & \vdots \\ 1 & -a_{n-1} & * & \cdots & *** \end{bmatrix}$

wobei $*$, ..., $***$ Funktionen der Koeffizienten a_i sind. Die Dreiecksmatrix

U hat vollen Rang n. Ein Zustandsraummodell in der steuerbaren Standardform ist vollständig steuerbar.

17. $A = \begin{bmatrix} 1 & 0 & 4 \\ -1 & 5 & 6 \\ 1 & 0 & 5 \end{bmatrix}$ $C = [2 \quad 0 \quad -1]$ $V = \begin{bmatrix} 2 & 0 & -1 \\ 1 & 0 & 3 \\ 4 & 0 & 19 \end{bmatrix}$ $\text{Rang}(V) = 2.$

Das System ist nicht vollständig beobachtbar. Anfangszustände der Form $[0 \quad x_2 \quad 0]^{\mathrm{T}}$ sind nicht beobachtbar.

18. $V = \begin{bmatrix} 1 & 0 & 0 & 0 \\ 1 & 6 & 0 & 1 \\ 27 & -5 & 0 & 21 \\ 49 & 193 & 0 & 54 \end{bmatrix}$ $\text{Rang}(V) = 3.$

Das System ist nicht vollständig beobachtbar. $[0 \quad 0 \quad x_3 \quad 0]^{\mathrm{T}}$ ist ein nicht beobachtbarer Anfangszustand.

19. $V = I$ hat vollen Rang n. Ein Zustandsraummodell in der beobachtbaren Standardform ist vollständig beobachtbar.

20. $A = \begin{bmatrix} 0 & 1 & 0 & 0 \\ 0 & 0 & 1 & 0 \\ 0 & 0 & 0 & 1 \\ 0 & 0 & 0 & 0 \end{bmatrix}$ $B = \begin{bmatrix} 0 \\ 0 \\ 0 \\ 1 \end{bmatrix}.$

Zustandsvektorrückführung $u(t) = -Mx(t) = -[m_0 \quad m_1 \quad m_2 \quad m_3]\,x(t)$.

Regelsystem: $\dot{x}(t) = [A - BM]x(t) = \begin{bmatrix} 0 & 1 & 0 & 0 \\ 0 & 0 & 1 & 0 \\ 0 & 0 & 0 & 1 \\ -m_0 & -m_1 & -m_2 & -m_3 \end{bmatrix} x(t).$

Offensichtlich lautet das charakteristische Polynom von $A - BM$: $\det(sI - [A - BM]) = s^4 + m_3 s^3 + m_2 s^2 + m_1 s + m_0$. Um andererseits die geforderte Pollage zu erhalten, lautet das charakteristische Polynom $(s+3)(s+5-j4)(s+5+j4)(s+10) = s^4 + 23s^3 + 201s^2 + 833s + 1230$. Koeffizientenvergleich: $m_0 = 1230$, $m_1 = 833$, $m_2 = 201$, $m_3 = 23$.

21. $x(t) = e^{At}x_0 = \begin{bmatrix} e^{-t} & -0.5e^{-t} + 0.5e^{3t} & 0 \\ 0 & e^{3t} & 0 \\ 0 & 0 & e^{4t} \end{bmatrix} \begin{bmatrix} 2 \\ -3 \\ 1 \end{bmatrix} = \begin{bmatrix} 3.5e^{-t} - 1.5e^{3t} \\ -3e^{3t} \\ e^{4t} \end{bmatrix}$

Beachte: Zwei entkoppelte Subsysteme (vgl. Tabelle 4.1).

22. Wenn wir für jedes der sechs beteiligten Subsysteme 1. Ordnung das Zustandsraummodell in der beobachtbaren Standardform aufstellen und wenn wir die Zustandsvariablen $x_1, \ldots, x_6$ den Subsystemen G_1, $G_{3,11}$, $G_{3,12}$, $G_{3,21}$, $G_{3,22}$ und G_2 zuordnen, erhalten wir das Zustandsraummodell mit den Systemmatrizen:

$$A = \begin{bmatrix} -1 & 3 & 3 & 0 & 0 & 0 \\ 1 & 0 & 0 & 0 & 0 & 0 \\ 0 & 0 & 1 & 0 & 0 & 2 \\ 7 & 0 & 0 & -5 & 0 & 0 \\ 0 & 0 & 0 & 0 & 0 & 3 \\ 0 & 0 & 0 & 5 & 5 & 2 \end{bmatrix} \quad B = \begin{bmatrix} 3 & 0 \\ 0 & 0 \\ 0 & 0 \\ 0 & 0 \\ 0 & 0 \\ 0 & 5 \end{bmatrix} \quad C = \begin{bmatrix} 1 & 0 & 0 & 0 & 0 & 0 \\ 0 & 0 & 0 & 0 & 0 & 1 \end{bmatrix}$$

23. Sowohl die Beobachtbarkeitsmatrix V, als auch die Steuerbarkeitsmatrix U haben nur den Rang zwei. Das vorliegende Zustandsraummodell ist also weder vollständig beobachtbar noch vollständig steuerbar. Wir können erkennen, daß es u.a. die Parallelschaltung von zwei identischen Subsystemen 1. Ordnung enthält: $\dot{x}_1 = x_1 + 2x_2$, $\dot{x}_3 = x_3 + 3x_2$, $y = x_1 + x_3 + \ldots$ Damit erhalten wir direkt ein Zustandsraummodell minimaler Ordnung mit den Systemmatrizen: $A = \begin{bmatrix} 1 & 5 \\ 0 & 0 \end{bmatrix}$, $B = \begin{bmatrix} 0 \\ 1 \end{bmatrix}$ und $C = [1 \quad 2]$.

Routinemäßiger Lösungsweg: Aus A, B, C die Übertragungsfunktion $G(s)$ berechnen. Diese teilerfremd anschreiben (kürzen) und dann ein Zustandsraummodell minimaler Ordnung berechnen.

24. Dynamikmatrix $A = \begin{bmatrix} k & -a \\ b & -h \end{bmatrix}$. Charakteristisches Polynom: $\det(sI-A) = s^2+a_1s+a_0 = s^2+(h-k)s+(ab-hk)$. Für ein stabiles System unterscheiden wir mathematisch die drei folgenden Fälle:

a) asymptotisch stabil: $a_1 > 0$ und $a_0 > 0$. Somit $h > k$ und $ab > hk$.

b) grenzstabil mit einem Pol bei $s = 0$ und einem Pol mit negativem Realteil: $a_0 = 0$ und $a_1 > 0$. Somit $h > k$ und $ab = hk$.

c) grenzstabil mit einem konjugiert-komplexen Polpaar auf der imaginären Achse: $a_1 = 0$ und $a_0 > 0$. Somit $h = k$ und $ab > h^2$.

Bemerkungen: Im Fall a sterben beide Spezies aus. Im Fall b gibt es einen konstanten Gleichgewichtszustand mit $x_1/x_2 = h/b$. Im Fall c gibt es einen Grenzzyklus mit der Kreisfrequenz $\omega = \sqrt{ab - h^2}$. Dabei nehmen beide Zustandsvariablen periodisch negative Werte an. Der Fall c ist also nur sinnvoll, wenn es sich bei der gegebenen Dynamikbeschreibung um eine Linearisierung einer komplizierteren Dynamik handelt.

25. $P(t) = \begin{bmatrix} \frac{t^3}{3} & \frac{t^2}{2} \\ \frac{t^2}{2} & t \end{bmatrix}$.

Stochastische Interpretation: Serieschaltung zweier Integratoren mit einem weißen Rauschen v als Eingangssignal: $\dot{x}_1(t) = x_2(t)$, $\dot{x}_2(t) = v(t)$. Anfangszustand zur Zeit $t = 0$ deterministisch. Eingangssignal für $t \geq 0$: weißes Rauschen mit der Autokovarianzfunktion $\Sigma_v(\tau, 0) = \delta(\tau)$. Bedeutungen der Elemente der Matrix $P(t)$: $P_{22}(t) = \mathrm{Var}\{x_2(t)\} = t$ (Brownsche Bewegung); $P_{11}(t) = \mathrm{Var}\{x_1(t)\}$; $P_{12}(t) = \mathrm{Cov}\{x_1(t), x_2(t)\}$.

Kapitel 5

1. Riccati-Differentialgleichung: $\dot{k}(t) = -2ak + \frac{1}{r}b^2k^2 - q$; Randbedingung: $k(T) = f$. — Zur Vereinfachung der Schreibweise führen wir die folgenden Substitutionen ein: $F = \frac{ar}{b^2}$, $G = \sqrt{\left(\frac{ar}{b^2}\right)^2 + \frac{qr}{b^2}}$, $H = \frac{b^2}{r}$.

Lösungen der algebraischen Riccati-Gleichung: $k_{1,2} = F \pm G$.
Positive Lösung: $k_\infty = F + G$.

a) Für $k(t) > k_\infty$ ist $\dot{k}(t) > 0$, für $k(t) = k_\infty$ ist $\dot{k}(t) = 0$, und für $0 \leq k(t) < k_\infty$ ist $\dot{k}(t) < 0$. Ausgehend von der Randbedingung $k(T) = f$ gilt deshalb für $k(t)$ bei *abnehmender* Zeit $t < T$: für $f > k_\infty$ nimmt $k(t)$ monoton ab, für $f = k_\infty$ ist $k(t)$ konstant, und für $0 \leq f < k_\infty$ nimmt $k(t)$ monoton zu. Somit ist $k(t) > 0$ für alle Zeiten $t < T$ und alle $f \geq 0$.

b) & c) Aus der Diskussion in a) ist ersichtlich, daß $k(t)$ mit abnehmender Zeit gegen den Wert k_∞ strebt.

Ergänzende Angaben: Die Riccati-Differentialgleichung läßt sich analytisch integrieren. Variablen-Separation: $\int_k^f \frac{dk}{(k-F)^2 - G^2} = H \int_t^T dt$. Mit der Fallunterscheidung bezüglich des Vorzeichens des Nenners erhalten wir:

Für $f > k_\infty$: $k(t) = F + G\dfrac{f - F + G\tanh[GH(T-t)]}{G + (f-F)\tanh[GH(T-t)]}$;

für $0 \leq f < k_\infty$: $k(t) = F + G\dfrac{G + (f-F)\coth[GH(T-t)]}{f - F + G\coth[GH(T-t)]}$.

Zusatzaufgabe: Untersuche in diesen beiden Formeln die Grenzübergänge $t \to T$ und $T - t \to \infty$.

2. Algebraische Riccati-Gleichung: $0 = -2ak + \frac{1}{r}b^2k^2 - q$; positive Lösung dieser quadratischen Gleichung: $k = \frac{ar}{b^2} + \sqrt{\left(\frac{ar}{b^2}\right)^2 + \frac{qr}{b^2}}$; optimaler Regler: $u(t) = -gx(t)$ mit der Reglerverstärkung $g = \frac{1}{r}bk$. Wurzelort (Pollage des Regelsystems als Funktion von r): $s = a - \frac{1}{r}b^2k = -\sqrt{a^2 + \frac{qb^2}{r}}$.

a) & b) Die Wurzelortkurve ist unabhängig vom Vorzeichen von a. Sie beginnt für $r = \infty$ bei $s = -|a|$ und verläuft mit abnehmendem Wert von r auf der reellen Achse nach links und endet für $r \downarrow 0$ bei $s \to -\infty$.

3. Algebraische Riccati-Gleichung:

$$\begin{bmatrix} 0 & 0 \\ 0 & 0 \end{bmatrix} = \begin{bmatrix} 6k_{12} + \frac{4}{r}k_{12}^2 - 100 & -k_{11} + 4k_{12} + 3k_{22} + \frac{4}{r}k_{12}k_{22} \\ -k_{11} + 4k_{12} + 3k_{22} + \frac{4}{r}k_{12}k_{22} & -2k_{12} + 8k_{22} + \frac{4}{r}k_{22}^2 \end{bmatrix}.$$

Einzige positiv-definite Lösung:

$$\begin{bmatrix} k_{11} & k_{12} \\ k_{12} & k_{22} \end{bmatrix} \text{ mit } k_{12} = -\frac{3r}{4} + \frac{3r}{4}\sqrt{1 + \frac{400}{9r}},\ k_{22} = -r + r\sqrt{\frac{5}{8} + \frac{3}{8}\sqrt{1 + \frac{400}{9r}}}$$

und $k_{11} = \ldots$ (wird nicht benötigt)

Optimaler Regler:

$$u(t) = -R^{-1}B^TKx(t) = -\tfrac{2}{r}k_{12}x_1(t) - \tfrac{2}{r}k_{22}x_2(t)$$

$$= -\left(-\tfrac{3}{2}+\tfrac{3}{2}\sqrt{1+\tfrac{400}{9r}}\right)x_1(t) - \left(-2+\sqrt{\tfrac{5}{2}+\tfrac{3}{2}\sqrt{1+\tfrac{400}{9r}}}\right)x_2(t)$$

Eigenwerte der Systemmatrix $A - BR^{-1}B^TK$:

$$s_{1,2} = -\sqrt{\tfrac{5}{2}+\tfrac{3}{2}\sqrt{1+\tfrac{400}{9r}}} \pm \sqrt{\tfrac{5}{2}-\tfrac{3}{2}\sqrt{1+\tfrac{400}{9r}}} \qquad (\mathrm{Re}(s_i)<0).$$

Wurzelortkurve: Für $r = \infty$: $s_1 = -1$, $s_2 = -3$; für $r = 25$: Doppelpol $s_1 = s_2 = -\sqrt{5}$; für $r \downarrow 0$ gehen die Pole asymptotisch in Richtung der Winkelhalbierenden des 2. und 3. Quadranten ins Unendliche entsprechend $s_{1,2} \to \sqrt{10}(1 \pm j)/\sqrt[4]{r}$.

4. Rechte Seite der algebraischen Riccati-Gleichung:

$$\begin{bmatrix} 6k_{12} + \frac{4}{r}k_{12}^2 - 100 & -k_{11} + 4k_{12} + 3k_{22} + \frac{4}{r}k_{12}k_{22} - 20 \\ -k_{11} + 4k_{12} + 3k_{22} + \frac{4}{r}k_{12}k_{22} - 20 & -2k_{12} + 8k_{22} + \frac{4}{r}k_{22}^2 - 4 \end{bmatrix}$$

Einzige positiv-definite Lösung:

$$\begin{bmatrix} k_{11} & k_{12} \\ k_{12} & k_{22} \end{bmatrix} \text{ mit } k_{12} = -\tfrac{3r}{4} + \tfrac{3r}{4}\sqrt{1+\tfrac{400}{9r}},\ k_{22} = -r + r\sqrt{\tfrac{5}{8}+\tfrac{1}{r}+\tfrac{3}{8}\sqrt{1+\tfrac{400}{9r}}}$$

und $k_{11} = \ldots$

Optimaler Regler:

$$u(t) = -R^{-1}B^TKx(t) = -\tfrac{2}{r}k_{12}x_1(t) - \tfrac{2}{r}k_{22}x_2(t)$$

$$= -\left(-\tfrac{3}{2}+\tfrac{3}{2}\sqrt{1+\tfrac{400}{9r}}\right)x_1(t) - \left(-2+\sqrt{\tfrac{5}{2}+\tfrac{4}{r}+\tfrac{3}{2}\sqrt{1+\tfrac{400}{9r}}}\right)x_2(t)$$

Eigenwerte der Systemmatrix $A - BR^{-1}B^TK$:

$$s_{1,2} = -\sqrt{\tfrac{5}{2}+\tfrac{4}{r}+\tfrac{3}{2}\sqrt{1+\tfrac{400}{9r}}} \pm \sqrt{\tfrac{5}{2}+\tfrac{4}{r}-\tfrac{3}{2}\sqrt{1+\tfrac{400}{9r}}} \qquad (\mathrm{Re}(s_i)<0).$$

Wurzelortkurve: Für $r = \infty$: $s_1 = -1$, $s_2 = -3$; für $r \downarrow 0$: $s_1 \to -5$, $s_2 \to -4/\sqrt{r}$.

Zustandstrajektorie: Für r infinitesimal klein bewegt sich der Zustand innert infinitesimal kurzer Zeit vom Anfangszustand $x(0) = [10, 10]^{\mathrm{T}}$ auf den Punkt $x(\epsilon) \approx [10, -50]^{\mathrm{T}}$ auf der Geraden $x_2 = -5x_1$ (Zustandstrajektorie praktisch parallel zur x_2-Achse). Anschließend bewegt sich der Zustand mit endlicher und exponentiell abnehmender Geschwindigkeit auf dieser Geraden zum Koordinatenursprung $x(\infty) = [0, 0]^{\mathrm{T}}$, wobei $x_1(t) = x_1(\epsilon)e^{-5t}$, $x_2(t) = x_2(\epsilon)e^{-5t}$ (modale Eigenantwort des Regelsystems zum Pol $s_2 = -5$). In diesem Abschnitt gilt $x^{\mathrm{T}}(t)Qx(t) \equiv 0$.

5. $G(s) = C[sI - A]^{-1}B = \frac{4s+20}{s^2+4s+3}$. Pole: -3 und -1. Nullstelle: -5. Die Wurzelortkurve startet für $r = \infty$ bei den Polen der Regelstrecke. Für $r \to 0$ geht ein Pol gegen die Nullstelle, der andere auf der negativen reellen Achse ins Unendliche. Wenn das Vorzeichen in der Ausgangsgleichung ändert,

bleibt die Wurzelortkurve unverändert, d.h. für $r \to 0$ geht ein Pol gegen die an der imaginären Achse gespiegelte Nullstelle.

6.
```
// Berechnung der Lösung der algebraischen Riccati-Gleichung
// A'*K+K*A-K*B*inv(R)*B'*K+Q=0, der Rückführmatrix G des
// LQ-Regulators und der Eigenwerte des Regelsystems A-B*G.
// Eingabe:  A, B, Q, R und N (Ordnung des Systems).
// Ausgabe:  Rückführmatrix G, Eigenwerte von A-B*G.
//
// Schritt 1:
MMM=<A,-B*INV(R)*B';-Q,-A'>;

// Schritt 2:
<XXX,DDD>=EIG(MMM);
//Schritt 3:
JJJ=0;
FOR III=1:2*N; ...
  IF DDD(III)<0; JJJ=JJJ+1; ...
    FFF(<1:N>,JJJ)=XXX(<1:N>,III); ...
    GGG(<1:N>,JJJ)=XXX(<N+1:2*N>,III);
// Schritt 4:
K=GGG/FFF;
K=0.5*REAL(K+K');
//Ausgabe:
G=INV(R)*B'*K
EVR=EIG(A-B*G)
```

7. $\frac{Y(s)}{Y_d(s)} = G(s) = C[sI - A + BR^{-1}B^{\mathrm{T}}K]^{-1}BK_F$.
Forderung: $G(0) = 1$. Daraus folgt: $K_F = \frac{1}{C[BR^{-1}B^{\mathrm{T}}K - A]^{-1}B}$.

Kapitel 6

1. Zustandsraummodell des Systems:

$$A = \begin{bmatrix} 0 & 1 & 0 & 0 \\ 0 & 0 & 1 & 0 \\ 0 & 0 & 0 & 1 \\ 0 & 0 & 0 & 0 \end{bmatrix} \quad B = \begin{bmatrix} 0 \\ 0 \\ 0 \\ 1 \end{bmatrix} \quad C = [1 \quad 0 \quad 0 \quad 0].$$

Beobachter:
$\dot{z}(t) = Az(t) + Bu(t) + H(y(t) - Cz(t)) = [A - HC]z(t) + Bu(t) + Hy(t)$ mit

$$H = \begin{bmatrix} h_3 \\ h_2 \\ h_1 \\ h_0 \end{bmatrix} \quad \text{und} \quad [A - HC] = \begin{bmatrix} -h_3 & 1 & 0 & 0 \\ -h_2 & 0 & 1 & 0 \\ -h_1 & 0 & 0 & 1 \\ -h_0 & 0 & 0 & 0 \end{bmatrix}.$$

Charakteristische Polynom von $A - HC$:
$\det(sI - [A - HC]) = s^4 + h_3 s^3 + h_2 s^2 + h_1 s + h_0$.

Charakteristisches Polynom für die geforderte Pollage des Beobachters: $(s+2-j3)(s+2+j3)(s+3-j)(s+3+j) = s^4+10s^3+47s^2+118s+130$. Koeffizientenvergleich: $h_3 = 10$, $h_2 = 47$, $h_1 = 118$, $h_0 = 130$.

2. Systemmatrizen: $A = \begin{bmatrix} 0 & 1 \\ 0 & 0 \end{bmatrix}$, $B = \begin{bmatrix} 0 \\ 1 \end{bmatrix}$, $C = [\,1 \quad 0\,]$.

Beobachterverstärkungsmatrix: $H = \begin{bmatrix} h_1 \\ h_2 \end{bmatrix}$.

Skalare Gleichungen des vollständigen Zustandsbeobachters:
$\dot{\widehat{x}}_1(t) = \widehat{x}_2(t) + h_1 y(t) - h_1 \widehat{x}_1(t)\,,\ \dot{\widehat{x}}_2(t) = u(t) + h_2 y(t) - h_2 \widehat{x}_1(t)\,.$

3. Skalare Gleichungen des Beobachters minimaler Ordnung:
$\dot{q}(t) = -aq(t) - a^2 y(t) + u(t)$ mit $a > 0\,,\ \widehat{x}_1(t) = y(t)\,,\ \widehat{x}_2(t) = q(t) + ay(t)\,.$
Idealer Anfangszustand: $q(0) = x_2(0) - ax_1(0)\,.$
Differentialgleichung des Schätzfehlers: $\dot{\widehat{x}}_2(t) - \dot{x}_2(t) = -a(\widehat{x}_2(t) - x_2(t))\,.$
Zusatzaufgabe: Diskutiere die Funktionsweise dieses Beobachters in den drei folgenden Spezialfällen: a) Position konstant, b) Geschwindigkeit konstant, c) Beschleunigung konstant.

4. Verwendetes Zustandsraummodell der Regelstrecke:

$$A = \begin{bmatrix} 0 & 1 & 0 \\ 0 & 0 & 1 \\ -6 & -11 & -6 \end{bmatrix},\ B = \begin{bmatrix} 0 \\ 0 \\ 1 \end{bmatrix},\ C = [\,1 \quad 0 \quad 0\,].$$

Entwurfsparameter für den Beobachter: $B_\xi = B$, $\beta_F = 1$, $\mu = 4 \cdot 10^{-7}$.
Entwurfsparameter für den Zustandsregler: $Q_y = 1$, $R_1 = 1$, $\rho = 10^{-12}$.

Resultierende Matrizen: $H = \begin{bmatrix} 17.7 \\ 157 \\ 441 \end{bmatrix}$, $G = [\,7.28 \cdot 10^5 \quad 1.78 \cdot 10^4 \quad 206\,]$.

Kontrolle der Spezifikationen: $|L(j1)| = 40.5\,\text{dB}$, $|L(j100)| = -20.6\,\text{dB}$, $|D(j\omega)| > -3\,\text{dB}$ für alle $\omega \in [0, \infty)$.

5. $A - HC = \begin{bmatrix} 0 & 1 \\ 5 & 4 \end{bmatrix} - \begin{bmatrix} h_1 \\ h_2 \end{bmatrix} [\,1 \quad 0\,] = \begin{bmatrix} -h_1 & 1 \\ 5-h_2 & 4 \end{bmatrix}$. $\det(sI - (A - HC)) = s^2 + (h_1 - 4)s + h_2 - 4h_1 - 5 = (s - s_1)(s - s_2) = s^2 + 10s + 50$.
Durch Koeffizientenvergleich: $h_1 = 14$, $h_2 = 111$.

In analoger Weise erhalten wir: $G = [\,g_1 \quad g_2\,] = [\,17 \quad 11\,]\,.$

Phasenreserve $\varphi = 14.5°$ bei der Durchtrittsfrequenz $\omega_c = 4.37\,\text{rad/s}$. Verstärkungsreserve $K \in (0.68, 1.99)$. Minimale Kreisverstärkungsdifferenz $D_{\min} = 0.25$. Das Folgeregelungssystem ist nicht nur wegen der ungenügenden Robustheitsreserve unbrauchbar, sondern auch, weil sein statischer Übertragungsfaktor 2.84 (statt 1) beträgt.

Wenn wir in der LQG/LTR-Methode die Entwurfsparameter $B_\xi = B$, $\beta_F = 2$, $\mu = 5 \cdot 10^{-6}$ und $Q_y = 1$, $R_1 = 1$, $\rho = 10^{-10}$ verwenden, erhalten wir die folgenden Resultate: Phasenreserve $\varphi = 61°$, Verstärkungsreserve $K \in (0.094, 9.68)$, minimale Kreisverstärkungsdifferenz $D_{\min} = 0.82$. Statischer Übertragungsfaktor 1.01 .

Kapitel 8

1. Weil die Varianz ("Leistung") des weißen Rauschens unendlich groß ist.

2. Weil die Eigenschaft der "vollständigen Unprädiktierbarkeit" des weißen Rauschens interessant ist.

3. ? — In der Praxis nehmen wir bei einem stationären Zufallsprozeß immer an, daß er auch ergodisch sei, damit das Vertauschen von Ensemblemittelwerten und entsprechenden zeitlichen Mittelwerten zulässig ist.

4. Zu jedem Zeitpunkt entgegengesetzt gleiche Erwartungswerte, gleiche Varianzen und strenge Korreliertheit mit $\rho = -1$.

5. Nein, denn seine momentane Varianz ist nicht konstant.

6. Diskretes weißes Rauschen v_k: $E\{v_k\} = \overline{v}_k = \frac{1}{T} \int\limits_{kT}^{(k+1)T} \overline{v}(t)\, dt$,

   $E\{[v_k - \overline{v}_k][v_k - \overline{v}_k]^{\mathrm{T}}\} = Q_k = \frac{1}{T^2} \int\limits_{kT}^{(k+1)T} Q(t)\, dt$,

   $E\{[v_j - \overline{v}_j][v_k - \overline{v}_k]^{\mathrm{T}}\} = Q_k \delta_{jk}$, wobei $\delta_{jk} = \begin{cases} 1 & \text{für } j = k \\ 0 & \text{für } j \neq k \end{cases}$

   Spezialfall: stationärer Zufallsprozeß : $v_k \equiv \overline{v}$, $Q_k \equiv \dfrac{Q}{T}$.

Kapitel 9

1. Eingangssignal: stationärer Vektor-Zufallsprozeß; dynamisches System: linear, zeitinvariant und asymptotisch stabil; Anfangszeit: $t_0 = -\infty$.

2. Dynamisches System: vollständig steuerbar (notwendig); Eingangsvektor: momentane Kovarianzmatrix positiv-definit (hinreichend).

3. $G(s) = \frac{50}{s+10}$, $\dot{y}(t) = -10y(t) + 50v(t)$.

   Momentaner Erwartungswert:

   $0 \le t \le 2$: $\overline{y}(0) = 3$ $\quad \overline{y}(t) = 5 - 2e^{-10t}$

   $2 \le t \le 4$: $\overline{y}(2) = 5 - 2e^{-20} \approx 5$ $\quad \overline{y}(t) = 5e^{-10(t-2)}$

   $4 \le t < \infty$: $\overline{y}(4) = 5e^{-20} \approx 0$ $\quad \overline{y}(t) = 5 - 5e^{-10(t-4)}$.

   Momentane Varianz:

   $0 \le t \le 2$: $\Sigma(t) = 20e^{-20t} + 1250(1 - e^{-20t})$

   $2 \le t \le 4$: $\Sigma(t) = 1250e^{-20(t-2)}$

   $4 \le t < \infty$: $\Sigma(t) = 1250(1 - e^{-20(t-4)})$.

   Autokovarianzfunktion:

   $\Sigma(t, \tau) = \Sigma\big(\min(t, \tau)\big) e^{-10|t-\tau|}$.

4. Lyapunov-Differentialgleichung: $\dot{\Sigma}(t) = -6\Sigma(t) + 40$, $\Sigma(0) = 0$. Lösung: $\Sigma(t) = \frac{20}{3}(1 - e^{-6t})$. Somit $\Sigma(T) = 3$ für $T = \frac{1}{6}\ln(\frac{20}{11})\,\mathrm{s} = 0.1\,\mathrm{s}$ und $\Sigma_{\max} = \frac{20}{3}$.

5. Gegebener Tiefpaß 1. Ordnung: $G(s) = \frac{b}{s+a}$.
Exponentiell korreliertes Rauschen mit Varianz σ^2 und Korrelationszeitkonstanten τ interpretiert als Ausgangssignal eines Tiefpasses 1. Ordnung mit der Übertragungsfunktion $G_2(s) = \frac{1}{s\tau+1}$, dessen Eingangssignal ein weißes Rauschen geeigneter Intensität ist. — Erweitertes dynamisches System:

$$\begin{bmatrix}\dot{x}_1(t)\\ \dot{x}_2(t)\end{bmatrix} = \begin{bmatrix}-a & b\\ 0 & -\frac{1}{\tau}\end{bmatrix}\begin{bmatrix}x_1(t)\\ x_2(t)\end{bmatrix} + \begin{bmatrix}0\\ \frac{1}{\tau}\end{bmatrix}v(t), \qquad y(t) = [1 \quad 0]\begin{bmatrix}x_1(t)\\ x_2(t)\end{bmatrix} + r(t),$$

wobei $\Sigma_v(\tau, 0) = Q\delta(\tau)$ mit $Q = 2\tau\sigma^2$. [$r(t)$: Meßrauschen, vgl. Aufg. 6.]

6. $G_{yv}(s) = \frac{2}{s+2K_P-1}$. Die erste Forderung: $\overline{y} = G_{yv}(0)\overline{v} \leq 0.2$ liefert die Bedingung $K_P \geq \frac{21}{2}$. Zeitbereichsbeschreibung des Systems $G_{yv}(s)$: $\dot{y}(t) = (1-2K_P)y(t) + 2v(t)$. Lyapunov-Gleichung für die Varianz des Ausgangssignals: $\dot{\Sigma}(t) \equiv 0 = 2(1-2K_P)\Sigma + 80$. Die zweite Forderung, $\Sigma \leq 1$, liefert die schärfere Bedingung $K_P \geq \frac{41}{2}$.

7. $\dot{\widehat{x}}(t) = A\widehat{x}(t) + \Sigma(t)C^{\mathrm{T}}R^{-1}\{y(t) - \overline{r} - C\widehat{x}(t)\} + B\overline{v}, \quad \widehat{x}(0) = E\{x_0\}$,
$\dot{\Sigma}(t) = A\Sigma(t) + \Sigma(t)A^{\mathrm{T}} - \Sigma(t)C^{\mathrm{T}}R^{-1}C\Sigma(t) + BQB^{\mathrm{T}}, \quad \Sigma(0) = Cov\{x_0\}$.
Beachte: $\Sigma(t)$ ist eine symmetrische Matrix, d.h. $\Sigma_{21}(t) \equiv \Sigma_{12}(t)$, $\Sigma_{31}(t) \equiv \Sigma_{13}(t)$, $\Sigma_{32}(t) \equiv \Sigma_{23}(t)$ (6 unbekannte Funktionen $\Sigma_{ij}(t)$).

Im detaillierten Signalflußbild des zeitvariablen Kalman-Bucy-Filters sind die folgenden Gleichungen darzustellen:

$$\begin{bmatrix}\dot{\widehat{x}}_1(t)\\ \dot{\widehat{x}}_2(t)\\ \dot{\widehat{x}}_3(t)\end{bmatrix} = \begin{bmatrix}-2 & 3 & -2\\ 0 & -1 & 5\\ 3 & 4 & -2\end{bmatrix}\begin{bmatrix}\widehat{x}_1(t)\\ \widehat{x}_2(t)\\ \widehat{x}_3(t)\end{bmatrix} + \begin{bmatrix}0\\ 0\\ 10\end{bmatrix}$$
$$+ \begin{bmatrix}0.2\Sigma_{11}(t) + 0.1\Sigma_{12}(t)\\ 0.2\Sigma_{12}(t) + 0.1\Sigma_{22}(t)\\ 0.2\Sigma_{13}(t) + 0.1\Sigma_{23}(t)\end{bmatrix}\{y(t) + 1 - 2\widehat{x}_1(t) - \widehat{x}_2(t)\} .$$

8. $\dot{\widehat{x}}(t) = A\widehat{x}(t) + \Sigma C^{\mathrm{T}}R^{-1}\{y(t) - \overline{r} - C\widehat{x}(t)\} + B\overline{v}, \quad \widehat{x}(0) = E\{x_0\}$.
Dabei ist Σ die einzige positiv-definite Lösung der algebraischen Riccati-Gleichung: $0 = A\Sigma + \Sigma A^{\mathrm{T}} - \Sigma C^{\mathrm{T}}R^{-1}C\Sigma + BQB^{\mathrm{T}}$. Beachte: Σ ist eine symmetrische Matrix, d.h. $\Sigma_{21} = \Sigma_{12}$, (3 unbekannte Elemente Σ_{ij}).

Im detaillierten Signalflußbild des zeitinvarianten Kalman-Bucy-Filters sind die folgenden Gleichungen darzustellen:

$$\begin{bmatrix}\dot{\widehat{x}}_1(t)\\ \dot{\widehat{x}}_2(t)\end{bmatrix} = \begin{bmatrix}-a & b\\ 0 & -1/\tau\end{bmatrix}\begin{bmatrix}\widehat{x}_1(t)\\ \widehat{x}_2(t)\end{bmatrix} + \begin{bmatrix}0\\ 1/\tau\end{bmatrix}\overline{v} + \begin{bmatrix}\Sigma_{11}/R\\ \Sigma_{12}/R\end{bmatrix}\{y(t) - \overline{r} - \widehat{x}_1(t)\} .$$

9. Bezeichnungen: Meßrauschen $r(t) : (\overline{r}(t), \widetilde{R}(t))$, Motorrauschen $v(t) : (\overline{v}(t), \widetilde{Q}(t))$, Anfangszustand: $x_0 : (\overline{x}_0, \Sigma_0)$; Problemdauer: $[t_0, t_1]$; Gewichtungsmatrizen des LQ-Regulator-Problems: F, $Q(t)$ und $R(t)$.

Im Grobsignalflußbild des Regelsystems sind darzustellen:
Strecke: $\dot{x}(t) = A(t)x(t) + B(t)\big(u(t) + v(t)\big)$
$x(t_0) = x_0$

$$\begin{aligned}
\text{Meßgleichung:}\quad & y(t) = C(t)x(t) + r(t) \\
\text{Filter:}\quad & \dot{\widehat{x}}(t) = A(t)\widehat{x}(t) + B(t)\big(u(t) + \overline{v}(t)\big) \\
& \quad + \Sigma(t)C(t)^{\mathrm{T}}\widetilde{R}(t)^{-1}\{y(t) - \overline{r}(t) - C(t)\widehat{x}(t)\} \\
& \widehat{x}(t_0) = \overline{x}_0 \\
\text{Regler:}\quad & u(t) = -R(t)^{-1}B^{\mathrm{T}}(t)K(t)\widehat{x}(t)
\end{aligned}$$

mit $\Sigma(t)$ und $K(t)$ aus:

$$\begin{aligned}
&\dot{\Sigma}(t) = A(t)\Sigma(t) + \Sigma(t)A^{\mathrm{T}}(t) - \Sigma(t)C^{\mathrm{T}}(t)\widetilde{R}^{-1}(t)C(t)\Sigma(t) + B(t)\widetilde{Q}(t)B^{\mathrm{T}}(t) \\
&\Sigma(0) = \Sigma_0 \\
&\dot{K}(t) = -A^{\mathrm{T}}(t)K(t) - K(t)A(t) + K(t)B(t)R^{-1}(t)B^{\mathrm{T}}(t)K(t) - Q(t) \\
&K(t_1) = F\ .
\end{aligned}$$

Kapitel 10

1. $\mathrm{V}^2\mathrm{s}$, $\mathrm{A}^2\mathrm{s}$, $1/\mathrm{s}$, $\mathrm{U}^2\mathrm{s}/\mathrm{min}^2$, $(\mathrm{kMol}/\mathrm{min})^2\mathrm{s}$, $\mathrm{m}^2/\mathrm{s}^3$.

2. $S(\omega) = S_1(\omega) + S_2(\omega) = \frac{2T_1\sigma_1^2}{\omega^2 T_1^2 + 1} + \frac{2T_2\sigma_2^2}{\omega^2 T_2^2 + 1}$.

Kapitel 11

1. Damit in der Beziehung $S_y(\omega) = |G(j\omega)|^2 S_u(\omega)$ die Addition der dB-Werte resultiert: $S_y(\omega)_{\mathrm{dB}} = |G(j\omega)|_{\mathrm{dB}} + S_u(\omega)_{\mathrm{dB}}$.

2. Sytem: $G(s) = G_1(s) + G_2(s) = \frac{200}{s+20} + \frac{1000}{s+50} = 1200\frac{s+25}{(s+20)(s+50)}$ (Parallelschaltung). Exponentiell korreliertes Rauschen v: $\Sigma_v(\tau, 0) = \sigma^2 e^{-|\tau|/T}$, $S_v(\omega) = \frac{2\sigma^2/T}{\omega^2 + 1/T^2} = \frac{80}{\omega^2 + 2.5^2}$. $S_y(\omega)_{\mathrm{dB}} = S_v(\omega)_{\mathrm{dB}} + |G(j\omega)|_{\mathrm{dB}}$.
Kontrollangaben zur Skizze des Spektrums: Verlauf der Asymptoten: $\omega \approx 0$: $S_y(\omega) \equiv 40.6\,\mathrm{dB}$, Eckfrequenzen bei $\omega = 2.5\,\mathrm{rad/s}$ ($0 \to -20\,\mathrm{dB/dek}$), $\omega = 20\,\mathrm{rad/s}$ ($-20 \to -40\,\mathrm{dB/dek}$), $\omega = 25\,\mathrm{rad/s}$ ($-40 \to -20\,\mathrm{dB/dek}$), $\omega = 50\,\mathrm{rad/s}$ ($-20 \to -40\,\mathrm{dB/dek}$); physikalische Einheiten: Abszisse: rad/s, Ordinate: $\mathrm{rad}^2/\mathrm{s}$.

3. System: $\dot{x}(t) = -ax(t) + bu(t)$, $a > 0$, $y(t) = x(t) + r(t)$. Weiße Rauschen: $u : (0, Q)$, $r : (0, R)$, unkorreliert.

   Pragmatisch: Tiefpaß 1. Ordnung als Filter:
   Statischer Übertragungsfaktor $= 1$, Eckfrequenz $= a$, $G_F(s) = \frac{a}{s+a}$

   Kalman-Bucy-Filter:
   $\dot{\widehat{x}}(t) = -\sqrt{a^2 + b^2 Q/R}\ \widehat{x}(t) + \big(\sqrt{a^2 + b^2 Q/R} - a\big)y(t)$. Statischer Übertragungsfaktor: $\frac{\sqrt{a^2 + b^2 Q/R} - a}{\sqrt{a^2 + b^2 Q/R}} < 1$, Eckfrequenz: $\sqrt{a^2 + b^2 Q/R} > a$.

4. Pragmatisch: Tiefpaß 1. Ordnung als Filter:
   Statischer Übertragungsfaktor $= 1$, Eckfrequenz $= \omega_0$.

Kalman-Bucy-Filter:
System 2. Ordnung, statischer Übertragungsfaktor < 1, Eckfrequenz > ω_0.

5. Für $w \equiv 0$: $\dot{y}(t) = (a - K_P k)y(t) + kv(t)$. $\dot{\Sigma}(t) \equiv 0 = 2(a - K_P k)\Sigma + k^2 Q$, wobei $a - K_P k$ negativ sein muß. Aus der Bedingung $\Sigma \leq c$ resultiert: $K_P \geq \frac{a}{k} + \frac{kQ}{2c}$.

Kapitel 12

1. Einfachste Vorgehensweise: Betrachte die Einheitsrampenfunktion $\{y_k\}$ als Ausgangssignal eines Summators, dessen Eingangssignal konstant gleich Eins ist: $y_{k+1} = y_k + u_k$, $u_k \equiv 1$, $y_0 = c$. Mit Hilfe der $\mathcal{Z}$-Transformation: $z\mathcal{Z}\{y_k\} - zy_0 = \mathcal{Z}\{y_k\} + \mathcal{Z}\{u_k\}$. $\mathcal{Z}\{y_k\} = \frac{y_0}{1-z^{-1}} + \frac{z^{-1}}{1-z^{-1}}\mathcal{Z}\{u_k\}$ mit $\mathcal{Z}\{u_k\} = \frac{1}{1-z^{-1}}$. Somit $\mathcal{Z}\{y_k\} = \frac{c+(1-c)z^{-1}}{(1-z^{-1})^2}$. ($c = 0$, 0.5, bzw. 1 einzusetzen.)

2. $(1+2z^{-1}) : (1+z^{-2}) = 1+2z^{-1}-z^{-2}-2z^{-3}+z^{-4}+2z^{-5}-z^{-6}-2z^{-7}+\cdots$.
$\{y_k\} = \{1, 2, -1, -2, 1, 2, -1, -2, \cdots\}$.

3. a) Charakteristisches Polynom: $z^2 + 3z + 2$. Pole des Systems: $z_1 = -1$, $z_2 = -2$. Ein Pol liegt außerhalb des Einheitskreises: Das System ist instabil.

b) Pole: $z_1 = -2.5$, $z_2 = -0.5$. $|z_1| > 1$: System instabil.

c) $z_1 = -1$, $z_2 = 1$. Zwei einfache Pole auf dem Einheitskreis: Das System ist grenzstabil.

d) Charakteristisches Polynom: $z^2 + \frac{1}{6}z - \frac{1}{3}$. $z_1 = -\frac{2}{3}$, $z_2 = 0.5$. Beide Pole innerhalb des Einheitskreises: System asymptotisch stabil.

e) $z_1 = z_2 = 1$. Doppelpol auf dem Einheitskreis: System instabil.

4. d) $\mathcal{Z}\{y_k\} = z^{-1}\frac{2}{1+\frac{2}{3}z^{-1}}$.

$$\{y_k\} = \{0, 2, -\tfrac{4}{3}, \tfrac{8}{9}, -\tfrac{16}{27}, \ldots\}\,; \quad y_k = \begin{cases} 0 & \text{für } k = 0 \\ 2\left(-\frac{2}{3}\right)^{k-1} & \text{für } k \geq 1\,. \end{cases}$$

e) $\mathcal{Z}\{y_k\} = \frac{2z}{(z-1)^2}$.

$\{y_k\} = \{0, 2, 4, 6, 8, \ldots\}$; $y_k = 2k$ für $k \geq 0$.

5. $\mathcal{Z}\{y_k\} = \frac{16}{21}\frac{1}{1-z^{-1}} - \frac{4}{3}\frac{1}{1+\frac{1}{2}z^{-1}} + \frac{4}{7}\frac{1}{1+\frac{5}{2}z^{-1}}$. $y_k = \frac{16}{21} - \frac{4}{3}\left(-\frac{1}{2}\right)^k + \frac{4}{7}\left(-\frac{5}{2}\right)^k$.
$\{y_k\} = \{0, 0, 4, -8, 23, -55, \ldots\}$.

6. Weil sonst der diskretisierte Regler einen Pol bei $z = -1$ hat und somit der Amplitudengang des Reglers bei der Nyquist-Frequenz $\omega = \frac{\pi}{T}$ unendlich groß wird. — Dieses Problem tritt bei "realen" Reglern nicht auf, da der durch den D-Teil verursachte Pol nun bei $-(1-\frac{T_V}{N})/(1+\frac{T_V}{N})$ liegt.

7. a) Wenn wir die bilineare Transformation mit $s=\frac{2}{T}\frac{z-1}{z+1}$ verwenden, erhalten wir die folgende diskrete Übertragungsfunktion des Reglers:
$\mathcal{K}(z) = K_P\left(1 + \frac{\alpha(z+1)}{z-1} + \frac{\beta(z-1)}{z+\gamma}\right) = \frac{U(z)}{E(z)}$,
wobei $\alpha = \frac{T}{2T_N}$, $\beta = \frac{\frac{2T_v}{T}}{1+\frac{2T_V}{NT}}$ und $\gamma = \frac{1-\frac{2T_V}{NT}}{1+\frac{2T_V}{NT}}$.

b) Entsprechende zeitdiskrete Bewegungsgleichung des Reglers:
$u_k + \alpha_1 u_{k-1} + \alpha_2 u_{k-2} + 0 u_{k-3} = \beta_0 e_k + \beta_1 e_{k-1} + \beta_2 e_{k-2}$ mit
$\alpha_1 = -(1-\gamma)$, $\alpha_2 = -\gamma$, $\beta_0 = K_P(1+\alpha+\beta)$, $\beta_1 = K_P(\alpha(\gamma+1)-2\beta+\gamma-1)$, $\beta_2 = K_P(\alpha\gamma+\beta-\gamma)$.

c) Variante 1: Zustandsraummodell des Reglers dritter Ordnung ohne feedthrough in der Form $q_k = Mq_{k-1} + Ne_k$, $u_k = Pq_k$:

$$M = \begin{bmatrix} -\alpha_1 & -\alpha_2 & 0 \\ 1 & 0 & 0 \\ 0 & 1 & 0 \end{bmatrix}, \; N = \begin{bmatrix} 1 \\ 0 \\ 0 \end{bmatrix}, \; P = [\beta_0 \quad \beta_1 \quad \beta_2]$$

mit der Initialisierung des Zustandsvektors: $q_0 = 0$.

Variante 2: Zustandsraummodell des Reglers zweiter Ordnung mit feedthrough in der Form $q_k = Mq_{k-1} + Ne_{k-1}$, $u_k = Pq_k + Qe_k$:

$$M = \begin{bmatrix} -\alpha_1 & -\alpha_2 \\ 1 & 0 \end{bmatrix}, \; N = \begin{bmatrix} 1 \\ 0 \end{bmatrix}, \; P = [\beta_1 - \beta_0\alpha_1 \quad \beta_2 - \beta_0\alpha_2], \; Q = \beta_0 .$$

mit der Initialisierung des Zustandsvektors: $q_0 = 0$.

Der Vorteil der zweiten Variante liegt hauptsächlich darin, daß die erste Gleichung und ein Teil der zweiten Gleichung bereits zwischen der Ausgabe der letzten Stellgröße u_{k-1} und dem Eintreffen der neuesten Regelabweichung e_k abgearbeitet werden können. Bis zur Ausgabe der nächsten Stellgröße u_k sind nur noch je eine einzige Multiplikation und Addition nötig (minimale "Rechentotzeit")!

8. a) $u_k = \alpha u_{k-1} + \beta e_k$ mit $\alpha = e^{-8T} = 0.7261$, $\beta = 50\int_0^T e^{-8\rho}\, d\rho = 1.7116$

b) $u_k = \alpha u_{k-1} + \beta(e_k + e_{k-1})$ mit $\alpha = (1-\frac{T}{2}8)/(1+\frac{T}{2}8) = 0.7241$, $\beta = 50\frac{T}{2}/(1+\frac{T}{2}8) = 0.8621$

c) $\Delta\varphi \approx \frac{\omega_c T}{2} \quad \arg(\mathcal{G}_R(z))|_{z=e^{j\omega_c T}} + \arg(G_R(s))|_{s=j\omega_c}$.
$\mathcal{G}_R(z) = \frac{\beta z}{z-\alpha}$ bzw. $\frac{\beta(z+1)}{z-\alpha}$. Phasenreserveverlust: $\Delta\varphi = 0.3°$ bzw. $5.8°$.

9. Initialisierung: $\widehat{x}_{0|-1} = \overline{\xi}$;
$\widehat{x}_{k|k} = \widehat{x}_{k|k-1} + L_k\{y_k - \widehat{x}_{k|k-1}\}$ mit L_k aus der untenstehenden Tabelle;
$\widehat{x}_{k+1|k} = \widehat{x}_{k|k} + u_k$.

k	$\Sigma_{k\|k-1}$	L_k	$\Sigma_{k\|k}$
0	10	0.7143	2.857
1	4.857	0.5484	2.194
2	4.194	0.5118	2.047
3	4.047	0.5029	2.012
4	4.012	0.5007	2.003
5	4.003	0.5002	2.001
6	4.001	0.5000	2.000
⋮	⋮	⋮	⋮
∞	4	0.5	2

10. $\widetilde{M} = M$, $\widetilde{N}_1 = 0$, $\widetilde{N}_2 = X(N_2 + MN_1)$, $\widetilde{P} = PX^{-1}$, $\widetilde{Q} = Q + PN_1$. Dabei ist $X \in R^{\ell \times \ell}$ eine beliebige invertierbare Matrix, z.B. $X = I$. Die Matrizen $\widetilde{N}_2$, $\widetilde{P}$ und $\widetilde{Q}$ werden natürlich nur ein einziges Mal und im voraus berechnet.

Anhang 1. Komplexe Zahlen

Inhalt

1 Darstellung einer komplexen Zahl

Die komplexe Zahl

$$z = x + jy = re^{j\varphi} = r(\cos\varphi + j\sin\varphi)$$

(mit x, y, r, φ reell und $j = \sqrt{-1} = e^{j\pi/2}$) hat den Realteil x, den Imaginärteil y, den Betrag r und das Argument φ:

$$\begin{aligned}
\mathrm{Re}(z) &= x = r\cos\varphi \\
\mathrm{Im}(z) &= y = r\sin\varphi \\
|z| &= r = \sqrt{x^2 + y^2} \\
\arg(z) &= \angle z = \varphi = \arccos\left(\frac{x}{r}\right) = \arcsin\left(\frac{y}{r}\right) = \arctan\left(\frac{y}{x}\right) \quad .
\end{aligned}$$

Die Konjugiert-komplexe $\overline{z}$ einer komplexen Zahl z ist $\overline{z} = x - jy = re^{-j\varphi}$.

2 Arithmetische Operationen

2.1 Addition zweier komplexen Zahlen

Die Summe der beiden komplexen Zahlen z_1 und z_2 ist:

$$\begin{aligned}
z &= z_1 + z_2 \\
&= (x_1 + x_2) + j(y_1 + y_2) \\
&= re^{j\varphi}
\end{aligned}$$

mit

$$r = \sqrt{r_1^2 + r_2^2 + 2r_1r_2\cos(\varphi_1 - \varphi_2)}$$
$$\cos\varphi = \frac{1}{r}\,(r_1\cos\varphi_1 + r_2\cos\varphi_2)$$
$$\sin\varphi = \frac{1}{r}\,(r_1\sin\varphi_1 + r_2\sin\varphi_2) \quad .$$

2.2 Multiplikation zweier komplexen Zahlen

Das Produkt der beiden komplexen Zahlen z_1 und z_2 ist:

$$\begin{aligned} z &= z_1 z_2 \\ &= r_1 r_2 e^{j(\varphi_1+\varphi_2)} \\ &= (x_1x_2 - y_1y_2) + j(x_1y_2 + x_2y_1) \quad . \end{aligned}$$

Spezialfall: $z\overline{z} = |z|^2$.

2.3 Division zweier komplexen Zahlen

Der Quotient der beiden komplexen Zahlen z_1 und z_2 ist:

$$\begin{aligned} z &= \frac{z_1}{z_2} \\ &= \frac{r_1}{r_2}\, e^{j(\varphi_1-\varphi_2)} \\ &= \frac{x_1x_2 + y_1y_2}{x_2^2 + y_2^2} + j\,\frac{x_2y_1 - x_1y_2}{x_2^2 + y_2^2} \quad . \end{aligned}$$

Spezialfall: Inversion: $z^{-1} = \frac{1}{r}\, e^{-j\varphi}$.

2.4 Potenzieren einer komplexen Zahl

Die n-te Potenz der komplexen Zahl z ist:

$$z^n = r^n e^{jn\varphi} \quad .$$

2.5 Radizieren einer komplexen Zahl

Für eine positive ganze Zahl n hat die komplexe Zahl z die n voneinander verschiedenen n-ten Wurzeln:

$$\sqrt[n]{z} = \begin{cases} \sqrt[n]{r}\, e^{j\frac{\varphi}{n}} \\ \sqrt[n]{r}\, e^{j(\frac{\varphi}{n}+\frac{2\pi}{n})} \\ \sqrt[n]{r}\, e^{j(\frac{\varphi}{n}+2\frac{2\pi}{n})} \\ \sqrt[n]{r}\, e^{j(\frac{\varphi}{n}+3\frac{2\pi}{n})} \\ \vdots \\ \sqrt[n]{r}\, e^{j(\frac{\varphi}{n}+(n-1)\frac{2\pi}{n})} \end{cases}$$

Beispiel:

$$\sqrt[3]{-1} = \begin{cases} \frac{1}{2} + j\frac{\sqrt{3}}{2} \\ -1 \\ \frac{1}{2} - j\frac{\sqrt{3}}{2} \end{cases}$$

3 Anwendungsbeispiele

3.1 Kritische Verstärkung

Gegeben ist eine Regelstrecke vierter Ordnung mit der Übertragungsfunktion

$$G(s) = \frac{100}{(s+3)^4} \; .$$

Diese Regelstrecke wird mit einem P-Regler geregelt. Wie groß ist die kritische Verstärkung?

Bei kritischer Verstärkung verläuft die Nyquistkurve durch den kritischen Punkt $(-1, j0)$. Für die kritische Kreisfrequenz ω_{kr} gilt somit:

$$K_{\mathrm{kr}} G(j\omega_{\mathrm{kr}}) = -1 = e^{-j\pi} \; .$$

Daraus folgt $\arg(3+j\omega_{\mathrm{kr}}) = \pi/4$ und $\omega_{\mathrm{kr}} = 3\,\mathrm{rad/s}$ und $|G(j\omega_{\mathrm{kr}})| = 100/(3\sqrt{2})^4$ und

$$K_{\mathrm{kr}} = \frac{1}{|G(j\omega_{\mathrm{kr}})|} = \frac{81}{25} = 3.24 \; .$$

3.2 Phasenreserve

Eine Regelstrecke besteht aus der Serieschaltung eines Tiefpasses 1. Ordnung und eines Totzeitelements. Ihre Übertragungsfunktion ist

$$G(s) = \frac{a}{s+a}\, e^{-s\tau} \qquad \text{mit} \quad a = \pi \text{ rad/s} \quad \text{und} \quad \tau = \frac{2}{3} \text{ s.}$$

Gesucht sind die Parameter eines PD-Reglers, so daß das Regelsystem eine Phasenreserve φ von 60° und die Durchtrittsfrequenz $w_c = \pi$ rad/s hat.

Für den Frequenzgang $G_0(j\omega)$ des aufgeschnittenen Regelkreises gelten für $\omega = \omega_c$ die beiden folgenden Bestimmungsgleichungen für die Parameter K_P und T_V des PD-Reglers:

$$|G_0(j\omega_c)| = aK_P \frac{|1 + j\omega_c T_V|}{|a + j\omega_c|} = 1$$

$$\arg\{G_0(j\omega_c)\} = \arg\{1 + j\omega_c T_V\} - \arg\{a + j\omega_c\} - \omega_c \tau = \frac{-2\pi}{3} \ .$$

Als Lösung erhalten wir somit:

$$T_V = \frac{1}{\omega_c} = \frac{1}{\pi}\ \mathrm{s} \qquad \text{und} \qquad K_P = 1 \ .$$

3.3 Riccati-Gleichung

Wir betrachten ein zeitinvariantes LQ-Regulator-Problem mit den Matrizen

$$A = \begin{bmatrix} 0 & 1 \\ 1 & 2 \end{bmatrix} \qquad B = \begin{bmatrix} 0 \\ 1 \end{bmatrix} \qquad R = 1 \qquad Q = \begin{bmatrix} 24 & 0 \\ 0 & 0 \end{bmatrix} .$$

Wir suchen die Lösung K der algebraischen Matrix-Riccati-Gleichung

$$-A^{\mathrm{T}}K - KA + KBR^{-1}B^{\mathrm{T}}K - Q = 0$$

mit Hilfe der Eigenvektormethode (vgl. Kap. 5.5, Aufgabe 6).

Die Hamiltonsche Matrix

$$M = \begin{bmatrix} A & -BR^{-1}B^{\mathrm{T}} \\ -Q & -A^{\mathrm{T}} \end{bmatrix} = \begin{bmatrix} 0 & 1 & 0 & 0 \\ 1 & 2 & 0 & -1 \\ -24 & 0 & 0 & -1 \\ 0 & 0 & -1 & -2 \end{bmatrix}$$

hat die Eigenwerte

$$2 + j \qquad 2 - j \qquad -2 + j \qquad -2 - j \ .$$

Die Matrix N, bestehend aus den beiden (nicht normalisierten) Eigenvektoren der Eigenwerte $-2 + j$ und $-2 - j$, lautet:

$$N = \begin{bmatrix} N_1 \\ N_2 \end{bmatrix} = \begin{bmatrix} -2 - j & -2 + j \\ 5 & 5 \\ -6 - 18j & -6 + 18j \\ 18 - 6j & 18 + 6j \end{bmatrix} .$$

Daraus erhalten wir die gesuchte Matrix

$$K = N_2 N_1^{-1} = \begin{bmatrix} -6 - 18j & -6 + 18j \\ 18 - 6j & 18 + 6j \end{bmatrix} \begin{bmatrix} -2 - j & -2 + j \\ 5 & 5 \end{bmatrix}^{-1} = \begin{bmatrix} 18 & 6 \\ 6 & 6 \end{bmatrix} .$$

Anhang 2. Bode-Diagramme

1 Bode-Diagramm des Systems 1. Ordnung

Differentialgleichung: $\dot{y}(t) + ay(t) = bu(t)$

Übertragungsfunktion: $G(s) = \dfrac{b}{s+a}$

Frequenzgang: $G(j\omega) = \dfrac{b}{j\omega + a}$

A) Amplitudengang: $|G(j\omega)| = \dfrac{b}{\sqrt{\omega^2 + a^2}}$

Statischer Übertragungsfaktor: $G(0) = \dfrac{b}{a}$

Amplitudengang in dimensionsloser Schreibweise (s. Bild A2.1): $\left|\dfrac{G(j\omega)}{G(0)}\right| = \dfrac{1}{\sqrt{1 + \dfrac{\omega^2}{a^2}}}$

B) Phasengang (s. Bild A2.1): $\varphi = \angle G(j\omega) = \arctan\left(\dfrac{-\omega}{a}\right)$

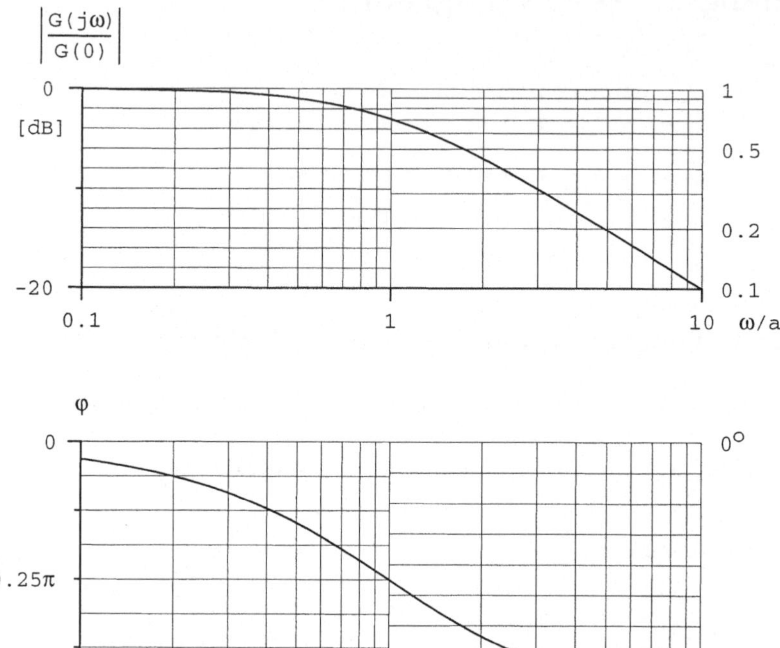

Bild A2.1. Bode-Diagramm des normierten Systems 1. Ordnung

2 Bode-Diagramm des Systems 2. Ordnung

Differentialgleichung: $\ddot{y}(t) + 2\zeta\omega_0\dot{y}(t) + \omega_0^2 y(t) = bu(t)$

Übertragungsfunktion: $G(s) = \dfrac{b}{s^2 + 2\zeta\omega_0 s + \omega_0^2}$

Frequenzgang: $G(j\omega) = \dfrac{b}{\omega_0^2 - \omega^2 + j\,2\zeta\omega_0\omega}$

A) Amplitudengang: $|G(j\omega)| = \dfrac{b}{\sqrt{\left(\omega_0^2 - \omega^2\right)^2 + 4\zeta^2\omega_0^2\omega^2}}$

Statischer Übertragungsfaktor: $G(0) = \dfrac{b}{\omega_0^2}$

Amplitudengang in dimensionsloser Schreibweise (s. Bild A2.2): $\left|\dfrac{G(j\omega)}{G(0)}\right| = \dfrac{1}{\sqrt{\left(1 - \dfrac{\omega^2}{\omega_0^2}\right)^2 + 4\zeta^2\dfrac{\omega^2}{\omega_0^2}}}$

B) Phasengang (s. Bild A2.3): $\varphi = \angle G(j\omega) = \arctan\left(\dfrac{-2\zeta\dfrac{\omega}{\omega_0}}{1 - \dfrac{\omega^2}{\omega_0^2}}\right)$

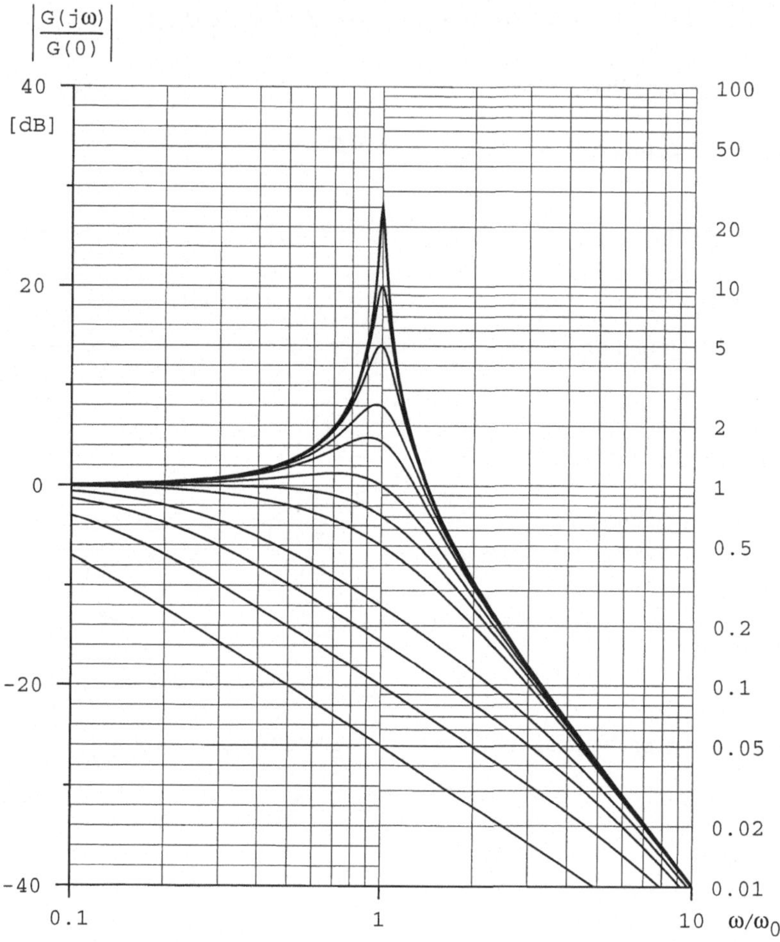

Bild A2.2. Amplitudengang des normierten Systems 2. Ordnung. Werte des Dämpfungsmaßes: (von oben nach unten) $\zeta = 0.02$, 0.05, 0.1, 0.2, 0.3, 0.5, 0.707 (keine Resonanzüberhöhung mehr), $\zeta = 1$ (kritische Dämpfung), $\zeta = 2$, 3, 5, 10

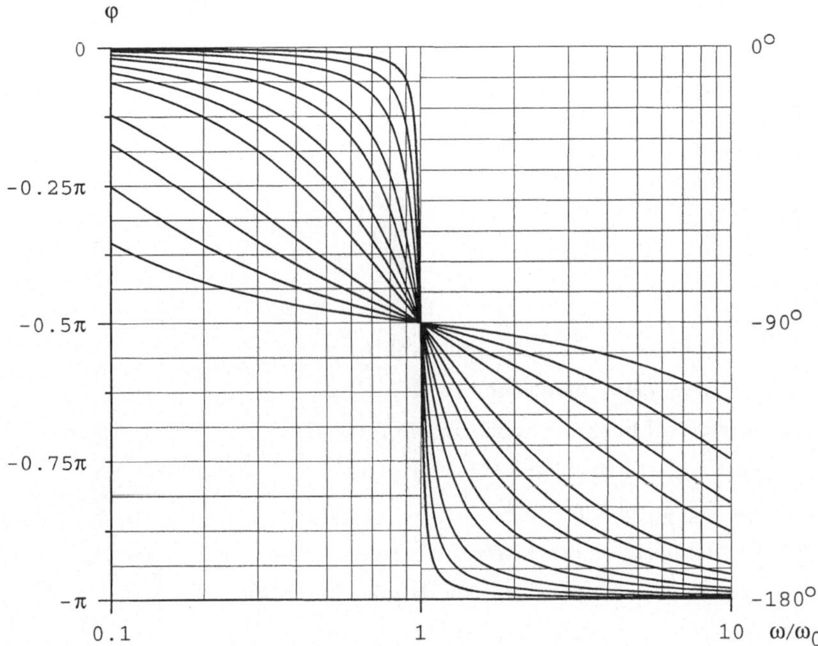

Bild A2.3. Phasengang des normierten Systems 2. Ordnung. Werte des Dämpfungsmaßes: (von der steilsten zur flachsten Kurve) $\zeta = 0.02$, 0.05, 0.1, 0.2, 0.3, 0.5, 0.707, 1, 2, 3, 5, 10

Anhang 3. Lineare Algebra

Inhalt

1 Schreibweise für Matrizen und Vektoren

1.1 Matrix

Bezeichnung: Großbuchstaben A, B, C, ...

Definition:

$$A = [a_{ij}] = \begin{bmatrix} a_{11} & a_{12} & \cdots & a_{1m} \\ a_{21} & a_{22} & \cdots & a_{2m} \\ \vdots & \vdots & & \vdots \\ a_{n1} & a_{n2} & \cdots & a_{nm} \end{bmatrix}$$

Elemente a_{ij} reell oder komplex; erster Index = Nummer der Zeile, zweiter Index = Nummer der Kolonne. Kurznotierung für reelle bzw. komplexe Matrizen mit n Zeilen und m Kolonnen:

$$A \in R^{n \times m}\,, \quad a_{ij} \in R \qquad \text{bzw.} \qquad A \in C^{n \times m}\,, \quad a_{ij} \in C\,.$$

Der Einfachheit halber wird im folgenden nur der reelle Fall notiert, obwohl die analogen Beziehungen in den meisten Fällen auch im komplexen Fall gelten.

1.2 Transponierte Matrix

Gegeben: $A = [a_{ij}] \in R^{n\times m}$

Definition:

$$A^{\mathrm{T}} = [a_{ji}] = \begin{bmatrix} a_{11} & a_{21} & \cdots & a_{n1} \\ a_{12} & a_{22} & \cdots & a_{n2} \\ \vdots & \vdots & & \vdots \\ a_{1m} & a_{2m} & \cdots & a_{nm} \end{bmatrix}$$

Anmerkung: Für eine komplexe Matrix $A \in C^{n\times n}$:
$A^{\mathrm{H}} = [\overline{a}_{ji}]$ (konjugiert-transponierte Matrix)

1.3 Kolonnenvektor

Bezeichnung: Kleinbuchstaben a, b, $c, \ldots$

Definition:

$$a = [a_i] = \begin{bmatrix} a_1 \\ a_2 \\ \vdots \\ a_n \end{bmatrix}$$

Kurznotierung für reelle bzw. komplexe Kolonnenvektoren mit n Elementen:

$$a \in R^{n\times 1} \quad \text{oder} \quad a \in R^n \qquad \text{bzw.} \qquad a \in C^{n\times 1} \quad \text{oder} \quad a \in C^n\ .$$

1.4 Zeilenvektor

Gegeben: $a \in R^n$

Definition: $a^{\mathrm{T}} = [a_i]^{\mathrm{T}} = [\,a_1 \quad a_2 \quad \cdots \quad a_n\,] \in R^{1\times n}$

Anmerkung: Für einen komplexen Vektor $a \in C^n$:
$a^{\mathrm{H}} = [\overline{a}_i]^{\mathrm{T}}$ (konjugiert-komplexe Werte)

1.5 Linear unabhängige Vektoren

Gegeben: $a_1, a_2, \ldots, a_m \in R^n$

Definition: $a_1, a_2, \ldots, a_m$ sind linear unabhängige Vektoren, wenn die Gleichung

$$\sum_{i=1}^{m} a_i x_i = 0 \in R^n \qquad \text{(Nullvektor, } x_i \text{ gesuchte reelle Zahlen)}$$

nur die triviale Lösung $x_1 = x_2 = \cdots = x_m = 0$ hat.

1.6 Rang einer Matrix

Gegeben: $A \in R^{n \times m}$

Definition: Rang(A) = maximale Anzahl voneinander linear unabhängiger Kolonnenvektoren (bzw. Zeilenvektoren) von A.

Beachte: Rang$(A) \leq \min(n, m)$

1.7 Spezielle quadratische Matrizen in $R^{n \times n}$

Identitätsmatrix

$$I = I_n = \begin{bmatrix} 1 & 0 & \cdots & 0 \\ 0 & 1 & \ddots & \vdots \\ \vdots & \ddots & \ddots & 0 \\ 0 & \cdots & 0 & 1 \end{bmatrix} \qquad Ix = x \quad \text{für alle } x \in R^n$$

Symmetrische Matrix

$A = A^{\mathrm{T}}$ $\quad a_{ij} = a_{ji}$ für alle $i = 1, \ldots, n$ und $j = 1, \ldots, n$

($A = A^{\mathrm{H}}$ $\quad a_{ij} = \overline{a}_{ji}$ im komplexen Fall einer Hermiteschen Matrix)

Schiefsymmetrische Matrix

$A = -A^{\mathrm{T}}$ $\quad a_{ij} = -a_{ji}$ für alle $i = 1, \ldots, n$ und $j = 1, \ldots, n$
insbesondere $a_{ii} = 0$ für $i = 1, \ldots, n$

Dreiecksmatrizen

Obere Dreiecksmatrix $A = [a_{ij}]$ mit $a_{ij} = 0$ für $i > j$

Untere Dreiecksmatrix $A = [a_{ij}]$ mit $a_{ij} = 0$ für $i < j$

Diagonalmatrix

$$A = [a_{ij}] = \begin{bmatrix} a_{11} & 0 & \cdots & 0 \\ 0 & a_{22} & \ddots & \vdots \\ \vdots & \ddots & \ddots & 0 \\ 0 & \cdots & 0 & a_{nn} \end{bmatrix} \qquad a_{ij} = 0 \text{ für alle } i \neq j$$

Blockdiagonale Matrix

$$A = \begin{bmatrix} A_1 & 0 & \cdots & 0 \\ 0 & A_2 & \ddots & \vdots \\ \vdots & \ddots & \ddots & 0 \\ 0 & \cdots & 0 & A_k \end{bmatrix}$$

$A_1, A_2, \ldots, A_k$ quadratische Matrizen, diagonal gelegen, nicht überlappend.

Jordan-Matrix

Blockdiagonale Matrix A, wobei jeder Block die folgende Form hat

$$A_i = [\lambda_i] \quad \text{oder} \quad \begin{bmatrix} \lambda_i & 1 \\ 0 & \lambda_i \end{bmatrix} \quad \text{oder} \quad \begin{bmatrix} \lambda_i & 1 & 0 \\ 0 & \lambda_i & 1 \\ 0 & 0 & \lambda_i \end{bmatrix} \quad \text{usw.}$$

Reelle Jordan-Matrix: $\lambda_i \in R$ für alle i; komplexe Jordan-Matrix: $\lambda_i \in C$ für alle i. Die Zahlen λ_i (Eigenwerte) können in verschiedenen Blöcken gleich oder verschieden sein. Spezialfall: Diagonalmatrix.

2 Arithmetische Operationen

2.1 Addition zweier Matrizen

Gegeben: $A = [a_{ij}]$ und $B = [b_{ij}] \in R^{n \times m}$

$$C = [c_{ij}] = A + B = [a_{ij} + b_{ij}] \qquad \text{elementweise Addition}$$

2.2 Multiplikation von Skalar und Matrix

Gegeben: $A = [a_{ij}] \in R^{n \times m}$ und $c \in R$

$$cA = [ca_{ij}] \qquad \text{Multiplikation jedes Matrixelementes mit } c$$

2.3 Multiplikation zweier Matrizen

Gegeben: $A \in R^{n \times m}$ und $B \in R^{m \times p}$

$$C = AB = [c_{ij}] = \left[\sum_{k=1}^{m} a_{ik} b_{kj}\right] \in R^{n \times p}$$

Skalarprodukt:
i-te Zeile des linken Faktors mal
j-te Kolonne des rechten Faktors

Fakten:

a) $D = BA$ nur definiert, wenn $n = p$

b) Auch wenn $n = m = p$ gilt, ist i.allg. $AB \neq BA$

c) $(AB)^{\mathrm{T}} = B^{\mathrm{T}} A^{\mathrm{T}}$

d) $\mathrm{Rang}(A) + \mathrm{Rang}(B) - m \leq \mathrm{Rang}(C) \leq \min\{\mathrm{Rang}(A), \mathrm{Rang}(B)\}$

e) Spezialfall $n = p = 1$: $a,\, b \in R^m$

$$c = a^{\mathrm{T}} b = \sum_{k=1}^{m} a_k b_k \in R$$

heißt Skalarprodukt oder inneres Produkt der Kolonnenvektoren a und b.

f) Spezialfall $m = 1$: $a \in R^n$, $b \in R^p$

$$C = ab^{\mathrm{T}} = \begin{bmatrix} a_1 b_1 & a_1 b_2 & \cdots & a_1 b_p \\ a_2 b_1 & a_2 b_2 & \cdots & a_2 b_p \\ \vdots & \vdots & & \vdots \\ a_n b_1 & a_n b_2 & \cdots & a_n b_p \end{bmatrix} \in R^{n \times p}$$

heißt diadisches oder äußeres Produkt der Kolonnenvektoren a und b.

2.4 Determinante

Gegeben: $A \in R^{n \times n}$

Rekursive Definition:

$n = 1$: $\det(A) = A$

$n > 1$: (Entwicklung nach der 1. Zeile, nach der i-ten Zeile, nach der 1. Kolonne bzw. nach der j-ten Kolonne)

$$\begin{aligned} \det(A) &= \sum_{k=1}^{n} (-1)^{1+k} a_{1k} \det(A_{1k}) = \sum_{k=1}^{n} (-1)^{i+k} a_{ik} \det(A_{ik}) \\ &= \sum_{k=1}^{n} (-1)^{1+k} a_{k1} \det(A_{k1}) = \sum_{k=1}^{n} (-1)^{j+k} a_{kj} \det(A_{kj}) \quad , \end{aligned}$$

wobei $A_{pq} \in R^{(n-1)\times(n-1)}$ aus $A \in R^{n \times n}$ hervorgeht, indem die p-te Zeile und die q-te Kolonne aus A entfernt werden.

Eine quadratische Matrix A heißt regulär, wenn $\det(A) \neq 0$, singulär, wenn $\det(A) = 0$ ist.

Fakten: (Matrizen A, B, C, $I \in R^{n\times n}$, $c \in R$)

a) $\det(A^{\mathrm{T}}) = \det(A)$

b) $\mathrm{Rang}(A) = n \iff A$ regulär; $\mathrm{Rang}(A) < n \iff A$ singulär

c) $\det(I) = 1$

d) Für Dreiecksmatrizen, insbesondere auch für Jordan- und Diagonalmatrizen, gilt

$$\det(A) = \prod_{i=1}^{n} a_{ii}$$

e) Für eine blockdiagonale Matrix A mit den Blöcken $A_1, \ldots, A_k$ gilt

$$\det(A) = \prod_{i=1}^{k} \det(A_i)$$

f) $\det(cA) = c^n \det(A)$

g) $\det(AB) = \det(A)\det(B) = \det(BA)$

h) $\det(A) = \prod\limits_{i=1}^{n} \lambda_i$ (Produkt der Eigenwerte, vgl. 5.2.1)

i) Für $A, B^{\mathrm{T}} \in R^{n\times m}$: $\det(I_n - AB) = \det(I_m - BA)$

j) Für strukturierte Matrizen (mit A und B quadratisch und A bzw. D invertierbar):

$$\det\begin{bmatrix} A & B \\ C & D \end{bmatrix} = \det(A)\det(D - CA^{-1}B) = \det(D)\det(A - BD^{-1}C)\ ,$$

Spezialfall: block-dreieckige Matrizen:

$$\det\begin{bmatrix} A & 0 \\ C & D \end{bmatrix} = \det\begin{bmatrix} A & B \\ 0 & D \end{bmatrix} = \det(A)\det(D)$$

2.5 Spur

Gegeben: $A \in R^{n\times n}$

$\mathrm{spur}(A) = \sum\limits_{i=1}^{n} a_{ii}$ (Summe der Diagonalelemente)

Fakten:

a) $\mathrm{spur}(A) = \sum\limits_{i=1}^{n} \lambda_i$ (Summe der Eigenwerte, vgl. 5.2.1)

b) Für $A, B^{\mathrm{T}} \in R^{n\times m}$: $\mathrm{spur}(AB) = \mathrm{spur}(BA) = \mathrm{spur}(A^{\mathrm{T}}B^{\mathrm{T}}) = \mathrm{spur}(B^{\mathrm{T}}A^{\mathrm{T}})$

2.6 Inverse Matrix

Gegeben: reguläre Matrix $A \in R^{n\times n}$

Gesucht: $X \in R^n$, so daß $AX = XA = I$

$$X = A^{-1} = \frac{1}{\det(A)}\mathrm{Adj}(A) \qquad \text{mit}$$

$$\mathrm{Adj}(A) = \left[(-1)^{i+j}\det(A_{ji})\right] \in R^{n\times n}$$

(Adjungierte)
(A_{ji} vgl. Abschn. 2.4)

Fakten:

a) $(A^{\mathrm{T}})^{-1} = (A^{-1})^{\mathrm{T}} = A^{-\mathrm{T}}$
b) $(A^{-1})^{-1} = A$
c) $(AB)^{-1} = B^{-1}A^{-1}$
d) $I^{-1} = I$
e) $A^{-1} = A^{-T}$, genau wenn $A = A^{\mathrm{T}}$ (Symmetrie)
f) $A^{-1} = -A^{-T}$, genau wenn $A = -A^{\mathrm{T}}$ (Schiefsymmetrie)
g) A^{-1} ist eine obere (untere) Dreiecksmatrix, genau wenn A eine obere (untere) Dreiecksmatrix ist
h) Wenn A blockdiagonal ist, ist A^{-1} ebenfalls blockdiagonal und enthält die invertierten Blöcke. Spezialfall: Diagonalmatrix $A = [a_{ii}]$, $A^{-1} = \left[\dfrac{1}{a_{ii}}\right]$
i) Seien M und N quadratische, invertierbare Matrizen, L und R Rechteckmatrizen mit passenden Dimensionen und $[M + LNR]$ invertierbar. Dann gilt die folgende Identität:
$[M + LNR]^{-1} = M^{-1} - M^{-1}L[RM^{-1}L + N^{-1}]^{-1}RM^{-1}$.
j) Für strukturierte, invertierbare Matrix (mit A und D quadratisch und invertierbar):

$$\begin{bmatrix} A & B \\ C & D \end{bmatrix}^{-1} = \begin{bmatrix} (A-BD^{-1}C)^{-1} & -A^{-1}B(D-CA^{-1}B)^{-1} \\ -D^{-1}C(A-BD^{-1}C)^{-1} & (D-CA^{-1}B)^{-1} \end{bmatrix}$$

$$= \begin{bmatrix} (A-BD^{-1}C)^{-1} & -(A-BD^{-1}C)^{-1}BD^{-1} \\ -(D-CA^{-1}B)^{-1}CA^{-1} & (D-CA^{-1}B)^{-1} \end{bmatrix}$$

3 Matrix und lineare Transformation

3.1 Lineare Transformation

Definition einer (reellen) linearen Transformation (Abbildung, Funktion)

$$L : R^m \to R^n$$

L ist linear, wenn

a) $L(u+v) = L(u) + L(v)$ für alle $u,\, v \in R^m$

b) $L(cu) = cL(u)$ für alle $u \in R^m$ und alle $c \in R$

Jede lineare Transformation von R^m nach R^n kann durch eine n mal m Matrix A dargestellt werden

$$y = L(x) = Ax \ , \quad A \in R^{n\times m} \ .$$

3.2 Wertbereich

Definition: $\mathrm{Ra}(A) = \{y \in R^n \mid y = Ax,\, x \in R^m\} \subseteq R^n$ ("range space")

Der Wertbereich $\mathrm{Ra}(A)$ ist der von den Kolonnenvektoren von A aufgespannte Teilraum von R^n, denn $y = Ax$ ist eine Linearkombination der Kolonnenvektoren von A.

Dimension: $\dim(\mathrm{Ra}(A)) = \mathrm{Rang}(A)$

3.3 Nullraum

Definition: $\mathrm{N}(A) = \{x \in R^m \mid Ax = 0 \in R^n\} \subseteq R^m$ ("null space")

Der Nullraum $\mathrm{N}(A)$ ist der Teilraum von R^m, der alle Vektoren enthält, die zu allen Zeilenvektoren von A senkrecht sind. (Zwei Vektoren sind zueinander senkrecht, wenn ihr Skalarprodukt verschwindet.)

Dimension[1]: $\dim(\mathrm{N}(A)) = m - \mathrm{Rang}(A)$

3.4 Orthogonales Komplement des Nullraums

Definition: $\mathrm{N}^{\perp}(A) = \{x \in R^m \mid x^{\mathrm{T}}\xi = 0 \text{ für alle } \xi \in \mathrm{N}(A)\} \subset R^m$

Aufgrund der Definition des Nullraums $\mathrm{N}(A)$ ist klar, daß sein orthogonales Komplement $\mathrm{N}^{\perp}(A)$ der von den Zeilenvektoren von A aufgespannte Teilraum von R^m ist.

Dimension: $\dim(\mathrm{N}^{\perp}(A)) = \mathrm{Rang}(A)$

[1] Ein Teilraum von R^m der Dimension null enthält als einziges Element den Vektor $0 \in R^m$.

3.5 Orthogonales Komplement des Wertbereichs

Definition:

$$\mathrm{Ra}^{\perp}(A) = \{y \in R^n \mid y^{\mathrm{T}}\eta = 0 \text{ für alle } \eta \text{ der Form } \eta = Ax,\ x \in R^m\} \subseteq R^n$$

Aufgrund der Definition des Wertbereichs $\mathrm{Ra}(A)$ ist klar, daß sein orthogonales Komplement $\mathrm{Ra}^{\perp}(A)$ der Teilraum von R^n ist, der alle Vektoren enthält, die zu allen Kolonnenvektoren von A senkrecht sind.

Dimension[1]: $\dim(\mathrm{Ra}^{\perp}(A)) = n - \mathrm{Rang}(A)$

3.6 Fundamentale Zusammenhänge

3.6.1 Orthogonalität

Jeder Vektor in einem Teilraum ist senkrecht zu jedem Vektor im orthogonalen Komplement dieses Teilraums:

$$\mathrm{N}^{\perp}(A) \perp \mathrm{N}(A)$$
$$\mathrm{Ra}^{\perp}(A) \perp \mathrm{Ra}(A) \ .$$

3.6.2 Eindeutige Dekomposition

Für jeden Vektor $x \in R^m$ existieren je ein eindeutiger Vektor $x_1 \in \mathrm{N}(A)$ und $x_2 \in \mathrm{N}^{\perp}(A)$, so daß $x = x_1 + x_2$ gilt. — Die Vektoren x_1 und x_2 sind die orthogonalen Projektionen von x auf $\mathrm{N}(A)$ bzw. $\mathrm{N}^{\perp}(A)$.

Für jeden Vektor $y \in R^n$ existieren je ein eindeutiger Vektor $y_1 \in \mathrm{Ra}(A)$ und $y_2 \in \mathrm{Ra}^{\perp}(A)$, so daß $y = y_1 + y_2$ gilt. — Die Vektoren y_1 und y_2 sind die orthogonalen Projektionen von y auf $\mathrm{Ra}(A)$ bzw. $\mathrm{Ra}^{\perp}(A)$.

3.6.3 Zusammenhänge zwischen den Matrizen A, A^{T}, AA^{T} und $A^{\mathrm{T}}A$

Für die interessierenden Teilräume gelten die folgenden Zusammenhänge:

$$\begin{aligned}
\mathrm{Ra}(A) &= \mathrm{N}^{\perp}(A^{\mathrm{T}}) = \mathrm{Ra}(AA^{\mathrm{T}}) = \mathrm{N}^{\perp}(AA^{\mathrm{T}}) \\
\mathrm{Ra}^{\perp}(A) &= \mathrm{N}(A^{\mathrm{T}}) = \mathrm{Ra}^{\perp}(AA^{\mathrm{T}}) = \mathrm{N}(AA^{\mathrm{T}}) \\
\mathrm{Ra}(A^{\mathrm{T}}) &= \mathrm{N}^{\perp}(A) = \mathrm{Ra}(A^{\mathrm{T}}A) = \mathrm{N}^{\perp}(A^{\mathrm{T}}A) \\
\mathrm{Ra}^{\perp}(A^{\mathrm{T}}) &= \mathrm{N}(A) = \mathrm{Ra}^{\perp}(A^{\mathrm{T}}A) = \mathrm{N}(A^{\mathrm{T}}A) \ .
\end{aligned}$$

[1] Ein Teilraum von R^n der Dimension null enthält als einziges Element den Vektor $0 \in R^n$.

4 Least squares Probleme

4.1 Least squares Lösung

Gegeben: $y \in R^n$, $A \in R^{n \times m}$, $m > n$, $\text{Rang}(A) = n$

Gesucht: Vektor $x \in R^m$, so daß die Gleichung

$$y = Ax$$

erfüllt ist und

$$x^{\mathrm{T}} x = \sum_{i=0}^{m} x_i^2 = \|x\|^2$$

minimiert wird.

Geometrische Lösung: Die gesuchte Lösung x_{opt} ist die Projektion aller Lösungen x auf den Teilraum $\mathrm{N}^{\perp}(A)$.

Algebraische Lösung:

$$x_{opt} = A^{\mathrm{T}} (AA^{\mathrm{T}})^{-1} y$$

4.2 Least squares fit

Gegeben: $y \in R^n$, $A \in R^{n \times m}$, $n > m$, $\text{Rang}(A) = m$

Gesucht: Vektor $x \in R^m$, so daß das Least squares Fehlerkriterium

$$(y - Ax)^{\mathrm{T}} (y - Ax) = \|y - Ax\|^2$$

minimiert wird.

Geometrische Lösung: Der Vektor y wird orthogonal auf den Wertbereich $\mathrm{Ra}(A)$ projiziert. Für den projizierten Vektor y_1 wird die eindeutige Lösung der Gleichung $y_1 = Ax$ ermittelt.

Algebraische Lösung:

$$x_{opt} = (A^{\mathrm{T}} A)^{-1} A^{\mathrm{T}} y$$

5 Das Eigenproblem

5.1 Problemstellung

Gegeben: $A \in R^{n \times n}$

Gesucht: komplexe Zahlen λ_i (Eigenwerte) und komplexe n-Vektoren x_i (Eigenvektoren), so daß

$$Ax_i = \lambda_i x_i \qquad \text{bzw.} \qquad (\lambda_i I - A)x_i = 0 \in R^n \qquad \text{(Eigenproblem)}$$

Beachte: Im Zusammenhang mit der Laplace-Transformation und dynamischen Systemen schreiben wir meistens s_i statt λ_i.

5.2 Allgemeine Analyse

$$(\lambda_i I - A)x_i = 0 \in R^n$$

hat genau dann eine nichttriviale Lösung $x_i \in C^n$, wenn die Matrix $\lambda_i I - A$ singulär ist, d.h. wenn $\text{Rang}(\lambda_i I - A) < n$ bzw.

$$\det(\lambda_i I - A) = 0 \quad .$$

5.2.1 Eigenwerte

Das charakteristische Polynom

$$\det(\lambda I - A) = \lambda^n + a_{n-1}\lambda^{n-1} + a_{n-2}\lambda^{n-2} + \cdots + a_1\lambda + a_0 = 0$$

hat reelle Koeffizienten $a_{n-1}, \ldots, a_0$ und genau n Lösungen $\lambda_1, \lambda_2, \ldots, \lambda_n$ (Eigenwerte von A). Die Eigenwerte sind reell oder komplex und treten im letzteren Fall in konjugiert-komplexen Paaren auf. Somit

$$\det(\lambda I - A) = \prod_{i=1}^{n} (\lambda - \lambda_i) = 0 \quad .$$

5.2.2 Eigenvektoren

Der zu λ_i gehörende Eigenvektor x_i hat die Eigenschaft

$$x_i \in \text{N}(\lambda_i I - A) \quad .$$

Wenn alle Eigenwerte voneinander verschieden sind, gelten die Gleichungen

$$\dim\{\text{N}(\lambda_i I - A)\} = 1 \qquad \text{Rang}(\lambda_i I - A) = n - 1 \quad .$$

Wenn x_i ein Eigenvektor ist, ist auch ax_i ($a \neq 0$) ein Eigenvektor. Wir nennen einen Eigenvektor x_i (auf eins) normiert, wenn seine Länge gleich eins ist (quadrierte Länge: $x_i^{\mathrm{T}} x_i = 1$).

Wenn mehrfache Eigenwerte auftreten, unterscheiden wir die Fälle

a) $\dim\{\mathrm{N}(\lambda_i I - A)\} = d_i$ für alle i (d_i = Vielfachheit von λ_i)

b) $\dim\{\mathrm{N}(\lambda_i I - A)\} < d_i$ für mindestens einen mehrfachen Eigenwert λ_i .

Im Fall a existieren n voneinander linear unabhängige Eigenvektoren $x_1, x_2, \ldots, x_n$. Für einen mehrfachen Eigenwert sind aber die zugehörigen Eigenvektoren nicht mehr eindeutig (bezüglich Richtung), sondern können im Nullraum $\mathrm{N}(\lambda_i I - A)$ mit der Dimension d_i beliebig gewählt werden. Eine solche Matrix heißt diagonal-ähnlich (vgl. Abschn. 5.3).

Im Fall b existieren weniger als n voneinander linear unabhängige Eigenvektoren x_i. Für jeden mehrfachen Eigenwert λ_i mit $\dim\{\mathrm{N}(\lambda_i I - A)\} = k_i < d_i$ existieren genau k_i voneinander linear unabhängige Eigenvektoren. Eine solche Matrix heißt nicht-diagonal-ähnlich (Beispiel: Jordan-Matrix; s. Abschn. 5.4).

Wenn die Matrix A nicht diagonal-ähnlich ist, können die fehlenden Eigenvektoren durch Hauptvektoren ergänzt werden [2, S. 253], damit eine vollständige Basis von R^n resultiert.

5.3 Ähnlichkeits-Transformationen

Gegeben: $A,\ B \in R^{n \times n}$, $\det(B) \neq 0$

Koordinatentransformation in R^n:

alte Koordinaten: x

neue Koordinaten: $z = Bx\,;\ \ x = B^{-1} z$

Transformation des Eigenproblems:

altes Eigenproblem: $(\lambda I - A)x = 0$

neues Eigenproblem: $(\lambda I - BAB^{-1})z = 0$

Fakten:

a) Die Ähnlichkeitstransformation, welche die Matrix A in die Matrix BAB^{-1} abbildet, läßt alle Koeffizienten des charakteristischen Polynoms unverändert, insbesondere

$$\mathrm{spur}(A) = \mathrm{spur}(BAB^{-1}) = \sum_{i=1}^{n} a_{ii} = \sum_{i=1}^{n} \lambda_i$$

$$\det(A) = \det(BAB^{-1}) = \prod_{i=1}^{n} \lambda_i \ .$$

b) Eigenwerte von A und BAB^{-1} sind identisch

c) Eigenvektoren: $z_i = Bx_i$

Diagonalähnliche Matrizen

Zu jeder Matrix A mit voneinander verschiedenen Eigenwerten oder mit mehrfachen Eigenwerten gemäß Abschnitt 5.2.2, Fall a existiert eine Ähnlichkeitstransformation, so daß die transformierte Matrix BAB^{-1} eine Diagonalmatrix ist, welche die Eigenwerte λ_i als Diagonalelemente hat. Da $BAB^{-1} = \text{diag}\{\lambda_i\}$ die Einheitsvektoren e_i als Eigenvektoren hat, sind die Kolonnenvektoren von B^{-1} Eigenvektoren von A.

Nicht diagonal-ähnliche Matrizen

Zu jeder Matrix A mit mehrfachen Eigenwerten gemäß Abschnitt 5.2.2, Fall b existiert eine Ähnlichkeitstransformation, so daß die transformierte Matrix BAB^{-1} eine Jordan-Matrix ist. Vorsicht: Für die Verteilung der Einsen auf der Nebendiagonalen der Jordan-Matrix ist das Punkteschema [2, S. 242] maßgebend. Beispielsweise sind die beiden 5 mal 5 Blöcke (für $d_i = 5$, $k_i = 3$)

$$\begin{bmatrix} \lambda & 1 & 0 & 0 & 0 \\ 0 & \lambda & 1 & 0 & 0 \\ 0 & 0 & \lambda & 0 & 0 \\ 0 & 0 & 0 & \lambda & 0 \\ 0 & 0 & 0 & 0 & \lambda \end{bmatrix} \quad \text{und} \quad \begin{bmatrix} \lambda & 1 & 0 & 0 & 0 \\ 0 & \lambda & 0 & 0 & 0 \\ 0 & 0 & \lambda & 1 & 0 \\ 0 & 0 & 0 & \lambda & 0 \\ 0 & 0 & 0 & 0 & \lambda \end{bmatrix}$$

nicht äquivalent und gehören zu verschiedenen Matrizen A_1 und A_2, die durch keine Ähnlichkeitstransformation ineinander übergeführt werden können.

5.4 Spezielle Eigenprobleme

Diagonalmatrix

$A = \text{diag}\{a_{ii}\}$

Eigenwerte: $\lambda_i = a_{ii}$

Eigenvektor zu λ_i: i-ter Einheitsvektor e_i

Block-Diagonalmatrix

A blockdiagonal mit den Blöcken $A_1, \ldots, A_k$

Eigenwerte: Eigenwerte von $A_1, \ldots,$ Eigenwerte von A_k

Eigenvektoren: Eigenvektoren der Blöcke A_j zeilengerecht in den Nullvektor von R^n hinein plaziert

Jordan-Matrix

$$\text{Teilblock von A: } A_j = \begin{bmatrix} \lambda & 1 & 0 & \cdots & 0 \\ 0 & \lambda & \ddots & \ddots & \vdots \\ \vdots & \ddots & \ddots & \ddots & 0 \\ \vdots & & \ddots & \ddots & 1 \\ 0 & \cdots & \cdots & 0 & \lambda \end{bmatrix} \in R^{p\times p} \quad \text{oder} \quad C^{p\times p}$$

Eigenwert des Blockes A_j: λ, p-fach

$\mathrm{Rang}(\lambda I - A_j) = p - 1$, $\quad \dim\{N(\lambda I - A_j)\} = 1$

$$\text{Einziger Eigenvektor des Blockes } A_j\text{: } x_j = \begin{bmatrix} 1 \\ 0 \\ \vdots \\ 0 \end{bmatrix} \in R^p$$

Symmetrische Matrix

Gegeben: $A \in R^{n\times n}$, $A = A^{\mathrm{T}}$

Eigenschaften der Eigenlösung:

a) A ist diagonalähnlich; es existieren also n Eigenvektoren

b) Alle Eigenwerte λ_i und alle Eigenvektoren x_i sind reell

c) Eigenvektoren x_i, x_j orthogonal, $x_i^{\mathrm{T}} x_j = 0$, für $\lambda_i \neq \lambda_j$
Eigenvektoren von mehrfachen Eigenwerten sind orthogonalisierbar

Anmerkung: Im Falle einer Hermiteschen Matrix $A = A^{\mathrm{H}} \in C^{n\times n}$: Alle Eigenwerte λ_i reell; Eigenvektoren orthogonal, $x_i^{\mathrm{H}} x_j = 0$, für $\lambda_i \neq \lambda_j$ (bzw. orthogonalisierbar).

Schiefsymmetrische Matrix

Gegeben: $A \in R^{n\times n}$, $A = -A^{\mathrm{T}}$

Eigenschaften der Eigenlösung:

a) A ist diagonalähnlich; es existieren also n Eigenvektoren

b) Alle Eigenwerte λ_i sind rein imaginär

c) Eigenvektoren für $\lambda_i = \pm j\omega_i \neq 0$ treten in konjugiert-komplexen Paaren auf

d) Eigenvektoren x_i, x_j orthogonal, $\overline{x}_i^{\mathrm{T}} x_j = 0$, für $\lambda_i \neq \lambda_j$
Eigenvektoren von mehrfachen Eigenwerten sind orthogonalisierbar

Kongruenztransformation

Gegeben: $A,\, B \in R^{n\times n}$, $A = A^{\mathrm{T}}$, $\det(B) \neq 0$

Eigenschaften der Eigenwerte von A und $B^{\mathrm{T}}AB$:

a) Anzahl positiver Eigenwerte bei beiden Matrizen gleich
b) Anzahl negativer Eigenwerte bei beiden Matrizen gleich
c) Vielfachheit des Eigenwertes $\lambda = 0$ bei beiden Matrizen gleich

5.5 Cayley-Hamilton-Theorem

Für $A \in R^{n\times n}$ mit dem charakteristischen Polynom

$$\det(\lambda I - A) = \lambda^n + a_{n-1}\lambda^{n-1} + a_{n-2}\lambda^{n-2} + \cdots + a_1\lambda + a_0$$

gilt die Matrizen-Gleichung

$$A^n + a_{n-1}A^{n-1} + a_{n-2}A^{n-2} + \cdots + a_1A + a_0I = 0 \in R^{n\times n} \quad .$$

6 Singularwerte einer Matrix

6.1 Singularwerte

Gegeben: $N \in C^{p\times q}$ und $k = \min(p,q)$

Definition: Die Singularwerte $\sigma_i(N)$, $i = 1,\ldots,k$, der Matrix N sind die positiven Quadratwurzeln der k größten Eigenwerte $\lambda_i(N^{\mathrm{H}}N)$ der Hermiteschen Matrix $N^{\mathrm{H}}N$:

$$\sigma_i(N) = \sqrt{\lambda_i(N^{\mathrm{H}}N)} \qquad i = 1,\ldots,k\,.$$

Üblicherweise werden die Singularwerte in absteigender Reihenfolge geordnet: $\sigma_1 \geq \sigma_2 \geq \cdots \geq \sigma_k$. Der größte Singularwert wird mit $\sigma_{max}(N)$ oder $\overline{\sigma}(N)$, der kleinste mit $\sigma_{min}(N)$ oder $\underline{\sigma}(N)$ bezeichnet.

Fakten:

a) $\sigma_i(N^{\mathrm{H}}) = \sigma_i(N) \qquad i = 1,\ldots,k$
b) $\underline{\sigma}(N) > 0 \Longleftrightarrow N$ hat vollen Rang
c) Quadratische Matrix M: $\underline{\sigma}(M) > 0 \Longleftrightarrow M$ regulär (invertierbar)
d) Invertierbare Matrix M: $\overline{\sigma}(M^{-1}) = \dfrac{1}{\underline{\sigma}(M)}$ und $\underline{\sigma}(M^{-1}) = \dfrac{1}{\overline{\sigma}(M)}$

6.2 Singularwertzerlegung

Für eine Singularwertzerlegung (U, Σ, V) der komplexen $p \times q$ Matrix N gilt:

$$\begin{array}{lll} N = U\Sigma V^{\mathrm{H}} & \text{mit} & \\ & U \in C^{p\times p} & \text{orthogonal} \\ & V \in C^{q\times q} & \text{orthogonal} \\ & \Sigma \in R^{p\times q} & \text{"Diagonalmatrix" mit den Singularwerten} \\ & & \text{auf der Hauptdiagonalen.} \end{array}$$

Die Matrizen U, V und Σ haben die folgende Struktur:

$$U = \begin{bmatrix} | & & | \\ u_1 & \cdots & u_p \\ | & & | \end{bmatrix} \qquad \text{normierte Eigenvektoren von } NN^{\mathrm{H}}$$

$$V = \begin{bmatrix} | & & | \\ v_1 & \cdots & v_q \\ | & & | \end{bmatrix} \qquad \text{normierte Eigenvektoren von } N^{\mathrm{H}}N$$

$$\Sigma = \begin{cases} \begin{bmatrix} \sigma_1 & & 0 \\ & \ddots & \\ 0 & & \sigma_q \\ \cdots & \cdots & \cdots \\ & 0_{p-q,q} & \end{bmatrix} & \text{für } p > q \\ \left[\begin{array}{ccc:c} \sigma_1 & & 0 & \\ & \ddots & & 0_{p,q-p} \\ 0 & & \sigma_p & \end{array}\right] & \text{für } p < q \end{cases}$$

Die Indizes der Eigenvektoren u_i und v_i und der Singularwerte $\sigma_i(N)$ werden normalerweise entsprechend abnehmender Reihenfolge der Singularwerte geordnet.

6.3 Geometrische Interpretation

Für die Abbildung $u = Nv$ interessiert das richtungsabhängige Verhältnis der Längen (Normen) der Vektoren u und v ($N \in C^{p\times q}$, $v \in C^q$, $u \in C^p$):

$$s(v) = \frac{\|Nv\|}{\|v\|} = \frac{\|u\|}{\|v\|} = \frac{\sqrt{u^{\mathrm{H}}u}}{\sqrt{v^{\mathrm{H}}v}} \ .$$

Mit den Bezeichnungen von Abschn. 5.2 gelten die Beziehungen

$$s(v_i) = \sigma_i \quad \text{und} \quad Nv_i = \sigma_i u_i \ .$$

Insbesondere ist $\overline{\sigma}(N)$ das maximale und $\underline{\sigma}(N)$ das minimale Längenverhältnis.

6.4 Ungleichungen

Für rechteckige Matrizen (passender Dimensionen):

$$\overline{\sigma}(N_1 N_2) \leq \overline{\sigma}(N_1)\overline{\sigma}(N_2)$$

$$\underline{\sigma}(N_1 N_2) \geq \underline{\sigma}(N_1)\underline{\sigma}(N_2)$$

$$|\,\overline{\sigma}(N_1) - \overline{\sigma}(N_2)\,| \leq \overline{\sigma}(N_1 + N_2) \leq \overline{\sigma}(N_1) + \overline{\sigma}(N_2)$$

$$\underline{\sigma}(N_1 + N_2) \geq \max\{\underline{\sigma}(N_1) - \overline{\sigma}(N_2),\, \underline{\sigma}(N_2) - \overline{\sigma}(N_1),\, 0\}$$

$$\underline{\sigma}(N_1 + N_2) \leq \min\{\underline{\sigma}(N_1) + \overline{\sigma}(N_2),\, \underline{\sigma}(N_2) + \overline{\sigma}(N_1)\}$$

$$\max\{\overline{\sigma}(N_1), \overline{\sigma}(N_2)\} \leq \overline{\sigma}([N_1, N_2]) \leq \sqrt{2}\max\{\overline{\sigma}(N_1), \overline{\sigma}(N_2)\}$$

Für quadratische Matrizen:

$$\overline{\sigma}(M) - 1 \leq \overline{\sigma}(I + M) \leq \overline{\sigma}(M) + 1$$

$$\underline{\sigma}(M) - 1 \leq \underline{\sigma}(I + M) \leq \underline{\sigma}(M) + 1$$

$$\overline{\sigma}(M_1) < \underline{\sigma}(M_2) \Rightarrow \underline{\sigma}(M_1 + M_2) > 0$$

$$\overline{\sigma}(M) < 1 \Rightarrow \underline{\sigma}(I + M) \geq 1 - \overline{\sigma}(M) > 0$$

Für quadratische, invertierbare Matrizen:

$$\underline{\sigma}^{-1}(I + M) + \underline{\sigma}^{-1}(I + M^{-1}) \geq 1$$

$$\underline{\sigma}^{-1}(I + M) + 1 \geq \underline{\sigma}^{-1}(I + M^{-1})$$

$$\underline{\sigma}^{-1}(I + M^{-1}) + 1 \geq \underline{\sigma}^{-1}(I + M)$$

$$\underline{\sigma}(M) \leq \frac{\underline{\sigma}(I + M)}{\underline{\sigma}(I + M^{-1})} \leq \overline{\sigma}(M)$$

7 Quadratische Formen, positiv-definite Matrizen

Als quadratische Form bezeichnen wir eine Funktion $f : R^n \to R$ mit der Gestalt

$$f(x) = \sum_{i=1}^{n}\sum_{j=1}^{n} a_{ij} x_i x_j = x^{\mathrm{T}} A x \qquad a_{ij} \in R \text{ beliebig} \qquad A = [a_{ij}] \in R^{n \times n}\,.$$

Ersetzen wir a_{ij} und a_{ji} je durch den Mittelwert dieser beiden Zahlen, bleibt $f(x)$ für alle $x \in R^n$ unverändert, und die modifizierte Matrix

$$A' = \frac{1}{2}(A + A^{\mathrm{T}})$$

ist symmetrisch.

Folgerung: Jede quadratische Form kann als

$$f(x) = x^{\mathrm{T}} A x \qquad \text{mit} \qquad A = A^{\mathrm{T}} \quad \text{(symmetrisch)}$$

geschrieben werden.

Definition: $A = A^{\mathrm{T}} \in R^{n \times n}$ ist positiv-semidefinit, genau wenn $x^{\mathrm{T}} A x \geq 0$ für alle $x \in R^n$.

Definition: $A = A^{\mathrm{T}} \in R^{n \times n}$ ist positiv-definit, genau wenn $x^{\mathrm{T}} A x > 0$ für alle $x \neq 0 \in R^n$.

Kurznotierungen: $A > 0$ für A symmetrisch und positiv-definit bzw. $A \geq 0$ für A symmetrisch und positiv-semidefinit.

Fakten (Matrix $A \in R^{n \times n}$, $A = A^{\mathrm{T}}$):

a) $A \geq 0$: alle Eigenwerte $\lambda_i \geq 0$

b) $A > 0$: alle Eigenwerte $\lambda_i > 0$

c) $A \geq 0$, $\mathrm{Rang}(A) = k \leq n$: $\lambda_i \begin{cases} > 0 & \text{für } i = 1, \ldots, k \\ = 0 & \text{für } i = k{+}1, \ldots, n \end{cases}$

d) $A \geq 0$, $\mathrm{Rang}(A) = k \leq n$:
Es existiert eine Matrix $C \in R^{k \times n}$ mit $\mathrm{Rang}(C) = k$, so daß $A = C^{\mathrm{T}} C$.

e) $B \in R^{m \times n}$ beliebig:
$A = B^{\mathrm{T}} B$ ist symmetrisch und positiv-semidefinit; $\mathrm{Rang}(A) = \mathrm{Rang}(B)$

f) Die Kongruenztransformation erhält die Definitheit.

g) Wenn $A_1 \geq 0$ und $A_2 \geq 0$, dann gilt $A_1 + A_2 \geq 0$.
Wenn $A_1 > 0$ und $A_2 \geq 0$, dann gilt $A_1 + A_2 > 0$.

h) Wenn $A \geq 0$ und $a \geq 0$, dann gilt $aA \geq 0$.
Wenn $A > 0$ und $a > 0$, dann gilt $aA > 0$.

i) Gegeben $A \in R^{n \times n}$, $A > 0$, $B \in R^{n \times k}$, $C \in R^{k \times k}$, $C^{\mathrm{T}} = C$ und
$f : R^{n \times k} \to R^{k \times k}$ in der Form
$f(X) = X^{\mathrm{T}} A X + X^{\mathrm{T}} B + B^{\mathrm{T}} X + C$

Satz [8]:
Die quadratische Matrizenfunktion f hat an der Stelle $X^* = -A^{-1} B$ ein eindeutiges Optimum ("Infimum") im Sinne von $f(X) - f(X^*) \geq 0$ für alle $X \in R^{n \times k}$, wobei $f(X) \neq f(X^*)$ für alle $X \neq X^*$.

8 Literatur zu Anhang 3

1. R. Zurmühl, S. Falk: *Matrizen und ihre Anwendungen.* 6./5. Aufl. (2 Bände). Berlin: Springer 1992/86.

2. R. Zurmühl: *Matrizen und ihre Anwendungen.* 4. Aufl. Berlin: Springer 1964.

3. G. Strang: *Introduction to Linear Algebra.* Wellesley: Wellesley-Cambridge Press 1993.

4. G. Strang, K. Borre: *Linear Algebra, Geodesy, and GPS.* Wellesley: Wellesley-Cambridge Press 1997.

5. S. Axler: *Linear Algebra done right.* 2. Aufl. New York: Springer 1997.

6. T. Kailath: *Linear Systems.* Appendix. Englewood Cliffs: Prentice-Hall 1980.

7. J. H. Wilkinson: *The Algebraic Eigenvalue Problem.* Oxford: Clarendon Press 1965.

8. M. Athans, H. P. Geering: "Necessary and Sufficient Conditions for Differentiable Nonscalar-Valued Functions to Attain Extrema". *IEEE Trans. Automatic Control, vol. 18(1973)*, S. 132–139.

Anhang 4. Linearisierung eines nichtlinearen dynamischen Systems um eine Nominaltrajektorie herum

Eingangsvektor $u(t) \in R^m$, Zustandsvektor $x(t) \in R^n$, Ausgangsvektor $y(t) \in R^p$

Nichtlineare, zeitvariable Dynamik:

$$\dot{x}(t) = f[x(t), u(t), t]$$

Nichtlineare, zeitvariable Ausgangsgleichung:

$$y(t) = g[x(t), u(t), t]$$

Voraussetzung: $f(x, u, t)$ und $g(x, u, t)$ bezüglich x und u stetig differenzierbar

Nominaltrajektorie:

gegeben:

Nominal-Anfangszustand:	x_0^* zur Zeit t_0
Nominal-Eingangsvektor:	$u^*(t)$ für $t_0 \leq t \leq t_1$

resultierende Nominaltrajektorie x^*, y^* entsprechend:

$$\begin{aligned} \dot{x}^*(t) &= f[x^*(t), u^*(t), t] \\ x^*(t_0) &= x_0^* \\ y^*(t) &= g[x^*(t), u^*(t), t] \end{aligned}$$

Störungsrechung:

$$\begin{aligned} x(t_0) &= x_0^* + \delta x_0 \\ u(t) &= u^*(t) + \delta u(t) \quad , \end{aligned}$$

wobei δx_0 und $\delta u(t)$ kleine Signale sein sollen.

In Approximation erster Ordnung können die Abweichungen $\delta x(t)$ der Nachbartrajektorie $x(t) = x^*(t) + \delta x(t)$ von der Nominaltrajektorie $x^*(t)$ und die Abweichung $\delta y(t)$ des Ausgangsvektors der Nachbartrajektorie $y(t) = y^*(t) + \delta y(t)$

von der Nominaltrajektorie $y^*(t)$ für $t_0 \leq t \leq t_1$ infolge der kleinen Abweichung δx_0 des Anfangszustands und der kleinen Eingangsvektor-Korrektursignale $\delta u(t)$ als Lösung der linearisierten Vektor-Differentialgleichung bzw. der linearisierten Ausgangsgleichung ermittelt werden:

$$\begin{aligned}
\delta \dot{x}(t) &= A(t)\delta x(t) + B(t)\delta u(t) \\
\delta x(t_0) &= \delta x_0 \\
\delta y(t) &= C(t)\delta x(t) + D(t)\delta u(t) \quad ,
\end{aligned}$$

wobei

$$A(t) = \left.\frac{\partial f}{\partial x}\right|_* = \begin{bmatrix} \frac{\partial f_1}{\partial x_1} & \dots & \frac{\partial f_1}{\partial x_n} \\ \vdots & & \vdots \\ \frac{\partial f_n}{\partial x_1} & \dots & \frac{\partial f_n}{\partial x_n} \end{bmatrix}_{|x^*(t),u^*(t),t} \in R^{n \times n} \; ,$$

$$B(t) = \left.\frac{\partial f}{\partial u}\right|_* = \begin{bmatrix} \frac{\partial f_1}{\partial u_1} & \dots & \frac{\partial f_1}{\partial u_m} \\ \vdots & & \vdots \\ \frac{\partial f_n}{\partial u_1} & \dots & \frac{\partial f_n}{\partial u_m} \end{bmatrix}_{|x^*(t),u^*(t),t} \in R^{n \times m} \; ,$$

$$C(t) = \left.\frac{\partial g}{\partial x}\right|_* = \begin{bmatrix} \frac{\partial g_1}{\partial x_1} & \dots & \frac{\partial g_1}{\partial x_n} \\ \vdots & & \vdots \\ \frac{\partial g_p}{\partial x_1} & \dots & \frac{\partial g_p}{\partial x_n} \end{bmatrix}_{|x^*(t),u^*(t),t} \in R^{p \times n} \; ,$$

$$D(t) = \left.\frac{\partial g}{\partial u}\right|_* = \begin{bmatrix} \frac{\partial g_1}{\partial u_1} & \dots & \frac{\partial g_1}{\partial u_m} \\ \vdots & & \vdots \\ \frac{\partial g_p}{\partial u_1} & \dots & \frac{\partial g_p}{\partial u_m} \end{bmatrix}_{|x^*(t),u^*(t),t} \in R^{p \times m} \; .$$

Anhang 5. Wahrscheinlichkeitslehre

Inhalt

1 Wahrscheinlichkeitsraum

Ein Wahrscheinlichkeitsraum $W = (\Omega, \mathcal{A}, P)$ wird durch die drei Bestandteile Ω, $\mathcal{A}$ und P definiert. Ω ist die Menge aller Elementarereignisse ω, die zufällig ausgewählt werden können. $\mathcal{A}$ ist die Menge aller Ereignisse A. Ein Ereignis A ist eine Teilmenge von Ω. P ist das Wahrscheinlichkeitsmaß, das jedem Ereignis $A \in \mathcal{A}$ eine Wahrscheinlichkeit $P(A)$ zuordnet. Die Wahrscheinlichkeiten steuern die "zufällige" Auswahl eines Elementarereignisses ω zwecks zufälliger Festlegung des Werts eines Musters $r(\omega)$ der Zufallsvariablen r bzw. des Zufallsvektors $\boldsymbol{r}$.

2 Zufallsvariable

Eine reelle Zufallsvariable r ist eine Funktion, die einen Wahrscheinlichkeitsraum W auf die reelle Gerade R abbildet,

$$r : W \to R \ .$$

Soweit ist eine Zufallsvariable r also etwas Deterministisches. — Die stochastische Interpretation der Zufallsvariablen kommt erst wie folgt zustande: Wir wählen zufällig ein Element ω aus der Menge Ω des Wahrscheinlichkeitsraums W aus; damit ist der Wert $r(\omega)$ zufällig festgelegt. Da ω zufällig ausgewählt wird, ist $r(\omega)$ im allgemeinen nicht reproduzierbar, sondern zufällig.

Eine Funktion $g(r)$ einer Zufallsvariablen r ist wieder eine Zufallsvariable h,

$$h(\omega) = g(r(\omega)) \qquad r : W \to R \qquad g : R \to R \qquad h : W \to R \ .$$

Wir verwenden Zufallsvariablen zur Modellierung von Meßfehlern bei skalaren, diskreten Messungen. Die am häufigsten verwendete Funktion einer Zufallsvariablen ist das Quadrat der Abweichung von einer Konstanten, $(r - \mu)^2$.

Beispiel 1

Eine physikalische Größe, z.B. der Luftdruck, wird automatisch periodisch gemessen und abgespeichert. Im elektrischen Teil des Meßgeräts sei ein Wackelkontakt an der Abschirmung eines Kabels vorhanden. Als Folge davon trete, z.B. durch elektromagnetische Einstreuung, in 50 % aller Fälle kein Meßfehler und in den übrigen 50 % ein zwischen -2 und $+2$ Einheiten gleichmäßig verteilter Meßfehler auf. Wir modellieren diesen Meßfehler mit der folgenden Zufallsvariablen (vgl. Bild A5.1):

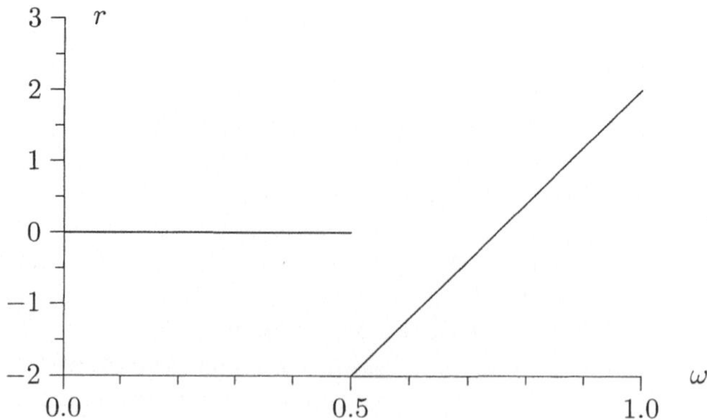

Bild A5.1. Zufallsvariable gemäß Beispiel 1

$\Omega = [0,1]$	Intervall zwischen 0 und 1
$\mathcal{A} = \{A \in \mathcal{A} \mid A = \bigcup_{i=1}^{\infty}(a_i, b_i]\}$	Vereinigung beliebig vieler disjunkter Teilintervalle von Ω
$P = \sum_{i=1}^{\infty}(b_i - a_i)$	Jedes Elementarereignis $\omega \in \Omega$ ist gleich wahrscheinlich

$$r = \begin{cases} 0 & \text{für } 0 \le \omega < 0.5 \\ 8(\omega - 0.75) & \text{für } 0.5 \le \omega \le 1 \end{cases}$$

3 Zufallsvektor

Ein reeller Zufallsvektor r mit n Komponenten ist eine Funktion, die einen Wahrscheinlichkeitsraum W in den n-dimensionalen reellen Vektorraum R^n abbildet,

$$r : W \to R^n \quad .$$

Ein Zufallsvektor ist also ebenfalls ein deterministisches mathematisches Objekt. Die Tatsache, daß die n Zufallsvariablen r_i (Komponenten des Zufallsvektor r) im allgemeinen voneinander abhängig sind, liegt darin begründet, daß mit der Wahl eines beliebigen Argumentes ω gleichzeitig alle n Komponenten $r_i(\omega)$ der Vektorfunktion $r(\omega)$ festgelegt sind. — Bei der stochastischen Interpretation wählen wir zufällig ein Element ω aus der Menge Ω des Wahrscheinlichkeitsraums W aus; damit sind alle n Komponenten $r_i(\omega)$ des zufälligen Vektors $r(\omega)$ gleichzeitig festgelegt. Da ω zufällig ausgewählt wird, ist $r(\omega)$ im allgemeinen nicht reproduzierbar, sondern zufällig.

4 Verteilungsfunktion

Die Definition eines Zufallsvektors r als Abbildung $r : W \to R^n$ dient einerseits zur Veranschaulichung der stochastischen Interpretation und andererseits zur mathematischen Abstraktion. Für die praktische Analyse von Zufallsvektoren wird man meist mit der Verteilungsfunktion oder der Verteilungsdichtefunktion arbeiten, wobei die erstere mit elementareren Mitteln die Beschreibung von wertdiskreten Anteilen erlaubt.

4.1 Monovariable Verteilungsfunktion

Definition. Die Verteilungsfunktion $F_r(\rho)$ der Zufallsvariablen r ist die Wahrscheinlichkeit des Ereignisses $\{\omega \in \Omega \mid r(\omega) \le \rho\}$:

$$F_r(\rho) = \mathrm{P}(\{\omega \in \Omega \mid r(\omega) \le \rho\})$$

oder in abgekürzter Schreibweise

$$F_r(\rho) = \mathrm{P}(r(\omega) \leq \rho) \quad .$$

Eigenschaften der monovariablen Verteilungsfunktion

1) $\lim\limits_{\rho \to -\infty} F_r(\rho) = 0$

2) $\lim\limits_{\rho \to +\infty} F_r(\rho) = 1$

3) $F_r(\rho)$ nimmt monoton zu.

4) An jeder Stelle ρ_i, die einem Ereignis $\{\omega \in \Omega \,|\, r(\omega) = \rho_i\}$ mit positiver Wahrscheinlichkeit entspricht, d.h. $\mathrm{P}(r(\omega) = \rho_i) = \Delta F_i > 0$, springt die Verteilungsfunktion (Unstetigkeit), wobei

$$F_r(\rho_i) = \Delta F_i + \lim_{\rho \uparrow \rho_i} F_r(\rho)$$

gilt. $F_r(\rho)$ ist also von rechts stetig (vgl. Bild A5.2).

5) An den übrigen Stellen ist $F_r(\rho)$ stetig und in allen uns interessierenden Fällen stückweise stetig differenzierbar.

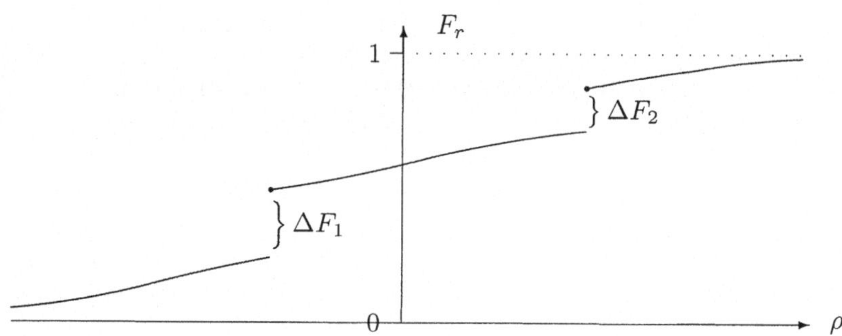

Bild A5.2. Verteilungsfunktion

Beispiel 2

Gleichmäßige Verteilung im Intervall $[a, b]$ (s. Bild A5.3)

$$F_r(\rho) = \begin{cases} 0 & \text{für } \rho < a \\ \dfrac{\rho - a}{b - a} & \text{für } a \leq \rho \leq b \\ 1 & \text{für } \rho > b \end{cases}$$

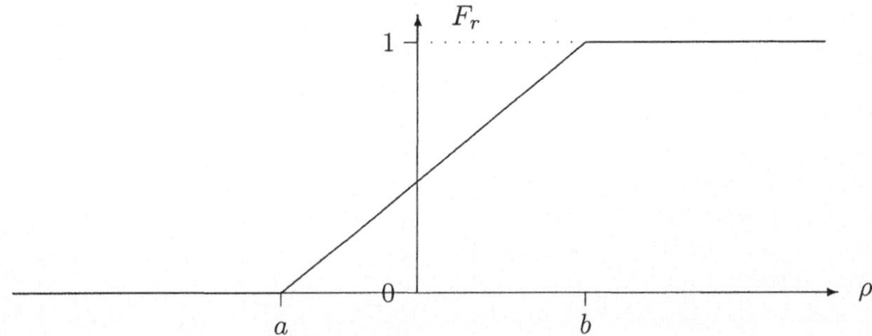

Bild A5.3. Verteilungsfunktion einer gleichmäßig verteilten Zufallsvariablen gemäß Beispiel 2

Beispiel 3

Gauß-Verteilung mit Erwartungswert μ und Standardabweichung σ (siehe Bild A5.4)

$$F_r(\rho) = \Psi(x) \ , \quad \text{wobei } x = \frac{\rho - \mu}{\sigma} \text{ und } \Psi(x) = \frac{1}{\sqrt{2\pi}} \int\limits_{-\infty}^{x} e^{-x^2/2}\, dx$$

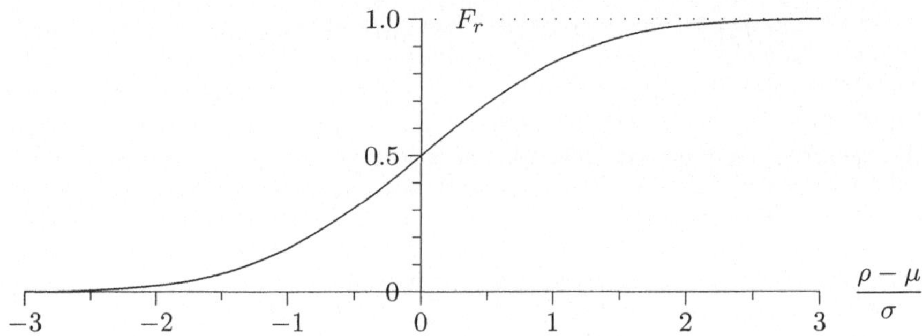

Bild A5.4. Verteilungsfunktion einer Gaußschen Zufallsvariablen (Beispiel 3)

Beispiel 4

Die Zufallsvariable $r(\omega)$ nimmt nur die diskreten Werte ρ_i mit den Wahrscheinlichkeiten $\Delta F_r(\rho_i)$ an, $i = 1, \ldots, k$ (s. Bild A5.5)

$$F_r(\rho) = \sum_{\substack{i \\ \rho_i \leq \rho}} \Delta F_r(\rho_i)$$

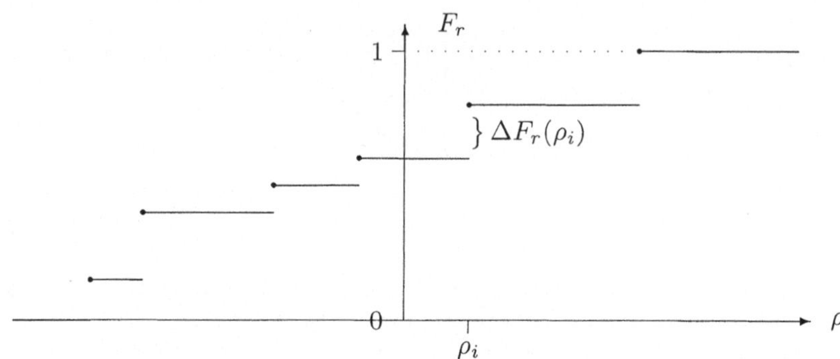

Bild A5.5. Verteilungsfunktion einer diskreten Zufallsvariablen (Beispiel 4)

4.2 Multivariable Verteilungsfunktion

Definition. Die Verteilungsfunktion $F_r(\rho)$ des Zufallsvektors $r : W \to R^n$ ist die Wahrscheinlichkeit des Ereignisses $\{\omega \in \Omega \,|\, r_i(\omega) \leq \rho_i,\ i = 1, \ldots, n\}$:

$$F_r(\rho) = F_r(\rho_1, \rho_2, \ldots, \rho_n) = \mathrm{P}(\{\omega \in \Omega \,|\, r_1(\omega) \leq \rho_1, r_2(\omega) \leq \rho_2, \ldots, r_n(\omega) \leq \rho_n\})$$

oder in stark abgekürzter Schreibweise

$$F_r(\rho) = \mathrm{P}(r(\omega) \leq \rho) \qquad \text{(Vektor-Ungleichung)} \ .$$

Eigenschaften der multivariablen Verteilungsfunktion

1) $\lim\limits_{\substack{\rho_i \to -\infty \\ i=1,\ldots,n}} F_r(\rho) = 0$

2) $\lim\limits_{\substack{\rho_i \to +\infty \\ i=1,\ldots,n}} F_r(\rho) = 1$

3) $F_r(\rho)$ nimmt monoton zu.

4) $F_r(\rho)$ ist komponentenweise von rechts stetig.

5) Wenn die Komponenten $r_1, \ldots, r_n$ des Zufallsvektors r unabhängige Zufallsvariablen sind, ist die multivariable Verteilungsfunktion des Vektors das Produkt der monovariablen Verteilungsfunktionen seiner Komponenten:

$$F_r(\rho_1, \rho_2, \ldots, \rho_n) = F_{r_1}(\rho_1) F_{r_2}(\rho_2) \cdots F_{r_n}(\rho_n) \ .$$

6) Marginale Verteilungen oder Randverteilungen:

$$\lim_{\rho_i \to +\infty} F_r(\rho) = \mathrm{P}(\{\omega \in \Omega \,|\, r_1(\omega) \le \rho_1, \dots, r_{i-1}(\omega) \le \rho_{i-1}, \\ r_{i+1}(\omega) \le \rho_{i+1}, \dots\dots, r_n(\omega) \le \rho_n\}) \\ = F_{r_{(i)}}(\rho_1, \dots, \rho_{i-1}, \rho_{i+1}, \dots\dots, \rho_n) \qquad (i \text{ beliebig})$$

Am Rand $\rho_i \to +\infty$ sehen wir also gerade die multivariable Verteilungsfunktion des $n{-}1$-dimensionalen Zufallsvektors $r_{(i)}$, der aus r hervorgeht, indem die i-te Komponente r_i weggelassen wird. — Diese Marginalbetrachtung ist beliebig fortsetzbar, bis wir schließlich die marginalen Verteilungsfunktionen F_{r_i} der einzelnen Zufallsvariablen r_i erhalten.

5 Verteilungsdichtefunktion

5.1 Monovariable Verteilungsdichtefunktion

Definition. Die Verteilungsdichtefunktion $p_r(\rho)$ der Zufallsvariablen r ist die Wahrscheinlichkeit des Ereignisses $\{\omega \in \Omega \,|\, \rho - d\rho < r(\omega) \le \rho\}$, bezogen auf die infinitesimale Länge $d\rho$ des betrachteten Intervalls $(\rho{-}d\rho,\, \rho]$, d.h.

$$p_r(\rho)\, d\rho = \mathrm{P}(\{\omega \in \Omega \,|\, \rho - d\rho < r(\omega) \le \rho\}) = \mathrm{P}(\rho - d\rho < r(\omega) \le \rho) \; .$$

Eigenschaften der monovariablen Verteilungsdichtefunktion

1) $p_r(\rho) \ge 0$ für alle $\rho \in (-\infty, +\infty)$

2) $\displaystyle\int_{-\infty}^{+\infty} p_r(\rho)\, d\rho = 1$

3) $\displaystyle\mathrm{P}(\{\omega \in \Omega \,|\, r(\omega) \le \rho\}) = F_r(\rho) = \int_{-\infty}^{\rho} p_r(\rho)\, d\rho$

4) $\displaystyle\mathrm{P}(\{\omega \in \Omega \,|\, \rho_a < r(\omega) \le \rho_b\}) = \int_{\rho_a}^{\rho_b} p_r(\rho)\, d\rho$

5) Wenn die Verteilungsfunktion F_r stetig differenzierbar ist, ist die Verteilungsdichtefunktion p_r deren Ableitung:

$$p_r(\rho) = \frac{dF_r(\rho)}{d\rho} \quad .$$

6) Wenn die Verteilungsfunktion F_r and den Stellen ρ_i Sprünge $\Delta F_r(\rho_i)$ aufweist, können wir die Eigenschaft 5) mit Hilfe der Dirac-Funktion $\delta(\cdot)$ wie folgt verallgemeinern:

$$p_r(\rho) = \frac{dF_r(\rho)}{d\rho} + \sum_i \Delta F_r(\rho_i)\delta(\rho - \rho_i) \quad .$$

Beispiel 5

Gleichmäßige Verteilung im Intervall $[a, b]$ (s. Bild A5.6)

$$p_r(\rho) = \begin{cases} 0 & \text{für } \rho < a \\ \dfrac{1}{b-a} & \text{für } a \leq \rho \leq b \\ 0 & \text{für } \rho > b \end{cases}$$

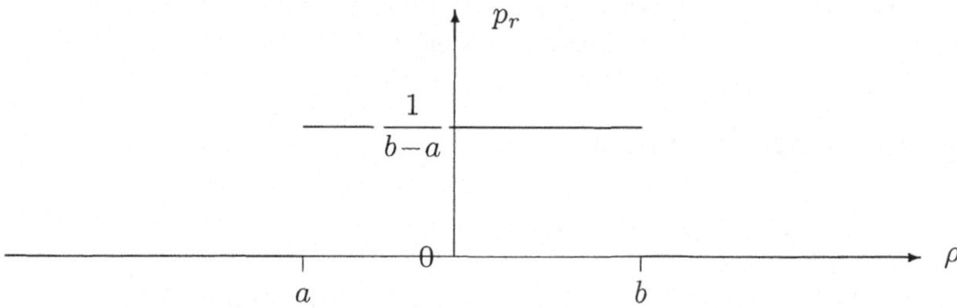

Bild A5.6. Verteilungsdichtefunktion einer gleichmäßig verteilten Zufallsvariablen gemäß Beispiel 5

Beispiel 6

Gauß-Verteilung mit Erwartungswert μ und Standardabweichung σ (siehe Bild A5.7)

$$p_r(\rho) = \frac{1}{\sqrt{2\pi}\sigma} e^{-\frac{(\rho-\mu)^2}{2\sigma^2}}$$

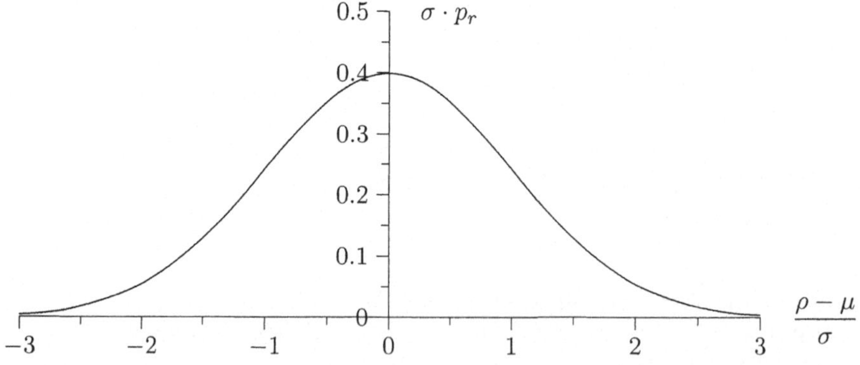

Bild A5.7. Verteilungsdichtefunktion einer Gaußschen Zufallsvariablen gemäß Beispiel 6

Beispiel 7

Die Zufallsvariable $r(\omega)$ nimmt nur die diskreten Werte ρ_i mit den Wahrscheinlichkeiten $\Delta F_r(\rho_i)$ an, $i = 1, \ldots, k$ (s. Bild A5.8)

$$p_r(\rho) = \sum_{i=1}^{k} \Delta F_r(\rho_i)\delta(\rho - \rho_i)$$

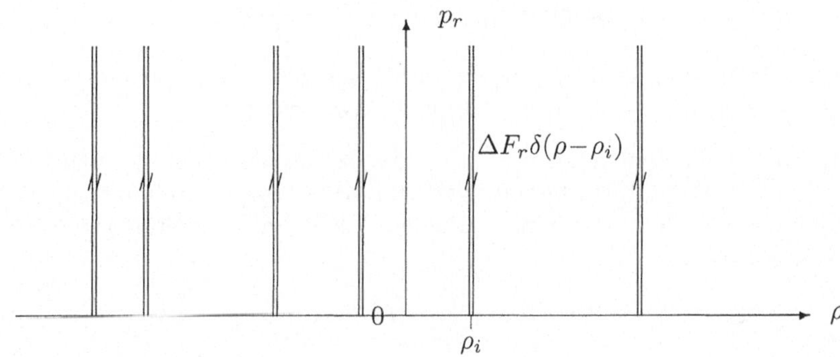

Bild A5.8. Verteilungsdichtefunktion einer diskreten Zufallsvariablen gemäß Beispiel 7

5.2 Multivariable Verteilungsdichtefunktion

Definition. Die multivariable Verteilungsdichtefunktion $p_r(\rho)$ des Zufallsvektors r ist die Wahrscheinlichkeit des Ereignisses $\{\omega \in \Omega \,|\, \rho_i - d\rho_i < r_i(\omega) \leq \rho_i,\ i = 1, \ldots, n\}$, bezogen auf das Produkt der infinitesimalen Längen $d\rho_i$ der betrachteten Komponenten-Intervalle $(\rho_i - d\rho_i, \rho_i]$, d.h.

$$p_r(\rho)\, d\rho_1\, d\rho_2 \ldots d\rho_n = \mathrm{P}(\{\omega \in \Omega \,|\, \rho_i - d\rho_i < r_i(\omega) \leq \rho_i,\ i = 1, \ldots, n\}) \ .$$

Eigenschaften der multivariablen Verteilungsdichtefunktion

1) $p_r(\rho) = p_r(\rho_1, \rho_2, \ldots, \rho_n) \geq 0$ für alle ρ

2) $\displaystyle\int_{-\infty}^{+\infty} \ldots \int_{-\infty}^{+\infty} p_r(\rho_1, \ldots, \rho_n)\, d\rho_1 \ldots d\rho_n = 1$

3) $\mathrm{P}(\{\omega \in \Omega \,|\, r(\omega) \leq \rho\}) = \mathrm{P}(\{\omega \in \Omega \,|\, r_i(\omega) \leq \rho_i,\ i = 1, \ldots, n\})$

$$= F_r(\rho) = F_r(\rho_1, \ldots, \rho_n) = \int_{-\infty}^{\rho_1} \ldots \int_{-\infty}^{\rho_n} p_r(\rho_1, \ldots, \rho_n)\, d\rho_1 \ldots d\rho_n$$

4) $\mathrm{P}(\rho_a < r \leq \rho_b)$ (Vektor-Ungleichung)

$$= \int_{\rho_{a_1}}^{\rho_{b_1}} \dots \int_{\rho_{a_n}}^{\rho_{b_n}} p_r(\rho_1, \dots, \rho_n)\, d\rho_1 \dots d\rho_n$$

5) Wenn die Verteilungsfunktion F_r stetig differenzierbar ist, ist die Verteilungsdichtefunktion p_r deren Ableitung:

$$p_r(\rho_1, \dots, \rho_n) = \frac{\partial^n F_r(\rho_1, \dots, \rho_n)}{\partial \rho_1 \dots \partial \rho_n} \quad .$$

Diese Beziehung kann in der offensichtlichen Weise auf Verteilungsfunktionen F_r erweitert werden, die Sprünge aufweisen.

6) Wenn die Komponenten $r_1, \dots, r_n$ des Zufallsvektors r unabhängige Zufallsvariablen sind, ist die multivariable Verteilungsdichtefunktion des Vektors das Produkt der monovariablen Verteilungsdichtefunktionen seiner Komponenten:

$$p_r(\rho_1, \rho_2, \dots, \rho_n) = p_{r_1}(\rho_1) p_{r_2}(\rho_2) \dots p_{r_n}(\rho_n) \quad .$$

7) Marginale Verteilungsdichtefunktionen:

$$p_{r_{(i)}}(\rho_1, \dots, \rho_{i-1}, \rho_{i+1}, \dots, \rho_n) = \int_{-\infty}^{+\infty} p_r(\rho_1, \dots, \rho_n)\, d\rho_i \quad .$$

Beispiel 8

Gauß-verteilter Zufallsvektor

$$p_r(\rho) = p_r(\rho_1, \dots, \rho_n) = \frac{1}{\sqrt{(2\pi)^n \det(\Sigma)}}\, e^{-\frac{1}{2}(\rho-\mu)^{\mathrm{T}}\Sigma^{-1}(\rho-\mu)} \quad .$$

Der Gaußsche Zufallsvektor r ist durch den Vektor $\mu \in R^n$ der Erwartungswerte und die symmetrische, positiv-definite Kovarianzmatrix Σ (vgl. Abschn. 7) vollständig parametrisiert.

Wenn die Komponenten r_i des Gaußschen Zufallsvektors r unabhängig sind, ist die Kovarianzmatrix Σ eine Diagonalmatrix. Für einen Gaußschen Zufallsvektor sind Unabhängigkeit und Unkorreliertheit der Komponenten äquivalent.

6 Erwartungswert

Definition. Der Erwartungswert $\mathrm{E}\{r\} = \mu$ einer Zufallsvariablen r mit der Verteilungsdichtefunktion p_r ist wie folgt definiert:

$$\mathrm{E}\{r\} = \mu = \int_{-\infty}^{+\infty} \rho\, p_r(\rho)\, d\rho \quad .$$

Defintition. Der Erwartungswert $\mathrm{E}\{r\} = \mu$ eines Zufallsvektors r mit der multivariablen Verteilungsdichtefunktion p_r ist gleich dem Vektor der Erwartungswerte seiner Komponenten und ist wie folgt definiert:

$$\mathrm{E}\{r\} = \mu = \int\limits_{-\infty}^{+\infty} \dots \int\limits_{-\infty}^{+\infty} \rho p_r(\rho_1, \dots, \rho_n)\, d\rho_1 \dots d\rho_n$$

$$= [\mu_i] = \left[\int\limits_{-\infty}^{+\infty} \dots \int\limits_{-\infty}^{+\infty} \rho_i p_r(\rho_1, \dots, \rho_n)\, d\rho_1 \dots d\rho_n \right] = \left[\int\limits_{-\infty}^{+\infty} \rho_i p_{r_i}(\rho_i)\, d\rho_i \right] .$$

Die Funktion $\mathrm{E}\{\cdots\}$ ist ein linearer Operator, da die Integration eine lineare Operation ist.

Eine Funktion $g(r)$ einer Zufallsvariablen r ist wieder eine Zufallsvariable (vgl. Abschn. 2). Ihr Erwartungswert kann mit Hilfe der Verteilungsdichtefunktion p_r wie folgt berechnet werden:

$$\mathrm{E}\{g(r)\} = \int_{-\infty}^{+\infty} g(\rho) p_r(\rho)\, d\rho \quad .$$

Beispiel 9

Für eine Gaußsche Zufallsvariable r gemäß Beispiel 6 erhalten wir die folgenden Momente

1. Moment $\quad \mathrm{E}\{r\} = \int\limits_{-\infty}^{+\infty} \rho p_r(\rho)\, d\rho = \mu \quad$ Erwartungswert von r

2. Zentralmoment $\quad \mathrm{E}\{(r-\mu)^2\} = \int\limits_{-\infty}^{+\infty} (\rho-\mu)^2 p_r(\rho)\, d\rho = \sigma^2 \quad$ Varianz von r .

$\vdots$

k-tes Zentralmoment $\quad \mathrm{E}\{(r-\mu)^k\} = \int\limits_{-\infty}^{+\infty} (\rho-\mu)^k p_r(\rho)\, d\rho$

$$= \begin{cases} 0 & \text{für } k \text{ ungerade} \\ \sigma^k \prod\limits_{i=1}^{k/2} (2i-1) & \text{für } k \text{ gerade} \end{cases}$$

7 Kovarianzmatrix

Definition. Die Varianz σ^2 oder Σ einer Zufallsvariablen r mit dem Erwartungswert $\mathrm{E}\{r\} = \mu$ ist der Erwartungswert der Zufallsvariablen $(r - \mu)^2$:

$$\mathrm{Var}(r) = \sigma^2 = \Sigma = \mathrm{E}\{(r-\mu)^2\} = \int_{-\infty}^{+\infty} (\rho - \mu)^2 p_r(\rho)\, d\rho \quad .$$

Definition. Die Kovarianzmatrix Σ eines Zufallsvektors $r : W \to R^n$ mit dem Erwartungswert $\mathrm{E}\{r\} = \mu$ ist der Erwartungswert der symmetrischen n mal n Zufallsmatrix $[r-\mu][r-\mu]^{\mathrm{T}}$:

$$\mathrm{Cov}(r) = \Sigma = \mathrm{E}\{[r-\mu][r-\mu]^{\mathrm{T}}\} = \int_{-\infty}^{+\infty} \ldots \int_{-\infty}^{+\infty} [\rho-\mu][\rho-\mu]^{\mathrm{T}} p_r(\rho_1, \ldots, \rho_n)\, d\rho_1 \ldots d\rho_n \, .$$

Die Varianz ist also der skalare Spezialfall einer Kovarianzmatrix. σ heißt Standardabweichung.

Die Kovarianzmatrix Σ ist eine symmetrische, positiv-(semi)definite Matrix, die in der i-ten Zeile und j-ten Kolonne die Kovarianz der Zufallsvariablen r_i und r_j enthält:

$$\Sigma_{ij} = \mathrm{E}\{(r_i-\mu_i)(r_j-\mu_j)\} = \int_{-\infty}^{+\infty} \ldots \int_{-\infty}^{+\infty} (\rho_i-\mu_i)(\rho_j-\mu_j) p_r(\rho_1, \ldots, \rho_n)\, d\rho_1 \ldots d\rho_n \, .$$

Die Diagonalelemente der Kovarianzmatrix Σ sind die Varianzen der Zufallsvariablen r_i:

$$\Sigma_{ii} = \mathrm{E}\{(r_i-\mu_i)(r_i-\mu_i)\} = \sigma_i^2 \quad .$$

Definition. Der Korrelationskoeffizient ρ_{ij} der beiden Zufallsvariablen r_i und r_j ist die Kovarianz der beiden Zufallsvariablen dividiert durch das Produkt der beiden Standardabweichungen:

$$\rho_{ij} = \frac{\mathrm{E}\{(r_i-\mu_i)(r_j-\mu_j)\}}{\sigma_i \sigma_j} \quad .$$

Mit Hilfe der Korrelationskoeffizienten können wir die außerdiagonalen Elemente der Kovarianzmatrix in der folgenden Form anschreiben:

$$\Sigma_{ij} = \rho_{ij}\sigma_i\sigma_j \qquad (-1 \leq \rho_{ij} \leq +1) \quad .$$

Eigenschaften der Kovarianzmatrix Σ

1) Σ ist symmetrisch und positiv-definit oder positiv-semidefinit.

2) Σ ist positiv-definit, wenn die Komponenten r_i des Zufallsvektors r linear unabhängige Zufallsvariablen sind.

3) Lineare Abbildung eines Zufallsvektors:
$r : W \to R^n \qquad C \in R^{m\times n} \qquad z = Cr \qquad \Sigma_z = C\Sigma_r C^{\mathrm{T}}$

4) Addition zweier korrelierter Zufallsvektoren r, $q : W \to R^n$
$$\mathrm{Cov}\left(\begin{bmatrix} r \\ q \end{bmatrix}\right) = \begin{bmatrix} \Sigma_{rr} & \Sigma_{rq} \\ \Sigma_{qr} & \Sigma_{qq} \end{bmatrix} \qquad \mathrm{Cov}(r+q) = \Sigma_{r+q} = \Sigma_{rr} + \Sigma_{rq} + \Sigma_{qr} + \Sigma_{qq}$$

5) Addition zweier unkorrelierter Zufallsvektoren r, $q : W \to R^n$
$$\mathrm{Cov}\left(\begin{bmatrix} r \\ q \end{bmatrix}\right) = \begin{bmatrix} \Sigma_{rr} & 0 \\ 0 & \Sigma_{qq} \end{bmatrix} \qquad \mathrm{Cov}(r+q) = \Sigma_{r+q} = \Sigma_{rr} + \Sigma_{qq}$$

6) Moment und Zentralmoment: $\mathrm{E}\{rr^{\mathrm{T}}\} = \Sigma + \mu\mu^{\mathrm{T}}$

Beispiel: Multivariable Gauß-Verteilung: s. Beispiel 8.

8 Literatur zu Anhang 5

1. R. Ineichen, H. Stocker: *Stochastik: Einführung in die elementare Statistik und Wahrscheinlichkeitsrechnung*. 8. Aufl. Luzern: Raeber, 1992.

2. W. Feller: *An Introduction to Probability Theory and Its Applications*. Bd. I, 3. Aufl. New York: Wiley 1968.

3. W. Feller: *An Introduction to Probability Theory and Its Applications*. Bd. II. New York: Wiley, 1968.

4. A. Papoulis: *Probability, Random Variables, and Stochastic Processes*. 3. Aufl. New York: McGraw-Hill 1991.

5. H. Schlitt: *Systemtheorie für stochastische Prozesse*. Berlin: Springer 1992.

Sachverzeichnis

Druck: Mercedes-Druck, Berlin
Verarbeitung: Stein+Lehmann, Berlin